高等职业教育“十四五”规划教材

高等职业教育产教融合新形态教材

基础化学

高　涵　黄晓梅　主编

中国农业大学出版社
·北京·

内容简介

本教材主要包括无机及分析化学基础、有机化学基础和基础实验三大模块的18个章以及13个实验项目，理论和实操内容丰富、覆盖面广，便于各院校结合专业特点和自身的实验条件进行选择。

本教材编写坚持职教特色，突出质量为先。实验部分适当加入岗位对接案例，强化学生职业素养养成和专业技术积累，将专业精神、职业精神和工匠精神融入教材内容；坚持产教融合，校企“双元”开发，吸纳高技术人才、能工巧匠等深度参与教材编写，紧跟产业发展趋势和行业人才需求，及时将产业发展的新技术、新工艺、新规范纳入教材内容，反映典型岗位（群）职业能力要求；围绕深化教学改革和“互联网＋”职业教育发展需求，探索开发新形态特色教材，配套在线微课、视频及测试题库等数字资源，实现了新形态一体化教材。

图书在版编目(CIP)数据

基础化学/高涵，黄晓梅主编. --北京：中国农业大学出版社，2022.6
ISBN 978-7-5655-2791-3

Ⅰ.①基… Ⅱ.①高…②黄… Ⅲ.①化学-高等职业教育-教材 Ⅳ.①O6

中国版本图书馆CIP数据核字(2022)第099340号

书　　名 基础化学
作　　者 高　涵　黄晓梅　主编

策划编辑 郭建鑫　　**责任编辑** 郭建鑫
封面设计 郑　川
出版发行 中国农业大学出版社
社　　址 北京市海淀区圆明园西路2号　　**邮政编码** 100193
电　　话 发行部 010-62733489，1190　　读者服务部 010-62732336
编辑部 010-62732617，2618　　出　版　部 010-62733440
网　　址 http://www.caupress.cn　　**E-mail** cbsszs@cau.edu.cn
经　　销 新华书店
印　　刷 北京溢漾印刷有限公司
版　　次 2022年7月第1版　2022年7月第1次印刷
规　　格 185 mm×260 mm　16开本　21.75印张　540千字　插页1
定　　价 59.00元

编 写 人 员

主　编　高　涵（辽宁农业职业技术学院）

黄晓梅（福建农业职业技术学院）

副主编　粟本超（广西生态工程职业技术学院）

雷恩春（辽宁农业职业技术学院）

张　喆（辽宁职业学院）

肖彦春（辽宁农业职业技术学院）

参　编　唐民民（黑龙江农垦职业学院）

许子刚（黑龙江农垦职业学院）

朱伟伟（潍坊职业学院）

孙　佳（辽宁农业职业技术学院）

陈　琳（中国石油化工股份有限公司大连石油化工研究院）

张　莹（沈阳市农业监测总站）

审　稿　侯士聪（中国农业大学）

刘　霞（中国农业大学）

肖海峻（北京农业职业学院）

陈肖安（原农业部农民科技教育培训中心）

出版说明

为贯彻落实《国家职业教育改革实施方案》(国发〔2019〕4号,又称“职教二十条”)以及《高等职业学校专业教学标准》等相关文件精神,有效推进产教融合、校企合作,建设一批校企“双元”合作开发的高质量教材,经向行业专家咨询及与有关高等职业院校沟通,借鉴与物化高等职业教育食品类专业教育教学改革成果,中国农业大学出版社开展了高等职业教育产教融合新形态食品类专业系列教材建设工作。

“高等职业教育产教融合新形态教材”食品类专业系列教材建设是食品类专业高技能人才培养的基础性工作,也是促进社会与经济发展的客观需求。近20年来,随着加入世贸组织,我国食品工业得到了持续与快速的发展,食品工业进入产业升级、调整改革的关键时期,食品产业从数量扩张向质量提升转变。原有的高等职业教育食品类专业教材从内容到表现形式,要满足现代食品工业人才培养的需要,就必须改革创新,在实践中不断探索高等职业教育食品类专业新形态系列教材建设的新路子,才能为高等职业教育食品类专业高技能人才培养奠定坚实的基础、发挥应有的作用。

“高等职业教育产教融合新形态教材”食品类专业系列教材具有如下特点:

1.精心组织编审队伍。在征集相关高等职业院校的申报材料的基础上,充分考虑不同院校的专业优势及教学创新改革进程及成果等,慎重确定参加编审的骨干人员,并根据教师提供的编写提纲、编写思路与样章等,由食品类专业系列教材编审委员会及专家组遴选组建编写团队。同时,邀请高等职业院校、行业及生产企业的专家参与教材建设,审核编写提纲,后期对书稿进行严格审定。教材编写过程中,作者与审稿人员充分沟通,书稿反复修改,从而确保了教材内容的前瞻性、科学性及对一线岗位的适应性。

2.创新编写体例。本次教材建设重点在食品类专业基础课程和专业核心课程。以“项目引领,任务驱动”作为教材的基本框架,以职业岗位确立典型工作任务,以典型工作任务确定岗位能力需求,以能力需求确定学习项目与任务,突出了实践性、企业案例化与职业化,并与项目紧密关联。内容新颖、趣味性强是本系列教材的一大亮点。对专业基础课程教材,创新了传统的学科编写体例,参考模块式总体思路设计,使教材精炼、实用,有利于提高学生的学习效果与效率,较以往传统教材有较大突破。

3.突出职业教育特色。教材编写体现了现代职业教育体系教学改革精神,该新形态系列教材将努力体现课程内容与职业标准对接、教学过程与生产过程对接的要求,反映高等职业教育专业课教学与思想政治理论课教学同向同行、职业技能与职业精神培养高度融合的特点,尤其是“项目引领，任务驱动”式教材，每一任务的活动规程，力求按工作任务的环节以表格任务单或实际案例形式进行编写与训练，突出操作环节与质量要求，促进职业技能培养与职业精神养成的紧密结合，实现教学与职业岗位的“零距离对接”。

4. 新形态信息技术在系列教材中广泛应用。努力对食品类专业教材中的知识点与技能点进行信息化处理，使其表现形式更加多元化，提高智能化水平，突出趣味性与直观性，实现手机终端推送学习，采用微课、视频、动画等展示相关知识、专项实验、任务拓展与测试题答案等内容，充分体现了高等职业教育教材多元化创新的全新特色。

“高等职业教育产教融合新形态教材”食品类专业系列教材基本覆盖了食品加工、食品生物技术、食品营养与检测等食品类专业的专业基础课程与专业核心课程。系列教材既充分强调了食品科学的实践性，又充分考虑了食品产业与基础理论的有机结合，努力做到每种教材间内容相互补充、相互衔接，构成一个完整的课程体系。系列教材既可作为高等职业教育食品类专业的相关课程教材，也可作为现代食品企业相关技术人员及专业技术工人的培训、参考用书。

“高等职业教育产教融合新形态教材”食品类专业系列教材的顺利出版，是全国近 60 所高职学院及部分食品企业等共同奋斗的结果。在编写过程中所做的许多探索，为进一步推进高等职业教育教材建设的改革与创新提供了宝贵的经验。我们真诚地希望，以此为契机，进一步有效加强与各高等职业院校及食品企业的交流与合作，不断拓展食品类专业新形态系列教材合作开发的思路，创新教材开发的模式与服务方式。让我们共同努力，为深化高等职业教育食品类专业教育教学改革与人才培养质量的提高，发挥积极的推动作用。

中国农业大学出版社

2022 年 3 月

前　言

为深入学习贯彻《国家职业教育改革实施方案》(国发〔2019〕4号,简称“职教二十条”)和《关于实施中国特色高水平高职学校和专业建设计划的意见》,推进高等职业教育专业教学标准的落实,有效推进产教融合、校企合作及“学历证书+若干职业技能等级证书”(简称“1+X”证书制)制度试点工作,紧紧围绕培养现代食品生产第一线需要的“会技术、有素质、能发展”的高等职业教育食品类技能型人才,并遵循高等职业教育通用职业能力的基本特点和规律,我们编写了《基础化学》教材。

基础化学是食品类专业的重要专业基础课和通用职业能力培训课程,是继续学习专业课的前提和基础。本教材按照高等职业学校食品类专业教学标准对“基础化学”课程教学的基本要求,并结合企业相关岗位对应的职业能力培养目标选择教材内容。本书依据高职食品类专业人才培养目标和基本要求,创新了传统的学科编写体例,按导言、无机及分析化学基础、有机化学基础与基础实验框架设计。教材精炼、实用,有利于提高学生的学习效果与效率,较以往传统教材有较大突破。通过本课程的学习,学生可掌握食品原料的化学组成、结构、功能、理化性质及这些物质在人体内和食品加工储藏过程中的化学变化规律。培养学生相关实验实习的基本技能、树立食品安全意识、增强工作责任感及团队协作等职业素养,同时兼顾学生后续发展必备的自主学习能力、创新能力的培养,为学生进一步学习食品加工与检测技术提供必要的理论基础,同时也为学生今后从事食品加工、检测和产品开发奠定坚实的基础和技术支持。

本教材为新形态一体化教材,各章节均配套了视频微课资源,实验部分配套了实际操作和讲解视频,便于学生预习、自学,以及加深对关键知识点的理解和掌握。教材注重对学生素质的培养,通过二维码配套介绍化学相关领域的先进人物和先进事迹,力求将爱国主义精神、爱岗敬业精神、奉献精神等思政教育元素融入教材。

本教材由辽宁农业职业技术学院食品药品学院高涵副教授和福建农业职业技术学院生物技术学院黄晓梅副教授担任主编并负责全书的统稿。广西生态工程职业技术学院生物技术学院粟本超副教授、辽宁农业职业技术学院食品药品学院雷恩春副教授、辽宁职业学院教务处副处长张喆讲师、辽宁农业职业技术学院食品药品学院肖彦春副教授担任副主编,黑龙江农垦职业学院食品工程分院唐民民高级工程师、黑龙江农垦职业学院食品工程分院许子刚讲师、潍坊职业学院食品药品学院朱伟伟讲师、辽宁农业职业技术学院食品药品学院孙佳讲师、中国石油化工股份有限公司大连石油化工研究院陈琳高级工程师、沈阳市农业监测总站张莹农艺师参加编写。编写的具体分工是:高涵负责导言及第三、十一、十二章以及第十七章第一节;黄晓梅负责第一、二章;粟本超负责第四章和第十八章的实验三;雷恩春负责第五、六章和第十八章的实验四、五;张喆负责第七、八章和第十八章的实验六、七;肖彦春负责第十六章和第十八章的实验十、十一;唐民民负责第九、十章和第十八章的实验七;许子刚负责第十三、十四章;朱伟伟负责第十五、第十七章第二节和第十八章的实验九；孙佳负责第十八章的实验一、十二、十三；陈琳负责第十八章的实验八；张莹负责第十八章的实验二。编写团队构成合理，从根本上保证教材内容与食品类企业工作实际相结合，适合食品类企业的用人需要。中国农业大学食品科学与营养工程学院侯士聪教授、中国农业大学食品科学与营养工程学院刘霞教授、北京农业职业学院食品与生物工程系肖海峻教授和原农业部农民科技教育培训中心陈肖安等同志对教材内容进行了初审与最终审定，在此一并表示感谢。

由于编者水平有限，加之时间仓促，教材中存在着不同程度和不同形式的错误和不妥之处，衷心希望广大读者提出宝贵意见，以便再版时修订和完善，进一步提高教材质量。

编　者

2022 年 3 月

目　录

模块二 有机化学基础

导言

认识基础化学

【学习目标】

[知识目标]

- 了解基础化学涵盖的内容
- 掌握四大化学的定义和应用领域

[能力目标]

- 理解学习化学的意义
- 能根据具体案例分辨相关内容所属哪一化学分支领域

[素质目标]

- 探究基础化学在专业技能培养中的作用
- 培养爱岗敬业、刻苦钻研的意识

【知识导图】

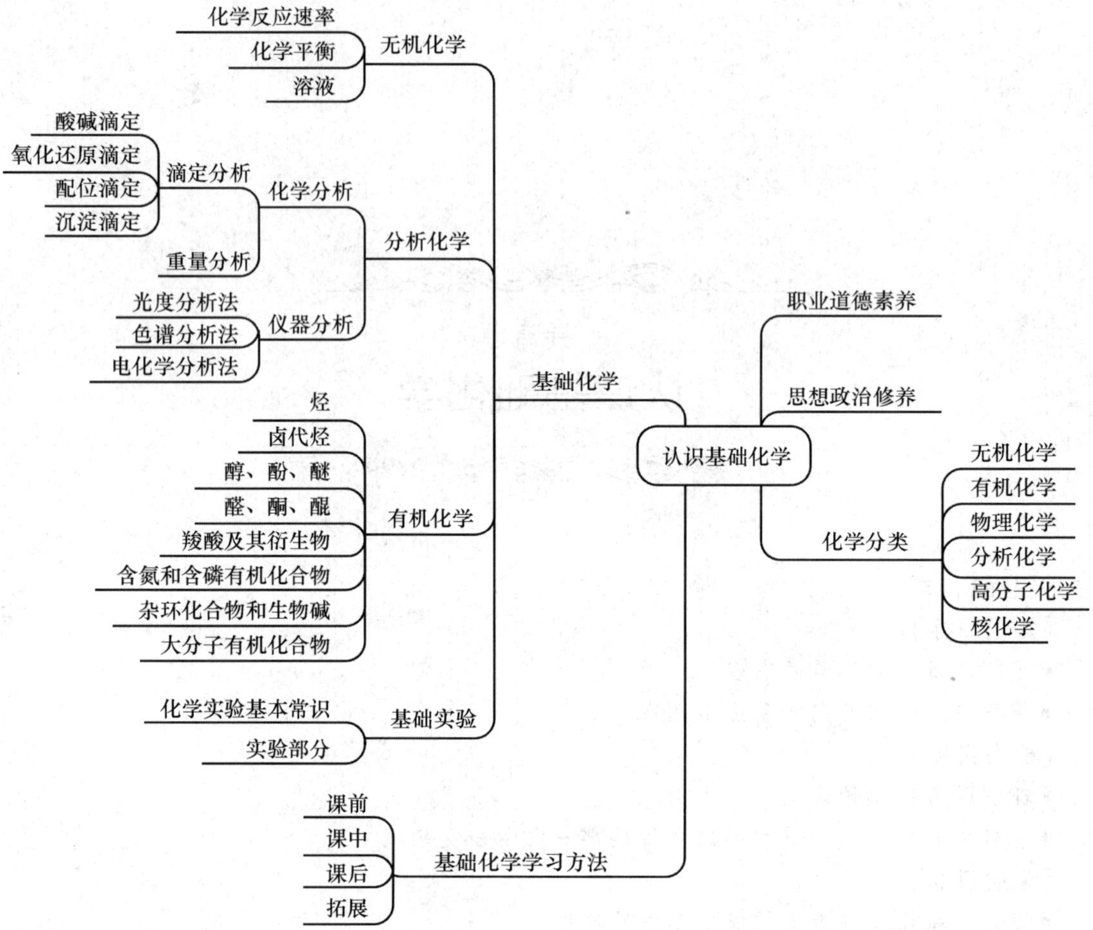

微课学习
为何要学化学

一、为何要学化学

化学是什么？我们在初中化学课程中学到过化学是研究物质的组成、结构、性质以及变化规律的科学。通俗地说，人类利用化学认识和改造物质世界。化学解决了我们生活中大部分问题，从宏观的宇宙到微观的粒子，化学无处不在，现在让我们开启化学之旅吧！

化学是一门基础自然科学，是人类认识世界、改造世界的锐利武器。目前，化学科学已经渗透到国民经济的一切技术领域，它在为人类提供丰美的食品、丰富的能源、种类繁多的材料、治疗疾病的医药，以及保护人类的生存环境等方面起了巨大的作用。

（一）食品加工与储藏

在食品加工与储藏方面，化学有着广泛应用。我国食品加工工业的发展历史比较悠久，食品加工原料的制造、提取以及加工成食品或半成品的过程中都离不开化学的支撑，随着食品加工的范围和深度不断扩展，利用化学学科的科学技术范围也越来越广。在食品生产和储运过程中，可以适当采用化学方法来提高食品的耐藏性以尽可能保持食品原有品质。比如腌渍、烟熏、加入化学制剂(食品添加剂)和涂膜等加工储藏技术就是利用化学处理方式完成的。

在食品加工与储藏方面,化学的应用有很多,这里简单举几例,例如利用化学解释如下问题:

(1)面点加工:面包烤的比蒸的香,是因为发生美拉德反应。

(2)罐头制作:做罐头黄桃脱皮过程是先利用氢氧化钠使桃皮与桃肉分离,再用盐酸中和剩余的氢氧化钠调节 pH。

(3)加工原料:高筋面粉和低筋面粉的区别在于蛋白质含量不同,因此在面点加工中高筋面粉用于面包制作,而低筋面粉用于蛋糕制作。

(4)豆腐制作:卤水点出豆腐是因为在盐的作用下蛋白质发生了变性。

(5)酿酒过程:酿酒是利用微生物使淀粉转化为乙醇。

(6)膨化食品加工:一般膨化食品充气为氮气,既便于贮存、运输,也能防止食品发生氧化,延长货架期。

(7)面包储藏:面包最好常温存放,不放冷藏,低温下淀粉易老化,影响口感。

(二)食品中营养成分的分析

食品营养成分就是指食品中对人体具有营养学意义的成分。主要有蛋白质、脂肪、碳水化合物、维生素、矿物质(也称为无机盐)和水。其中,蛋白质、脂肪和碳水化合物被称为三大营养物质。它们都是动植物食品中的主要组成成分,能供给机体能量。无机盐和维生素则不能给人类提供热量,但它们是人体多种酶和生理活性物质的重要组成部分。食品营养成分的摄入是否合理直接关系着人体的健康,但是没有一种天然的食物能供给人体所需的全部营养素。因此,对食品进行营养成分分析,掌握食品中营养物质的质和量,指导人们合理膳食,对食品的生产、加工、运输、储藏、销售过程进行营养成分的检测,及时了解食品品质的变化具有重要意义。

(三)食品添加剂和有害成分的分析

食品添加剂,指为改善食品品质和色、香、味以及为防腐、保鲜和加工工艺的需要而加入食品中的人工合成物质或天然物质。食品添加剂在食品加工中可以起到重要的作用。合理使用食品添加剂可以防止食品腐败变质,保持或增强食品的营养,改善或丰富食物的色、香、味等。通过化学的学习,可以使我们知道食品添加剂的分类、作用机理、定性及定量的方法及如何合理使用。通过化学的学习,我们可以从本质上了解食品添加剂,不再谈添加剂色变。例如,并非不添加防腐剂的食品就一定健康,不使用防腐剂具有更大的危险性,这是因为变质的食物往往会引起食物中毒。另外,防腐剂除了能防止食品变质外,还可以杀灭曲霉素菌等产毒微生物,这无疑是有益于人体健康的。

食品中有害成分包括过敏原、有害糖苷类、重金属、农药残留、兽药残留、抗营养素、加工及储藏中产生的有害成分、生物毒素等。通过化学的学习,我们可以了解各种有害成分的结构、化学性质及毒理性质等,进而掌握鉴别分析乃至去除食品中有害成分的方法。

(四)功能性成分分析

功能性食品是指具有特定营养保健功能的食品,即适宜于特定人群食用,具有调节肌体功能,不以治疗为目的的食品。功能性食品有时也称为保健食品。在学术与科研上,叫“功能性食品”更科学些。功能性食品包括增强人体体质的食品、防止疾病的食品、有助于恢复健康的食品、调节身体节律的食品和延缓衰老的食品。想了解功能性食品的功效，就需要对食品中的功能性成分进行化学分析。

微课学习
化学的分类

二、化学的分类

根据当今化学学科的发展以及它与天文学、物理学、数学、生物学、医学、地学等学科相互渗透的情况，化学可分为无机化学、有机化学、物理化学、分析化学、高分子化学、核化学。其他与化学有关的边缘学科还有地球化学、海洋化学、大气化学、环境化学、宇宙化学、星际化学等（表 0-1）。

表 0-1　化学分类表

一级分类	二级分类		
无机化学	元素化学	配位化学	同位素化学
	无机固体化学	无机合成化学	无机分离化学
	物理无机化学	生物无机化学	无机化学其他学科
有机化学	元素有机化学	天然产物有机化学	有机固体化学
	有机合成化学	有机光化学	物理有机化学
	生物有机化学	有机化学其他学科	
分析化学	化学分析	电化学分析	光谱分析
	波谱分析	质谱分析	热谱分析
	色谱分析	光度分析	放射分析
	状态分析与物相分析	分析化学计量学	分析化学其他学科
物理化学	化学热力学	化学动力学	结构化学
	量子化学	胶体化学与界面化学	催化化学
	热化学	光化学	电化学
	磁化学	高能化学	计算化学
	物理化学其他学科		
高分子化学	无机高分子化学	天然高分子化学	功能高分子化学
	高分子合成化学	高分子物理化学	高分子光化学
	高分子化学其他学科		
核化学	放射化学	核反应化学	裂变化学
	聚变化学	核转变化学	环境放射化学

（一）无机化学

1. 定义

无机化学是除碳氢化合物及其衍生物外，对所有元素及其化合物的性质和它们的反应进行实验研究和理论解释的科学，是化学学科中发展最早的一个分支学科。

2. 研究领域

无机化学在成立之初，其知识内容已有四类，即事实、概念、定律和学说。用感官直接观察事物所得的材料，称为事实；对于事物的具体特征加以分析、比较、综合和概括得到概念，如元素、化合物、化合、化分、氧化、还原、原子等皆是无机化学最初明确的概念；组合相应的概念以概括相同的事实则成定律，例如，不同元素化合成各种各样的化合物，总结它们的定量关系得出质量守恒、定比、倍比等定律；建立新概念以说明有关的定律，该新概念又经实验证明为正确的，即成学说。例如，原子学说可以说明当时已成立的有关元素化合质量关系的各定律。

由于各学科的深入发展和学科间的相互渗透，形成了许多跨学科的新的研究领域。无机化学与其他学科结合而形成的新兴研究领域很多，例如生物无机化学就是无机化学与生物化学结合的边缘学科。现代物理实验方法，如 X 射线、中子衍射、电子衍射、磁共振、光谱、质谱、色谱等方法的应用，使无机物的研究由宏观深入到微观，从而将元素及其化合物的性质和反应同结构联系起来，形成现代无机化学。现代无机化学就是应用现代物理技术及物质微观结构的观点来研究和阐述化学元素及其所有无机化合物的组成、性能、结构和反应的科学。无机化学的发展趋势主要是新型化合物的合成和应用，以及新研究领域的开辟和建立。

（二）有机化学

1. 定义

有机化学是研究碳氢化合物及其衍生物的组成、结构、性质及其合成的科学，也是与生命科学关系最密切的一门科学。

2. 研究领域

有机化学发展的初期，有机化学工业的主要原料是动、植物体，有机化学主要研究从动、植物体中分离有机化合物。19 世纪中期到 20 世纪初，有机化学工业逐渐变为以煤焦油为主要原料。合成染料的发现使染料、制药工业蓬勃发展，推动了对芳香族化合物和杂环化合物的研究。20 世纪 30 年代以后，以乙烯为原料的有机合成兴起，40 年代前后，有机化学工业的原料又逐渐转变为以石油和天然气为主，发展了合成橡胶、合成塑料和合成纤维工业。由于石油资源日趋枯竭，以煤为原料的有机化学工业必将重新发展。当然，天然的动、植物和微生物体仍是重要的研究对象。

（三）分析化学

1. 定义

分析化学是关于研究物质的组成、含量、结构和形态等化学信息的分析方法及理论的一门科学。

分析化学的主要任务是鉴定物质的化学组成（元素、离子、官能团、或化合物）、测定物质的有关组分的含量、确定物质的结构（化学结构、晶体结构、空间分布）和存在形态（价态、配位态、结晶态）及其与物质性质之间的关系等，主要是进行结构分析、形态分析和能态分析。

2. 研究领域

分析化学以化学基本理论和实验技术为基础，吸收物理、生物、统计、电子计算机、自动化等方面的知识以充实本身的内容，从而解决各种分析问题：

（1）物质中有哪些元素和（或）基团（定性分析）；

(2)每种成分的数量或物质纯度如何确定(定量分析);

(3)物质中原子彼此如何连接而成分子和在空间如何排列(结构和立体分析)。

分析化学研究对象从单质到复杂的混合物和大分子化合物,从无机物到有机物,从低分子量到高分子量。样品可以是气态、液态和固态。

三、化学实验人员必备职责

(一)清楚了解检测工作的重要意义

党的十八大以来,党中央高度重视发展质量,明确提出把推动发展的立足点转到提高质量和效益上来。习近平总书记提出了"三个转变",即要推动中国制造向中国创造转变,中国速度向中国质量转变,中国产品向中国品牌转变。检验工作是控制产品质量的关键。企业通过对生产过程中各个环节和各道工序的质量检验,保证不合格的原材料不投产、保证不合格的半成品不流入下道工序、保证不合格的产品不出厂。产品检验系统把质量检验信息及时报告和反馈给企业,为企业研究解决产品质量问题提供依据,从而不断改进和提高产品质量,提高企业的经济效益和社会效益。

(二)化学实验人员必备的岗位素质

(1)认真贯彻执行质量检验标准,严格执法、不徇私情、正确判决,对检验结果的正确性负责。

(2)系统掌握检验方法和检验所依据的标准,了解检验过程。

(3)做好检验的一切准备工作(包括仪器、设备、试剂、药品、标本等),并保证达到检验要求。对所领用的精密贵重仪器要加强管理,经常检查,精密贵重仪器要建立档案,明确责任。

(4)遵守实验室制度,按时上、下班,工作时要坚守岗位,配合领导加强对实验室的安全管理工作。

(5)要经常打扫和保持实验室的环境卫生,使用的仪器、药品保持整洁,放置有序,标志分明。

(6)加强仪器设备和器材的管理,保证账、卡、物相符,如有损坏、丢失及时上报处理。对超限、损坏严重无法修理的仪器、设备和失效药品,及时统一上报,经批准后进行妥善处理,任何人不得擅自拆改拿用。

(7)坚持节约精神,严格控制实验中各类药品的使用量,不得随意浪费。

(8)确保人身安全,防止触电、中毒、爆炸等危险事故发生,实验结束认真检查实验室门窗、水、电是否关好,发现有不安全因素要及时报告,对废液按相关规定及时销毁处理。

(9)认真填写质量检验记录,保证内容完整清晰、真实、准确和具有可追溯性,并将检验记录定期存档。

本章小结

1. 化学的分类:无机化学、有机化学、分析化学、物理化学、高分子化学、核化学等。

2. 本书中,基础化学教学内容主要包括:无机及分析化学基础知识、有机化学基础知识和基础实验操作技能培养。

3. 化学实验人员需具备的思想政治修养:热爱祖国、文明工作、公正判断、依法守法、爱岗敬业、诚实守信。

4. 化学实验人员需具备的职业素养：安全为首、忠于职守、刻苦钻研、严谨细致、勤俭节约、勇于创新。

思政小课堂

爱国化学家纪育沣

推荐资源

基础化学在线开放课

模块一　无机及分析化学基础

第一章

化学反应速率和化学平衡

【学习目标】

[知识目标]

- 理解化学反应速率的概念和表示方法
- 掌握化学平衡的概念，理解平衡常数的意义
- 理解勒夏特列原理

[能力目标]

- 独立完成化学平衡的简单计算
- 能根据浓度、温度、压力等外界条件变化判断化学平衡移动方向

[素质目标]

- 主动探究无机化学知识在专业技能培养中的作用
- 培养爱岗敬业、刻苦钻研的职业素养

【知识导图】

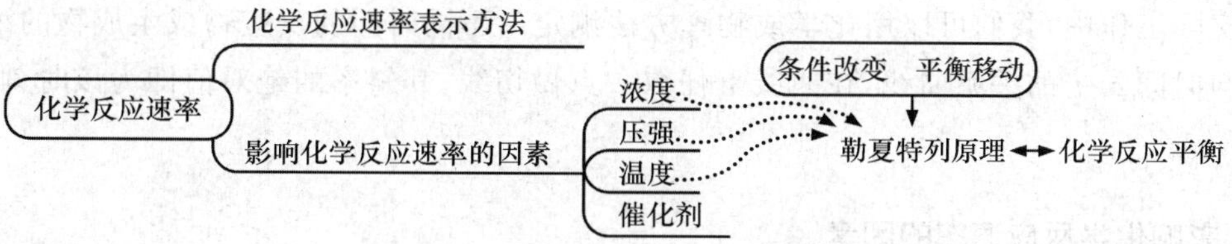

第一节 化学反应速率

不同的化学反应进行的快慢不同，有的反应快到瞬间完成，如酸碱中和反应，有的反应较为缓慢，一般不易察觉，如食品的变质需要数小时甚至几天，农药降解需要数天、数月乃至数十年，而石油、煤的形成需要数百万年乃至更长时间。

一、化学反应速率表示方法

化学反应速率是用来衡量化学反应进行快慢程度的，通常用单位时间内反应物浓度的减少或生成物浓度的增加来表示。由于大多数化学反应在反应进行中速率是不均匀的，因此在描述反应速率时，有瞬时速率和平均速率两种表示方法。平均速率用 $\bar{v}=\frac{\Delta c}{\Delta t}$表示，瞬时速率用 v_i 表示。

例如，在定容条件下进行工业合成氨反应，起始时，氮气浓度为 2 mol·L^{-1}，氢气浓度为 6 mol·L^{-1}，反应 3 min 后，生成氨气浓度为 1 mol·L^{-1}，则反应平均速率为

	$N_2(g)$ +	$3H_2(g)$ ⇌	$2NH_3$
起始浓度	2.0 mol·L^{-1}	6.0 mol·L^{-1}	0 mol·L^{-1}
3 min 时的浓度	1.4 mol·L^{-1}	4.2 mol·L^{-1}	1.2 mol·L^{-1}

则以 N_2、H_2、NH_3 的浓度变化表示化学反应速率分别为：

$$v(N_2)=\frac{2.0-1.4}{3}=0.2(\text{mol}\cdot\text{L}^{-1})$$

$$v(H_2)=\frac{6.0-4.2}{3}=0.6(\text{mol}\cdot\text{L}^{-1})$$

$$v(NH_3)=\frac{1.2-0}{3}=0.4(\text{mol}\cdot\text{L}^{-1})$$

平均速率只对慢反应有实际意义，而对快反应一般只能用瞬时速率表示。对于同一个化学反应来说，平均速率可以用反应中的反应物或生成物的浓度变化表示，尽管数据可能不同，但表示的意义却相同。当公式 $\bar{v}=\frac{\Delta c}{\Delta t}$中的 Δt 无限趋于零时，得到的就是反应瞬时速率。

瞬时速率表达式 $$v_i=\lim_{\Delta t\to 0}\frac{\Delta c_i}{\Delta t}=\pm\frac{\mathrm{d}c_i}{\mathrm{d}t} \qquad (1\text{-}1)$$

在实际工作中，我们可以用化学或物理方法测定出不同时间的反应物或生成物的浓度，绘制浓度与时间 c_i-t 的关系曲线，在曲线上任取一点做切线，其斜率的绝对值即为该时刻的瞬时速率 v_i。

二、影响化学反应速率的因素

不同的化学反应有着不同的反应速率，反应速率大小主要取决于反应物的本性，如反映物结构、组成等。此外，反应速率还受外界因素影响，如反应物浓度、反应温度、催化剂等。

（一）浓度对反应速率的影响

1. 基元反应和非基元反应

实验证明，绝大多数化学反应并不是一步反应就完成，实际上是分步进行的。最终总反应方程式只反映了反应物与生成物之间的化学计量关系，并不代表反应的实际历程。例如，

N_2O_5 的分解反应：

$$2N_2O_5 \longrightarrow 4NO_2 + O_2$$

其实际上是分三步完成的：

$$N_2O_5 \longrightarrow N_2O_3 + O_2 \quad (慢反应)$$
$$N_2O_3 \longrightarrow NO_2 + NO \quad (快反应)$$
$$N_2O_5 + NO \longrightarrow 3NO_2 \quad (快反应)$$

上述分步反应中的每一步具体反应都是由反应物直接生成产物的，这种反应称为基元反应，也称简单反应。由两个或者两个以上的基元反应构成的化学反应称为非基元反应，在非基元反应中各步反应速率是不相同的，而整个复杂反应（非基元反应）的反应速率则取决于其中最慢的一步反应。这个慢反应也称为限速步骤。

2. 质量作用定律

实验表明，一定温度下基元反应的反应速率与各反应物浓度幂的乘积成正比。幂指数等于化学反应方程式中相应反应物的系数。这一规律称为质量作用定律。表示反应速率与反应物浓度之间的定量关系式称为速率方程。

例如，恒温下，某一基元反应：

$$aA + bB = dD + eE$$

其反应速率表示为：

$$v = k \cdot c_A^a \cdot c_B^b \tag{1-2}$$

式中，c_A、c_B 分别为反应物 A、B 的浓度（$mol \cdot L^{-1}$）；v 为反应速率；比例系数 k 为反应速率常数，简称速率常数，在数值上等于反应物浓度均为单位浓度（$1\ mol \cdot L^{-1}$）时的反应速率，其大小取决于基元反应本质、反应温度和催化剂等因素，与反应物浓度无关。上述速率方程定量表示了浓度对反应速率的影响，反应物浓度增大，则反应速率也增大。

（二）压力对反应速率的影响

对于气体反应物来说，当温度一定时，一定量气体的体积与其所受的压力成反比。也就是说，如果气体的压力增大到原来的 2 倍，气体的体积就缩小到原来的 1/2，单位体积内的分子数就增加到原来的 2 倍（图 1-1）。所以，增大压力就是增大单位体积内反应物的浓度，从而可以增大反应速率；相反，减小压力，气体的体积就扩大，浓度则减小，因此反应速率也减小。

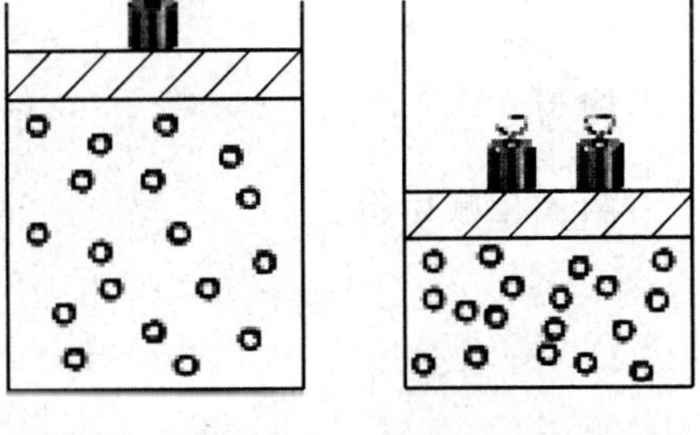

图 1-1　压力大小与气体体积的关系

如果参与反应的物质是固体或液体，由于改变压力对反应物体积的改变很小，可以认为压力与该反应的反应速率无关。

(三)温度对反应速率的影响

实验证明,温度对反应速率的影响是显著的。对于大多数反应来说,无论是放热反应还是吸热反应,反应温度升高,反应速率就增大。根据范托夫定律,一定温度范围内,温度每升高 10 ℃,反应速率增加 2～4 倍。根据理论计算,温度每升高 10 ℃,分子在单位时间内的碰撞次数仅增加 2%左右,这说明碰撞次数的增加并不是反应速率加快的主要原因,而是温度升高,反应体系中分子的能量普遍增大,使得有更多的普通分子获得能量成为活化分子,提高了活化分子的比例,使单位时间内分子间的有效碰撞次数显著增加,因此反应速率大大加快。实验证明,温度对反应速率的影响程度比浓度要大很多。例如,氢气和氧气化合生成水的反应:

$$2H_2 + O_2 = 2H_2O$$

在室温下,反应基本难以察觉,如果将温度提高至 500 ℃,只需要 2 h 左右就可以反应完成,而 600 ℃以上则会发生爆炸。

温度对反应速率的影响是很普遍的。如食品加工中,面粉醒发在高温下要比低温来得快,食物在夏季比冬季更易变质。那么温度和反应速率之间究竟有怎样的定量关系呢?

1899 年阿伦尼乌斯根据实验数据结果得出,温度 T 与反应速率常数 k 的定量关系式为:

$$k = A\mathrm{e}^{-\frac{E_a}{RT}} \tag{1-3}$$

式中,k 为速率常数;T 为热力学温度;A 为指前因子,为给定反应的特征常数,与 k 单位相同;e 为自然对数的底(e=2.718);R 为摩尔气体常数,等于 8.314 $\mathrm{J \cdot mol^{-1} \cdot K^{-1}}$;$E_a$ 为活化能。式(1-3)的对数形式表示为:

$$\ln k = -\frac{E_a}{RT} + \ln A \tag{1-4}$$

不同温度下同一反应有着不同的反应速率常数,利用阿伦尼乌斯方程可得到两个不同温度 T_1、T_2 时的反应速率常数 k_1、k_2 之间的关系。

温度为 T_1 时: $$\ln k_1 = -\frac{E_a}{RT_1} + \ln A$$

温度为 T_2 时: $$\ln k_2 = -\frac{E_a}{RT_2} + \ln A$$

将两式相减可得:

$$\ln k_1 - \ln k_2 = -\frac{E_a}{R} \times \left(\frac{1}{T_1} - \frac{1}{T_2}\right) \text{或} \ln\frac{k_2}{k_1} = \frac{E_a}{R} \times \left(\frac{T_2 - T_1}{T_1 T_2}\right)$$

由上式可以看出,温度升高即 $T_2 > T_1$,则 $\ln\frac{k_2}{k_1} > 0$,即 $k_2 > k_1$,说明温度升高,反应速率常数 k 增大,反应速率增大;反之,温度降低,反应速率常数 k 减小,反应速率减小。

(四)催化剂对化学反应速率的影响

催化剂是一种能改变化学反应速率,而自身在反应前后质量和化学组成均不改变的物质。

催化剂能改变反应速率的作用称为催化作用。

凡是能加快反应速率的催化剂叫正催化剂，如合成氨反应中使用的铁催化剂；凡是减慢反应速率的催化剂叫作负催化剂，如防止食品、药品等变质所添加的某些物质。一般情况下，我们所提到的催化剂为正催化剂。

催化剂改变化学反应速率的机理是催化剂通过改变反应历程，降低反应活化分子的活化能，以提高反应活化分子百分数，使得分子间的有效碰撞次数增多，从而加快反应速率。如图 1-2 所示。

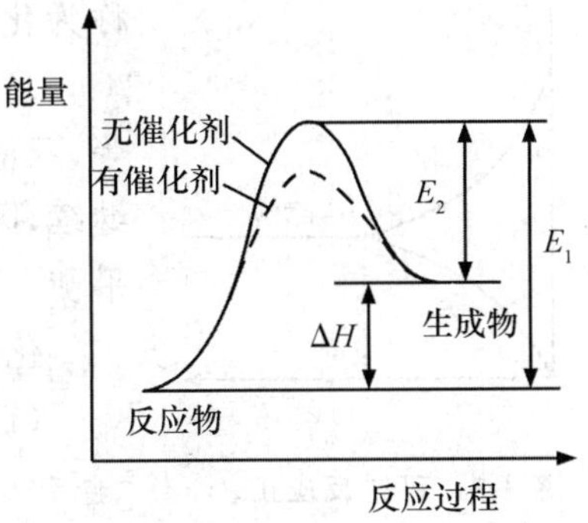

图 1-2　催化剂改变反应历程

催化剂具有以下特征：(1)反应前后其质量和化学组成不变；(2)有一定的选择性，一般情况一种催化剂只催化一种或少数几种反应；(3)对于可逆反应，催化剂同时催化正反应与逆反应；(4)催化剂使用量不多但对反应速率影响较大。

第二节　化 学 平 衡

我们研究一个化学反应，除了关注其反应速率外，还要研究其反应进行的程度。这就是通常化学平衡所涉及的问题。

一、可逆反应与化学平衡

(一)可逆反应

化学反应一般分为可逆反应和不可逆反应两种类型。化学反应具有方向性。一些化学反应进行的结果，反应物能完全变为生成物，即反应能进行到底。例如，当氯酸钾加热时，它会完全分解为氯化钾和氧气；反过来，如用氯化钾和氧气来制备氯酸钾，在现有条件下是不可能的。这种几乎只能朝着一个方向进行的反应就是不可逆反应，反应方程式用“＝”表示。而在一定条件下，一个反应既能由反应物转化为生成物，同时又能由生成物转化为反应物，这种反应就称为可逆反应，反应方程式用“$\rightleftharpoons$”表示。

大多数反应为可逆反应。例如，二氧化硫溶于水产生亚硫酸的反应，二氧化硫与水反应生成亚硫酸，同时有部分亚硫酸分解产生二氧化硫和水：

$$SO_2 + H_2O \rightleftharpoons H_2SO_3$$

(二)化学平衡

在可逆反应中，同时存在正、逆反应。从左向右的反应称为正反应，从右向左的反应称为逆反应。上述反应中，在一定条件下，将 SO_2 通入水中，刚开始时，反应物 SO_2 浓度大，正反应速率较大，溶液中还没有产生 H_2SO_3，逆反应速率几乎为零，随着正反应不断进行，反应物 SO_2 浓度不断降低，正反应速率也随之减小；与此同时，随着生成物 H_2SO_3 的不断生成，逆反应速率慢慢加快，达到某一时刻，正、逆反应速率相等时，体系中反应物和生成物浓

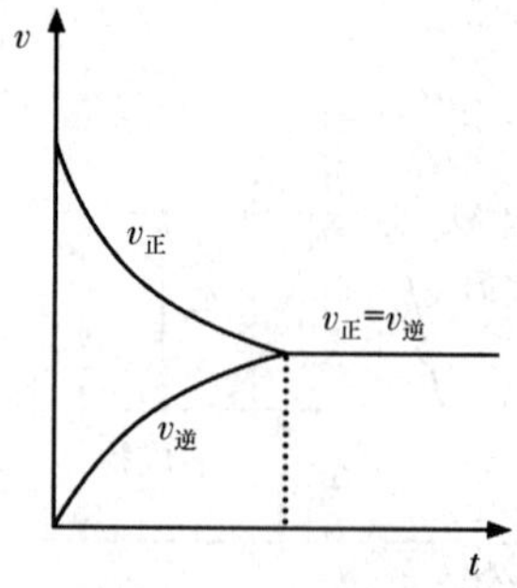

图 1-3 可逆反应正、逆反应的 v-t 曲线

度不再随着时间改变而发生变化时，该反应体系所处的状态，称为化学平衡状态。如图 1-3 所示。

当反应达到化学平衡状态时，尽管正反应与逆反应速率相等，反应物与生成物浓度不随时间改变而变化，但正、逆反应仍在继续，因此化学平衡状态是一个有条件的、相对的、暂时的动态平衡。

化学平衡具有以下特点：

(1)达到化学平衡时，正反应速率等于逆反应速率，即 $v_{正}=v_{逆}\neq 0$。

(2)条件不变的情况下，反应物和生成物浓度保持恒定。

(3)化学平衡是一个动态平衡。

(4)化学平衡是有条件的平衡，当外界条件发生改变时，平衡状态被破坏，平衡会发生移动，直到建立新的平衡。

二、标准平衡常数及其表达

在一定条件下，可逆反应达到化学平衡状态时，反应体系中各物质的浓度均保持恒定。实验证明，在一定温度下的平衡体系中，各物质的浓度之间存在着一定的数量关系。

(一)标准平衡常数

对于任一可逆反应 $a\mathrm{A}+b\mathrm{B}\rightleftharpoons d\mathrm{D}+e\mathrm{E}$，一定温度下，反应达到平衡时，体系中各物质浓度的关系表达式为：

$$k_c^{\ominus}=\frac{(c_{\mathrm{D}}/c^{\ominus})^d\cdot(c_{\mathrm{E}}/c^{\ominus})^e}{(c_{\mathrm{A}}/c^{\ominus})^a\cdot(c_{\mathrm{B}}/c^{\ominus})^b} \tag{1-5}$$

式中，$c^{\ominus}$ 为标准浓度，$c^{\ominus}=1\ \mathrm{mol}\cdot\mathrm{L}^{-1}$；$k_c^{\ominus}$ 为该化学平衡的标准浓度平衡常数，即在一定温度下，可逆反应达到平衡时，各生成物相对浓度(相对于标准浓度 $c^{\ominus}$)的化学计量数次方乘积与反应物相对浓度的化学计量数次方之比。

若上述反应为一气相反应，且反应体系中各物质均为气态，由于温度一定时，气体分压大小与浓度成正比，可用平衡时体系各气体的分压相对值来替代气态物质的浓度相对值，得到标准压力平衡常数表达式：

$$k_p^{\ominus}=\frac{(p_{\mathrm{D}}/p^{\ominus})^d\cdot(p_{\mathrm{E}}/p^{\ominus})^e}{(p_{\mathrm{A}}/p^{\ominus})^a\cdot(p_{\mathrm{B}}/p^{\ominus})^b} \tag{1-6}$$

式中，$p^{\ominus}$ 为标准压力，$p^{\ominus}=100\ \mathrm{kPa}$。

标准平衡常数是无单位的，为简便起见，通常标准平衡常数计算表达式中标准浓度 $c^{\ominus}$ 和 $p^{\ominus}$ 可省去。

(二)标准平衡常数表达式的书写和应用

(1)写入平衡常数表达式的各物质的浓度或分压，必须是在反应体系处于平衡状态时对应的值。

(2)平衡常数表达式要与计量方程式相对应。同一个化学反应，反应方程式写法不同，平衡常数 $k^{\ominus}$ 表达式不同，其数值也不同。例如：

$$2SO_2(g)+O_2(g)\rightleftharpoons 2SO_3(g) \qquad k_{p_1}^{\ominus}=\frac{[p(SO_3)]^2}{[p(SO_2)]^2\cdot[p(O_2)]}$$

$$SO_2(g)+\frac{1}{2}O_2(g)\rightleftharpoons SO_3(g) \qquad k_{p_2}^{\ominus}=\frac{[p(SO_3)]}{[p(SO_2)]\cdot[p(O_2)]^{\frac{1}{2}}}$$

(3)如果在反应物或生成物中有固体或纯液体，不要将它们写入平衡常数表达式中，如：

$$Ag_2SO_4(s)\rightleftharpoons 2Ag^+(aq)+SO_4^{2-}(aq)$$

$$k_c^{\ominus}=[c(Ag^+)]^2\cdot[c(SO_4^{2-})]$$

(4)温度发生变化，化学反应的平衡常数也随之改变，因此，使用平衡常数应注意相应的温度。

(三)平衡常数的意义

1.衡量反应进行的程度

平衡常数大，表示正反应进行的程度大。温度一定时，每个反应都有其固有的平衡常数值。可用平衡常数 $k^{\ominus}$ 比较在相同条件下同类反应所进行的程度，也可以比较同一反应在不同条件下反应进行的程度。

2.判断反应进行的方向

一个反应是否达到平衡，可用平衡常数与任意状态下反应中的浓度商进行比较确定。浓度商指任意状态下各生成物浓度幂的乘积与各反应物浓度幂的乘积之比，用 Q_c 表示。如果是气体反应，也可用分压代替浓度。

判断依据为：

(1)当 $Q_c>k^{\ominus}$ 时，反应逆向移动直到建立平衡状态。

(2)当 $Q_c<k^{\ominus}$ 时，反应正向移动直到建立平衡状态。

(3)当 $Q_c=k^{\ominus}$ 时，反应处于平衡状态，即达到反应的最大限度。

3.多重平衡常数

有的化学平衡体系中会出现同时存在多个相互关联的化学平衡，且至少有一种物质或离子同时参与几种相互关联的平衡，这种现象称为多重平衡。例如，水煤气生产中同时存在四个平衡：

$$(1)C(s)+H_2O(g)\rightleftharpoons CO(g)+H_2(g) \qquad k_1^{\ominus}=\frac{[p(CO)]\cdot[p(H_2)]}{[p(H_2O)]}$$

$$(2)CO(g)+H_2O(g)\rightleftharpoons CO_2(g)+H_2(g) \qquad k_2^{\ominus}=\frac{[p(CO_2)]\cdot[p(H_2)]}{[p(CO)]\cdot[p(H_2O)]}$$

$$(3)C(s)+2H_2O(g)\rightleftharpoons CO_2(g)+2H_2(g) \qquad k_3^{\ominus}=\frac{[p(CO_2)]\cdot[p(H_2)]^2}{[p(H_2O)]}$$

$$(4)C(s)+CO_2(g)\rightleftharpoons 2CO(g) \qquad k_4^{\ominus}=\frac{[p(CO)]^2}{[p(CO_2)]}$$

第(3)(4)平衡式可看作通过第(1)(2)两平衡式的建立而形成的，第(3)或(4)平衡式是由第(1)和(2)两个平衡式相加(或相减)而得，则它们彼此间平衡常数存在如下相乘(或相除)的关系：$k_3^{\ominus}=k_1^{\ominus}\cdot k_2^{\ominus}$ 或 $k_4^{\ominus}=k_1^{\ominus}/k_2^{\ominus}$。

由此得出多重平衡规则：在相同条件下，如有两个反应方程式相加或相减得到第三个反应方程式，则第三个反应方程式的平衡常数为前两个反应方程式的平衡常数之积(商)。多重平衡的平衡常数间的这种关系在化学中可用于间接计算一些未知的平衡常数。

第三节 化学平衡的移动

化学平衡是有条件的、相对的、暂时的。当外界条件(如浓度、压力、温度等)改变时，正、逆反应速率就会发生变化，不再相等，平衡就被破坏，直到在新的条件下重新建立平衡状态。因条件改变而使平衡被破坏，体系中各物质浓度发生变化的过程，称为化学平衡移动。

一、影响化学平衡移动的因素

(一)浓度对化学平衡的影响

对于任意一个可逆反应 $aA+bB \rightleftharpoons dD+eE$，当反应达到平衡时，增加或减少反应物或生成物的浓度，都会引起化学平衡的移动。若增加反应物浓度或减少生成物浓度，$v_{正}>v_{逆}$，$Q_c<k$，平衡向右移动；反之，若减少反应物浓度或增加生成物浓度，$v_{正}<v_{逆}$，$Q_c>k$，平衡向左移动。

(二)压力对化学平衡的影响

压力的变化对液相或固相反应的平衡几乎没有影响，但对气相反应影响较为明显。如果对处于化学平衡的混合气体进行压缩，不论反应物还是生成物的体积都将减小，此时它们的浓度相应增大了，那么这种情况下化学平衡会向哪个方向移动呢？这就要根据反应的具体情况来进行分析。例如，合成氨的过程：

$$N_2(g)+3H_2(g) \rightleftharpoons 2NH_3(g)$$

从上述反应可以看出，反应前后反应物气体总分子数与反应后生成物分子数相比较是减少的，即气体体积从反应前到反应后是减少的。实验证明，压力增大，平衡向气体分子数减少即体积减小的方向移动，这样有利于氨的合成。

由此可以得出，对于反应前后气体分子数不等的反应的化学平衡来说，在其他条件不变的情况下，增大压力，平衡向气体分子数减小即体积减小的方向移动；反之，降低压力，平衡向气体分子数增加即体积增大的方向移动。

对于反应前后气体分子数没有发生变化的可逆反应，改变压力大小，平衡不会发生移动。如：

$$CO(g)+H_2O(g) \rightleftharpoons CO_2(g)+H_2(g)$$

(三)温度对化学平衡的影响

化学反应常伴随着热量的变化，对于一个可逆反应，若正反应是放热反应，则其逆反应是吸热反应，且放出的热量与吸收的热量是相同的。

对于一个可逆反应，浓度和压力对化学平衡的影响是在温度不变条件下改变了反应商 Q 值，从而引起平衡移动，但其化学平衡常数 k 值不变。而温度对化学平衡的影响是随着温度的变化使得平衡常数 k 值发生变化，引起化学平衡移动。在其他条件不变的情况下，温度对平衡的影响，是建立在对吸热反应和放热反应的速率变化影响程度不同的基础上的。当反应体系温度升高时，正反应、逆反应速率都会加快，但增加的倍数不同，吸热反应速率增大倍数大于放热反应速率增大倍数，使得平衡会向吸热反应方向移动；降低温度，正反应、逆反应速率都会减小，且吸热反应速率减小倍数更大，平衡向放热反应方向移动。这是因为吸热反应的活化能总是大于放热反应的活化能，因而温度变化对吸热反应速率影响更明显。所以，当温度升高，化学平衡向可逆反应中的吸热反应方向移动；反之，温度降低，平衡向放热反应方向移动。

(四)催化剂对化学平衡移动的影响

对于可逆反应，使用催化剂能同等程度改变正、逆反应速率。因此，在处于平衡状态的反应体系中加入催化剂后，正、逆反应速率仍然相等，且平衡常数不发生变化，这样就不会使平衡发生移动。但如在平衡未建立前加入催化剂，可通过大大提高正、逆反应速率，缩短到达平衡的时间。

二、勒夏特列原理及其实践意义

在一个可逆反应的平衡体系中，增大反应物浓度，平衡就向正反应方向进行；有气体参与反应的平衡体系中，增大体系压力，平衡就向减小气体分子数的方向移动；升高温度，平衡向吸热反应方向进行。1884 年，法国科学家勒夏特列综合温度、浓度、压力、催化剂等条件对化学平衡影响，总结出一条有关平衡移动的规律：如果改变平衡体系的某个条件（如温度、浓度、压力等），平衡就向着能减弱这种改变的方向进行。该规律适用于已达到平衡的反应体系，不适用于未平衡体系。

随着现代化进程的加快，能源与资源不断减少，在生产实践中，人们越来越重视节约能源，追求资源利用的最大化，因此，如何采用最科学的工艺技术、提高原材料的利用率、提高产率、缩短生产周期、降低生产成本等，都可以通过结合生产实际合理利用勒夏特列原理来实现。如合成氨生产可通过加压、高温催化来促进平衡向右进行，从而提高产率；硫酸工业生产中，通过加入过量的 O_2 来提高二氧化硫转化为三氧化硫的效率。

本章小结

1. 化学反应速率是指一定条件下用单位时间内任一反应物浓度的减少量或生成物浓度的增加量来表示。

2. 影响化学反应速率的因素有基元反应、非基元反应和质量作用定律。

3. 化学平衡特点：等、定、动、变。

4. 勒夏特列原理：如果改变平衡体系的某个条件（如温度、浓度、压力等），平衡就向着能减弱这种改变的方向进行。该规律适用于已达到平衡的反应体系，不适用于未平衡体系。

巩固测试

第一章测试题

思政小课堂

化学在能源开发利用方面的贡献——电池发展史

第二章
溶　　液

【学习目标】

[知识目标]

- 掌握各种溶液的浓度表示形式
- 理解稀溶液的依数性
- 掌握胶体结构和性质
- 掌握弱电解质的解离常数、电离度概念

[能力目标]

- 独立完成溶液的浓度、稀溶液的依数性、电解质的解离常数、电离度有关计算及应用
- 掌握常用缓冲溶液的配制方法及 pH 计算

[素质目标]

- 主动探究溶液相关知识在化工相关领域中的应用
- 培养实事求是、探索求新的意识

【知识导图】

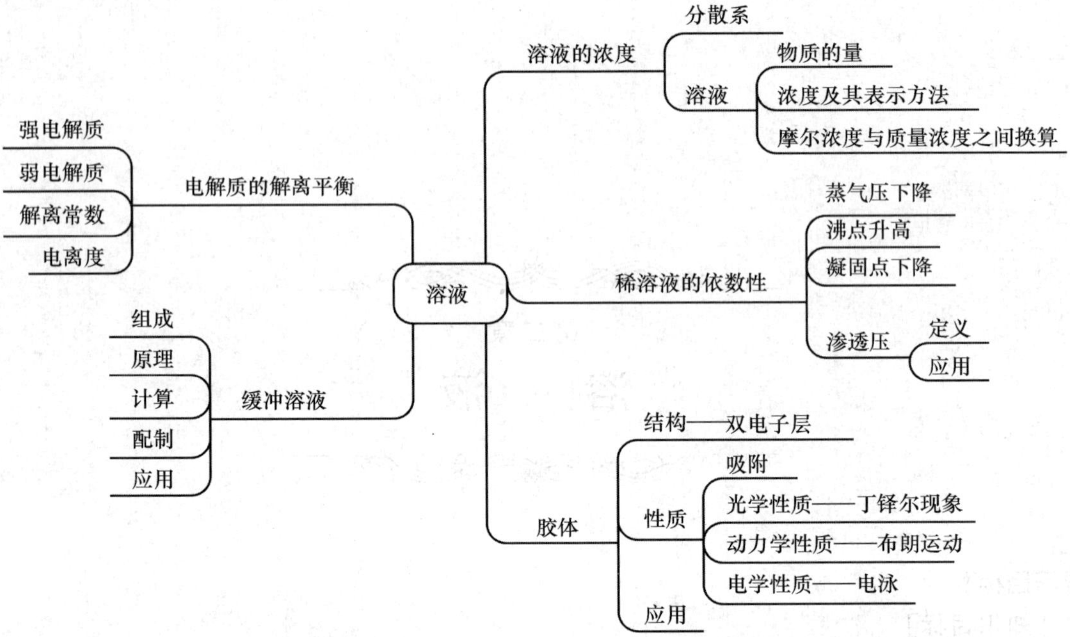

溶液是自然界中常见的混合物之一，与日常生活、工农业生产、科学实验有着密切关系。如生物体的营养吸收、农业上农药的施用均是以溶液形式完成的。

第一节 溶液的浓度

溶液是指一种或一种以上的物质以分子、原子或离子状态分散于另一种物质中所构成的均匀而又稳定的体系。这种体系属于分散系的一种。

一、分散系

我们进行科学研究时，常把一部分物质与其他物质分开来作为研究对象，这个对象我们称为体系或系统。体系中物理性质和化学性质完全均匀的部分叫作相。通常将一种或几种物质分散在另一种物质中所形成的混合体系称为分散系。其中被分散的物质称为分散质（分散相），将分散质分散开的物质称为分散剂（或分散介质）。如淀粉水溶液中淀粉为分散质，水是分散剂，牛奶中脂肪、蛋白质等颗粒为分散质，水为分散剂。

根据分散质粒子大小可以将分散系分为3类，分别为粗分散系、胶体分散系、小分子（离子）分散系（表2-1）。

上述3类分散系之间虽有明显区别，但并没有绝对界限。生产实际中的分散系比较复杂，有时会同时表现出两种以上分散系的性质。

表 2-1　分散系按分散质粒子大小的分类

分散系类型		分散质粒子直径/nm	分散质粒子组成	主要性质	鉴别	案例
粗分散系	悬浊液	＞100	固体小颗粒（分子的大聚集体）	多相，不透明，不均匀，性质不稳定，扩散慢，不能透过滤纸和半透膜	不能发生丁铎尔现象	泥浆
	乳浊液		液体小液滴（分子的大聚集体）			牛奶、豆浆等
胶体分散系	溶胶	1～100	胶粒	多相，均匀，性质较稳定，扩散慢，能透过滤纸，不能透过半透膜	可发生丁铎尔现象	$Fe(OH)_3$、AgI、H_2SiO_3、云、雾等
	高分子溶液		大分子			血液、蛋白质、核酸等水溶液
小分子（离子）分散系		＜1	小分子或离子	单相，均匀，透明，性质最稳定，扩散快，能透过滤纸和半透膜	不能发生丁铎尔现象	HCl、NaOH、NaCl、蔗糖等水溶液

二、溶液

一种物质以分子、原子或离子形式分散于另一种物质中所组成的均匀、性质稳定的体系称为溶液。

溶液一般有液相（如食盐水等）、固相（如金属合金）、气相（如空气），但通常所指的溶液是液相溶液，溶液中被溶解的物质称为溶质，能溶解溶质的物质称为溶剂。水是最常用的溶剂，如果没有特别说明，通常所说的溶液均为水溶液。

（一）物质的质量、物质的量和摩尔质量之间的关系

科学上采用“物质的量”这个物理量，把一定数目的微观粒子与可称量的宏观物质联系起来。物质的量是国际单位制中 7 个基本量之一，是用来表示分子、原子、离子、电子等粒子数目多少的物理量，符号为 n，其单位是摩尔，符号为 mol。1 mol 任何微观粒子的粒子数与 0.012 kg ^{12}C 含有的碳原子数相等。1 mol ^{12}C 中所含的碳原子数，称为阿伏伽德罗常数，用 N_A 表示，其数值约为 6.02×10^{23}。某物质如果含阿伏伽德罗常数个粒子，它的物质的量就是 1 mol。

例如，1 mol C 约含 6.02×10^{23} 个碳原子，1 mol CO_2 约含 6.02×10^{23} 个 CO_2 分子，1 mol O_2 约含 1.204×10^{24} 个 O 原子，1 mol NaCl 约含 6.02×10^{23} 个 Na^+ 和 6.02×10^{23} 个 Cl^-。

物质的量、阿伏伽德罗常数与粒子数（符号为 N）之间的关系：

$$n=N/N_A \tag{2-1}$$

使用摩尔表示物质的量时，应该用分子式或化学式或粒子名称指明粒子的种类。例如，1 mol Cl_2、2 mol N、0.5 mol Na^+、0.1 mol H^+ 等。

1 mol 某物质的质量就称为摩尔质量，符号为 M，数值上等于组成该物质的原子（分子）等

微粒的相对原子(分子)质量,单位为 $g \cdot mol^{-1}$。例如,1 mol ^{12}C 的质量是 0.012 kg,则它的摩尔质量就是 12 $g \cdot mol^{-1}$。O_2 的摩尔质量是 32 $g \cdot mol^{-1}$,H_2 的摩尔质量是 2 $g \cdot mol^{-1}$,CO_2 的摩尔质量是 44 $g \cdot mol^{-1}$,H_2O 的摩尔质量是 18 $g \cdot mol^{-1}$。同理,对于离子,因失去或得到的电子的质量可以忽略不计,因此,离子的摩尔质量就是以 $g \cdot mol^{-1}$ 为单位时,数值上等于组成该离子的各原子相对原子质量之和。

例如,Na^+ 的摩尔质量是 23 $g \cdot mol^{-1}$;SO_4^{2-} 的摩尔质量是 96 $g \cdot mol^{-1}$。

物质的量(n)、物质的质量(m)和物质的摩尔质量(M)之间的关系:

$$n=\frac{m}{M} \tag{2-2}$$

(二)溶液浓度的表示方法

溶液的性质与溶液中溶质和溶剂的相对含量有关,即与溶液的浓度有关。溶液的浓度是指一定量的溶液或溶剂中所含溶质的量。它有不同的方式表示,最常用的有物质的量浓度、质量分数、质量摩尔浓度、摩尔分数等方法。

1.物质的量浓度

单位体积溶液中所含溶质B的物质的量称为该溶质B的物质的量浓度。以 c_B 表示,单位为 $mol \cdot L^{-1}$ 或 $mol \cdot m^3$。

$$c_B=\frac{n_B}{V} \tag{2-3}$$

式中,n_B 为物质B的物质的量,单位为 mol;V 为溶液体积,单位通常为 L。

由于溶液的体积随温度变化而改变,所以 c_B 也随温度的变化而改变。

例 2-1 配制 0.1 $mol \cdot L^{-1}$ 的 Na_2SO_4 溶液 200 mL,需要 Na_2SO_4 多少克?已知 $M(Na_2SO_4)=142\ g \cdot mol^{-1}$。

解:$V=200\ mL=0.2\ L$

$m=M \cdot c \cdot V=142 \times 0.1 \times 0.2=2.84(g)$

例 2-2 250 mL 稀硫酸里溶有 4.9 g H_2SO_4,计算该溶液的物质的量浓度。

解: H_2SO_4 的相对分子质量是 98,摩尔质量是 98 $g \cdot mol^{-1}$,$V=250\ mL=0.25\ L$

$$n(H_2SO_4)=\frac{m(H_2SO_4)}{M(H_2SO_4)}=\frac{4.9}{98}=0.05(mol)$$

$$c(H_2SO_4)=\frac{n(H_2SO_4)}{V(H_2SO_4)}=\frac{0.05}{0.25}=0.5(mol \cdot L^{-1})$$

2.质量摩尔浓度

单位质量的溶剂中所含溶质B的物质的量称为溶质B的质量摩尔浓度,以 b_B 表示,单位为 $mol \cdot kg^{-1}$。

$$b_B=\frac{n_B}{m_A} \tag{2-4}$$

式中:m_A 为溶剂的质量,单位为 kg。

例如,$b(NaCl)=0.5\ mol \cdot kg^{-1}$,表示 1 kg 水中含 0.5 mol 的 NaCl。

质量摩尔浓度不随温度的变化而变化。对于很稀的溶液，溶液密度约为 $1\ g \cdot mL^{-1}$，$1\ mol \cdot kg^{-1} \approx 1\ mol \cdot L^{-1}$，即 $b_B \approx c_B$。

3. 质量(体积)浓度

单位体积溶液中所含溶质 B 的质量称为溶质 B 的质量浓度，以 ρ_B 表示。即：

$$\rho_B = \frac{m_B}{V} \tag{2-5}$$

式中，m_B 为物质 B 的质量，单位为 g；V 为溶液体积，单位为 mL 或 L。

配制溶质为固体的溶液时，有时为表达方便，也用质量体积浓度表示。例如，生理盐水的浓度为 0.9%，是指每 100 mL 溶液中含 0.9 g 氯化钠。

4. 质量分数

溶质的质量与溶液的质量之比称为该溶液的质量分数，用 w_B 表示，用百分数表示。

$$w_B = \frac{m_B}{m} \times 100\% \tag{2-6}$$

式中，m_B 为物质 B 的质量，单位为 g；m 为溶液的质量，单位为 g。

质量分数不随溶液温度的变化而变化。

例如，1 000 g 氢氧化钠溶液中含有 40 g NaOH，其质量分数 $w(NaOH) = 4\%$。

5. 体积分数

在相同的温度和压强下，溶液中溶质 B 的体积占混合溶液总体积的百分数称为溶质 B 的体积分数，用 φ_B 表示。

$$\varphi_B = \frac{V_B}{V_{总}} \tag{2-7}$$

两种液体相混合成溶液时，若不考虑体积变化，某一组分的浓度也可用体积分数表示。用体积分数表示溶液浓度，配制简单，使用方便，是常用的方法。

例如，消毒用的医用酒精浓度为 75%，即是体积分数，表示 100 mL 溶液中含 75 mL 纯酒精。

6. 物质的量分数

溶液中溶质 B 物质的量(n_B)占溶液中全部组分物质的量之和(n)的百分数，称为溶质 B 的物质的量分数。用“x_B”表示，其量纲为 1。

$$x_B = \frac{n_B}{n} \tag{2-8}$$

若溶液由 A 和 B 两种组分组成，溶质物质的量为 n_B，溶剂物质的量为 n_A，则

$$x_A = \frac{n_A}{n_A + n_B} \tag{2-9}$$

$$x_B = \frac{n_B}{n_A + n_B} \tag{2-10}$$

显然，溶液各组分物质的量分数之和等于 1，即

$$x_A + x_B = 1 \tag{2-11}$$

例 2-3 在 100 mL 水中，溶解 10.0 g 蔗糖($C_{12}H_{22}O_{11}$)，溶液的密度为 1.015 8 g · mL^{-1}，求蔗糖的物质的量浓度、质量摩尔浓度、质量浓度各是多少？

解：(1)$V=\frac{m_B+m_A}{\rho}=\frac{10.0+100}{1.015\ 8}=108.29(\text{mL})$

$n_{(C_{12}H_{22}O_{11})}=\frac{m_{(C_{12}H_{22}O_{11})}}{M_{(C_{12}H_{22}O_{11})}}=\frac{10.0}{342.0}=0.029\ 2(\text{mol})$

$c_{(C_{12}H_{22}O_{11})}=\frac{n_{(C_{12}H_{22}O_{11})}}{V}=\frac{0.029\ 2}{108.29\times10^{-3}}=0.270(\text{mol}\cdot\text{L}^{-1})$

(2)$b_{(C_{12}H_{22}O_{11})}=\frac{n_{(C_{12}H_{22}O_{11})}}{m_{(H_2O)}}=\frac{0.029\ 2\times1\ 000}{100}=0.292(\text{mol}\cdot\text{kg}^{-1})$

(3)$\rho_{(C_{12}H_{22}O_{11})}=\frac{m_{(C_{12}H_{22}O_{11})}}{V}=\frac{10.0}{108.29}=0.092\ 3(\text{g}\cdot\text{mL}^{-1})$

(三)物质的量浓度(c_B)与质量分数(w_B)之间的换算

在实际工作中，常常会涉及溶液的不同浓度之间换算。例如，实验室用的硫酸原试剂是用质量分数浓度(w_B)98%标识，密度为 1. 84 g · mL^{-1}，但在配制稀溶液时用物质的量浓度(c_B)比较方便。体积浓度与质量浓度换算的桥梁是密度，以质量不变列等式。

溶质的质量＝溶质的物质的量浓度×溶液的体积×摩尔质量

＝溶液的体积×溶液密度×质量分数

$$c_B=\frac{n_B}{V_{液}}\underset{1\ 000\cdot\rho_{液}\cdot V_{液}}{\overset{c_B\cdot V_{液}\cdot M_B}{\rightleftharpoons}}\frac{m_D}{m_{液}}\times100\%=w_B$$

$$m_B=c_B\cdot V_{液}\cdot M_B=1\ 000\ V_{液}\cdot\rho_{液}\cdot w_B$$

则由上式可以得出：

$$c_B=\frac{1\ 000\ \rho_{液}\ w_B}{M_B} \tag{2-12}$$

溶液稀释前后溶质的质量不变，只是溶剂的量改变了，因此根据溶质的质量不变原则可以列式为 $c_1\cdot V_1=c_2\cdot V_2$

式中，c_1，c_2 分别为稀释前、后溶液的浓度；V_1，V_2 分别为稀释前、后溶液的体积。

例 2-4 下列溶液为实验室和工业常用的试剂，试计算它们的物质的量浓度。

(1)盐酸：密度为 1.19 g · mol^{-1}，质量分数为 0.38。

(2)硝酸：密度为 1.42 g · mol^{-1}，质量分数为 0.71。

解：

(1)$c(\text{HCl})=\frac{1\ 000\rho w}{M}=\frac{1\ 000\times1.19\times0.38}{36.5}=12.4(\text{mol}\cdot\text{L}^{-1})$

(2)$c(\text{HNO}_3)=\frac{1\ 000\rho w}{M}=\frac{1\ 000\times1.42\times0.71}{63}=16.0(\text{mol}\cdot\text{L}^{-1})$

第二节 稀溶液的依数性

溶液的性质有两类：一类是由溶质的本性决定的，如颜色、导电性、酸碱性等；另一类是由溶液中溶质粒子数目的多少决定的，如溶液的蒸气压下降、溶液的沸点上升、溶液的凝固点下降和溶液的渗透压等，这些性质均与稀溶液中所含溶质粒子数目多少有关，而与溶质的本性几乎无关，所以称为稀溶液的"依数性"。讨论溶液的依数性必须具备两个条件：一是溶质为难挥发的非电解质；二是溶液必须是稀溶液，不考虑粒子间的相互作用。

一、溶液的蒸气压下降

(一)蒸气压

在一定温度下，将一纯溶剂放在密闭的容器中，由于溶剂分子的热运动，一部分能量较高的液体分子从液面逸出，扩散到空气中形成蒸气，这一过程称为蒸发；同时气相分子也在不断地运动，其中一些分子又重新回到液体表面变成液态分子，这一过程称为凝聚。当溶剂的蒸发速率与凝聚速率相等时，液体表面的蒸气压不再发生变化，容器中气相与液相处于平衡状态，此时的蒸气分子所具有的压力称为该温度下该溶剂的饱和蒸气压，简称蒸气压，单位为 Pa 或 kPa。

任何纯溶剂在一定温度下都有确定的蒸气压，该蒸气压与溶剂本性和温度有关，不同溶剂蒸气压不同。如 293 K 时，纯水的蒸气压为 2.34 kPa，乙醇的蒸气压为 5.85 kPa。同一溶剂的蒸气压随温度的变化而改变，温度升高，蒸气压增大，反之，蒸气压减小。固相也有具有蒸气压，但一般很小，如冰的蒸气压在 273 K 时为 0.610 kPa，263 K 时为 0.286 kPa。

(二)拉乌尔定律

在某一温度下，当纯溶剂中溶解了少量的难挥发的非电解质(如葡萄糖溶于水)，由于溶质与溶剂分子形成溶剂化分子，束缚一部分高能量溶剂分子逸出蒸发，另一方面又占据了一部分溶剂的表面，减少了单位面积上的溶剂分子数，使得同样温度下，溶剂分子的蒸发速率下降，因此达到平衡时，溶液的蒸气压必然低于纯溶剂的蒸气压，且溶液浓度越大，蒸气压下降越多(图 2-1)。

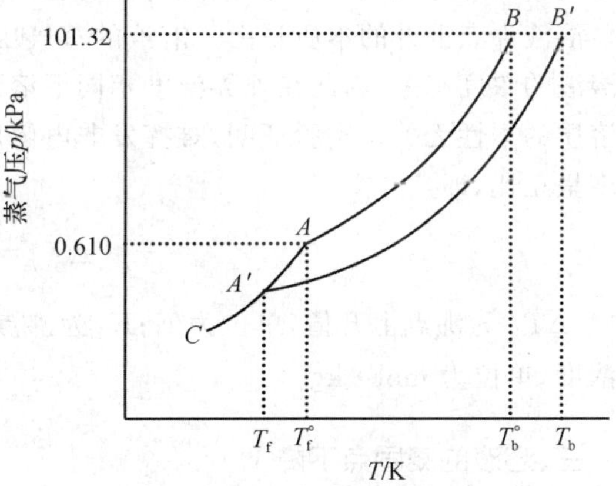

图 2-1 溶液的蒸气压下降、沸点上升、凝固点下降

AB 为纯水蒸气压曲线，***A′B′*** 为溶液蒸气压曲线，***AC*** 为冰的蒸气压曲线

1887 年，法国物理学家拉乌尔根据大量实验结果得出以下结论：在一定的温度下，难挥发的非电解质稀溶液的蒸气压下降值与溶质 B 的物质的量分数呈正比。

此规律称为拉乌尔定律，即：

$$\Delta p = p^* \cdot x_B = p^* \cdot \frac{n_B}{n_A + n_B} \tag{2-13}$$

式中，Δp 为气压下降值，p^* 为纯溶剂蒸气压，单位为 Pa；x_B 为溶液中溶质 B 的物质的量分数，n_A 为溶剂的物质的量，n_B 为溶质的物质的量。

当溶液很稀时：

$$n_A + n_B \approx n_A$$

$$\Delta p = p^* \cdot \frac{n_B}{n_A}$$

因 $n_A = \frac{m_A}{M_A}$

$$\Delta p = p^* \cdot \frac{n_B}{m_A} \cdot M_A = p^* \cdot b_B \cdot M_A \tag{2-14}$$

当温度一定时，p^* 和 M_A（溶剂的摩尔质量）为常数，可用 K 表示，则上式可为

$$\Delta p = K \cdot b_B \tag{2-15}$$

式中，Δp 为气压下降值，单位为 Pa；K 为蒸气压降低常数，单位为 $Pa \cdot kg \cdot mol^{-1}$；$b_B$ 为质量摩尔浓度，单位为 $mol \cdot kg^{-1}$。

二、溶液的沸点上升

溶剂的蒸气压随温度的升高而增大，当溶剂的蒸气压等于外界大气压时，溶剂发生沸腾，此时温度为该溶剂的沸点，因此沸点与外界大气压有关。如高原地区由于空气稀薄，外界气压较低，故纯水的沸点低于 100 ℃。日常生产中常利用这个原理进行减压蒸馏来浓缩或干燥液体。

往溶剂中加入难挥发的非电解质时，由于溶液蒸气压的下降，只有升高温度，才能使溶液的蒸气压与外界大气压相等，因此溶液的沸点总是要比纯溶剂的高，见图 2-1。

溶液沸点上升的本质是由于溶液的蒸气压下降，而拉乌尔定律表明蒸气压下降的多少仅与溶液的浓度有关，因此在外界温度相同下溶液沸点上升情况也只由溶液的浓度大小决定，而与溶质的本性无关。实验证明，难挥发非电解质稀溶液的沸点上升值 ΔT_b 与溶液的质量摩尔浓度呈正比，即：

$$\Delta T_b = K_b \cdot b_B \tag{2-16}$$

式中，ΔT_b 为沸点上升值，单位为 K；K_b 为沸点升高常数，单位为 $K \cdot kg \cdot mol^{-1}$；$b_B$ 为质量摩尔浓度，单位为 $mol \cdot kg^{-1}$。

三、溶液的凝固点下降

在一定的大气压下，某溶剂的液相蒸气压与固相蒸气压相等而使固液两相平衡共存时的温度称为溶剂的凝固点。例如，水的凝固点为 0 ℃，此时水的蒸气压和冰的蒸气压相等。当向溶剂中加入难挥发非电解质时，由于溶液的蒸气压低于纯溶剂的蒸气压，溶液中的固液两相平衡被破坏，要使溶液固液两相平衡共存，必须降低体系温度，因此溶液的凝固点要比纯溶剂的凝固点低。溶液的浓度越大，凝固点越低，见图 2-1。

由于溶液的凝固点下降是溶液蒸气压下降的结果，因此溶液的凝固点下降程度只与溶液

浓度有关，而与溶质本性无关。由拉乌尔定律可知，难挥发非电解质稀溶液的凝固点下降值与溶液的质量摩尔浓度成正比，即：

$$\Delta T_f = K_f \cdot b_B \tag{2-17}$$

式中，ΔT_f 为凝固点下降值，单位为 K；K_f 为凝固点降低常数，单位为 $K \cdot kg \cdot mol^{-1}$；$b_B$ 为质量摩尔浓度，单位为 $mol \cdot kg^{-1}$。

对于沸点升高常数（K_b）与凝固点降低常数（K_f），两者的值取决于溶液的温度和溶剂的性质，与溶质的性质无关。现将常用溶剂的 K_b，K_f 值列于表 2-2。

表 2-2 常见溶剂的 K_b 和 K_f

溶剂	沸点/ ℃	$K_b/(K \cdot kg \cdot mol^{-1})$	凝固点/ ℃	$K_f/(K \cdot kg \cdot mol^{-1})$
水	100	0.512	0	1.86
乙醇	78	1.22	−117.45	5.12
乙醚	35	2.02	−116.2	—
乙酸	118.1	3.07	17	3.9
氯仿	61.2	3.85	−63.5	4.68
四氯化碳	76.55	5.03	−22.95	29.8
苯	80.15	2.53	5.5	—
樟脑	208	5.95	178	40
环乙烷	81	2.79	6.5	20.2
硝基苯	210.9	5.24	5.67	8.1

例 2-5 将 1.80 g 葡萄糖溶于 100 g 水中，试计算此溶液在常压下的凝固点和沸点。已知葡萄糖的摩尔质量 M_P 为 $180.0\ g \cdot mol^{-1}$。

解：$b_B = \dfrac{n_B}{m} = \dfrac{1.80/180.0}{100/1\,000} = 0.100(mol \cdot kg^{-1})$

查表得水的 $K_f = 1.86\ K \cdot kg \cdot mol^{-1}$，$K_b - 0.512\ K \cdot kg \cdot mol^{-1}$，因而

$\Delta T_f = K_f \cdot b_B = 1.86 \times 0.100 = 0.186(K)$

$T_f = 273.15 - 0.186 = 272.96(K)$

$\Delta T_b = K_b \cdot b_B = 0.512 \times 0.100 = 0.05(K)$

$T_b = 373.15 + 0.051 = 373.20(K)$

四、溶液的渗透压

（一）渗透现象

将一定量的纯水小心地从液面上方加入一杯蔗糖浓溶液中，避免晃动，静置一段时间后，由于分子热运动，纯水和蔗糖溶液接触时，水分子会向蔗糖溶液运动，同时蔗糖分子从溶液下层向上方水层运动，直到蔗糖溶液的浓度均匀为止。这种由分子不断运动和迁移的过程称为扩散现象。纯溶剂与溶液或两种不同浓度的溶液之间会发生扩散现象。

假如我们将一层半透膜放在蔗糖溶液和纯水之间时，并使两边液面等高，一段时间后，情况就发生变化了，如图 2-2 所示。半透膜是允许某些小分子物质（如水）通过而不允许大分子物质（如蔗糖）通过的多孔性薄膜，如动物的肠衣、膀胱膜、人工制得的羊皮纸等都是半透膜。

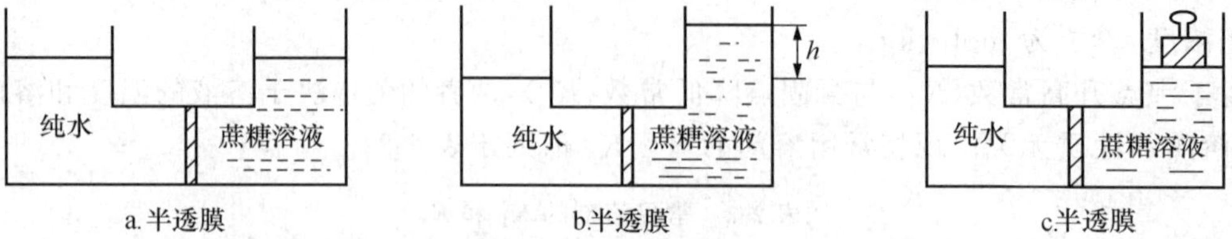

图 2-2　渗透和渗透压示意图

（h 为蔗糖溶液液面上升高度）

因蔗糖分子没法通过半透膜，水分子透过半透膜双向作扩散运动，同时纯水中水分子总数比糖溶液中多，这样就使得单位时间内从纯水透过半透膜扩散到蔗糖溶液中水分子数多于从蔗糖溶液扩散到纯水的水分子数，结果使蔗糖水溶液的液面升高。

这种溶剂分子通过半透膜进入溶液的自发过程称为渗透现象（也称渗透作用）。同样道理，用半透膜将两种不同浓度的其他溶液隔开时也会发生渗透现象。

（二）渗透压

如图 2-2 所示，一段时间以后，左侧液面下降，右侧液面升高，两侧液面也随之产生压力差，该压力使得右侧溶液中的水分子扩散速度加快，而左侧水分子扩散速度减慢，直到最后，两侧水分子扩散速度相等，体系达到渗透平衡。这种因维持被半透膜隔开的溶液和纯溶剂之间的渗透平衡所需施加于溶液的额外压力即为渗透压。也就是说，半透膜两边液面高度差所产生的压力即为该溶液的渗透压。

产生渗透压的原因是半透膜两边溶液浓度不同，溶液蒸气压不同。渗透方向总是溶剂分子从纯溶剂向溶液（或从稀溶液向浓溶液）渗透。溶液浓度大的，其渗透压也大，即为高渗溶液；反之，溶液浓度小的，为低渗溶液；浓度相等的两种溶液则渗透压相等，此时这两种溶液称为等渗溶液。

1886 年，荷兰物理学家范托夫根据实验结果，总结出溶液渗透压与浓度、温度之间的关系为：

$$\Pi = c_B RT \tag{2-18}$$

式中，Π 为溶液的渗透压，单位为 kPa；R 为气体常数，大小为 8.314 $kPa \cdot L \cdot mol^{-1} \cdot K^{-1}$；$c_B$ 为物质的量的浓度，单位为 $mol \cdot L^{-1}$；T 为热力学温度，单位为 K。

上式表明，难挥发非电解质稀溶液的渗透压溶液物质的量浓度及热力学温度成正比，而与溶质的本性无关，称为渗透压定律，说明在温度一定时，溶液渗透压只跟溶液中溶质粒子数有关。因此，渗透压也是稀溶液的一种依数性。

渗透作用在动、植物体的新陈代谢中有很重要的意义，这是因为动、植物体的细胞膜具有半透膜的性能。如动物和人静脉输液时要用等渗溶液、淡水鱼不能生活在海水中等是因为血细胞内液与血浆是等渗的；施用化肥或喷洒农药时一般多用低渗溶液，蜜饯加工常常使用高糖高盐来抑菌等都是运用渗透压原理。

例 2-6 由实验测得人体的血液的凝固点为 272.59 K,求人体体温为 310.15 K 时血液的渗透压。

解:查表得知 K_f 为 $1.86\ K \cdot kg \cdot mol^{-1}$,则由

$$\Delta T_f = K_f \cdot b_B$$

可得到 $b_B = \dfrac{\Delta T_f}{K_f}$

由于人体的血液浓度很低,因此可将血液的物质的量浓度 c_B 数值近似等于其质量摩尔浓度 b_B,则渗透压

$$\Pi = c_B RT = b_B RT = \frac{\Delta T_f RT}{K_f} = \frac{(273.15-272.59)\times 8.314\times 310.15}{1.86} = 776.3(\text{kPa})$$

第三节 胶体溶液

分散质粒子直径在 $10^{-9}\sim10^{-7}$ m 的分散系,叫作胶体分散系。胶体分散系可以分为溶胶和高分子溶液两类。这里主要介绍溶胶的结构和性质。

一、溶胶的结构

人们根据大量的实验事实,提出了溶胶胶团的双电层结构。现以 AgI 溶胶($AgNO_3$ 过量)为例来说明溶胶胶团的双电层结构。

(一)胶团的组成及结构

在 AgI 溶胶中,每个分散质粒子是由大量的 AgI 分子聚集而成的固体颗粒(直径为 $10^{-9}\sim10^{-7}$ m),它们处于胶体粒子的核心,称为胶核。胶核是固相,具有很大的表面积和表面能,因而具有较强的吸附能力。它将选择性地吸附与其组成有关的 Ag^+ 而带正电荷,Ag^+ 称为电位离子,即能使胶粒带电的离子。由于整个溶胶是电中性的,所以溶液中还存在着与电位离子电性符号相反的反离子。反离子分成两部分:一部分反离子受电位离子的吸引而被束缚在固相表面形成吸附层;另一部分反离子在吸附层外面向分散剂中扩散开去,构成了扩散层。胶核和吸附层一起构成胶粒,由于胶粒中反离子所带的电荷比电位离子所带的电荷少,所以胶粒是带电离子,其电性由电位离子决定。胶粒与扩散层组成胶团,胶团中胶粒离子与反离子所带电荷总数相等,符号相反,故胶团是电中性的。$AgNO_3$ 过量时形成的 AgI 溶胶的胶团结构可用图 2-3 表示。

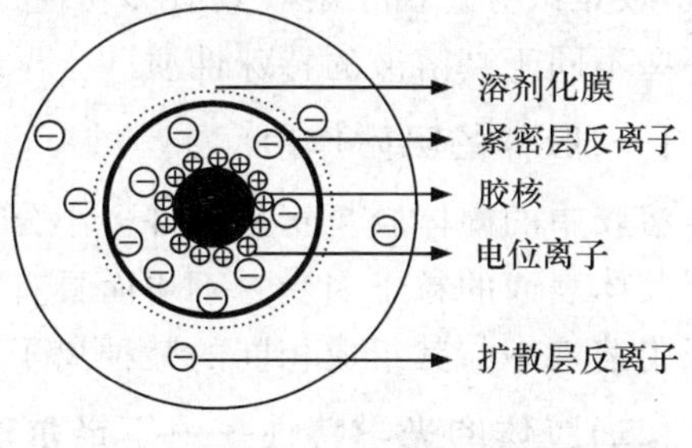

图 2-3 AgI 胶团结构示意图(硝酸银过量)

(二)胶团结构示意式

AgI 溶胶的胶团结构也可写为:

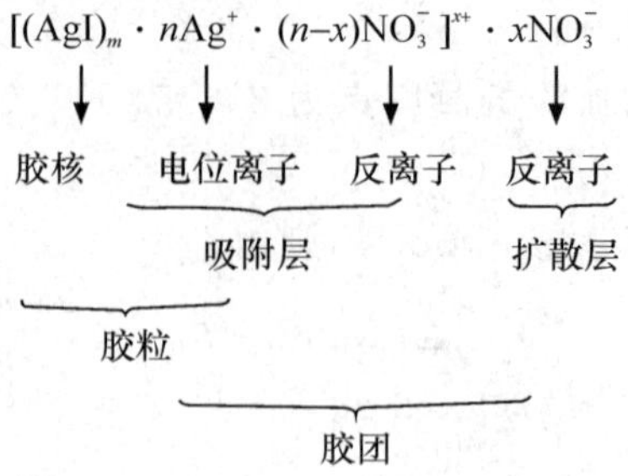

如果 KI 过量，那么其胶团结构式为：

$$[(AgI)_m \cdot nI^-(n-x)K^+]^{x-} \cdot xK^+$$

同理，加热煮沸 $FeCl_3$ 溶液制备的 $Fe(OH)_3$ 溶胶、在亚砷酸溶液中通入 H_2S 制备的 As_2S_3 溶胶和硅酸负溶胶的胶团结构式可分别表示如下：

$$\{[Fe(OH)_3]_m \cdot nFeO^+ \cdot (n-x)Cl^-\}^{x+} \cdot xCl^-$$
$$[(As_2S_3)_m \cdot nHS^- \cdot (n-x)H^+]^{x-} \cdot xH^+$$
$$[(H_2SiO_3)_m \cdot nHSiO_3^- \cdot (n-x)H^+]^{x-} \cdot xH^+$$

(三)胶粒带电的原因

第一，胶粒中的胶核常选择性地吸附分散系中与其组成相关的离子作为稳定剂，而使其胶粒表面带有一定电荷。如利用 $AgNO_3$ 和 KI 制备 AgI 溶胶时，若 KI 过量，AgI 胶核吸附过量的 I^- 离子而带负电荷；反之，若 $AgNO_3$ 过量，AgI 胶核则吸附过量的 Ag^+ 离子而带正电荷。

第二，胶核表面分子的离解。例如，硅胶的胶核表面的 H_2SiO_3；分子可以离解成 $HSiO_3^-$ 和 H^+，H^+ 离子扩散到介质中去，而 $HSiO_3^-$ 离子则留在胶核表面，结果使胶粒带负电荷。

如硅胶的胶团结构为：$[(H_2SiO_3)_m \cdot nHSiO_3^- \cdot (n-x)H^+]^{x-} \cdot xH^+$

二、胶体的性质

组成溶胶的粒子直径为 1～100 nm，相对比较小，一般情况下它与真溶液(低分子或离子溶液)较难区分。由于溶胶具有多相性、高度分散性和凝聚不稳定性等基本特性，因此溶胶具有一些不同于真溶液的特殊性质。

(一)胶体的吸附作用

溶胶中的固体胶粒正是由许多小分子组成，使得胶体粒子有着巨大的总表面积，另一方面由于胶体表面的粒子因受力不均而具有很强的表面能，所以胶体有较强的吸附作用，可以选择性吸附溶液中与其组成相同的某种离子使胶粒带电。

(二)胶体的光学特性——丁铎尔现象

如果将一束聚集的强光通过胶体溶液，在光束的垂直方向上可以看到溶胶里出现一条光亮的“通路”，这种现象称为丁铎尔现象。如图 2-4 所示。

这是胶体粒子对光发生散射所形成的，所以丁铎尔现象又称为光的散射现象。因小分子溶液中粒子直径太小，光的散射现象非常微弱，光线直接透过溶液，看不到丁铎尔现象；而粗分散系粒子直径太大，对光束产生反射现象，使粗分散系不透明，也看不到丁铎尔现象。因此可以利用丁铎尔现象来鉴别溶胶、小分子溶液和粗分散系。

(三)胶体的动力学性质——布朗运动

如图 2-5 所示，在胶体溶液中，胶体粒子始终连续不断地做无规则的运动，这是由于溶剂分子无规则地从各个方向撞击胶体颗粒而引起的。这个现象是英国植物学家布朗在 1827 年观察花粉颗粒运动时发现的，故将这种运动称为布朗运动。

$CuSO_4$溶液　　$Fe(OH)_3$溶液

图 2-4　丁铎尔现象

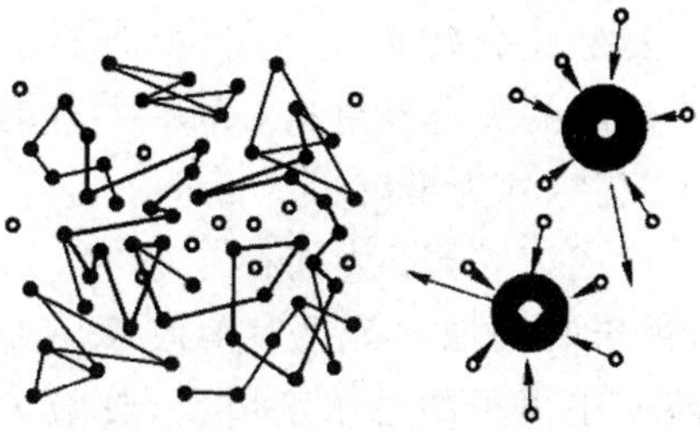

图 2-5　布朗运动

处于布朗运动的胶体粒子可使其本身不因重力作用而下沉，这是溶胶稳定的一个因素。

(四)胶体的电学性质——电泳现象

由于溶胶的胶粒具有较强的吸附能力，可以在溶液中选择性吸附与自身组成相关的离子而带上一定电荷，这样在外加电场的作用下，溶液中的带电胶粒发生定向移动，这种现象称为电泳现象。

一般情况，溶胶产生电泳现象是溶胶胶粒在外加电场作用下，在溶剂中定向移动造成的。从胶粒电泳的方向可以判断胶粒所带电荷的正负。若胶粒向负极移动，则表明胶粒带正电荷，此时溶胶为正溶胶；若胶粒向正极移动，则说明胶粒带负电荷，此时溶胶为负溶胶。一般来说，大多数金属氧化物和金属氢氧化物，如 $Fe(OH)_3$ 等，为正溶胶；而大多数金属硫化物（如 As_2S_3）、硅胶、金属本身、泥沙、尘埃等为负溶胶。

(五)渗析或透析

利用胶粒不能透过半透膜，而半径较小的离子、分子能透过半透膜的性质，可以把胶体溶液中混有的电解质分子或离子分离出来，这种方法称为渗析或透析。渗析法可以用于胶体溶液的净化，如中草药制剂的分离提纯等。

三、胶体的应用

(一)胶体的稳定性和聚沉

1. 胶体的稳定性

胶体有很大的稳定性，其稳定性介于小分子分散系和粗分散系之间。主要有以下几个因素。

(1)溶胶胶粒带电　由于溶液中的胶粒带电，当相同胶粒靠近时，同种电荷的静电排斥作用阻止了两个胶粒相互靠近，使之难以凝聚成更大的颗粒而发生聚沉。这是溶胶稳定的主要因素。

(2)溶剂化作用　胶粒中的电位离子和反离子，都能与水分子结合成水合离子，使胶粒周围存在一层水化层保护膜，既降低胶粒的表面能，又使胶粒之间难以直接接触，避免胶粒凝聚成更大颗粒而聚沉，从而提高溶胶的稳定性。双电层越厚，溶胶越稳定。

(3)布朗运动　由于布朗运动产生的动能足以克服胶粒的重力作用，保持胶粒均匀分散而不凝聚，使胶体具有一定的稳定性。但溶胶具有很大的表面能，使溶胶又有着不稳定性。因此布朗运动不是溶胶稳定的主要因素。

2.溶胶的聚沉

溶胶的稳定性是相对的。一旦溶胶的稳定因素被破坏，就会使胶粒更易碰撞合并变大而发生沉降，称为聚沉。

造成溶胶聚沉的原因有多种，如加入电解质，加入带相反电荷的溶胶，溶胶本身浓度过高，被长时间加热等。对溶胶聚沉影响最大的是在溶胶中加入电解质。加入电解质后，胶体溶液中离子的总浓度增大，胶粒把更多的带相反电荷的离子吸引到吸附层内，使得扩散层变薄，同时这些带相反电荷的离子中和了胶粒所带的电荷，一方面大大削弱了胶粒间的排斥力；另一方面也破坏了水化保护膜，增加了胶粒相互间的碰撞机会，从而引起溶胶的凝聚。同样，将两种电性相反的溶胶适量混合，由于两者胶粒相互吸引，彼此中和电荷，也会发生凝聚。如江河入海口易形成三角洲就是因为海水中有大量的电解质离子，中和了江河里的泥沙(负溶胶)而使其聚沉的结果。溶胶浓度过高，胶粒相互碰撞机会增多，易发生聚沉。如果溶胶被长时间加热，胶粒的热运动加剧，同时其周围的水化膜被破坏，使得溶胶胶粒之间碰撞聚合概率增大。

电解质使溶胶凝聚的主要原因是给溶胶带来了一定量与胶粒带相反电荷的离子，并且离子的价态越高，越易中和带相反电荷的胶粒，电解质的凝聚能力越强，与离子的种类无关。如$K_3[Fe(CN)_6]$、K_2SO_4、KCl对于$Fe(OH)_3$正溶胶的凝聚能力依次减弱。同价离子的凝聚能力相近，但随水化离子半径的增大而减小，离子的半径越小，水化程度越大，即水化半径越大，凝聚能力也越小。如对于As_2S_3负溶胶来说，K^+、Na^+、Li^+的凝聚能力依次减弱。

(二)胶体的应用

胶体在我们日常生活，尤其在医药和食品工业上应用较为广泛。如食品胶体在食品中意义重大，食品胶体是能溶解于水中，并在一定条件下能充分水化形成黏稠的滑腻或胶冻样的大分子物质。在加工食品中起增稠增黏作用，提供黏附力凝胶形成能力，稳定乳化，稳定悬浊体，使食品获得所需的形状、黏度，提供硬、稠、脆、软等各种口感。还可以作为乳化剂用于果汁饮料、啤酒泡沫、糕点裱花等食品体系的稳定。医学上可利用胶体的电泳现象，通过血清纸上电泳分离各种氨基酸和蛋白质。另外，胶体还可以用于净水(如明矾净水)、蓄电池、防灭火材料、航空器的推进器等方面。

第四节　电解质的解离平衡

在相同的条件下，不同的电解质在水溶液中的解离程度不同，导电情况也不相同。根据电解质在水溶液中解离程度的大小，分为强电解质和弱电解质。

一、强电解质

凡在水溶液中能全部解离成离子的化合物称为强电解质。在强电解质溶液中只存在水合离子，没有电解质分子，其电离方程式用“$=$”表示。例如：

$$HCl = H^{+} + Cl^{-}$$
$$NaOH = Na^{+} + OH^{-}$$
$$CaCl_2 = Ca^{2+} + 2Cl^{-}$$

从结构上看强电解质包括离子型化合物和强极性共价化合物，包括强酸，如 H_2SO_4、HNO_3、HCl 等；强碱，如 NaOH、KOH、$Ba(OH)_2$ 等；大多数的盐类，如 NaCl、K_2SO_4、NH_4NO_3 等。

理论上，强电解质在水溶液中解离程度应是 100%，但根据溶液的导电性实验实际测得的解离度都小于 100%，浓度越大解离度越小。这是为什么呢？

1923 年，德拜和休克尔提出了“离子氛”概念，解决了这个问题。其认为，强电解质在水溶液中是完全解离的，溶液中离子浓度很大，阴阳离子间由于静电作用，相互吸引且牵制，使每个离子都处于异性电荷离子的包围中，形成“离子氛”。由于“离子氛”的存在，离子间相互制约，导致溶液导电性比理论上要小一些，产生解离不完全的假象。这样的解离度称表观解离度，它反映了强电解质溶液中离子间相互制约的程度。一般来说，表观解离度大于 30% 的电解质为强电解质。

人们用“活度”这个物理量来定量描述强电解质溶液的实际有效浓度，即单位体积电解质溶液表观所含的离子浓度，常用 α 表示。它与实际浓度之间的关系为：

$$\alpha = fc \tag{2-19}$$

式中：α 为活度，f 为活度系数，c 为离子的实际浓度。

活度系数 f 反映了电解质溶液中离子间相互制约的程度大小。溶液中离子浓度越大，电荷越高，离子的牵制作用越大，f 值越小，离子的有效浓度和实际浓度差距越大。溶液浓度越稀，离子间的牵制作用越小，f 越接近 1，则离子的活度与实际浓度就越趋于一致。

二、弱电解质

弱电解质是指在水溶液中只能部分解离成离子的化合物。在弱电解质溶液中既有离子存在，又有弱电解质分子存在，其电离方程式用“$\rightleftharpoons$”表示。例如：

$$HAc \rightleftharpoons H^{+} + Ac^{-}$$
$$NH_3 \cdot H_2O \rightleftharpoons NH_4^{+} + OH^{-}$$

弱电解质是弱极性共价化合物，如弱酸（HAc、HF、HClO、HCN、H_2CO_3）、弱碱（氨水）和少数盐类（$HgCl_2$）。

三、解离常数

弱酸弱碱等弱电解质在水溶液中的解离过程是一个可逆过程。下面以一元弱酸 HF 的解离过程为例进行讨论。

$$HF^- \underset{分子化}{\overset{解离}{\rightleftharpoons}} H^+ + F^-$$

温度一定时，当 HF 分子解离成离子的速率与离子重新结合成分子的速率相等时，HF 在水溶液中的解离过程处于动态平衡状态。此时，单位时间内解离速率与分子化速率相等，则溶液中分子的浓度与离子的浓度均保持不变。根据平衡常数关系式可得弱酸 HF 在溶液中解离常数 K_a 可表示为：

$$K_a = \frac{c(H^+) \cdot c(F^-)}{c(HF)}$$

式中，$c(H^+)$和 $c(F^-)$分别表示 H^+ 和 Ac^- 的平衡浓度，$c(HF)$表示未解离的 HF 分子的平衡浓度。而弱碱的解离常数用 K_b 表示。如一元弱碱氨水的解离过程为

$$NH_3 \cdot H_2O \rightleftharpoons NH_4^+ + OH^-$$

则其解离平衡常数表示为：

$$K_b = \frac{c(NH_4^+) \cdot c(OH^-)}{c(NH_3)}$$

应当指出的是，弱电解质的解离常数是解离平衡的特征常数，它表示弱电解质的解离程度的大小，即弱电解质的相对强弱，解离常数数值越大，说明解离程度越大。解离常数不受浓度的影响，只与电解质的本性和温度有关。在相同温度下，同类弱电解质的 K_a 或 K_b 可以表示弱酸或弱碱的相对强度。

对于多元弱酸或多元弱碱，一般在溶液中的解离是分步进行的，各步解离都有确定的解离常数。如：

$$H_2CO_3 \rightleftharpoons H^+ + HCO_3^- \qquad K_{a_1} = 4.3 \times 10^{-7}$$

$$HCO_3^- \rightleftharpoons H^+ + CO_3^{2-} \qquad K_{a_2} = 5.6 \times 10^{-11}$$

由于 $K_{a1} \gg K_{a2}$，故多元弱酸的酸性主要由第一步电离所决定。

四、电离度

除了解离常数外，还可以用电离度来表示不同弱电解质在水溶液中解离程度的大小。当弱电解质在溶液中达到解离平衡时，电离度是指已解离的弱电解质分子数占解离前溶液中电解质分子总数的百分比，常用 α 表示。

$$\alpha = \frac{已解离的分子数}{解离前的分子总数} \times 100\% \qquad (2\text{-}20)$$

例如，在 298 K 时 0.1 $mol \cdot L^{-1}$ 醋酸溶液中，每 10 000 个醋酸分子中有 133 个解离成 H^+ 和 Ac^-，醋酸的电离度为

$$\alpha = \frac{133}{10\,000} \times 100\% = 1.33\%$$

电离度和解离常数都能表示弱电解质解离程度大小，且用于比较它们的相对强弱，二者既有联系又有区别。解离常数是常数形式，与电解质的浓度无关；而电离度则是电解质分子解离

为离子的程度情况，是转化率的一种形式，可随浓度的变化而变化。

弱电解质的解离常数 K_i（包括 K_a，K_b）和解离度的关系可以用稀释定律来表示。下面以弱酸 HCN 为例说明。

设 HCN 的浓度为 c，电离度为 α。

	$HCN \rightleftharpoons$	H^+ +	CN^-
起始浓度	c	0	0
平衡浓度	$c-c\alpha$	$c\alpha$	$c\alpha$

$$K_a=\frac{(c\alpha)^2}{c-c\alpha}=\frac{c\alpha^2}{1-\alpha}$$

写成 K_i 与 α 的一般关系式为 $K_i=\dfrac{c\alpha^2}{1-\alpha}$

当 $c/K_i>500$，$\alpha<5\%$，此时，$1-\alpha\approx1$，则可得

$$K_i=c\alpha^2 \text{ 或 } \alpha=\sqrt{\frac{K_i}{c}} \tag{2-21}$$

以上公式表明：温度一定时，同一弱电解质的电离度与其解离常数的平方根成正比，与其浓度的平方根成反比，即浓度越稀，电离度越大；解离常数越大，电离度越大。

使用稀释定律进行有关计算时，应注意必须具备以下两个条件：一个条件是电解质必须是一元弱酸或弱碱，另一个条件为 $c/K_i>500$ 或 $\alpha<5\%$。

弱电解质的解离是一可逆过程，当往溶液中加入一种与弱电解质含有相同离子的强电解质时，会因同离子效应使平衡向分子化过程进行，导致弱电解质的电离度减小，但弱电解质的解离常数不变。而往某一弱电解质溶液中加入与其组成不同的强电解质，由于溶液中离子数目增多，离子之间因静电作用相互吸引和制约，使弱电解质解离出来的离子发生分子化的数量减少，导致弱电解质的电离度略有增大，这种现象称为盐效应。

需要指出的是，当溶液中存在同离子效应时，同时也一定存在盐效应。但对于弱电解质来说，同离子效应比盐效应产生的影响要大得多，所以一般情况下可以忽略盐效应。

第五节 缓冲溶液

在生产实践中，许多化学反应，包括动、植物的代谢活动（生物化学反应）必须将酸度严格控制在一定的 pH 范围才能顺利进行。如人体血液的 pH 必须保持在 7.35～7.45 才能维持机体酸碱平衡，否则将引起机体功能失调，导致各种疾病发生。缓冲溶液能有效控制溶液酸度，使其相对稳定，具有十分重要的应用价值。

一、缓冲溶液及其组成

缓冲溶液是能够抵抗外加少量的强酸、强碱和水的稀释，并维持溶液酸度不发生明显变化的溶液。

缓冲溶液一般同时具有抗酸和抗碱成分，两种成分之间一定存在某种平衡关系。溶液中含有的这两种具有缓冲作用的组成成分称为缓冲溶液的缓冲对或缓冲体系。常见的缓冲溶液

由弱酸及其盐、弱碱及其盐或多元弱酸的两种不同盐组成的。如 HAc-NaAc、$NH_3 \cdot H_2O$-NH_4Cl、Na_2HPO_4-NaH_2PO_4 等。

缓冲溶液的组成通常有以下几种类型：

弱酸及其盐，如 HAc-NaAc、H_2CO_3-$KHCO_3$ 等。

弱碱及其盐，如 $NH_3 \cdot H_2O$-NH_4Cl 等。

多元弱酸的两种盐，$KHCO_3$-K_2CO_3、Na_2HPO_4-NaH_2PO_4、Na_2HPO_4-Na_3PO_4 等。

二、缓冲溶液的作用原理

缓冲溶液具有缓冲作用是由缓冲溶液的抗酸和抗碱成分之间的关系决定的。如 HAc-NaAc 缓冲体系中，同时存在着大量 HAc 分子和 Ac^- 离子，二者在溶液中存在以下平衡关系。

$$HAc \rightleftharpoons H^+ + Ac^-$$
$$NaAc = Na^+ + Ac^-$$

由于同离子效应，抑制了 HAc 的解离，加上 HAc 本身电离度就很小，所以此时溶液中 H^+ 离子浓度很小，而 HAc 和 Ac^- 的浓度很大。

当溶液中加入少量强酸(如 HCl 等)时，强酸解离产生的少量 H^+ 基本上与 Ac^- 结合生成解离度更小的 HAc，使得增加的少量 H^+ 被消耗，而溶液中增加的 HAc 分子相对原来的大量 HAc 可以忽略，减少的 Ac^- 与原有的相比也可视为几乎不变，因此溶液中的 pH 几乎保持不变。在这里，Ac^- 充当了缓冲溶液的抗酸成分。

同理，如果往上述缓冲体系中加入少量的强碱，由强碱解离出来的 OH^- 离子与溶液中 HAc 分子解离出来的 H^+ 结合，这样体系中增加的 OH^- 同样被消耗了，而因平衡移动减少的 HAc 和反应所增加的 Ac^- 离子相对原来大量的 HAc 和 Ac^- 来说可以忽略不计，其结果是，溶液中的 pH 依旧维持相对稳定。那么 HAc 就是该缓冲溶液的抗碱成分。

如果往溶液中加少量的 H_2O 稀释时，溶液中 H^+ 浓度和其他离子浓度相应降低，这时 HAc 的解离度略微增大，HAc 解离出的 H^+ 增多，使得溶液 H^+ 浓度变化仍然很小，因此溶液中的 pH 仍保持几乎不变。

三、缓冲溶液 pH 的计算

以一元弱酸及其盐 HA-NaA 缓冲体系为例，体系存在的反应为

$$HA \rightleftharpoons H^+ + A^-$$
$$NaA = Na^+ + A^-$$

由弱酸 HA 的解离平衡得 $c(H^+) = K_a \dfrac{c(HA)}{c(A^-)} \approx K_a \dfrac{c_{弱酸}}{c_{弱酸盐}}$，则

$$pH = pK_a + \lg \frac{c_{弱酸盐}}{c_{弱酸}} \tag{2-22}$$

同理，NH_3-NH_4Cl 组成的缓冲体系，则：

$$pOH = pK_b + \lg \frac{c_{弱碱盐}}{c_{弱碱}} \tag{2-23}$$

例 2-7　计算由 100 mL 0.10 mol·L^{-1} HAc 与等体积的 0.080 mol·L^{-1} NaAc 混合后的溶液 pH。

解：已知 $K_a(\text{HAc})=1.76\times10^{-5}$，代入缓冲溶液 pH 计算公式

$$\text{pH}=\text{p}K_a+\lg\frac{c_{\text{弱酸盐}}}{c_{\text{弱酸}}}=4.74+\lg\frac{0.080\times0.1/0.2}{0.10\times0.1/0.2}=4.64$$

由于缓冲对的缓冲作用是有限度的，超过缓冲组分所能承受的限度，缓冲溶液就会失去缓冲能力。

实践证明，当 $c_{\text{弱酸盐}}:c_{\text{弱酸}}=1$ 时，缓冲溶液的缓冲能力最大；当 $c_{\text{弱酸盐}}:c_{\text{弱酸}}$ 在 0.1～10 时，缓冲体系有较好的缓冲作用。通常任何一个缓冲体系发挥缓冲作用的范围是有限的，这个范围是 $\text{pH}=\text{p}K_a\pm1$ 或 $\text{pOH}=\text{p}K_b\pm1$。所以在选用缓冲溶液时应注意其缓冲范围。

四、缓冲溶液的配制

缓冲溶液的缓冲能力是有一定限度的，为了达到更好的缓冲效果同时又做到不浪费试剂，在实际工作中，配制缓冲溶液一般将缓冲对的浓度控制在 0.1～1.0 mol·L^{-1} 为宜。配制一定 pH 的缓冲溶液，可以通过计算，也可以从有关化学手册中查到。

微课学习　缓冲溶液的配制

配制缓冲溶液可按以下步骤进行：

(1)根据需要配制的缓冲溶液的 pH，选择满足缓冲范围的合适缓冲对。

(2)计算缓冲对的 pK_a 及所需配制溶液的 pH，计算缓冲对的浓度比。

(3)根据计算结果，配制缓冲溶液，并控制缓冲对的浓度在 0.1～1 mol·L^{-1} 范围内。

例 2-8　欲配制 pH 为 4.55 的缓冲溶液 250 mL，并使其中醋酸的浓度为 0.10 mol·L^{-1}。问需要多少毫升 0.20 mol·L^{-1} 的 HAc 溶液和多少克固体 $\text{NaAc}\cdot3\text{H}_2\text{O}$？

解：由题意知该溶液的缓冲对为 HAc-NaAc，则

根据缓冲溶液 pH 计算公式 $\text{pH}=\text{p}K_a+\lg\frac{c_{\text{弱酸盐}}}{c_{\text{弱酸}}}$ 可得

$$\lg\frac{c_{\text{弱酸盐}}}{c_{\text{弱酸}}}=\text{pH}-\text{p}K_a=4.55-4.75=-0.20$$

$$\frac{c_{\text{弱酸盐}}}{c_{\text{弱酸}}}=\frac{c(\text{NaAc})}{c(\text{HAc})}=10^{-0.20}=0.63$$

$$V(\text{HAc})=0.10\times250\times10^{-3}\div0.20=0.125\text{ L}=125\text{ mL}$$

$$c(\text{NaAc})=0.1\times0.63=0.063\text{ mol}\cdot\text{L}^{-1}$$

$$m(\text{NaAc}\cdot3\text{H}_2\text{O})=0.063\times250\times10^{-3}\times136=2.1\text{ g}$$

五、缓冲溶液的应用

缓冲溶液在工农业生产、生物学、科学实验等方面有着重要的意义。如酶活性测定、微生物培养等需要在一定 pH 的缓冲溶液中进行；人体内存在 H_2CO_3-$NaHCO_3$、NaH_2PO_4-Na_2HPO_4 等缓冲体系，使血液酸度维持在 pH 7.35～7.45 的正常范围；土壤中存在 H_2CO_3-$NaHCO_3$、土壤腐殖酸-腐殖碱等缓冲体系，能够让土壤环境维持相对稳定的酸度，有利于土壤

微生物的正常活动和农作物的正常生长。

除此之外，缓冲还可以作为标准缓冲溶液，用于校准酸度计。

本章小结

1. 分散系分为三类：粗分散系（直径>100 nm）、胶体分散系（直径 1～100 nm）、小分子（离子）分散系（直径<1 nm）。

2. 溶液浓度的表示方法

溶液浓度表示方法	含义	符号	数学表达式	常用单位
物质的量浓度	单位体积溶液中所含溶质的物质的量	c_B	$c_B=\frac{n_B}{V_液}$	$mol \cdot L^{-1}$
质量摩尔浓度	单位质量溶剂中所含的溶质的物质的量	b_B	$b_B=\frac{n_B}{m_A}$	$mol \cdot kg^{-1}$
质量分数	溶质的质量与溶液质量之比	w_B	$w_B=\frac{m_B}{m_液}$ 或 $w_B=\frac{m_B}{m_液}\times100\%$	—
体积分数	在相同的温度和压强下，某一组分的体积与混合物总体积之比	φ_B	$\varphi_B=\frac{V_B}{V_总}$ 或 $\varphi_B=\frac{V_B}{V_总}\times100\%$	—
物质的量分数	溶液中某一组分的物质的量与溶液总物质的量之比	x_B	$x_B=\frac{n_B}{n_总}$ 或 $x_B=\frac{n_B}{n_总}\times100\%$	—

3. 难挥发非电解质的稀溶液依数性包括稀溶液的蒸气压下降、沸点升高、凝固点下降、有一定的渗透压。

4. 溶胶的性质：光学性质（丁铎尔现象）、动力学性质（布朗运动）、电学性质（电泳和电渗）、透析。

5. 解离常数不受浓度的影响，只与电解质的本性和温度有关。在相同温度下，同类弱电解质的 K_a 或 K_b 可以表示弱酸或弱碱的相对强度。

6. 电离度 α

$$\alpha=\frac{已解离的分子数}{解离前的分子总数}\times100\%$$

7. 解离常数 K_i 和电离度 α 的关系——稀释定律

$$K_i=c\alpha^2 \text{ 或 } \alpha=\sqrt{\frac{K_i}{c}}$$

在一定温度下，同一弱电解质的电离度与其浓度的平方根成反比，与其解离常数的平方根成正比。即浓度越稀，电离度越大；解离常数越大，电离度越大。

8. 缓冲溶液 pH 的计算

$$pH = pK_a + \lg \frac{c_{弱酸盐}}{c_{弱酸}} 或 pOH = pK_b + \lg \frac{c_{弱碱盐}}{c_{弱碱}}$$

9.缓冲溶液的缓冲范围

$$pH = pK_a \pm 1 或 pOH = pK_b \pm 1$$

巩固测试

第二章测试题

第三章

滴定分析法基础

【学习目标】

［知识目标］

- 了解滴定分析法的特点和应用
- 掌握滴定分析方法和方式分类
- 掌握滴定分析法常用标准溶液的配制与标定原理

［能力目标］

- 能准确说出四种滴定方式的区别和联系
- 能够对具体滴定分析案例进行数据处理并进行误差分析

［素质目标］

- 探究滴定分析方法在食品检测领域中的应用
- 培养严谨细致、诚实守信的职业素养

【知识导图】

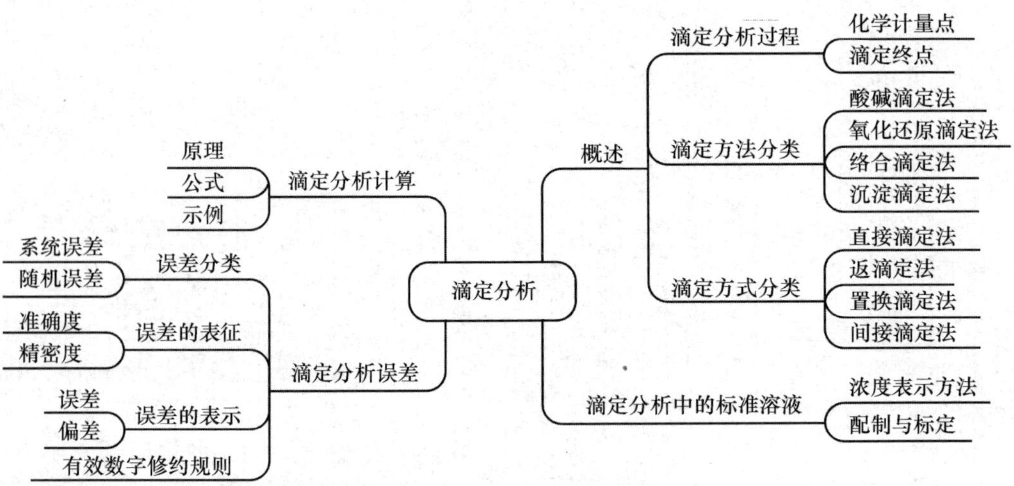

第一节　概　　述

滴定分析法是化学分析法的一种，是将标准溶液（一种已知准确浓度的试剂溶液）滴加到被测物质溶液中，直到化学反应完全，根据消耗标准溶液的量求得被测组分的含量，这种方法称为滴定分析法（或称容量分析法）。

一、滴定分析的过程

在进行滴定分析时，是将被测液放入锥形瓶或烧杯中，标准溶液放入滴定管中，加入适量指示剂，将标准溶液逐滴加入被测液中，这个操作过程叫滴定。用于滴定分析的化学反应叫滴定反应。

（一）化学计量点

当滴入的标准溶液（也称滴定剂）与被测物质完全反应时，即滴入的滴定剂与被测物恰好按化学计量关系定量反应完全的点称为滴定的化学计量点。例如，在果汁酸度测定过程中将氢氧化钠标准溶液滴加到果汁待测液中，果汁中有机酸与氢氧化钠标准溶液反应的化学计量关系，按物质的量比为 1∶1 计算，当加入的氢氧化钠标准溶液物质的量和果汁中有机酸物质的量相等时，即达到了滴定的化学计量点。

（二）滴定终点

实际上，许多滴定反应达到化学计量点时，外观没有明显变化，因此，滴定时常加入一种辅助试剂（指示剂），它的颜色能在化学计量点附近发生明显变化，当指示剂颜色改变时停止滴定，这一点称为滴定终点。实际在分析操作中，滴定终点和化学计量点往往不恰好吻合，两者之间通常存在很小的差别，由此引起的误差称为终点误差。

滴定分析法通常用来测定常量组分（含量≥1%），有时也用于微量分析，一般情况下，相对误差在 0.2 %以下，所需仪器设备简单，操作方便，测定快速，应用领域广。滴定分析在食品检测行业应用非常广泛，是食品分析检测的主要分析方法，例如，食品中氯化钠含量测定、油脂酸钾测定、食品中总糖含量测定等。

二、滴定方法分类

根据滴定剂与待测液之间发生的化学反应类型，滴定分析方法可分为以下 4 种。

（一）酸碱滴定法

酸碱滴定法是以酸、碱之间质子传递反应为基础的一种滴定分析方法。可用于测定酸、碱和两性物质。其基本反应为：

$$H^+ + OH^- = H_2O$$

例如，用 NaOH 标准溶液滴定盐酸溶液，其反应如下：

$$HCl + NaOH = H_2O + NaCl$$

酸碱滴定法在食品检测方面有着非常重要的意义。例如，焙烤食品及油脂酸价测定，饮料类食品酸度测定和凯氏定氮法测定食品中蛋白质等，检测原理中都会涉及酸碱滴定理论。

(二)配位滴定法

配位滴定法是以配位反应为基础的一种滴定分析方法,可用于测定金属离子。配位滴定法是以生成配位化合物的反应为基础的滴定分析方法。应用最多的是以氨酸络合剂(如乙二胺四乙酸,简称 EDTA),借金属指示剂的变色或电学、光学方法以确定滴定终点,根据标准溶液的用量计算被测物质的含量。

EDTA(乙二胺四乙酸及其二钠盐简称)与金属络合的反应为:

$$M^{n+}+Y^{4-}=MY^{(4-n)-}$$

式中,M^{n+}表示金属离子;Y^{4-}表示 EDTA 的阴离子。

配位滴定法应用最多的是以氨酸络合剂(如乙二胺四乙酸,简称 EDTA),借金属指示剂的变色或电学、光学方法以确定滴定终点,根据标准溶液的用量计算被测物质的含量。在食品检测领域例如饮用水硬度测定,乳品中钙含量测定,海蜇中明矾测定等都会用到配位滴定法。

(三)氧化还原滴定法

氧化还原滴定法是基于溶液中氧化剂与还原剂之间电子的转移进行反应的一种分析方法。常见的有三种方法,高锰酸钾法、重铬酸钾法和碘量法。氧化还原滴定法常用于对具有氧化或还原性质的物质进行测定,也可测定不具有氧化还原性质的物质。食品分析检测过程中常用到氧化还原滴定法,如碘量法测定油脂碘值、斐林试剂法测糖、2,6-二氯靛酚法测维 C 等。

(四)沉淀滴定法

沉淀滴定法是以沉淀反应为基础的滴定分析法。最常用的是利用生成的难溶银盐的反应来进行测定,习惯上称为银量法。可用于对 Ag^{+}、CN^{-}、SCN^{-},以及类卤素等离子进行测定。其反应通式可表示为:

$$Ag^{+}+X^{-}=AgX\downarrow$$

例如,食品中氯化钠含量的测定原理如下:

$$Ag^{+}+Cl^{-}=AgCl\downarrow$$

滴定分析主要在水溶液中进行,但在少数情况下也可在非水溶剂的溶液中进行,称为非水滴定。沉淀滴定法有莫尔法、福尔哈德法和法扬司法 3 种。

三、滴定分析法对化学反应的要求

滴定分析虽然能利用各种类型的化学反应,但不是所有化学反应都可用于滴定分析。适用于滴定分析的化学反应必须满足以下条件:

(1)反应要按一定的化学反应式进行,有明确的化学计量关系,无副反应发生。

(2)化学反应必须定量完成,通常要求反应完全程度≥99.9%。

(3)反应速率快,滴定反应要求瞬间完成。如果反应速度慢,将给滴定终点的确定带来困难。对于速率较慢的反应,可采取适当措施,如加热或加入催化剂来加快其反应速率。

(4)有合适的方法确定滴定终点,如有合适的指示剂或反应物和生成物本身有颜色的明显变化。例如高锰酸钾法,高锰酸钾溶液本身带有颜色,生成物无色时,在滴定过程中无须加入指示剂。

四、滴定方式

(一)直接滴定法

直接滴定法是滴定分析中最常用、最基本的滴定方法。只要滴定剂和被测物质之间的反应能够满足滴定分析的四个条件,就可以用直接滴定法进行测定。例如,果汁中总酸测定用氢氧化钠标准溶液直接滴定即可。

当标准溶液和被测物的反应不符合滴定分析要求时,就不能使用直接滴定法,需选取以下方法。

(二)返滴定法

返滴定法为在待测液中一定量且过量的标准溶液,待反应完全后,再用另一种标准溶液反滴定剩余的第一种标准溶液,从而测定待测组分含量的滴定方法。这种方法主要用于滴定反应速率较慢或反应物是固体,加入符合计量关系的标准滴定溶液后反应常常不能立即完成的情况。例如,海蜇中明矾含量测定,由于 Al^{3+} 与 EDTA 反应速率慢,不能直接滴定,可采取返滴定法,即在一定的 pH 条件下,在处理好的待测液中加入一定量过量的 EDTA 标准溶液,加热促使反应完全,然后再用锌标准溶液滴定剩余的 EDTA 标准溶液,从而确定待测液中 Al^{3+} 的量。

(三)置换滴定法

置换滴定法为加入适当试剂与待测组分定量反应,生成物为可滴定物质,再用标准溶液滴定生成的可滴定物质,先由标准溶液消耗量确定可滴定物质的含量,再由待测组分与可滴定物质的计量关系计算出待测物质含量。这种方法主要适用于因滴定反应没有定量关系或伴有副反应而无法直接滴定的情况。例如,用 $K_2Cr_2O_7$ 标定 $Na_2S_2O_3$ 溶液的浓度时,先以一定量的 $K_2Cr_2O_7$ 在酸性溶液中与过量的 KI 作用,析出相当量的 I_2,再以淀粉为指示剂,用 $Na_2S_2O_3$ 溶液滴定析出的 I_2,进而求得 $Na_2S_2O_3$ 溶液的准确浓度。

(四)间接滴定法

当被测物质不能与标准溶液直接起反应时,常常用另一种可以与标准溶液起定量反应的试剂与被测物质作用,再用标准溶液滴定与被测物质定量作用的试剂,这种滴定方式叫间接滴定法。如 Ca^{2+} 不能与 $KMnO_4$ 反应,但可先将定量地转化成 CaC_2O_4 沉淀,经过滤、洗涤,用 H_2SO_4 溶解酸化后,即可用 $KMnO_4$ 标准溶液滴定 $H_2C_2O_4$,间接测出 Ca^{2+} 的含量。

第二节 标准滴定溶液

滴定分析中,标准滴定溶液的浓度和用量是计算待测组分含量的主要依据,因此,正确配制标准滴定溶液、准确测定和表达标准滴定溶液的浓度、妥善保存标准溶液是提高滴定分析准确度的重要保障。

一、基准物质

基准物质是分析化学中用于直接配制标准溶液或标定滴定分析中操作溶液浓度的物质。基准物质需满足以下条件:

(1)组成恒定并与化学式相符。若含结晶水，其结晶水的实际含量也应与化学式严格相符。

(2)纯度足够高(达99.9%以上)，杂质含量应低于分析方法允许的误差限。

(3)性质稳定，不易吸收空气中的水分和CO_2，不分解，不易被空气氧化。

(4)有较大的摩尔质量，以减少称量时的相对误差。

(5)试剂参加滴定反应时，应严格按反应式定量进行，没有副反应。

滴定分析中，配制或标定标准滴定溶液常用到的基准物质如表3-1所示。

表3-1 常见配制或标定用基准物质

滴定方法	标准溶液	基准物质	优缺点
酸碱滴定	HCl	Na_2CO_3	便宜，易得纯品，易吸湿
		$Na_2B_4O_7 \cdot 10H_2O$	易得纯品，不易吸湿，摩尔质量大，湿度小时会先失去结晶水
	NaOH	$C_6H_4 \cdot COOH \cdot COOK$	易得纯品，不吸湿，摩尔质量大
		$H_2C_2O_4 \cdot 2H_2O$	便宜，结晶水不稳定，纯度不理想
配位滴定	EDTA	金属Zn或ZnO	纯度高，稳定，既可在pH=5～6又可在pH=9～10应用
氧化还原滴定	$KMnO_4$	$Na_2C_2O_4$	易得纯品，稳定，无显著吸湿
	$K_2Cr_2O_7$	$K_2Cr_2O_7$	易得纯品，非常稳定，可直接配制标准溶液
	$Na_2S_2O_3$	$K_2Cr_2O_7$	易得纯品，非常稳定，可直接配制标准溶液
	I_2	升华碘	纯度高，易挥发，水中溶解度很小
		As_2O_3	能得纯品，产品不吸湿，剧毒
	$KBrO_3$	$KBrO_3$	易得纯品，稳定
沉淀滴定	$AgNO_3$	$AgNO_3$	易得纯品，要注意防止光照及有机物污染
		NaCl	易得纯品，易吸湿

二、标准滴定溶液的配制和标定

配制标准溶液有直接法和间接法两种。

(一)直接法

准确称取一定量的基准物质，经溶解后，定量转移至一定体积容量瓶中，用去离子水.稀释至刻度。根据溶质的质量和容量瓶的体积即可计算出该标准滴定溶液的准确浓度。常见可用直接法配制的标准滴定溶液有重铬酸钾标准滴定溶液。

浓度计算公式如下：

$$c_B = \frac{m}{VM} \tag{3-1}$$

式中，c_B为标准滴定溶液的浓度，$mol \cdot L^{-1}$；m为基准物质的质量，g；M为基准物质的摩尔质量，$g \cdot mol^{-1}$；V 为标定时所用标准滴定溶液的体积，L。

(二)标定法

先大致配成所需浓度的溶液(所配溶液的浓度值应在所需浓度值的近似范围以内)，然后用基准物质或另一种标准溶液来确定它的准确浓度。用来配制标准滴定溶液的物质大多数是不能满足基准物质条件的，这时就需要采取标定法。标定法有直接标定法和间接标定法两种。如果待标定的标准滴定溶液有合适的基准物质标定，直接准确测量处理基准物质后直接进行标定的为直接标定法；有一些待标定的标准滴定溶液没有合适用以标定的基准物质，只能采取间接标定法，即用另一种已知准确浓度的标准滴定溶液来标定。

间接标定法浓度计算公式如下：

$$c_B = \frac{V_1 c_1}{V} \tag{3-2}$$

式中，c_B 为待标定标准溶液的浓度，$mol \cdot L^{-1}$；V 为待标定标准滴定溶液的消耗体积，mL；c_1 为已知准确浓度标准溶液的浓度，$mol \cdot L^{-1}$；V_1 为已知准确浓度标准溶液消耗的体积，mL。

三、标准滴定溶液浓度的表示方法

标准滴定溶液浓度常用物质的量浓度和滴定度来表示。

(一)物质的量浓度

标准滴定溶液的浓度常用物质的量浓度表示。物质 B 的物质的量浓度是指单位体积溶液中所含溶质 B 的物质的量，用 c_B 表示。

$$c_B = \frac{n_B}{V} \tag{3-3}$$

式中，n_B 为溶质的物质的量，mol；V 为溶液的体积，L；c_B 为溶液的浓度，$mol \cdot L^{-1}$。

(二)滴定度

滴定度是指每毫升标准滴定溶液相当于被测物质的质量(g 或 mg)，用“T”表示。

例如，若每毫升 $KMnO_4$ 标准滴定溶液恰好能与 0.055 85 g Fe^{2+} 反应，则该 $KMnO_4$ 标准滴定溶液的滴定度可表示为：$T(Fe/KMnO_4)=0.055\ 85$ g/mL。

如果分析对象固定，用滴定度计算其含量时，只需将滴定度乘以所消耗标准滴定溶液的体积即可求得被测物的质量，计算十分简便。

第三节　滴定分析结果计算

定量滴定分析计算的依据是当滴定到达化学计量点时，滴定剂与被测物物质的量之间的关系恰好符合化学反应中的化学计量关系。

一、被测组分的物质的量 n_A 与滴定剂物质的量 n_B 的关系

设被测组分 A 与滴定剂 B 发生下列反应：$aA+bB \longrightarrow cC+dD$ 则被测组分 A 的物质的

量 n_A 与滴定剂 B 的物质的量 n_B 之间的关系如下：

由上述反应式可得

$$n_A : n_B = a : b \tag{3-4}$$

因此有

$$n_A = \frac{a}{b}n_B \text{ 或 } n_B = \frac{b}{a}n_A$$

a/b 或 b/a 称为化学计量数比（也称摩尔比），它是该反应的化学计量关系，是滴定分析定量测定的依据。

进一步可得

$$c_A V_A = \frac{a}{b} c_B V_B \tag{3-5}$$

式中，c_A 为待测组分的浓度，$mol \cdot L^{-1}$；V_A 为待测液消耗的体积，L；c_B 为滴定剂的浓度，$mol \cdot L^{-1}$；V_B 为滴定剂消耗的体积，L。

二、被测组分质量分数的计算

质量分数指溶液中溶质质量与溶液质量之比。也指化合物中某种物质质量占总质量的百分比。质量分数也可以指化合物中各原子相对原子质量（需乘系数）与总式量的比值，即某元素在某物质中所占比例。例如，溶质 A 的质量占溶液质量的百分数，用符号 w_A 表示。

计算公式为：

$$w_A = \frac{m_A}{m} \tag{3-6}$$

式中，m_A 为溶质的质量，g；m 为溶液的质量，g；w_A 的量纲为 1，也可用百分数表示。

若待测组分 A 用滴定剂 B 进行滴定，根据

$$n_A = \frac{a}{b} n_B = \frac{a}{b} c_B V_B$$

可得，

$$m_A = n_A M_A = \frac{a}{b} c_B V_B M_A$$

因此，

$$w_A = \frac{\frac{a}{b} c_B V_B M_A}{m_S} \times 100\% \tag{3-7}$$

这是滴定分析中计算被测组分含量的一般通式。

三、滴定分析计算示例

例 3-1 准确称取基准物质 $K_2Cr_2O_7$ 1.471 g，溶解后定量转移至 500.0 mL 容量瓶中。已知 $M(K_2Cr_2O_7) = 294.2\ g \cdot mol^{-1}$，计算 $K_2Cr_2O_7$ 溶液的浓度 $c(K_2Cr_2O_7)$。

解：由题意可知

$$c(K_2Cr_2O_7) = \frac{1.474}{0.500\,0 \times 294.2} mol \cdot L^{-1} = 0.010\,00\ mol \cdot L^{-1}$$

答：$K_2Cr_2O_7$ 溶液的浓度为 0.010 00 mol·L^{-1}。

例 3-2　称取基准物质草酸（$H_2C_2O_4 \cdot 2H_2O$）0.200 2 g 溶于水中，用 NaOH 溶液滴定，消耗了 NaOH 溶液 28.52 mL，计算 NaOH 溶液的浓度。已知 $M(H_2C_2O_4 \cdot 2H_2O)=126.1\ g \cdot mol^{-1}$。

解：按题意，滴定反应为

$$2NaOH + H_2C_2O_4 = Na_2C_2O_4 + 2H_2O$$

得

$$c(NaOH)=\frac{2\times m(H_2C_2O_4 \cdot 2H_2O)}{M(H_2C_2O_4 \cdot 2H_2O)\cdot V(NaOH)}$$

则

$$c(NaOH)=\frac{2\times 1\,000\times 0.200\,2}{126.1\times 28.52}=0.111\,3\ mol \cdot L^{-1}$$

答：NaOH 溶液的浓度为 0.111 3 mol·L^{-1}。

例 3-3　某地勘探到一处新的褐铁矿矿床，为了解褐铁矿的含铁量，经取样后进行检验，若称取的试样质量为 0.200 0 g，滴定时消耗 0.012 00 mol·L^{-1} 重铬酸钾标准溶液 25.00 mL，计算该铁矿中铁的质量分数（已知铁的摩尔质量为 55.85 g·mol^{-1}）。

解：褐铁矿的主要化学成分为三氧化二铁，用氯化亚锡将三价铁还原至二价，以二苯胺磺酸钠为指示剂，用重铬酸钾标准溶液滴定生成的二价铁离子，根据重铬酸钾标准溶液的消耗量计算铁的含量。

滴定反应方程式为

$$Cr_2O_7^{2-} + 6Fe^{2+} + 14H^+ \longrightarrow 2Cr^{3+} + 6Fe^{3+} + 7H_2O$$

得

$$w(Fe)=\frac{6c(Cr_2O_7^{2-})VM}{m_1}\times 100\%$$

$$=\frac{6\times 0.012\,00\times 25.00\times \frac{1}{1\,000}\times 55.85}{0.200\,0}\times 100\%=50.26\%$$

答：该铁矿中铁的质量分数为 50.26%。

第四节　滴定分析误差

实验分析时人们总是希望获得准确的分析结果，但是，即使选择最准确的分析方法，使用最精密的仪器设备，由技术熟练的人员操作，对于同一样品进行多次重复分析，所得的结果不会完全相同，也不可能得到绝对准确的结果。测定结果的误差是客观存在的。为此，我们应该了解化验过程中产生误差的原因及误差出现的规律，并采取相应措施减小误差，使实验结果尽量地接近客观、真实。

一、误差产生的原因

根据误差产生的原因和性质，将误差分为系统误差和偶然误差两大类。

（一）系统误差

系统误差又称可测误差，它是由分析检测操作过程中某种固定原因造成的。它具有单向性，即正负、大小都有一定的规律性，当重复进行分析时会重复出现。若找出原因，即可设法将其减小到可忽略的程度。在分析检测中，系统误差产生的原因有下列几个方面：

（1）方法误差　是指检测方法本身造成的误差。例如，滴定分析中反应进行不完全、指示剂的终点与化学计量点不符合以及滴定副反应等，都会引起检验结果偏高或偏低。

（2）仪器误差　由于使用的仪器本身不够精密所造成的。如使用的容量仪器刻度不准又未经校正、天平不等臂、砝码数值不准确、分光光度法波长不准等引起的误差。

（3）试剂误差　由于试剂不纯或蒸馏水不纯，含有被测物或干扰物而引起的误差。

（4）操作误差　由于检测人员对分析操作不熟练，个人对终点颜色的敏感性不同，判断偏深或偏浅，对刻度读数不正确等引起的实验误差。

系统误差是重复地以固定形式出现的。增加平行测定次数，采取数理统计的方法不能消除系统误差。

系统误差校正方法：采用标准方法与标准样品进行对照实验；根据系统误差产生的原因采取相应的措施，如进行仪器的校正以减小仪器的系统误差；采用纯度高的试剂或进行空白试验，校正试剂误差；严格训练，提高操作人员的技术业务水平，以减少操作误差等。

（二）偶然误差

偶然误差也称随机误差，是由某些难以控制、无法避免的偶然因素造成的，其大小与正负都是不固定的。如操作中温度、湿度、灰尘等的影响都会引起分析结果数值的波动。偶然误差具有如下的特点：

（1）在一定的条件下，在有限次数测量值中，其误差的绝对值不会超过一定界限。

（2）同样大小的正、负值的偶然误差，几乎有相等的出现概率，小误差出现的概率大，大误差出现的概率小。

（3）为了减少偶然误差，应该重复多次平行实验并取结果的平均值。在消除了系统误差的条件下，多次测量结果的平均值可能更接近真实值。

应该指出，这两类误差的划分并非绝对的，有时很难区别。例如，判断滴定终点的迟早、观察颜色的深浅，有系统误差也有偶然误差。通常，偶然误差较系统误差更具有普遍意义。

检测工作中的“过失”不属于这两类误差。在实际工作中，由于操作人员的粗心大意或未按操作规程办事，如溶液溅失、加错试剂、读错或记错数据、计算错误等，这些都是不应该有的现象。只要操作者认真细心，严格按操作规程办事，养成良好的工作作风，这种过失是能避免的。不允许把过失当成偶然误差。

二、误差的表示方法

（一）准确度

准确度是指实验测得值与真实值之间相符合的程度。准确度的高低，常以误差的大小来衡量，即误差越小，准确度越高；误差越大，准确度越低。

误差有两种表示方法：绝对误差和相对误差。

$$\text{绝对误差}(E) = \text{测得值}(x) - \text{真实值}(T) \tag{3-8}$$

$$相对误差(RE 或 E\%)=\frac{测得值(x)-真实值(T)}{真实值(T)}\times 100\% \tag{3-9}$$

误差小，表示测得值和真实值接近，测定准确度高。反之，误差越大，测量准确度越低。若测得值大于真实值，误差为正值。反之，误差为负值。相对误差反映出误差在测定结果中所占比例，它更具有实际意义。

客观存在的真实值是难以准确知道的，实际工作中往往用“标准值”代替真实值来检查分析方法的准确度。“标准值”是采用多种可靠的分析方法，由具有丰富经验的分析人员，反复多次测得的准确结果。如国家标准物质给定值，有时也用标准方法通过多次重复测定，求出算术平均值作为真实值。

(二)精密度

精密度是指在相同条件下，n 次重复测定结果彼此相符合的程度。精密度的好坏常用偏差表示，偏差小说明精密度好。精密度可用以下几种偏差表示。

1. 绝对偏差与相对偏差

$$绝对偏差(d)=|x-\bar{x}| \tag{3-10}$$

$$相对偏差(d\%)=\frac{d}{\bar{x}}\times 100\%=\frac{|x-\bar{x}|}{x}\times 100\% \tag{3-11}$$

式中，d 为单次测定结果的绝对偏差；x 为单次测定结果；$\bar{x}$ 为 n 次测定结果的算术平均值；$d\%$为单次测定结果的相对偏差。

从上式可知，绝对偏差是指单次测定与平均值的差值。相对偏差是指绝对偏差在平均值中所占的百分率。由此可知，绝对偏差和相对偏差只能用来衡量单次测定结果对平均值的偏离程度。为了更好地说明精密度，在一般检验工作中常用平均偏差($\bar{d}$)来表示精密度。

2. 平均偏差与相对平均偏差

平均偏差是指单次测量值与平均值的偏差(取绝对值)之和，除以测定次数。即

$$平均偏差(\bar{d})=\frac{|d_1|+|d_2|+|d_3|+\cdots+|d_n|}{n}=\frac{\sum|d_i|}{n} \tag{3-12}$$

$$相对平均偏差(\bar{d}\%)=\frac{\bar{d}}{\bar{x}_i}\times 100\%=\frac{\sum|d_i|}{n\bar{x}}\times 100\% \tag{3-13}$$

式中，$\bar{d}$ 为平均偏差；n 为测定次数；$\bar{x}$ 为多次测定结果的平均值；d_i 为第 i 次测定值与平均值的绝对偏差，$d_i=|x_i-\bar{x}|$；$\sum|d_i|$为 n 次测定的绝对偏差之和，$\sum|d_i|=|x_1-\bar{x}|+|x_2-\bar{x}|+\cdots+|x_n-\bar{x}|$。

3. 标准偏差与相对标准偏差

标准偏差是应用最广的、可靠的精密度表示方式。它能精确地反映测定数据之间的离散特性，是把单次测定值对平均值的偏差先平方再求和。它比平均偏差更灵敏地反映出较大偏差的存在，又比极差更充分地引用了全部数据的信息。在统计学上，式中 $n-1$ 称为自由度，常用 f 表示。

$$标准偏差(S)=\sqrt{\frac{\sum_{i=1}^{n}(x_i-\bar{x})^2}{n-1}}=\sqrt{\frac{\sum_{i=1}^{n}d_i^2}{n-1}}=\sqrt{\frac{\sum_{i=1}^{n}d_i^2}{f}} \tag{3-14}$$

相对标准偏差又称变异系数(CV),是指标准偏差在平均值 $\bar{x}$ 中所占的百分率。

$$相对标准偏差(CV)=\frac{S}{\bar{x}}\times100\% \tag{3-15}$$

使用时要注意,标准偏差(S)是对有限的测定次数而言,表示各测定值对平均值 $\bar{x}$ 的偏离。表示无限次数测定时,要使用总体标准偏差 σ。

$$总体标准偏差(\sigma)=\sqrt{\frac{\sum_{i=1}^{n}(x_i-\bar{x})^2}{n}} \tag{3-16}$$

标准偏差(S)、相对标准偏差(CV)与总体标准偏差(σ)等三式中符号的意义与平均偏差、相对平均偏差式中符号意义相同。

4. 平均值的标准偏差

$$平均值的标准偏差(S_{\bar{x}})=\frac{S}{\sqrt{n}} \tag{3-17}$$

式中,S 为标准偏差;n 为测定次数。

从式中可见,测定次数 n 越多,$S_{\bar{x}}$ 就越小,即 $\bar{x}$ 值越可靠。所以增加测定次数可以提高测定的精密度。$S_{\bar{x}}$ 与 S 的比值,随 n 的增加减少很快。但当 $n>5$ 后,$S_{\bar{x}}$ 与 S 的比值就变化缓慢了。因此,实际工作中测定次数无须过多,通常 4～6 次就可以了。

(三)准确度与精密度的关系

关于准确度与精密度的定义及确定方法,前面已经叙述。准确度与精密度是两个不同的概念,它们相互之间有一定的关系,测定分析结果必须从准确度和精密度两方面来度量。

表 3-2 列出甲、乙、丙、丁四人分析同一试样中淀粉含量的结果。

表 3-2 淀粉含量分析结果 %

分析人员	重复测定				平均值	平均偏差	真实值	差值
	1	2	3	4				
甲	37.38	37.42	37.47	37.50	37.44	0.036	37.40	+0.04
乙	37.21	37.25	37.28	37.32	37.27	0.035	37.40	−0.17
丙	36.10	36.40	36.50	36.64	36.41	0.16	37.40	−0.99
丁	36.70	37.10	37.50	37.90	37.30	0.40	37.40	−0.10

由表 3-2 可知,甲所得结果的准确度和精密度均好,结果可靠;乙的精密度虽高,但准确度不太高;丙的精密度与准确度均低;丁的平均值虽接近于真实值,但几个数据分散性大,精密度太低,仅是由于大的正负误差相互抵消才使结果接近真实值的。

综上所述,精密度是保证准确度的先决条件,只有精密度高,才能得到高的准确度。若精密度低,所测结果不可靠,就失去了衡量准确度的前提。提高精密度不一定能保证准确度高,有时还须进行系统误差的校正,才能得到高准确度的结果。

例 3-4 对氢氧化钠溶液的浓度进行测定,第 1 次测定值为 8.30%,已知真实值为

8.34%，求该次测定的绝对误差和相对误差？

解：绝对误差(E)＝ $x-T=8.30-8.34=-0.04$

$$\text{相对误差}(RE\text{ 或 }E\%)=\frac{E}{T}\times 100\%=\frac{0.04}{8.34}\times 100\%=0.48\%$$

例 3-5　分析蛋糕中淀粉的含量得到如下数据(%)：37.45，37.20，37.50，37.30，37.25。计算此结果的算术平均值、极差、平均偏差、标准偏差（变异系数）、相对标准偏差与平均值的标准偏差。

解：

$$\text{算术平均值}(\bar{x})=\frac{\sum x_i}{n}=\frac{37.45+37.20+37.50+37.30+37.25}{5}=37.34\%$$

极差(R)＝$x_{max}-x_{min}=37.50-37.20=0.30\%$

各次测定的偏差(%)分别是：$d_1=+0.11$；$d_2=-0.14$；$d_3=-0.04$；$d_4=+0.16$；$d_5=-0.09$。

$$\text{平均偏差}(\bar{d})=\frac{\sum |d_i|}{n}=\frac{0.11+0.14+0.04+0.16+0.09}{5}=0.1\%$$

$$\text{标准偏差}(S)=\sqrt{\frac{\sum_{i=1}^{n}d_i^2}{n-1}}=\sqrt{\frac{(0.11)^2+(0.14)^2+(0.04)^2+(0.16)^2+(0.09)^2}{5-1}}$$
$$=0.13\%$$

$$\text{相对标准偏差}(CV)=\frac{S}{\bar{x}}\times 100\%=\frac{0.13}{37.34}\times 100\%=0.35\%$$

三、有效数字

在分析工作中，不仅要准确地进行测定，还应当正确地进行记录和计算。当记录及表达数据结果时，不仅要反映测定值的人小，而且还要反映测定值的准确程度。通常用有效数字来体现测定值的可信程度。正确地运用有效数字及其计算法则，不仅是化验人员的基本技能，而在实际工作中它还关系到测定结果的质量保证和人力、物力消耗等经济效益。

(一)有效数字的使用

有效数字是指实际上能测量到的数字，通常包括全部准确数字和一位不确定的可疑数字。除另有说明外，一般可理解为在可疑数字的位数上有±1 个单位或在其下一位上有±5 个单位的误差。有效数字保留的位数与测量方法及仪器的准确度有关。使用有效数字时，应注意以下几点：

(1)记录测量所得数据时，应当也只允许保留一位可疑数字，既不允许增加位数，也不应减少位数。

例如，实验中称量质量和测量体积，获得如下数字，其意义是有所不同的。12.500 0 g，是6 位有效数字，这不仅表明试样的质量为 12.500 0 g，还表示称量误差在±0.000 1 g，是用万分之一分析天平称量的。如将其质量记录成 12.50 g，则表示该试样是在台称上称量的，其称量误差为±0.01 g。

又如 10.00 mL，是 4 位有效数字，是用滴定管、吸量管量取的，刻度至 0.1 mL，估读至 ±0.01 mL。若写成 10.0 mL，是 3 位有效数字，一般是用小量筒量取的，刻度至 1 mL，估读至 ±0.1 mL。10 mL 则是 2 位有效数字，是用大量筒量取的，说明量取准确度至 ±1 mL 即可满足实验要求。

当用 25 mL 无分度吸量管移取溶液时，应记录为 25.00 mL。用 5 mL 吸量管时，应记录为 5.00 mL。当用 250 mL 容量瓶配溶液时，所配的溶液体积应记作 250.0 mL。用 50 mL 容量瓶时，则应记为 50.00 mL，这是容量瓶质量的国家标准所允许容量误差决定的。

(2)有效数字的位数还反映了测量的相对误差。如称量某试剂的质量为 0.518 0 g，表示该试剂质量是(0.518 0±0.000 1)g，其相对误差(*RE*)为：

$$RE\%=\frac{\pm 0.000\,1}{0.518\,0}\times 100\%\approx \pm 0.02\%$$

如果少取一位有效数字，则表示该试剂的质量是(0.518±0.001)g，其相对误差为：

$$RE\%=\frac{\pm 0.001}{0.518\,0}\times 100\%\approx \pm 0.2\%$$

即测量的准确度前者比后者高 10 倍。因此，记录测量数据时不能因为最后几位的数字是零而随意删去。

(3)有效数字位数与量的使用单位无关。如称得某物的质量是 12 g，2 位有效数字。若以 mg 为单位时，应记为 1.2×10^4 mg，而不应该记为 12 000 mg。若以 kg 为单位，可记为 0.012 kg 或 1.2×10^{-2} kg。

(4)数据中的“0”要做具体分析。数字中间的“0”，如 2005 中“00”都是有效数字。数字前边的“0”，如 0.012 kg，其中“0.0”不是有效数字，它们只起定位作用。数字后边的“0”，尤其是小数点后的“0”，如 2.50 中“0”是有效数字，即 2.50 是 3 位有效数字。

(5)计算有效数字的位数时，若第 1 位数字等于或大于 8 时，其有效数字应多算一位。例如 9.28 mL，表面上是 3 位有效数字，但其相对误差$=\frac{0.01}{9.28}\times 100\%\approx\frac{1}{1\,000}\times 100\%=0.1\%$故可认为它是 4 位有效数字。

(6)简单的计数、分数或倍数，属于准确数或自然数，其有效位数是无限的。

(7)分析化学中常遇到的 pH、p*K* 等，其有效数字的位数仅取决于小数部分的位数，其整数部分只说明原数值的方次。如 pH=2.49，表示$[H^+]=3.2\times 10^{-3}$ mol·L^{-1}，是 2 位有效数字。pH=13.0 表示$[H^+]=1\times 10^{-13}$ mol·L^{-1}，是一位有效数字。

(二)有效数字的修约

在多数情况下，测量数据本身并非最后的要求结果，一般须经一系列运算后才能获得所需的结果。在计算一组准确度不等(即有效数字位数不同)的数据之前，应先按照确定了的有效数字将多余的数字修约或整化。

过去习惯上用“四舍五入”规则修约数字。为了减少因数字修约人为引进的误差，通常采取“四舍六入五成双”法则，即当尾数≤4 时，舍去；尾数≥6 时，进位；当尾数为 5 时，则应视保留的末位数是奇数还是偶数，5 前为偶数应将 5 舍去，5 前为奇数则将 5 进位。这一法则的具体运用如下所示。

(1)若被舍弃的第一位数字大于5,则其前一位数字加1。如28.2645,取3位有效数字时,其被舍弃的第一位数字为6,大于5,则有效数字应为28.3。

(2)若被舍弃的第一位数字等于5,而其后数字全部为零,则视被保留的末位数字为奇数或偶数(零视为偶数)而定进或舍,末位是奇数时进1,末位为偶数舍弃。如28.350,28.250,28.050,只取3位有效数字时,分别应为28.4,28.2,28.0。例如将28.175和28.165处理成4位有效数字,则分别为28.18和28.16。

(3)若被舍弃的第一位数字为5,而其后面的数字不全是零,无论前面数字是偶或奇,皆进1。如28.250 1,只取3位有效数字时,则进1,成为28.3。

(4)若被舍弃的数字包括几位数字时,不得对该数进行连续修约,而应根据以上规则仅做一次处理。如2.154 546,只取3位有效数字时,应为2.15,而不得连续修约为2.16(2.154 546→2.154 55→2.154 6→2.155→2.16)。

(三)有效数字计算法则

在处理数据时,常遇到一些准确度不同的数据。对于这类数据,必须按照一定的法则进行运算,既可节省计算时间,又可避免过繁计算引入错误,使结果能真正符合实际测量的准确度。常用的基本法则如下:

1. 加减运算

在加减运算时,应以参加运算的各数据中绝对误差最大(即小数点后位数最少)的数据为标准,决定结果(和或差)的有效位数。

例3-5　请计算,12.35+0.005 6+7.890 3=?

解:绝对误差最大的数是12.35,应以它为依据,先修约,再计算。

12.35+0.01+7.89=20.25

为稳妥起见,也可在修约时多保留　位,算完后再修约一次。

12.35+0.006+7.890=20.246≈20.25

2. 乘除运算

在乘除运算中,应以参加运算的各数据中相对误差最大(即有效数字位数最少)的数据为标准,决定结果(积或商)的有效位数。中间算式中可多保留一位。遇到首位数为8或9时,可多算一位有效数字。

例3-6　请计算,0.012 1×25.64×1.057 82=?

解:各数的相对误差分别为:

0.012 1数的相对误差(RE)$=\frac{\pm 1}{121}\times 100\%$

25.64数的相对误差(RE)$=\frac{\pm 1}{2\,564}\times 100\%$

1.057 82数的相对误差(RE)$=\frac{\pm 1}{105\,782}\times 100\%$

即0.012 1数的相对误差最大,有效数字位数最少,应以它为标准先进行修约,再计算:

$$0.0121 \times 25.6 \times 1.06 = 0.328$$

或先多保留一位有效数字，算完后再修约一次。

$$0.0121 \times 25.64 \times 1.058 = 0.3282$$，修约为 0.328。

(四)检测分析工作中正确运用有效数字及其计算法则

1.正确地记录测量数据

记录的数据一定要如实地反映实际测量的准确度。例如，分析天平可称至±0.000 1 g，若称得某物质量为0.250 0 g，就必须记作0.250 0 g，不能记成0.25 g或0.250 g。如从滴定管读取滴定液的体积恰为24 mL，应当记为24.00 mL，不能记成24 mL或24.0 mL。

2.正确确定样品用量和选用适当的仪器

常量组成的分析测定常用质量分析或容量分析，其方法的准确度一般可达到0.1%。因此，整个测量过程中每一步骤的误差都应小于0.1%。用分析天平称量试样时，试样量一般都应大于0.2 g，才能使称量误差小于0.1%。若称样量大于3 g，则可使用千分之一的天平(即感量为0.001 g)，也能满足对称量准确度的要求，其称量误差小于0.1%。

同理，为使滴定时读数误差小于0.1%，常量滴定管的刻度精度为0.1 mL，能估读至±0.01 mL，滴定剂的用量至少要大于20 mL，才能使滴定时读数误差小于0.1%。前后2次读数，其读数误差至少为±0.02 mL。

3.正确报告分析结果

分析结果的准确度要如实地反映各测定步骤的准确度。分析结果的准确度不会高于各测定步骤中误差最大的那一步的准确度。

例 3-7 分析煤中含硫量时，称量3.5 g，甲、乙二人各做两次平行测定，报告结果为：

$$甲:S_1\%=0.042\%;S_2\%=0.041\%$$
$$乙:S_1\%=0.04201\%;S_2\%=0.04109\%$$

显然，甲的报告结果是可取的，而乙的报告结果不合理。因为：

$$称量相对误差(RE)=\frac{\pm 0.1}{3.5}\times 100\%\approx \pm 3\%$$

$$甲的报告相对误差(RE)=\frac{\pm 0.001}{0.042}\times 100\%\approx \pm 2\%$$

可见甲的报告的相对误差与称量的相对误差相符。

$$乙的报告相对误差(RE)=\frac{\pm 0.0001}{0.04201}\times 100\%\approx \pm 0.02\%$$

乙的报告相对误差比称量的相对误差小了100倍，显然是不可能的，是不合理的。

4.正确掌握对准确度的要求

误差是客观存在的，对准确度的要求要根据需要和客观情况而定。不合理的过高要求，既浪费人力、物力、时间，对工作也是毫无益处的。常量组分的测定常用的质量法与容量法，其方法误差约±0.1%，一般取4位有效数字。

对于微量物质的分析，分析结果的相对误差能够在±2%～±30%，就已满足实际需要。因此，在配制这些微量物质的标准溶液时，一般要求称量误差小于1%就够了。如用分析天平称量，称量1.00 g以上标准物质时，称准至0.01 g，其称量相对误差就小于1%，不必称至0.000 1 g。

5. 计算器运算结果中有效数字的取舍

电子计算器的使用已很普及，这给多位数的计算带来很大方便。但记录计算结果时，切勿照抄计算器上显示的数字，须按照有效数字修约和计算法则来决定计算器计算结果的数字位数的取舍。

知识拓展

可疑值的取舍

在实际工作中，常有个别数值偏离其他数值较远，这种与其他测定值有明显差异的测定值称为可疑值或离群值。可疑值的取舍对平均值影响较大，当数据少时，影响更大，应持谨慎态度，仔细查明可疑值出现的原因。如果可疑值不是由过失造成的，就要根据偶然误差分布规律决定取舍。常用 Q 值检验法

Q 值法按下列步骤进行：

(1)求出最大值与最小值之差(极差) $x_{max}-x_{min}$；

(2)求出可疑值(x_i)与其最邻近值(x_{i-1})之间的 x_i-x_{i-1}；

(3)求出 Q 值；

$$Q=\frac{x_i-x_{i-1}}{x_{max}-x_{min}}$$

(4)根据测定次数和要求的置信度(90%)，查表3-3，得出 $Q_{0.90}$；

表3-3　$Q_{0.90}$ 值表

测定次数	3	4	5	6	7	8	9	10
$Q_{0.90}$	0.94	0.76	0.64	0.56	0.51	0.47	0.44	0.41

(5)比较 Q 与 $Q_{0.90}$，若 $Q \geqslant Q_{0.90}$，则应舍弃，否则应予以保留。即 Q 值越大，说明可疑值偏离其他值越远。

本章小结

1. 滴定方法分类：酸碱滴定法、配位滴定法、氧化还原滴定法和沉淀滴定法。
2. 滴定方式分类：直接滴定法、返滴定法、置换滴定法和间接滴定法。
3. 配制标准溶液方法：直接法和标定法。
4. 标准滴定溶液浓度常用物质的量浓度和滴定度来表示。
5. 根据误差产生的原因和性质，将误差分为系统误差和偶然误差两大类。
6. 误差的表示方法分为准确度和精密度，准确度是指实验测得值与真实值之间相符合的程度。精密度是指在相同条件下，n 次重复测定结果彼此相符合的程度。准确度与精密度是两个不同的概念，它们相互之间有一定的关系，测定分析结果必须从准确度和精密度两方面来

度量。

7. 有效数字修约：通常采取“四舍六入五成双”法则。

巩固测试

第三章测试题

思政小课堂

食品分析检验与工匠精神

第四章
酸碱滴定法

【学习目标】

［知识目标］

- 了解酸碱滴定法的特点和应用
- 掌握酸碱滴定法原理
- 掌握常用酸碱标准溶液的配制与标定原理

［能力目标］

- 独立完成酸碱滴定操作
- 独立完成标准溶液的配制与标定
- 能够对具体酸碱滴定分析案例进行数据处理并进行误差分析

［素质目标］

- 探究酸碱滴定法在食品检测领域中的应用，培养工匠精神

【知识导图】

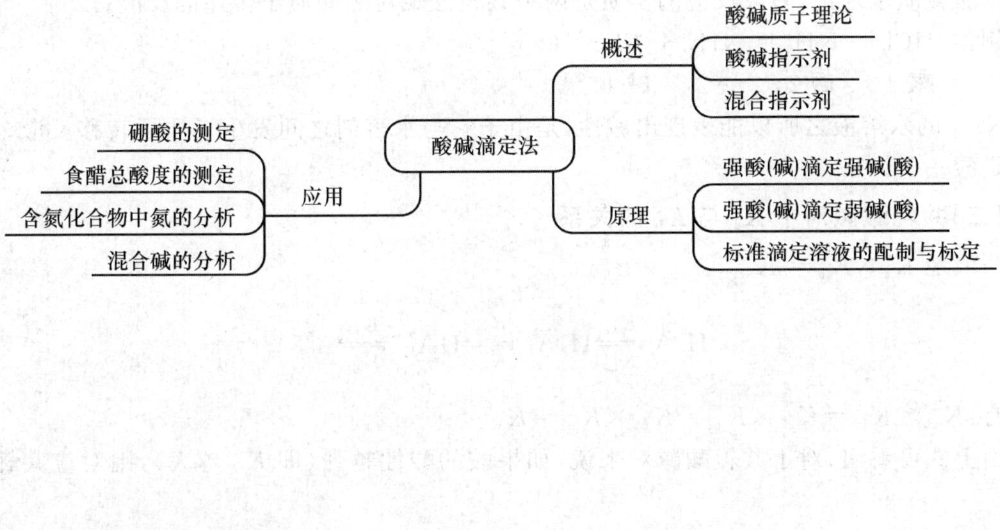

第一节 概 述

一、酸碱质子理论

(一)酸碱的定义和共轭酸碱对

酸碱理论研究已经有两百多年的历史，最初，人们把有酸味，能使蓝色石蕊变红的物质叫酸；有涩味，使红色石蕊变蓝的叫碱。1887 年，瑞典化学家阿仑尼乌斯提出了酸碱电离理论：凡是在水溶液中能够电离产生 H^+ 的物质叫作酸，凡是在水溶液中能够电离产生 OH^- 的物质叫作碱。但这个理论也有缺陷的，实际上并不是只有含 OH^- 的物质才具有碱性，如氨的水溶液也显碱性，可作为碱来中和酸。酸碱电离理论另一个缺陷是将酸碱概念局限于水溶液体系，由于科学的进步和生产的发展，越来越多的反应在非水溶液中进行，对于非水体系的酸碱性，酸碱电离理论就无能为力了。

1923 年，丹麦化学家布朗斯特和英国化学家劳莱进一步发展了酸碱理论，提出了酸碱质子理论(也叫质子理论)来理解酸碱的本质：凡是能给出质子的分子或离子称为酸，凡是能接受质子的分子或离子称为碱。

$$酸=质子+碱$$
$$酸=H^+ +碱$$
$$HAc = H^+ + Ac^-$$

如上式所示，右边的碱是左边酸的共轭碱；左边的酸是右边碱的共轭酸。酸、碱并非孤立，彼此通过 H^+(质子)联系在一起，这种关系称为酸碱的共轭关系，酸是碱和质子的结合体，把它们称为共轭酸碱对。例如：

$$HCl = H^+ + Cl^-$$
$$H_2CO_3 = H^+ + HCO_3^-$$

(二)酸碱反应的实质

据酸碱质子理论，酸碱反应的实质是两个共轭酸碱对之间质子传递的反应。

例： $HCl + NH_3 = NH_4^+ + Cl^-$

酸 1　碱 2　酸 2　碱 1

NH_3 的水溶液之所以能表现出碱性，是由于它与水溶剂之间发生了质子转移反应。这里的水是酸。

(三)共轭酸碱对中 K_a 与 K_b 的关系

一般地 $K_a \times K_b = K_w$

$$H_3A \underset{K_{b3}}{\overset{K_{a1}}{\rightleftharpoons}} H_2A^- \underset{K_{b2}}{\overset{K_{a2}}{\rightleftharpoons}} HA^{2-} \underset{K_{b1}}{\overset{K_{a3}}{\rightleftharpoons}} A^{3-}$$

有：$K_{a1} \times K_{b3} = K_{a2} \times K_{b2} = K_{a3} \times K_{b1} = K_w$

由上式可看出，对于共轭酸碱对来说，如果酸的酸性越强(即 K_a 越大)，则对应共轭碱的碱性越弱(即 K_b 越小);反之,酸的酸性越弱(即 K_a 越小),则对应共轭碱的碱性越强(即 K_b 越大)。

例 4-1　已知 $NH_3 \cdot H_2O$ 的 $K_b = 1.76 \times 10^{-5}$,求 NH_4^+ 的 K_a。

解:

$$K_a = \frac{K_w}{K_b} = \frac{1.0 \times 10^{-14}}{1.76 \times 10^{-5}} = 5.7 \times 10^{-10}$$

二、酸碱指示剂的变色原理及变色范围

酸碱滴定法中所应用的指示剂。一般是有机弱酸、有机弱碱或两性物质。

(一)变色原理

若用 HIn 表示酸,In^- 表示其共轭碱,酸碱平衡如下:

$$\underset{(酸式色)}{HIn} \rightleftharpoons H^+ + \underset{(碱式色)}{In^-}$$

溶液的 pH 改变时,由于质子转移引起指示剂的分子或离子结构发生变化,因而呈现出不同的颜色。指示剂结构的改变是颜色变化的依据,溶液 pH 的改变是颜色变化的条件。

(二)变色范围

)若用 HIn 表示酸,In^- 表示其共轭碱,则有:

$$K(HIn) = \frac{c(H^+) \times c(In^-)}{c(HIn)}$$

$$c(H^+) = K(HIn) \times \frac{c(HIn)}{c(In^-)}$$

$$pH = pK(HIn) - \lg \frac{c(HIn)}{c(In^-)}$$

(1)$c(HIn) = c(In^-)$,pH = pK(HIn),指示剂的变色点。

(2)$c(HIn)/c(In^-) \geqslant 10$ 即 pH $\leqslant pK(HIn) - 1$ 时,观察到的是酸式色。

(3)$c(HIn)/c(In^-) \leqslant 1/10$ 即 pH $\geqslant pK(HIn) + 1$ 时,观察到的是碱式色。

因此,当 pH 由 pH = pK(HIn) − 1 变到 pH = pK(HIn) + 1 时,人眼就能明显地看到由酸式色变为碱式色。

所以,pH = pK(HIn) ± 1 称为酸碱指示剂的理论变色范围。

实际变色范围与理论变色范围有差异。常用酸碱指示剂变色范围如表 4-1 所示。

表 4-1　常用酸碱指示剂变色范围

指示剂	变色范围	酸色	碱色
甲基橙	pH 3.1～4.4(橙色)	红色(pH<3.1)	黄色(pH>4.4)
甲基红	pH 4.4～6.2(橙色)	红色(pH<4.4)	黄色(pH>6.2)
酚酞	pH 8.2～10.0(粉红)	无色(pH<8.2)	红色(pH>10.0)

三、混合指示剂

单一指示剂的变色范围宽，变色不灵敏。混合指示剂能弥补上述不足，具有变色范围窄、变色敏锐等优点。

混合指示剂按其配制方法可分为两类：

第一类是由两种或多种指示剂混合而成，利用彼此颜色之间的互补作用，具有很窄的变色范围，且在滴定终点有敏锐的颜色变化，可以正确地指示滴定终点。如溴甲酚绿（0.1%乙醇溶液）和甲基红（0.2%乙醇溶液）以及由它们组成的混合指示剂（3∶1），其颜色随溶液 pH 变化的情况如表 4-2 所示。

表 4-2 溴甲酚绿＋甲基红混合指示剂在不同 pH 条件下颜色变化

溶液的酸度	溴甲酚绿	甲基红	溴甲酚绿＋甲基红
pH＜4.0	黄色	红色	橙色（酒红）
pH＝5.1	绿色	橙色	灰色
pH＞6.2	蓝色	黄色	绿色

第二类是在某种指示剂中加入一种惰性染料，后者不是酸碱指示剂，颜色不随 pH 变化，因颜色互补使变色敏锐，而变色范围不变。如甲基橙（0.1%）和靛蓝二磺酸钠（0.25%）组成的混合指示剂（1∶1），靛蓝二磺酸钠在滴定过程中不变色（蓝色），只作为甲基橙变色的背景。该混合指示剂随溶液 pH 的改变而发生如表 4-3 所示的颜色变化。

表 4-3 甲基橙＋靛蓝二磺酸钠混合指示剂在不同 pH 条件下颜色变化

溶液的酸度	甲基橙	甲基橙＋靛蓝二磺酸钠
pH≥4.4	黄色	黄蓝色
pH＝4.1	橙色	浅灰色
pH≤3.1	红色	紫色

常见的混合酸碱指示剂见表 4-4。

表 4-4 常见的混合酸碱指示剂

指示剂的组成		颜色变化			注
单一指示剂名称（ρ_0）	$V_1:V_2$	酸式色	变色点 pH	碱式色	
1. 甲基黄乙醇溶液（1.0 g·L^{-1}） 2. 次甲基蓝乙醇溶液（1.0 g·L^{-1}）	1∶1	蓝紫	3.25	绿	pH≤3.2 蓝紫色 pH≥3.4 绿色
1. 甲基橙水溶液（1.0 g·L^{-1}） 2. 酸性靛蓝水溶液（2.5 g·L^{-1}）	1∶1	紫	4.1	黄绿	pH≤3.1 紫色 pH＝4.1 灰色 pH≥4.4 绿色
1. 溴甲酚绿乙醇溶液（1.0 g·L^{-1}） 2. 甲基橙水溶液（0.2 g·L^{-1}）	1∶1	橙	4.3	绿	

续表 4-4

指示剂的组成		颜色变化			注
单一指示剂名称(ρ_0)	$V_1:V_2$	酸式色	变色点 pH	碱式色	
1.溴甲酚绿乙醇溶液(1.0 g·L^{-1}) 2.甲基红乙醇溶液(2.0 g·L^{-1})	3∶1	酒红	5.1	绿	
1.溴甲酚绿钠盐水溶液(1.0 g·L^{-1}) 2.氯酚红钠盐水溶液(1.0 g·L^{-1})	1∶1	黄绿	6.1	蓝紫	pH≤5.4 蓝绿色 pH=5.8 蓝色 pH≥6.2 蓝紫色
1.溴甲酚紫钠盐水溶液(1.0 g·L^{-1}) 2.溴百里酚蓝钠盐水溶液(1.0 g·L^{-1})	1∶1	黄	6.7	紫蓝	
1.中性红乙醇溶液(1.0 g·L^{-1}) 2.次甲基蓝乙醇溶液(1.0 g·L^{-1})	1∶1	紫蓝	7.0	绿	pH=7.0 紫蓝色
1.酚红乙醇溶液(1.0 g·L^{-1}) 2.次甲基蓝水溶液(0.2 g·L^{-1})	1∶2	绿	7.3	紫	
1.溴百里酚蓝钠盐水溶液(1.0 g·L^{-1}) 2.酚红钠盐水溶液(1.0 g·L^{-1})	1∶1	黄	7.5	紫	
1.甲酚红钠盐水溶液(1.0 g·L^{-1}) 2.百里酚蓝钠盐水溶液(1.0 g·L^{-1})	1∶3	黄	8.3	紫	pH=8.2 玫瑰色 pH=8.4 清晰的紫色
1.α-萘酚酞乙醇溶液(1.0 g·L^{-1}) 2.酚酞乙醇溶液(1.0 g·L^{-1})	1∶3	淡红	8.9	紫	
1.百里酚蓝 50%乙醇溶液(1.0 g·L^{-1}) 2.酚酞 50%乙醇溶液(1.0 g·L^{-1})	1∶3	黄	9.0	紫	从黄→绿→紫
1.酚酞乙醇溶液(1.0 g·L^{-1}) 2.百里酚酞乙醇溶液(1.0 g·L^{-1})	1∶1	无	9.9	紫	
1.酚酞乙醇溶液(1.0 g·L^{-1}) 2.尼尔蓝乙醇溶液(2.0 g·L^{-1})	1∶2	蓝	10.0	红	蓝→紫→红
1.百里酚酞乙醇溶液(1.0 g·L^{-1}) 2.茜素黄乙醇溶液(1.0 g·L^{-1})	1∶2	黄	10.2	紫	

第二节　酸碱滴定基本原理

一、强碱(酸)滴定强酸(碱)

(一)滴定过程中溶液 pH 的变化

在酸碱滴定中，随着滴定剂的加入，溶液的 pH 在不断变化。表示溶液的 pH 随滴定剂加入量变化的曲线，称为滴定曲线。

以 0.100 0 mol·L^{-1} NaOH 滴定 20.00 mL 0.100 0 mol·L^{-1} HCl 为例。整个滴定过

程分为四个阶段来计算溶液的 pH。

1. 滴定前

$c(HCl) = c(H^+) = 0.100\,0\ mol \cdot L^{-1}$，$pH = 1.00$

2. 计量点前[$c(H^+)$决定于剩余的 HCl 的浓度]

$$NaOH + HCl = NaCl + H_2O$$

若加入 NaOH 体积为 19.98 mL，即剩下 0.1% HCl 未被中和。

$$c(H^+)=\frac{0.100\,0\times 20.00-0.100\,0\times 19.98}{20.00+19.98}=5\times 10^{-5}(mol \cdot L^{-1})$$

$$pH=-\lg c(H^+)=-\lg(5\times 10^{-5})=4.3$$

3. 计量点时

加入 20.00 mL NaOH，HCl 全部被中和，生成 NaCl 和水，这时 H^+ 的唯一来源是水的电离，所以，溶液 pH = 7.0。

4. 计量点后(pH 的计算决定于过量的 NaOH 的浓度)

当加入 20.02 mL NaOH，即 NaOH 过量 0.1%。

$$c(OH^-)=\frac{0.100\,0\times 20.02-0.100\,0\times 20.00}{20.02+20.00}=5\times 10^{-5}(mol \cdot L^{-1})$$

$$pOH=-\lg c(OH^-)=-\lg(5\times 10^{-5})=4.3$$

$$pH=K_w-pOH=14-4.3=9.7$$

5. 滴定曲线分析

计量点前后 NaOH 体积变化为±0.02 mL，溶液 pH 变化为 4.3～9.7。

在化学计量点前后 0.1%，曲线呈现近似垂直的一段，表明溶液的 pH 有一个突然的改变，这种 pH 的突然改变便称为滴定突跃，而突跃所在的 pH 范围称为滴定突跃范围。此后，再继续滴加 NaOH 溶液，溶液的 pH 变化越来越小，曲线又趋平坦。

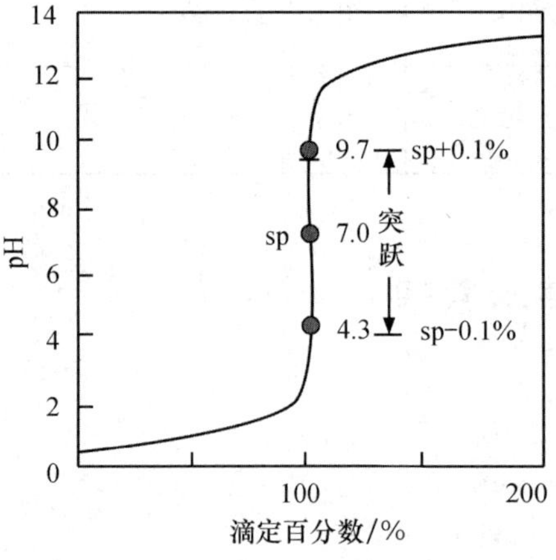

图 4-1 酸碱滴定突跃与突跃范围

比如用 $0.100\,0\ mol \cdot L^{-1}$ HCl 标准滴定溶液滴定 $0.100\,0\ mol \cdot L^{-1}$ NaOH 溶液，可选择酚酞或甲基红作为指示剂。

实际分析时，为了进一步提高滴定终点的准确性以及更好地判断终点，通常选用混合指示剂溴甲酚绿-甲基红，终点时颜色由绿经浅灰变为暗红，容易观察。

6. 浓度对突跃范围的影响

酸碱浓度降为原来的 1/10 或 1/100，突跃范围分别为 pH = 5.3～8.7 或 pH = 6.3～7.7。酸碱浓度太小时，突跃不明显甚至无；浓度太大则样品和试剂的消耗量大，造成浪费，滴定误差也大。因此浓度一般控制在 $0.01 \sim 1\ mol \cdot L^{-1}$。

（二）指示剂的选择

选择指示剂的原则：以酸碱滴定曲线终点突变为依据。指示剂的变色范围处于滴定突变范围内或变色范围有一部分处于滴定突变范围内，指示剂的变色范围越小，终点误差越小。其终点误差在±0.1%以内。同时指示剂的变色明显、灵敏且易观察。

常见滴定类型中指示剂的选择：强酸滴定碱溶液用甲基橙指示剂，强碱滴定酸溶液用酚酞指示剂。因为石蕊变色范围太宽，终点颜色变化不明显，所以很少用石蕊作中和滴定的指示剂。

二、强碱（酸）滴定弱酸（碱）

参照强酸强碱滴定过程分析，强碱（酸）滴定一元弱酸（碱）突跃范围与弱酸（碱）的浓度及其离解常数有关。酸的离解常数越小（即酸的酸性越弱）、酸的浓度越低，则滴定突跃范围也就越小。滴定曲线如图 4-2 所示。

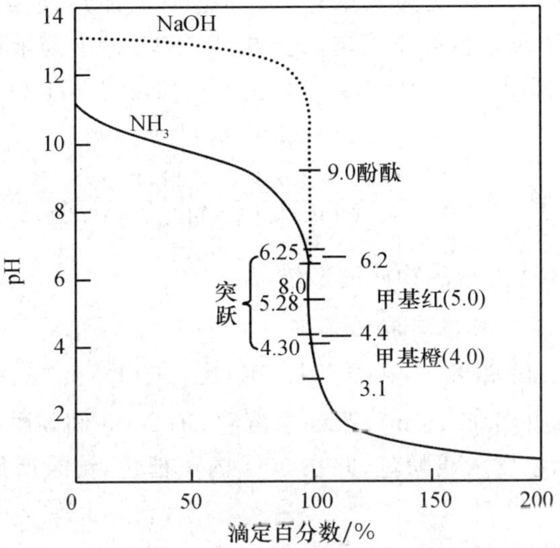

图 4-2　强酸滴定弱碱滴定曲线

三、酸、碱标准溶液配制和标定

（一）酸、碱标准溶液的配制

微课学习
HCl 标准溶液的配制和标定

1. 0.1mol・L^{-1} HCl 标准溶液的配制

用间接法配制，即先用市售的盐酸试剂（分析纯）配制成接近所需浓度的溶液（其浓度值与所需配制浓度值的误差不得大于 5%），再用基准物质标定其准确浓度。由于浓盐酸具有挥发性，配制时所取 HCl 的量可稍微多一些。

欲配制 0.1 mol・L^{-1} HCl 溶液 1 L，具体操作如下：量取 9 mL 浓盐酸，缓慢倒入装有 1 000 mL 蒸馏水的烧杯中稀释，边倒边用玻璃棒搅拌，待烧杯中溶液冷却至室温后将其转移至试剂瓶中。

2. 0.1 mol·L^{-1} NaOH 标准溶液的配制

由于氢氧化钠具有很强的吸湿性，容易吸收空气中的水分及 CO_2，因此 NaOH 标准滴定溶液也不能用直接法配制，同样须先配制成接近所需浓度的溶液，然后再用基准物质标定其准确浓度。

欲配制 0.1 mol·L^{-1} 的 NaOH 标准溶液 1 L 具体操作如下：先配制 NaOH 饱和溶液（浓度约为 20 mol·L^{-1}），置于聚乙烯塑料瓶中静置至溶液清亮。然后吸取 5 mL NaOH 饱和溶液用无 CO_2 的蒸馏水稀释至 1 L，摇匀。

（二）酸碱标准溶液的标定

1. HCl（0.1 mol·L^{-1}）标准溶液的标定。

用差减称量法精确称取 3 份 0.10～0.12 g 无水碳酸钠（Na_2CO_3）分别置于 3 个已编号的 250 mL 锥形瓶中，并各加 40 mL 蒸馏水溶解，加 5 滴甲基橙-溴甲酚绿混合指示剂，摇匀并用 HCl 标准溶液滴定至溶液由绿色变为灰紫色，放到电炉上加热使溶液重新变为绿色停止加热，放至室温后继续滴定至灰紫色停止滴定，记录所用 HCl 标准溶液体积，同时做空白实验。

反应式：$Na_2CO_3 + 2HCl = CO_2\uparrow + 2NaCl + H_2O$

计算公式：

$$c(\text{HCl}) = \frac{2m(\text{Na}_2\text{CO}_3)}{M(\text{Na}_2\text{CO}_3) \times [V(\text{HCl}) - V(\text{空白})]}$$

根据此公式计算出 HCl 溶液的物质的量浓度。

2. NaOH（0.1 mol·L^{-1}）标准溶液的标定

用减量法精确称取 3 份邻苯二甲酸氢钾（$KHC_8H_4O_4$）0.36～0.44 g 分别置于 3 个 250 mL 锥形瓶（编号）中，并各加 40 mL 蒸馏水溶解，加 2～3 滴酚酞指示剂，摇匀并用 NaOH 标准溶液滴定至溶液由无色变为浅粉色，并在 30 s 内不褪色，记录所用 NaOH 标准溶液体积，同时做空白实验。

反应式：$KHC_8H_4O_4 + NaOH = KNaC_8H_4O_4 + H_2O$

计算公式：

$$c(\text{NaOH}) = \frac{m(\text{KHC}_8\text{H}_4\text{O}_4)}{M(\text{KHC}_8\text{H}_4\text{O}_4) \times [V(\text{NaOH}) - V(\text{空白})]}$$

根据此公式计算出 NaOH 溶液的物质的量浓度。

第三节　酸碱滴定法的应用

酸碱滴定法在化工、食品、饲料和医药等行业有着广泛的应用。以下列举部分应用实例供参考。

一、硼酸的测定

H_3BO_3 的 $K_a = 5.8\times10^{-10}$，不能用标准碱溶液直接滴定。但是 H_3BO_3 可与某些多羟基化合物（在碳链的一侧含有相邻的两个—OH 的多元醇），如乙二醇、丙三醇、甘露醇等反应，生成配合酸。

这种配合酸的解离常数在 10^{-6} 左右，因而使弱酸得到强化，用 NaOH 标准溶液滴定时化学计量点的 pH 在 9 左右，可用酚酞或百里酚酞指示终点。

钢铁及合金中硼的测定也是采用本法。在去除干扰元素、加甘露醇后，以 NaOH 滴定，测定硼的含量。

二、食醋中总酸度的测定

食醋是一种重要的农产品加工品，是混合酸，其主要成分是 HAc（有机弱酸，$K_a=1.8\times 10^5$），可用 NaOH 标准溶液滴定测定其含量，与 NaOH 反应产物为弱酸强碱盐 NaAc，反应方程式如下：

$$HAc + NaOH = NaAc + H_2O$$

HAc 与 NaOH 反应产物为弱酸强碱盐 NaAc，化学计量点时 pH＝8.7，滴定突跃在碱性范围内（如 0.1 mol · L^{-1} NaOH 滴定 0.1 mol · L^{-1} HAc 突跃范围为 pH 为 7.74～9.70），在此若使用在酸性范围内变色的指示剂如甲基橙，将引起很大的滴定误差（该反应化学计量点时溶液呈弱碱性，酸性范围内变色的指示剂变色时，溶液呈弱酸性，则滴定不完全），因此应选择在碱性范围内变色的指示剂酚酞（pH 为 8.0～9.6）。指示剂的选择主要以滴定突跃范围为依据，指示剂的变色范围应全部或一部分在滴定突跃范围内，才能使终点误差小于 0.1％。

三、含氮化合物中氮的分析

（一）无机铵盐中氮含量的分析

在肥料分析中，对于 NH_4HCO_3 等无机铵盐中氮的测定，通常将试样加以处理，将各种含氮化合物转化为 NH_4^+，然后用酸碱滴定法测定，其处理方法有以下两种。

1. 甲醛法

由于 NH_4 的酸性较弱，不能直接准确滴定。在溶液中加入甲醛，甲醛与 NH_4^+ 作用生成等量的强酸，可以用强碱直接滴定，其反应方程式为：

$$4NH_4^+ + 6HCHO = (CH_2)_6N_4H^+ + 3H^+ + 6H_2O$$

可以选择酚酞作为指示剂来指示终点，另外，如果试样含有游离酸，可以先用碱标准溶液中和，采用甲基红指示剂指示终点。该法适合易溶解于水的无机铵盐的分析测定。

2. 蒸馏法

将铵盐试样加入蒸馏瓶中。加入 NaOH 溶液进行加热蒸馏，蒸馏出来的气态 NH_3 先用硼酸溶液吸收，然后以甲基红和溴甲酚绿混合指示剂来指示终点，直接用 HCl 标准溶液进行滴定。由于硼酸的酸性非常弱，不干扰滴定，故不需要定量加入。测定的反应方程式为：

$$NH_3 + H_3BO_3 = NH_4^+ + H_2BO_3^-$$

$$H_2BO_3^- + H^+ = H_3BO_3$$

另外，对蒸馏出来的其他 NH_3 也可以加过量的 H_2SO_4（或 HCl）标准溶液，然后以甲基红和亚甲基蓝混合指示剂指示终点，用 NaOH 标准溶液回滴过量的 H_2SO_4 或 HCl 标准溶液，该方法需要配制两种标准溶液。测定的方程式为：

$$NH_3 + H^+ \xlongequal{} NH_4^+ \quad ,$$
$$H^+ + OH^- \xlongequal{} H_2O$$

(二)食品中蛋白质含量的分析

对于食品中蛋白质和许多含氮有机化合物中氮的测定通常采用凯氏定氮法。测定过程如下：试样中加浓 H_2SO_4 加热分解，为了使有机物分解彻底，通常加入 K_2SO_4 提高溶液的沸点，加入 $CuSO_4$ 为催化剂。这时有机物中的氮转化为 NH_4^+，然后加入过量的 NaOH 溶液，加热蒸馏，蒸馏出来的气态 NH_3 用过量硼酸溶液吸收，最后以甲基红和溴甲酚绿混合指示剂来指示终点，用 HCl 标准溶液进行滴定。测定过程的反应式为：

$$\text{有机物} \xrightarrow{\text{消解}} H_2O + CO_2\uparrow + NH_3\uparrow$$
$$NH_3 + H_3BO_3 \xlongequal{} NH_4^+ + H_2BO_3^-$$
$$H_2BO_3^- + H^- \xlongequal{} H_3BO_3$$

四、混合碱的分析

混合碱是 Na_2CO_3 与 NaOH 或 Na_2CO_3 与 $NaHCO_3$ 的混合物。欲测定同一份试样中各组分的含量，可用 HCl 标准溶液滴定，选用两种不同指示剂分别指示第一、第二化学计量点。根据到达两个化学计量点时消耗的 HCl 标准溶液的体积，便可判别试样的组成及计算各组分含量。

在混合碱试样中加入酚酞指示剂，此时溶液呈红色，用 HCl 标准溶液滴定到溶液由红色恰好变为无色时，则试液中所含 NaOH 完全被中和，Na_2CO_3 则被中和成 $NaHCO_3$，若溶液中含 NaHCO，则 NaHCO 未被滴定，反应如下：

$$NaOH + HCl \xlongequal{} NaCl + HO$$
$$Na_2CO_3 + HCl \xlongequal{} NaCl + NaHCO_3$$

设滴定用去的 HCl 标准溶液的体积为 V_1(mL)，再加入甲基橙指示剂，继续用 HCl 标准溶液滴定到溶液由黄色变为橙色。此时试液中的 $NaHCO_3$(或是 Na_2CO_3 第一步被中和生成的，或是试样中含有的)被中和成 CO_2 和 H_2O。

$$NaHCO_3 + HCl \xlongequal{} NaCl + CO_2 + H_2O$$

此时，又消耗的 HCl 标准溶液(即第一计量点到第二计量点消耗的)的体积为 V_2(mL)。

当 $V_1 > V_2$ 时，试样为 Na_2CO_3 与 NaOH 的混合物，中和 Na_2CO_3 所需 HCl 是分两批加入的，两次用量应该相等，即滴定 Na_2CO_3 所消耗的 HCl 的体积为 $2V_2$，而中和 NaOH 所消耗的 HCl 的体积为 $(V_1 - V_2)$，故计算 NaOH 和 Na_2CO_3 的含量公式应为：

$$NaOH\% = \frac{(V_1 - V_2) \cdot c(HCl) \cdot M(NaOH)}{1\,000 m_s} \times 100\%$$

$$Na_2CO_3\% = \frac{V_2 \cdot c(HCl) \cdot M(Na_2CO_3)}{1\ 000m_s} \times 100\%$$

式中，m_s 为混合碱试样质量(g)。

混合碱测定方法是利用双指示剂在不同化学计量点的颜色变化，得到两个终点，分别根据各终点时消耗的酸标准溶液的体积，计算被测组分的含量。

例 4-2 已知混合碱可能含有 NaOH 和 Na_2CO_3，也可能含有 Na_2CO_3 与 $NaHCO_3$，现取试样 1.200 0 g 加适量水后用酚酞做指示剂，用 0.300 0 mol·L^{-1} HCl 标准溶液滴定至酚酞变色时，消耗 HCl 溶液 28.40 mL，再加入甲基橙指示剂，继续用同浓度的 HCl 滴定至甲基橙变色为终点，又消耗 HCl 溶液 3.60 mL，分析此碱液是何混合物，并计算各组分的质量分数。

解：

$$NaOH + HCl \xlongequal{} NaCl + H_2O(\text{酚酞变色})$$

$$Na_2CO_3 + HCl \xlongequal{} NaHCO_3 + NaCl(\text{酚酞变色})$$

$$NaHCO_3 + HCl \xlongequal{} CO_2 + H_2O + NaCl(\text{甲基橙变色})$$

设 V_1 是以酚酞指示剂消耗 HCl 溶液的体积，V_2 是以甲基橙指示剂消耗的体积。

若 $V_1>0$，$V_2=0$，只含有 NaOH

$V_1=0$，$V_2>0$，只含有 $NaHCO_3$

$V_1=V_2$，只含有 Na_2CO_3

$V_1>V_2$，含有 NaOH 和 Na_2CO_3

$V_1<V_2$，含有 Na_2CO_3 和 $NaHCO_3$

依题 $V_1>V_2$，此混合碱为 NaOH 和 Na_2CO_3 的混合物。

因此，$w(Na_2CO_3) = \frac{m}{m_s} \times 100\% = \frac{c(HCl) \cdot V_2 \cdot M(Na_2CO_3)}{1\ 000 \cdot m_s} \times 100\% = 9.54\%$

$$w(NaOH) = \frac{m}{m_s} \times 100\% = \frac{c(HCl) \cdot (V_1 - V_2) \cdot M(NaOH)}{1\ 000 \cdot m_s} \times 100\% = 24.81\%$$

本章小结

本章主要讲述了酸碱指示剂的变色原理、变色范围和酸碱滴定基本原理及分析计算。

1. 酸碱质子理论：据酸碱质子理论，酸碱反应的实质是两个共轭酸碱对之间质子传递的反应。

2. 酸碱指示剂的变色原理及变色范围：溶液的 pH 改变时，由于质子转移引起指示剂的分子或离子结构发生变化，因而呈现出不同的颜色。$pH = pK(HIn) \pm 1$ 称为酸碱指示剂的理论变色范围。

3. 酸碱滴定曲线特征：酸碱滴定的滴定曲线在化学计量点附近有滴定突跃，突跃范围的大小与酸(碱)的浓度和酸(碱)性强弱有关，酸(碱)性越强突跃范围越大，酸(碱)溶液浓度越大，突跃范围越大，反之亦然。

4. 在混合碱的分析中存在以下规律：若两次滴定盐酸消耗的体积分别用 V_1 和 V_2 表示，则当 $V_1>0$，$V_2=0$ 时，被测液中只含有 NaOH；$V_1=0$，$V_2>0$ 时，只含有 $NaHCO_3$；$V_1=V_2$

时，只含有 Na_2CO_3；$V_1 > V_2$ 时，含有 NaOH 和 Na_2CO_3；$V_1 < V_2$ 时，含有 Na_2CO_3 和 $NaHCO_3$。

巩固测试

第四章测试题

思政小课堂

侯德榜对化学工业的贡献

第五章
配位滴定法

【学习目标】

［知识目标］

- 掌握配位滴定法的基本理论
- 掌握配位化合物及其稳定性的影响因素

［能力目标］

- 能够通过学习配位化合物自主理解工作中的相关原理
- 针对具体案例正确使用配位滴定法完成工作任务

［素质目标］

- 培养思维灵活性和独立思考的习惯
- 培养善于总结和触类旁通的能力

【知识导图】

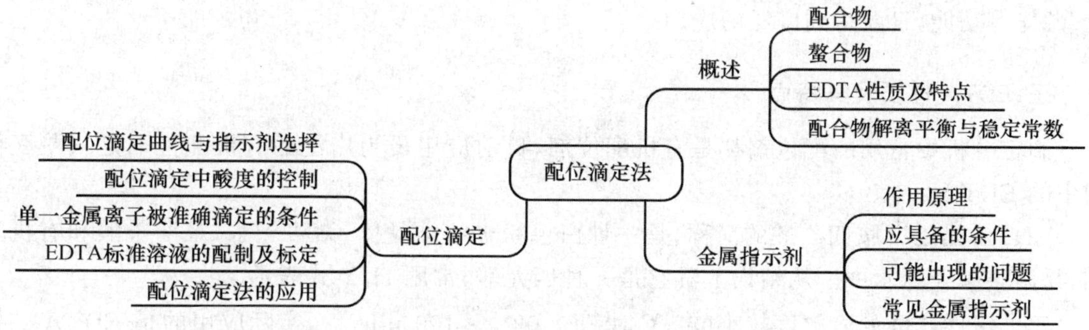

第一节 配位滴定法概述

一、配位化合物基本概念

由一个阳离子或原子和一定数目的中性分子或阴离子以配位键相结合形成的能稳定存在的复杂离子或分子，称为配离子或配分子，配分子或含有配离子的化合物，称为配位化合物，简称为配合物。

生成配合物的化学反应称为配位反应：

$$Cu^{2+}+4NH_3 \longrightarrow [Cu(NH_3)_4]^{2+} \quad CuSO_4+4NH_3 \longrightarrow [Cu(NH_3)_4]SO_4$$

上例中，Cu^{2+} 为中心离子，NH_3 为配位体，$[Cu(NH_3)_4]^{2+}$ 为配离子（四氨合铜离子），$[Cu(NH_3)_4]SO_4$ 为配合物。

二、螯合物

螯合物是一种特殊类型的配合物，是指中心离子与多齿配位体形成的具有环状结构的配合物，环状结构是螯合物的最显著特征。“螯”指螃蟹的大钳，此名称比喻多齿配位体像螃蟹一样用两只大钳紧紧夹住中心离子。

能与中心离子形成螯合物的配位体又称为螯合剂，螯合剂与中心离子键合成环称为螯合作用，常见的螯合剂多为有机配位体，如多元羧酸及其取代物、多元酚、多胺、氨基羧酸等，尤以氨羧螯合剂应用更为广泛。

螯合物通常比一般配合物要稳定，所谓螯合效应就是指由于成环作用导致配合物稳定性剧增的现象，一般而言，形成的环数目越多，螯合物稳定性越高，但以五元环和六元环的稳定性最高，比六元环更大的环也不稳定。

近年来，各种螯合物不断涌现，分子结构中含有可以进行聚合作用的双键和三键单元的金属螯合物单体经过直接聚合和共聚作用可以生成大分子金属螯合物，因其具有导电、光导、催化、贮能等功能，日益得到广泛的应用。

三、EDTA 性质及其特点

滴定分析中常用的配位剂都是有机配位剂，目前应用最为广泛的有机配位剂是氨羧配位剂中的 EDTA。

EDTA 是乙二胺四乙酸的简称，是一种白色粉末状结晶体，微溶于水，难溶于酸和有机溶剂，易溶于碱及氨水中。从结构上看它是一种四元酸，常用 H_4Y 式表示。

乙二胺四乙酸的溶解度较小（22 ℃时约 0.02 g · 100 mL^{-1}），实际应用的是 EDTA 二钠盐 $Na_2H_2Y \cdot 2H_2O$（22 ℃时溶解度约 11.1 g · 100 mL^{-1}），其也简称 EDTA，有吸水性，80 ℃时可除去，因此通常用使用 EDTA 二钠盐作滴定剂。

在溶液中酸度很高时，EDTA 可以接受质子，转变为六元酸 H_6Y^{2+}，在水溶液中有 6 级离解平衡和 7 种存在型体：H_6Y^{2+}、H_5Y^{+}、H_4Y、H_3Y^{-}、H_2Y^{2-}、HY^{3-}、Y^{4-}。

$$H_6Y^{2+} \rightleftharpoons H_5Y^+ + H^+ \qquad K_{a_1}=\frac{[H^+][H_5Y^+]}{[H_6Y^{2+}]}=10^{-0.9}$$

$$H_5Y^+ \rightleftharpoons H_4Y + H^+ \qquad K_{a_2}=\frac{[H^+][H_4Y]}{[H_5Y^+]}=10^{-1.6}$$

$$H_4Y \rightleftharpoons H_3Y^- + H^+ \qquad K_{a_3}=\frac{[H^+][H_3Y^-]}{[H_4Y]}=10^{-2.0}$$

$$H_3Y^- \rightleftharpoons H_2Y^{2-} + H^+ \qquad K_{a_4}=\frac{[H^+][H_2Y^{2-}]}{[H_3Y^-]}=10^{-2.67}$$

$$H_2Y^{2-} \rightleftharpoons HY^{3-} + H^+ \qquad K_{a_5}=\frac{[H^+][HY^{3-}]}{[H_2Y^{2-}]}=10^{-6.16}$$

$$HY^{3-} \rightleftharpoons Y^{4-} + H^+ \qquad K_{a_6}=\frac{[H^+][Y^{4-}]}{[HY^{3-}]}=10^{-10.26}$$

在不同 pH 条件下，各种存在型体所占的分布分数 δ 是不同的，如图 5-1 所示，在 7 种型体当中，只有 Y^{4-}（为了方便，以下用符号 Y 表示）能与金属离子直接配位，Y 的分布系数越大，EDTA 的配位能力越强，由分布图可以看出，Y 分布系数的大小与溶液的 pH 密切相关，溶液 pH 越高，Y 的分布分数越大，所以，溶液的酸度就成为影响 EDTA 配合物稳定性及滴定终点敏锐性的一个重要因素。

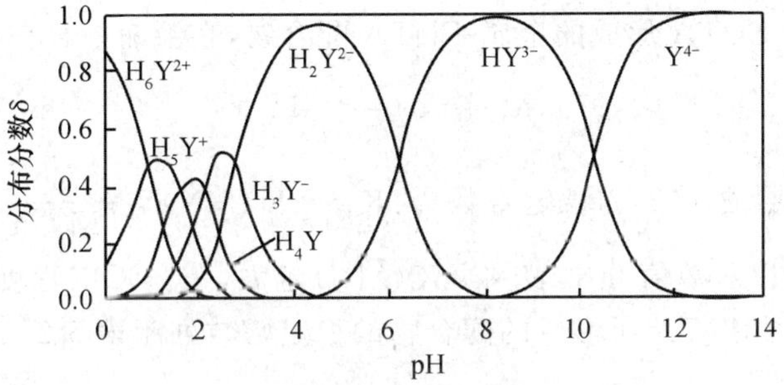

图 5-1 EDTA 的 δ-pH 图

EDTA 的阴离子 Y 中含有 2 个氨基，4 个羧氧基，氮、氧共 6 个配位原子都有孤对电子，能与金属离子形成配位键。

EDTA 与金属离子配位有以下特点：

（1）与大多数金属离子 1∶1 络合（除少数离子外），计算方便；

（2）EDTA 与金属离子配位时形成多个五元环的螯合物结构，稳定性好；

（3）生成的配合物大多易溶于水；

（4）反应迅速；

（5）无色的金属离子与 EDTA 配位时，生成无色配合物，这有利于指示剂确定终点；

（6）有色的金属离子与 EDTA 配位时，生成颜色更深的配合物（表 5-1）。

因此，滴定这些离子时要控制其浓度不能过大，否则将无法使用指示剂确定终点。

EDTA 具有广泛的配位性能，几乎能与所有金属离子形成稳定性较好的配合物，因而应用广泛，但如何提高滴定的选择性也因此成为配位滴定中的一个重要问题。

表 5-1 EDTA 的有色金属离子配合物颜色

配合物	CuY^{2-}	NiY^{2-}	CoY^{2-}	MnY^{2-}	CrY^{-}	FeY^{-}
颜色	深蓝	蓝色	紫红	紫红	深紫	黄色

四、配合物稳定常数

配位平衡是配位滴定法的理论依据，用以表明配位反应进行的程度，配位反应进行的程度越高，越适用于滴定分析。

(一)配合物的稳定常数

1. 1：1 型配合物的稳定常数

以 M 表示金属离子，L 表示配位剂，对于 1：1 型配合物 ML 来说，其配位反应如下(略去电荷)：

$$M + L \rightleftharpoons ML$$

当反应达到平衡时，其化学平衡常数 K 的表达式为：$K=\frac{[ML]}{[M][L]}$，该值越大，表明配位反应进行的程度越高，配合物 ML 的稳定性越高，因此，化学平衡常数 K 也即是配合物 ML 的稳定常数，用 $K(ML)$ 或 $K_{稳}$ 表示。

例如：金属离子与 EDTA 形成的金属-EDTA 配合物，在溶液中存在如下平衡：

$$M + Y \rightleftharpoons MY$$

则金属-EDTA 配合物 MY 的稳定常数为：$K_{稳}=K(MY)=\frac{[MY]}{[M][Y]}$，其值与溶液的温度和离子强度有关，通常以对数值 $\lg K$ 表示。$K(MY)$ 越大，正向反应程度越高，配合物 MY 越稳定。常见金属离子与 EDTA 所形成的配合物的稳定常数列于表 5-2。

表 5-2 常见金属 MY 的稳定常数[$c(M)=0.1\ mol\cdot L^{-1}$，20 ℃]

金属离子	$\lg K_{稳}$	金属离子	$\lg K_{稳}$	金属离子	$\lg K_{稳}$
Na^{+}	1.66	Ce^{3+}	15.98	Cu^{2+}	18.80
Li^{+}	2.79	Al^{3+}	16.3	Hg^{2+}	21.8
Ba^{2+}	7.86	Co^{2+}	16.31	Th^{4+}	23.2
Sr^{2+}	8.73	Cd^{2+}	16.46	Cr^{3+}	23.4
Mg^{2+}	8.69	Zn^{2+}	16.50	Fe^{3+}	25.1
Ca^{2+}	10.69	Pb^{2+}	18.04	U^{4+}	25.8
Mn^{2+}	13.87	Ag^{+}	7.32	Bi^{3+}	27.94
Fe^{2+}	14.32	Ni^{2+}	18.62	Sn^{2+}	22.1

$K_{稳}$ 表示的是在没有任何副反应存在时的理想状态下，配位反应进行的程度，称为配合物的绝对稳定常数，但配位反应实际上要受到各种因素影响，从而使绝对稳定常数发生变化。

2. 1∶n 型配合物的稳定常数

对于多个配位体与金属离子形成配位比为 1∶n 的 ML_n 型配合物，由于 ML_n 的形成是逐级进行的，其逐级形成反应与相应的逐级稳定常数 $K_{稳n}$ 为：

$$M + L \rightleftharpoons ML \qquad K_{稳1}=\frac{[ML]}{[M][L]}$$

$$ML + L \rightleftharpoons ML_2 \qquad K_{稳2}=\frac{[ML_2]}{[ML][L]}$$

$$\vdots \qquad\qquad \vdots$$

$$ML_{n-1}+L \rightleftharpoons ML_n \qquad K_{稳n}=\frac{[ML_n]}{[ML_{n-1}][L]}$$

令：

$$\beta_1=K_{稳1}=\frac{[ML]}{[M][L]}$$

$$\beta_2=K_{稳1}K_{稳2}=\frac{[ML_2]}{[M][L]^2}$$

$$\cdots$$

$$\beta_n=K_{稳1}K_{稳2}\cdots K_{稳n}=\frac{[ML_n]}{[M][L]^n}$$

β_n 称为总稳定常数，根据配位化合物的各级累积稳定常数就可以计算各级配合物的浓度，即$[ML]= \beta_1[M][L]$、$[ML_2]=\beta_2[M][L]^2$、$[ML_n]=\beta_n[M][L]^n$，在配位平衡计算中，常涉及各级配合物的浓度，这些关系式都是很重要的。

(二)配合物的条件稳定常数

1. 影响配合物稳定性的因素

配位滴定中，EDTA 是最常用的配位剂，在滴定过程中一般将被测金属离子 M 与 EDTA(Y)之间的配位反应称为主反应，而把酸度、其他配位剂和干扰离子等的影响反应都称为副反应，主反应和副反应之间的平衡关系可以用图 5-2 表示。

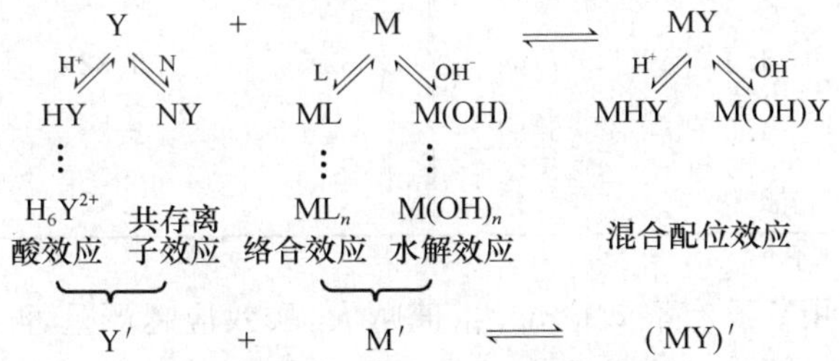

图 5-2　配位反应主、副反应关系

其中，N 为干扰离子(共存离子)，L 为辅助配位剂，副反应影响主反应的现象称为效应。很显然，发生在反应物 M、Y 上的副反应不利于主反应的进行，而发生在产物 MY 上的副反应则有利于主反应的进行，但所生成的这些混合配合物大多不稳定，可以忽略不计。一般情况下，对于 M 的副反应，配位效应是主要的，对于 Y 的副反应，酸效应是主要的。

2. EDTA 的酸效应与酸效应系数

由于 H^+ 与 Y 的副反应，使 EDTA 参加主反应的能力下降，这种现象称为酸效应。酸效应影响程度的大小用酸效应系数衡量，EDTA 的酸效应系数用符号 $\alpha_{Y(H)}$ 表示。

$$\alpha_{Y(H)}=\frac{[Y']}{[Y]} \tag{5-1}$$

式中，[Y]表示溶液中 EDTA 的 Y 型体的平衡浓度，[Y′]表示未与 M 配位的 EDTA 各种型体的总浓度。酸效应系数 $\alpha_{Y(H)}$ 的具体计算可由下式给出：

$$\alpha_{Y(H)}=\frac{[Y']}{[Y]}=\frac{[Y^{4-}]+[HY^{3-}]+[H_2Y^{2-}]+[H_3Y^-]+[H_4Y]+[H_5Y^+]+[H_6Y^{2+}]}{Y^{4-}}$$
$$=1+\frac{[H^+]}{K_6}+\frac{[H^+]^2}{[K_6][K_5]}+\frac{[H^+]^3}{[K_6][K_5][K_4]}+\frac{[H^+]^4}{[K_6][K_5][K_4][K_3]}$$
$$+\frac{[H^+]^5}{[K_6][K_5][K_4][K_3][K_2]}+\frac{[H^+]^6}{[K_6][K_5][K_4][K_3][K_2][K_1]}$$

式中，$K_1 \sim K_6$ 为 H_6Y^{2+} 的各级解离常数，由式中可知，酸效应系数 $\alpha_{Y(H)}$ 的大小取决于 EDTA 的各级解离常数和溶液的酸度，当温度不变时，EDTA 的各级解离常数不变，因此，酸效应系数大小随溶液 pH 的变化而变化，为应用方便，通常采用其对数值 $\lg\alpha_{Y(H)}$ 来表示。不同 pH 溶液中 EDTA 的酸效应系数 $\lg\alpha_{Y(H)}$ 值见表 5-3。

表 5-3 不同 pH 时 EDTA 的 $\lg\alpha_{Y(H)}$

pH	$\lg\alpha_{Y(H)}$	pH	$\lg\alpha_{Y(H)}$	pH	$\lg\alpha_{Y(H)}$	pH	$\lg\alpha_{Y(H)}$
0.0	23.64	2.8	11.09	5.4	5.69	8.0	2.27
0.4	21.32	3.0	10.60	5.8	4.98	8.4	1.87
0.8	19.08	3.4	9.70	6.0	4.65	8.8	1.48
1.0	18.01	3.8	8.85	6.4	4.06	9.0	1.28
1.4	16.02	4.0	8.44	6.8	3.55	9.5	0.83
1.8	14.27	4.4	7.64	7.0	3.32	10.0	0.45
2.0	13.51	4.8	6.84	7.4	2.88	11.0	0.07
2.4	12.19	5.0	6.45	7.8	2.47	12.0	0.01

当 $\alpha_{Y(H)}=1$ 时，说明 Y 没有酸效应，$\alpha_{Y(H)}$ 值越大，酸效应越严重，配位剂的配位能力越弱，因此，酸效应系数是判断 EDTA 能否滴定某金属离子的重要参数。

例 5-1 计算 pH＝5.0 时 EDTA 的酸效应系数 $\alpha_{Y(H)}$（已知 EDTA 的各级解离常数 $K_1 \sim K_6$ 分别为 $10^{-0.9}$、$10^{-1.6}$、$10^{-2.0}$、$10^{-2.67}$、$10^{-6.16}$、$10^{-10.26}$）。

解：pH＝5.0 时，$[H^+]=10^{-5.0}$

$$\alpha_{Y(H)}=1+\frac{10^{-5.0}}{10^{-10.26}}+\frac{10^{-10.0}}{10^{-16.42}}+\frac{10^{-15.0}}{10^{-19.09}}+\frac{10^{-20.0}}{10^{-21.0}}+\frac{10^{-25.0}}{10^{-22.69}}+\frac{10^{-30.0}}{10^{-23.59}}\approx 10^{6.45}$$

$\lg\alpha_{Y(H)}=6.45$

3.金属离子的配位效应及配位效应系数

由于其他辅助配位剂 L 引起的金属离子的副反应，影响主反应进行程度的现象称为金属离子的配位效应。配位效应的强弱用配位效应系数 $\alpha_{M(L)}$ 表示，其定义为：

$$\alpha_{M(L)}=\frac{[M']}{[M]} \tag{5-2}$$

[M]表示游离金属离子的平衡浓度，[M′]表示未与 EDTA 配位的金属离子各种形式的总浓度。$\alpha_{M(L)}$ 物理意义：未参与主反应的金属离子各型体的总浓度是游离金属离子浓度的多少倍，数值越大，表示金属离子被辅助配位剂 L 配位的越完全，副反应越严重，当数值为 1 时，表明 M 没有副反应，$\alpha_{M(L)}$ 的具体计算可由下式给出：

$$\alpha_{M(L)}=1+[L]\beta_1+[L]^2\beta_2+\cdots[L]^n\beta_n \tag{5-3}$$

由上式可知，辅助配位体 L 的浓度越大，$\alpha_{M(L)}$ 也越大，金属离子的配位效应越严重，不利于主反应的进行。

例 5-2　在 0.1 mol·L^{-1} 的$[AlF_6]^{3-}$溶液中，含有游离 F^- 0.01 mol·L^{-1}，求溶液中 Al^{3+} 的浓度。已知$[AlF_6]^{3-}$的各级累积稳定常数 β_1、β_2、…、β_6 分别为 1.4×10^6、1.4×10^{11}、1.0×10^{15}、5.6×10^{17}、2.3×10^{19}、6.9×10^{19}。

解：$[AlF_6]^{3-}$中的 Al 即为未与 DETA 配位的各种型体的 Al′，其浓度[Al′]＝$[AlF_6]^{3-}$的浓度＝0.1 mol·L^{-1}。

$$\alpha_{M(L)}=\frac{[M']}{[M]}=\alpha_{Al(L)}=\frac{[Al']}{[Al]}\quad [Al]=\frac{[Al']}{\alpha_{Al(L)}}\quad [L]=[F^-]=0.01\ \text{mol}\cdot\text{L}^{-1}$$

$$\begin{aligned}\alpha_{M(L)}&=1+[L]\beta_1+[L]^2\beta_2+\cdots[L]^n\beta_n\\&=1+0.01\times1.4\times10^6+0.01^2\times1.4\times10^{11}+0.01^3\times1.0\times10^{15}+\\&\quad 0.01^4\times5.6\times10^{17}+0.01^5\times2.3\times10^{19}+0.01^6\times6.9\times10^{19}\\&=9.0\times10^9\end{aligned}$$

$$[Al]=\frac{[Al']}{\alpha_{M(Al)}}=\frac{0.1}{9.0\times10^9}=1.1\times10^{-11}\ \text{mol}\cdot\text{L}^{-1}$$

4.混合配位效应与混合配位系数

混合配位效应是发生在配合物 MY 上的副反应，不同酸度条件下分别生成酸式配合物和碱式配合物：

$$MY+H^+\rightleftharpoons MHY$$
$$MY+OH^-\rightleftharpoons M(OH)Y$$

混合配位效应的强弱用混合配位系数 α_{MY} 表示，其定义为：

$$\alpha_{MY}=\frac{[MY']}{[MY]} \tag{5-4}$$

α_{MY} 数值越大，副反应越严重，越有利于主反应的进行，但由于生成物不稳定，$\alpha_{MY}\approx1$，混合配位效应可忽略不计。

5. 条件稳定常数

通过对上述副反应对主反应影响的讨论可知，用绝对稳定常数描述主反应配合物的稳定性是实际情况是有偏差的，因此，在配位滴定时需将副反应的影响放在一起综合考虑，才能得到符合实际的结果。将在副反应影响下，主反应配合物的实际稳定常数称为条件稳定常数或表观稳定常数，用 $K'(MY)$ 表示。

根据上面的讨论，$\alpha_{Y(H)}=\dfrac{[Y']}{[Y]}$，$\alpha_{M(L)}=\dfrac{[M']}{[M]}$，$\alpha_{MY}=\dfrac{[MY']}{[MY]}$

则：
$$K(MY)=\frac{[MY]}{[M][Y]}=\frac{[MY']}{[M'][Y']}\times\frac{\alpha_{M(L)}\alpha_{Y(H)}}{\alpha_{MY}}$$

令：
$$K'(MY)=\frac{[MY']}{[M'][Y']}$$

整理得：$K'(MY)=K(MY)\dfrac{\alpha_{MY}}{\alpha_{Y(H)}\alpha_{M(L)}}$，取对数值，得：$\lg K'(MY)=\lg K(MY)+\lg\alpha_{MY}-\lg\alpha_{M(L)}-\lg\alpha_{Y(H)}$

由于混合配位效应可忽略不计，上式可简化为 $\lg K'(MY)=\lg K(MY)-\lg\alpha_{M(L)}-\lg\alpha_{Y(H)}$，若溶液中只有酸效应，则可进一步简化为：

$$\lg K'(MY)=\lg K(MY)-\lg\alpha_{Y(H)} \tag{5-5}$$

条件稳定常数是利用副反应系数对绝对稳定常数校正后的实际稳定常数，应用它可以判断滴定金属离子的可行性和混合金属离子分别滴定的可行性以及滴定终点时金属离子浓度的计算等。

例 5-3 只考虑酸效应时，计算 pH=2.0 和 pH=5.0 时的 $K'(ZnY)$

已知：pH=2.0 时，$\lg\alpha_{Y(H)}=13.51$；pH=5.0 时，$\lg\alpha_{Y(H)}=6.45$；$\lg K(ZnY)=16.50$

解：pH=2.0 时：$\lg K'(ZnY)=16.50-13.51=2.99$

$K'(ZnY)=10^{2.99}$

pH=5.0 时，$\lg K'(ZnY)=16.50-6.45=10.05$

$K'(ZnY)=10^{10.05}$

由本例可以看出，虽然锌与 EDTA 的配合物的绝对稳定常数 $\lg K(ZnY)=16.50$，十分稳定，但在 pH=2.0 时，由于强烈的酸效应，$\lg K'(ZnY)$ 仅为 2.99，此时 ZnY^{2-} 配合物已极不稳定，在此条件下，Zn^{2+} 不能被准确滴定，而在 pH=5.0 时 $\lg K'(ZnY)$ 达到 10.05，ZnY^{2-} 已稳定，配位滴定可以进行，可见配位滴定中酸度的影响是非常大的，滴定不同金属离子需要控制不同的酸度条件。

第二节 金属指示剂

一、金属指示剂的作用原理

在配位滴定中通常利用一种能与金属离子生成有色配合物的显色剂指示滴定过程中金属离子的浓度变化，这种显色剂称为金属离子指示剂。

金属指示剂本身是一种有机配位剂，能与金属离子形成有色配合物，其颜色与游离指示剂本身的颜色明显不同，从而指示滴定的终点。

配位滴定时，滴定前在金属离子溶液中加入金属指示剂 In，先发生下列变化：

$$\underset{\text{色1}}{\mathrm{M + In}} \rightleftharpoons \underset{\text{色2}}{\mathrm{MIn}}$$

此时溶液显示 MIn(色 2)的颜色。

滴加 EDTA 至化学计量点附近时，EDTA 将夺取金属离子与指示剂的配合物 MIn 中的金属离子，从而使指示剂重新游离出来，发生颜色变化，指示滴定终点到达。

$$\underset{\text{色2}}{\mathrm{MIn}} + \mathrm{Y} \rightleftharpoons \mathrm{MY} + \underset{\text{色1}}{\mathrm{In}}$$

滴定至终点时，溶液颜色由 MIn 的色 2 突变为游离指示剂 In 的色 1。

例如，铬黑 T 能与金属离子形成比较稳定的红色配合物，当 pH＝8～11 时，铬黑 T 本身呈蓝色，滴定过程中颜色变化如下：

滴定前，在溶液中加入铬黑 T，铬黑 T 与金属离子形成配合物，溶液显示配合物的颜色——酒红色。

$$\mathrm{M} + \underset{\text{蓝色}}{\mathrm{In}} \rightleftharpoons \underset{\text{酒红色}}{\mathrm{MIn}}$$

滴定至终点时，铬黑 T 与金属离子形成的配合物中金属离子被 EDTA 夺取，铬黑 T 游离出来，溶液显示游离铬黑 T 的蓝色。

$$\underset{\text{酒红色}}{\mathrm{MIn}} + \mathrm{Y} \rightleftharpoons \mathrm{MY} + \underset{\text{蓝色}}{\mathrm{In}}$$

终点时溶液颜色变化即酒红色突变为蓝色。

二、金属指示剂应具备的条件

适于滴定的金属指示剂必须具备下列条件：在滴定的 pH 范围内，In 与 MIn 的颜色应有明显差别，颜色变化要敏锐、迅速、有可逆性；MIn 的稳定性适当，即 MIn 要足够稳定，但又要比 MY 的稳定性小，一般要求 $K'(\mathrm{MIn}) \geqslant 10^4$，又要比 MY 稳定性小，以 $K'(\mathrm{MY}) \geqslant 100\,K'(\mathrm{MIn})$ 为宜；In 本身应当比较稳定，以便于储存和使用；指示剂应具有一定的选择性，即在一定条件下，只对某种金属离子发生显色反应。

三、使用金属指示剂可能出现的问题

(一)指示剂的封闭现象

指示剂的封闭现象是指当滴定到达化学计量点时，虽滴入足量的 EDTA 也不能从金属离子与指示剂配合物 MIn 中置换出指示剂而显示颜色变化，这种现象称为指示剂封闭现象。

封闭现象产生原因：一是某些金属离子与指示剂的配合物较 MY 配合物更稳定，过量 Y 难以置换出 In；二是 MIn 的颜色变化可逆性差。

对于第一种情况，可选择滴定前先加入适当的掩蔽剂。如铬黑 T 作指示剂，在 pH＝10 的条件下，用 EDTA 滴定钙、镁时，Fe^{3+}、Al^{3+} 对铬黑 T 有封闭作用，这时可加入少量三乙醇胺掩蔽铁、铝以消除干扰。

对于第二种情况，可通过改变滴定方式，以反滴定法加以解决。如 Al^{3+} 对二甲酚橙有封闭作用，可先加入过量的 EDTA，以 EDTA 的数量优势将 Al^{3+} 从二甲酚橙的配合物中置换出来，从而游离出二甲酚橙，再以锌标准溶液反滴定剩余的 EDTA 即可。

（二）指示剂的僵化现象

如果指示剂与金属离子的配合物 MIn 形成胶体或沉淀，在用 EDTA 滴定到达化学计量点时，EDTA 置换指示剂的作用缓慢，引起终点拖长，这种现象称为指示剂的僵化现象。僵化现象产生原因是 MIn 在水中溶解度较小。出现这种现象时，可加入适当的有机溶剂或加热，以增大其溶解度。如以 PAN 作指示剂，可加入少量的甲醇或乙醇，也可将溶液适当加热以加快置换速度，使指示剂变色更敏锐。

（三）金属指示剂的氧化变质现象

金属指示剂大多是具有双键的有机化合物，易被日光、氧化剂、空气所分解，在水溶液中亦不稳定，容易变质。如铬黑 T、钙指示剂的水溶液均易氧化变质，所以使用时常常是以氯化钠为介质配成固体混合物，配成溶液时则常常加入盐酸羟胺等还原性物质以防止其氧化。

四、常用的金属指示剂

（一）铬黑 T(EBT)

铬黑 T 呈黑褐色粉末状，略带有金属光泽，是一种三元弱酸，以 H_2In^- 表示，在不同 pH 溶液中，其颜色变化为：

$$\underset{\text{紫红}}{\underset{pH<6.3}{H_2In^-}} \longrightarrow \underset{\text{纯蓝}}{\underset{pH\ 8\sim11}{HIn^{2-}}} \longrightarrow \underset{\text{橙}}{\underset{pH>11.5}{In^{3-}}}$$

铬黑 T 在 pH<6.3 时呈紫红色，pH>11.5 时呈橙色，与所形成的金属离子配合物的颜色酒红色相近甚至相同，无法指示终点，只有在 pH 在 8～11 时，游离铬黑 T HIn^{2-} 型体的纯蓝色与配合物的酒红色有明显的反差，所以，使用铬黑 T 的有效 pH 是 8～11，最适宜的条件是 pH 为 9～10.5。

（二）二甲酚橙(XO)

二甲酚橙呈红棕色结晶性粉末状，易吸湿，易溶于水，不溶于无水乙醇，作为指示剂常配成 0.2%的水溶液使用。

二甲酚橙是多元有机酸，也可用做酸碱指示剂，其理论变色点为 pH＝6.3，pH>6.3 时呈现红色；pH<6.3 时，呈现柠檬黄色；$pH=pK_a=6.3$ 时，呈现中间颜色。二甲酚橙与金属离子形成的配合物都是红紫色，因此它只适用于 pH<6 的酸性溶液。

二甲酚橙可用于许多金属离子的直接滴定，如 ZrO^{2+}(pH<1)，Bi^{3+}(pH＝1～2)，Th^{4+}(pH＝2.5～3.5)等，终点由红紫色转变为亮黄色，变色敏锐。Al^{3+}、Fe^{3+}、Ni^{2+}、Ti^{4+} 和 pH 为 5～6 时的 Th^{4+} 对二甲酚橙有封闭作用，可用 NH_4F 掩蔽 Al^{3+}、Ti^{4+}，抗坏血酸掩蔽 Fe^{3+}，邻二氮菲掩蔽 Ni^{2+}，乙酰丙酮掩蔽 Th^{4+}、Al^{3+} 等，以消除封闭现象。二甲酚橙的 0.2%水溶液，

可稳定保存 2～3 周。

(三)PAN

PAN 的化学名称为 1-(2-吡啶偶氮)-2-萘酚，呈橙红色无定形粉末，不溶于水，溶于甲醇、乙醇、苯、醚、氯仿等有机溶剂及热稀碱液。

PNA 与 Cu^{2+} 的显色反应非常灵敏，但很多其他金属离子的反应慢或灵敏度很低，所以有时利用 Cu-PAN 作间接指示剂测定其他金属离子。Cu-PAN 是 CuY^{2-} 和少量 PAN 的混合液，加入含有被测离子的溶液中，发生如下置换反应：

$$\underset{\text{黄色}}{CuY + PAN} + M \rightleftharpoons \underset{\text{紫红色}}{Cu\text{-}PAN} + MY$$

此时溶液呈紫红色，用 EDTA 滴定 M 至化学计量点附近时，用 EDTA 将置换 Cu-PAN 中的 Cu^{2+}，游离出 PAN：

$$\underset{\text{紫红色}}{Cu\text{-}PAN} + Y \rightleftharpoons CuY + \underset{\text{黄色}}{PAN}$$

溶液由紫红色突变为黄色，指示滴定终点。滴定前加入的 CuY 与滴定后生成的 CuY 是相等的，因此并不影响测定结果。

由于 Cu-PAN 在 pH 为 1.9～12.2 这样很宽的酸度范围内适用，其可以在同一溶液中连续指示测定终点不同的金属离子。

常用金属指示剂列于表 5-4。

表 5-4　常用金属指示剂

指示剂	适用 pH	颜色变化		直接滴定的金属离子	配制	注意事项
		In	MIn			
铬黑 T (EBT)	8～10	蓝	红	pH=10，Mg^{2+}、Ca^{2+}、Pb^{2+} pH 6.8～10，Zn^{2+}	1∶100 NaCl(s)	Fe^{3+}、Al^{3+}、Cu^{2+}、Ni^{2+} 等离子封闭 EBT
钙指示剂 (NN)	12～13	蓝	红	pH 6.8～10，Ca^{2+}	1∶100 NaCl(s)	Fe^{3+}、Al^{3+}、Cu^{2+}、Ni^{2+} 等离子封闭 NN
酸性铬蓝 K	8～13	蓝	红	pH 10，Mg^{2+}、Zn^{2+}	1∶100 NaCl(s)	
二甲酚橙 (XO)	<6	亮黄	红	pH<1，ZrO^{2+} pH 1～3.5，Bi^{3+} pH 5～6，Zn^{2+}、Pb^{2+}、Cd^{2+}、Hg^{2+}、Ti^{3+}	0.2% 水溶液	Fe^{3+}、Al^{3+}、Ni^{2+} 等离子封闭 XO
磺基水杨酸 (SSAL)	1.5～2.5	无色	紫红	pH 1.5～2.5，Fe^{3+}	5% 水溶液	SSAL 本身无色，FeY 黄色
PAN	2～12	黄	紫红	pH 2～3，Th^{4+}、Bi^{3+} pH 4～5，Cu^{2+}、Ni^{2+}、Pb^{2+}、Cd^{2+}	0.1% 乙醇溶液	MIn 溶解度小，为防止僵化，需加热

第三节　配位滴定法

一、配位滴定曲线与指示剂选择

在一定 pH 条件下，随着标准配位滴定剂的加入，溶液中 M 浓度不断减小，金属离子浓度负对数 pM 逐渐增大，当滴定到计量点附近时，溶液 pM 值产生突跃，通过计算滴定过程中不同滴定剂用量时对应的 pM 值，以标准滴定剂用量(V)为横坐标，pM 值为纵坐标绘制的相关曲线，即为配位滴定曲线。

(一)配位滴定曲线的绘制

现以 pH 为 10.0 时，用 0.010 00 mol·L^{-1}EDTA 标准溶液滴定 20.00 mL 0.010 00 mol·L^{-1} Ca^{2+} 溶液为例，讨论配位滴定曲线的绘制，假定反应体系中不存在水解效应、配位效应等其他副反应，只考虑 EDTA 的酸效应，则在 pH 为 10.0 的条件下，CaY^{2-} 的条件稳定常数为：

已知：$\lg K(CaY)=10.69$，$pH=10.0$ 时，$\lg\alpha_{Y(H)}=0.45$

$\lg K'(CaY)=\lg K(CaY)-\lg\alpha_{Y(H)}=10.69-0.45=10.24$

1. 滴定开始前

溶液中只有 Ca^{2+}，pCa 取决于起 Ca^{2+} 始浓度 $c'(Ca^{2+})$，$[Ca^{2+}]=c'(Ca^{2+})=0.010\ 00\ mol\cdot L^{-1}$，pCa＝2.00

2. 滴定开始到化学计量点前

pCa 取决于剩余 Ca^{2+} 浓度：

$$[Ca^{2+}]=\frac{V(Ca^{2+})-V(Y)}{V(Ca^{2+})+V(Y)}\times c'(Ca^{2+})$$

设加入 EDTA 标准溶液 18.00 mL(滴定百分率 90%)：

$$[Ca^{2+}]=\frac{20.00-18.00}{20.00+18.00}\times 0.010\ 00=5.3\times 10^{-4}(moL\cdot L^{-1})\quad pCa=3.28$$

设加入 EDTA 标准溶液 19.98 mL(滴定百分率 99.9%)：

$$[Ca^{2+}]=\frac{20.00-19.98}{20.00+19.98}\times 0.010\ 00=5.0\times 10^{-6}(moL\cdot L^{-1})\quad pCa=5.30$$

3. 化学计量点时

化学计量点时 Ca^{2+} 全部转化为 CaY，此时溶液中的 Ca^{2+} 浓度取决于 CaY 的解离，溶液中 CaY 有如下离解平衡：

$$CaY \rightleftharpoons Ca^{2+}+Y$$ 只考虑 Y 的酸效应，$[Ca^{2+}]=[Y]=[Y']$

又由于 CaY 的稳定性高，计量点时[CaY]可近似地看作 Ca^{2+} 的分析浓度，那么：

$$[CaY]=\frac{20.00\times 0.01}{20.00+20.00}=5\times 10^{-3}(mol\cdot L^{-1})$$

根据 CaY 在酸效应下的条件稳定常数 $K'(\mathrm{CaY})=\frac{[\mathrm{CaY}]}{[\mathrm{Ca}^{2+}][\mathrm{Y}']}$，则，$[\mathrm{Ca}^{2+}]=\sqrt{\frac{[\mathrm{CaY}]}{K'(\mathrm{CaY})}}$

取负对数得：$\mathrm{pCa}=\frac{1}{2}(\mathrm{p}[\mathrm{CaY}]+\lg K'(\mathrm{CaY}))=\frac{1}{2}(-\lg 5.0\times10^{-3}+\lg 10^{10.24})=6.27$

4. 化学计量点后

化学计量点后，可由过量的 EDTA 和平衡关系式计算 Ca^{2+} 浓度，设加入 EDTA 标准溶液 20.02 mL(滴定百分率为 100.1%)，则：

$$[\mathrm{CaY}]=0.010\,00\times\frac{20.00}{20.00+20.02}=5.0\times10^{-3}(\mathrm{mol\cdot L^{-1}})$$

$$[\mathrm{Y}]=0.010\,00\times\frac{20.02-20.00}{20.00+20.02}=5.0\times10^{-6}(\mathrm{mol\cdot L^{-1}})$$

代入平衡关系式可得：

$$[\mathrm{Ca}^{2+}]=\frac{[\mathrm{CaY}]}{K'(\mathrm{CaY})\cdot[\mathrm{Y}']}=5.8\times10^{-8}(\mathrm{mol\cdot L^{-1}})\quad \mathrm{pCa}=7.24$$

利用上述方法，可计算出任何 EDTA 用量时所对应的 pCa 值，再以 pCa 值为纵坐标，以滴加的 EDTA 的体积为横坐标，即可作出配位滴定曲线，如图 5-3 所示。

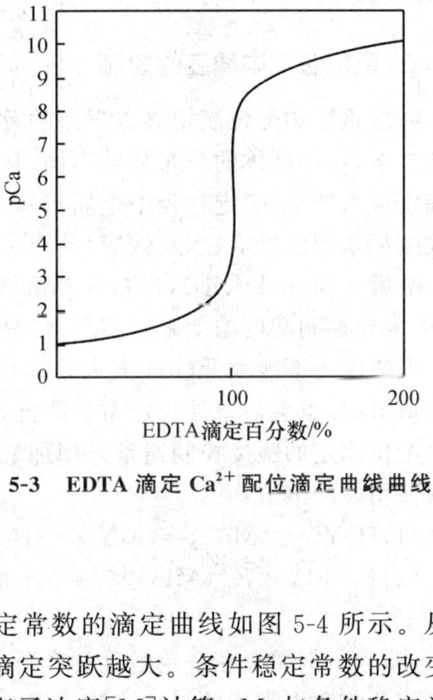

图 5-3　EDTA 滴定 Ca^{2+} 配位滴定曲线曲线

从图 5-3 可以看出，在 pH＝10.0 时，用 0.01 $\mathrm{mol\cdot L^{-1}}$ EDTA 滴定 0.01 $\mathrm{mol\cdot L^{-1}}$ Ca^{2+}，曲线在计量点附近产生明显的突跃，在此突跃区间可以准确滴定。

(二)影响滴定突跃范围的因素

配位滴定中突跃范围越大，越容易准确指示终点，通过对以上配位滴定过程计算的分析，影响滴定突跃范围的因素主要有两个，即配合物的条件稳定常数和被测金属离子的浓度。

1. 配合物的条件稳定常数对滴定突跃的影响

在被测金属离子浓度不变的情况下，不同条件稳定常数的滴定曲线如图 5-4 所示。从图 5-4 可以看出，被测离子配合物的条件稳定常数越大，滴定突跃越大。条件稳定常数的改变仅影响滴定曲线的后侧，化学计量点之前按剩余的金属离子浓度[M]计算 pM，与条件稳定常数无关。决定被测金属离子配合物条件稳定常数的首要因素是金属离子的种类，即绝对稳定常数(温度不变)，这是内因；但对某指定金属离子来说，在温度不变的情况下，绝对稳定常数是恒定的，此时条件稳定常数的大小取决于所有对其产生影响的外因，如酸效应、配位效应等，进而影响滴定突跃的大小。

2. 金属离子浓度对滴定突跃的影响

图 5-5 是用 EDTA 滴定不同浓度的金属离子时的滴定曲线，从图中可以看出，浓度的改变仅影响配位滴定曲线的前侧，当条件稳定常数不变时，被测金属离子浓度越大，滴定曲线起

点越低，滴定突跃越大。

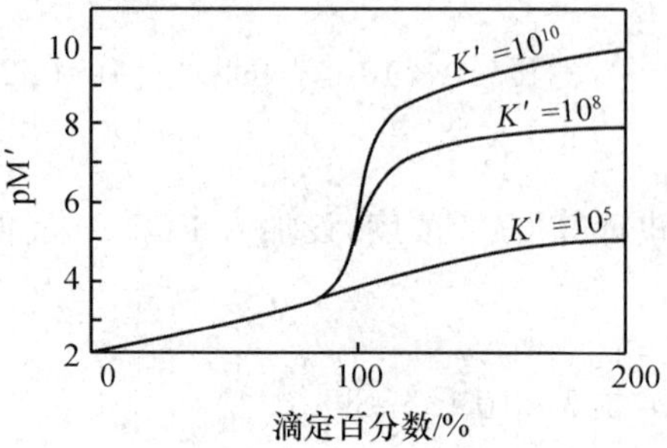

图 5-4　K′对滴定突跃的影响

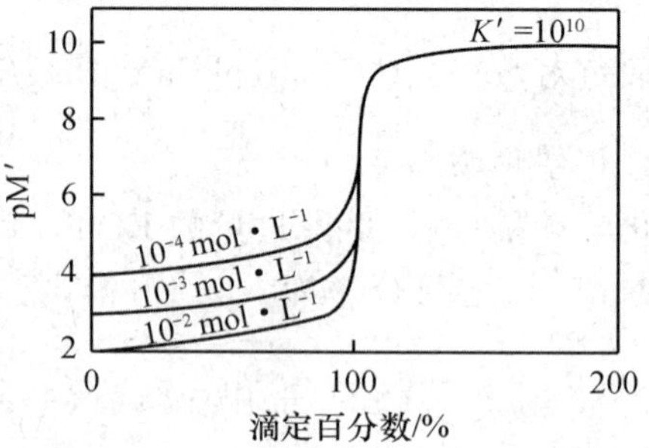

图 5-5　pM 对滴定突跃的影响

(三)金属指示剂的选择

金属指示剂不像酸碱指示剂那样有一个固定的变色点，在选择指示剂时必须考虑溶液的酸度，要求使指示剂在滴定突跃范围内发生颜色变化，且指示剂的变色点应尽量与化学计量点一致，以减小终点误差。

二、配位滴定中酸度的控制

酸度是影响配位滴定终点误差的重要因素。在配位滴定过程中，滴定剂 EDTA 在不同酸度条件下，各种型体的分布分数不同，从而影响 EDTA 的配位能力，使 EDTA 存在酸效应，配位滴定突跃变窄；滴定过程中金属指示剂的使用需要有合适的酸度范围，而金属离子与 OH^- 会发生羟基配位反应(水解效应)甚至生成 $M(OH)_n$ 沉淀而影响配位滴定。

酸度太高(pH 太小)，EDTA 的酸效应太大，条件稳定常数较小，突跃范围变窄，终点误差大，因此要控制酸度的上限。实际上，只有在 pH≥12 的情况下才可以忽略 EDTA 的酸效应。

但酸度也不能太低(pH 太大)，因为大多数金属离子在酸度过低的情况下会发生水解甚至生成沉淀，也会使条件稳定常数降低，因此，配位滴定过程中还需要控制一个最低酸度条件。

配位滴定的酸度控制通常采用加酸碱缓冲溶液的方法。配位滴定中，由于以下三个原因，必须使用缓冲溶液：

(1) $H_2Y^{2-} + Mn^+ \rightleftharpoons MY + 2H^+$，使 pH 降低；

(2) $K'(MY)$、$K'(MIn)$ 均随 pH 的变化而变化，需要使用缓冲溶液来稳定反应体系的 pH；

(3)指示剂需要在一定酸度的介质中使用。

配位滴定中常用的缓冲溶液见表 5-5。

表 5-5　配位滴定中常用的 pH 缓冲溶液

pH	推荐使用的缓冲溶液
pH 5～6(弱酸性介质)	HAc-NaAc 缓冲溶液、$(CH_2)_6N_4$-$(CH_2)_6N_4^+H$ 缓冲溶液
pH 8～10(弱碱性介质)	氨性缓冲溶液
pH<1 或 pH>13	强酸、强碱溶液本身具有较大的酸碱缓冲容量

三、单一金属离子被准确滴定的条件

(一)单一金属离子准确滴定的判别式

决定配位滴定准确度的重要依据是滴定突跃的大小,而滴定突跃又与金属离子浓度和配合物的条件稳定常数有关,设被测金属离子的原始浓度对终点体积而言为 $c(\mathrm{M})$(如被测金属离子的原始浓度为 $0.02\ \mathrm{mol \cdot L^{-1}}$,滴定到化学计量点时,溶液的体积增加一倍,则 $c(\mathrm{M})=0.01\ \mathrm{mol \cdot L^{-1}}$),滴定允许误差为 $\pm 0.1\%$,那么,滴定至终点时,要满足误差要求,则:$c(\mathrm{MY}) \geqslant 99.9\% c(\mathrm{M})$、$c(\mathrm{M'}) \leqslant 0.1\% c(\mathrm{M})$、$c(\mathrm{Y'}) \leqslant 0.1\% c(\mathrm{M})$。

将这些数据代入条件稳定常数公式,得:

$$K'(\mathrm{MY})=\frac{c(\mathrm{MY})}{c(\mathrm{M'})c(\mathrm{Y'})} \geqslant \frac{99.9\% c(\mathrm{M})}{[0.1\% c(\mathrm{M})]^2} \approx \frac{10^6}{c(\mathrm{M})} \qquad c(\mathrm{M})K'(\mathrm{MY}) \geqslant 10^6$$

不等式两边取值得:

$$\lg[c(\mathrm{M})K'(\mathrm{MY})] \geqslant 6 \tag{5-6}$$

上式即为某单一金属离子能否被准确滴定的判别式。需要特别说明的是,判别式中的金属离子浓度 $c(\mathrm{M})$ 并不是滴定开始前被测离子的原始浓度(或称为起始浓度),而是原始浓度相对于滴定终点时溶液的体积而言的浓度,不能与真正的原始浓度混淆。

在金属离子的原始浓度为 $0.02\ \mathrm{mol \cdot L^{-1}}$,$c(\mathrm{M})=0.01\ \mathrm{mol \cdot L^{-1}}$ 的特定条件下,$\lg K'(\mathrm{MY}) \geqslant 8$,这是在上述条件下准确滴定 M 时 $\lg K'(\mathrm{MY})$ 的允许下限。

(二)配位滴定允许的最低 pH 和 EDTA 的酸效应曲线

根据准确滴定单一金属离子的判别式,在 $c(\mathrm{M})=0.01\ \mathrm{mol \cdot L^{-1}}$,滴定反应体系中只存在酸效应的情况下:

$$\lg K'(\mathrm{MY})=\lg K(\mathrm{MY})-\lg\alpha_{\mathrm{Y(H)}} \geqslant 8$$

$$\lg\alpha_{\mathrm{Y(H)}} \leqslant \lg K(\mathrm{MY})-8$$

由上式可以计算出准确滴定各种金属离子的要求的最大酸效应系数 $\lg\alpha_{\mathrm{Y(H)}}$,再由表查得对应的 pH,这个 pH 即为滴定某金属离子的最低 pH。例如测定 Ca^{2+},若其浓度为 $c(\mathrm{M})=0.01\ \mathrm{mol \cdot L^{-1}}$,$\lg\alpha_{\mathrm{Y(H)}} \leqslant \lg K(\mathrm{MY})-8 \leqslant 10.69-8 \leqslant 2.69$,即其 $\lg\alpha_{\mathrm{Y(H)}}$ 最大是 2.69,查表得最小 $\mathrm{pH} \approx 7.5$。对于不同金属离子,都可以用这样的方法求得允许滴定的最小 pH,以金属离子的 $\lg K(\mathrm{MY})$ 为横坐标,最小 pH 为纵坐标绘制的相关曲线,即为 EDTA 的酸效应曲线,如图 5-6 所示。

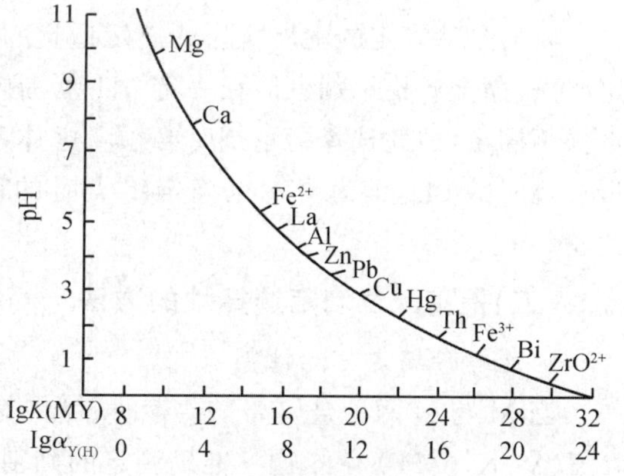

图 5-6　酸效应曲线

这里我们需要注意的是,酸效应曲线只考虑了酸度的影响,反映的是不存在其他副反应,同时 $c(\mathrm{M})=0.01\ \mathrm{mol \cdot L^{-1}}$ 时的情况,所以在实际工作中只能作为一个参考，具体的 pH 还应由实验来确定。

(三)配位滴定允许的最高 pH

配位滴定由于酸效应的存在而有最低 pH 的限定，那么，pH 是不是越高越好呢？当然也不是，因为 pH 太高了，金属离子将会发生水解而生成沉淀，除影响反应速率，使终点难以确定外，还影响反应的计量关系，因此，配位滴定时，除了要考虑最低 pH 的限定以外，还要考虑使金属离子不水解的最高 pH。

在没有其他配位剂存在的情况下，金属离子水解的最高 pH 可以由水解产物，即金属离子的氢氧化物 $M(OH)_n$ 的溶度积 K_{sp} 按下式求得。

$$[OH^-]=\sqrt[n]{\frac{K_{sp}}{[M]}} \tag{5-7}$$

$$pH=pK_w-pOH$$

例 5-4 计算 $0.02\ mol\cdot L^{-1}$ EDTA 标准滴定溶液滴定 $0.02\ mol\cdot L^{-1}$ Cu^{2+} 溶液的适宜酸度范围。已知：$\lg K(CuY)=18.80$，$Cu(OH)_2$ 的溶度积常数 $K_{sp}=10^{-19.66}$。

解：Cu^{2+} 原始浓度为 $0.02\ mol\cdot L^{-1}$，折算成滴定终点体积下的浓度 $c(M)=0.01\ mol\cdot L^{-1}$，故：能准确滴定的条件：$\lg K(MY)-\lg\alpha_{Y(H)}\geqslant 8$

即：$\lg\alpha_{Y(H)}\leqslant \lg K(MY)-8\leqslant 18.80-8=10.80$

查图 5-3-4 或表 5-1-3，当 $\lg\alpha_{Y(H)}=10.80$ 时，pH=2.9，此为滴定允许的最低 pH。

滴定 Cu^{2+} 时，Cu^{2+} 不发生水解的最高 pH 为：

$$[OH^-]=\sqrt[n]{\frac{K_{sp}}{[M]}}=\sqrt{\frac{10^{-19.66}}{0.02}}=10^{-8.98}$$

即：$pH=pK_w-pOH=14-8.98=5.02$

所以，用 $0.02\ mol\cdot L^{-1}$ EDTA 标准滴定溶液滴定 $0.02\ mol\cdot L^{-1}$ Cu^{2+} 溶液的适宜酸度范围为 pH 2.9～5.02。

(四)用指示剂确定终点时体系的最佳酸度

以上是从滴定的主反应讨论滴定适宜的酸度范围，但实际工作中基本是用指示剂指示滴定终点，而金属指示剂只能在一定 pH 范围内使用，且由于同样受酸效应影响，指示剂的变色点并不固定，因此选择指示剂时必须考虑体系的 pH，通常情况下指示剂变色点与化学计量点最接近时的 pH，即为指示剂确定终点时的最佳酸度。当然，是否合适还需要通过实验进行检验。

(五)提高配位滴定选择性的方法

1. 选择性滴定可能性判断

当 M 与 N 两种金属离子共存时，可将 N 与 Y 的配位反应作为 Y 的副反应来处理，根据 $\lg[c(M)K'(MY)]\geqslant 6$ 这一准确滴定的判别式，找出在 N 存在时选择性滴定 M 的条件。这里需要分两种情况来讨论：

一种情况是在高酸度(低 pH)条件下，因酸效应远大于共存离子效应，故共存离子效应可忽略不计，$\lg K'(MY)=\lg K(MY)-\lg\alpha_{Y(H)}$，满足 $\lg[c(M)K'(MY)]\geqslant 6$，就可准确滴定 M，而

N 离子不产生干扰。

第二种情况是在低酸度(高 pH)条件下,因共存离子效应远大于酸效应,故酸效应可忽略不计,此时,M 的条件稳定常数除了与 M、N 两种离子的绝对稳定常数有关之外,还受溶液中两种离子的浓度影响,若滴定 M 并使 N 不产生干扰,需满足下列条件:

$$\lg c(\mathrm{M})K'(\mathrm{MY})=\lg K(\mathrm{MY})-\lg K(\mathrm{NY})+\lg\frac{c(\mathrm{M})}{c(\mathrm{N})}\geqslant 6 \tag{5-8}$$

2.提高配位滴定选择性的途径

(1)掩蔽法提高配位滴定的选择性　M 与 N 共存,都能与 EDTA 配位,但又不满足选择滴定的要求,在这种情况下,通常需加入一种合适的试剂,先与干扰离子作用,以消除干扰,这种方法为掩蔽法,所加试剂称为掩蔽剂。常用的掩蔽法包括配位掩蔽法、沉淀掩蔽法和氧化还原掩蔽法。

配位掩蔽法:在反应体系中加入某种配位剂作掩蔽剂与 N 离子形成稳定的配合物,从而降低溶液中 N 离子的浓度,达到选择性滴定 M 的目的。例如 在 Al^{3+},Zn^{2+} 两种离子共存的溶液中测定 Zn^{2+},可加入 NH_4F 与干扰离子 Al^{3+} 形成十分稳定的$[AlF_6]^{3-}$,从而消除 Al^{3+} 的干扰。采用配位掩蔽法在选择掩蔽剂时应注意以下问题:

①掩蔽剂与干扰离子形成的配合物稳定性要远大于干扰离子与 EDTA 形成的配合物稳定性,且掩蔽剂与待测离子不发生配位反应或形成的配合物稳定性远小于待测离子与 EDTA 形成配合物的稳定性。

②掩蔽剂与干扰离子形成的配合物应无色或浅色。

③掩蔽作用与滴定反应的 pH 条件大致相同。

实际工作中常用的配位掩蔽剂见表 5-6。

表 5-6　部分常用的配位掩蔽剂

掩蔽剂	被掩蔽的金属离子	pH
三乙醇胺	Al^{3+}、Fe^{3+}、Sn^{4+}、$TiO_2{}^{2+}$	10
氟化物	Al^{3+}、Zr^{4+}、Sn^{4+}、$TiO_2{}^{2+}$	>4
乙酰丙酮	Al^{3+}、Fe^{2+}	5～6
邻二氮菲	Cu^{2+}、Co^{2+}、Ni^{2+}、Cd^{2+}、Hg^{2+}	5～6
氯化物	Cu^{2+}、Co^{2+}、Ni^{2+}、Cd^{2+}、Hg^{2+}、Fe^{2+}	10
2,3-二巯丙醇	Zn^{2+}、Pb^{2+}、Bi^{3+}、Sb^{2+}、Cu^{2+}、Cd^{2+}、Sn^{4+}	
硫脲	Hg^{2+}、Cu^{2+}	
碘化物	Hg^{2+}	

沉淀掩蔽法:在反应体系中加入某种沉淀剂,使 N 离子生成沉淀,以降低其浓度,这种方法为沉淀掩蔽法。例如,在 Ca^{2+}、Mg^{2+} 共存的溶液中,测定 Ca^{2+} 的含量时,加入氢氧化钠溶液,使 pH 在 12 以上,Mg^{2+} 与 OH^- 生成 $Mg(OH)_2$ 沉淀而消除干扰。配位滴定中常用的沉淀掩蔽剂见表 5-7。

表 5-7 部分常用的沉淀掩蔽剂

掩蔽剂	被掩蔽离子	被测定离子	pH	指示剂
氢氧化物	Mg^{2+}	Ca^{2+}	12	钙指示剂
KI	Cu^{2+}	Zn^{2+}	5～6	PAN
氟化物	Ba^{2+}、Mg^{2+}、Sr^{2+}、Ca^{2+}	Zn^{2+}、Cd^{2+}、Mn^{2+}	10	EBT
硫酸盐	Ba^{2+}、Sr^{2+}	Ca^{2+}、Mg^{2+}	10	EBT
铜试剂	Bi^{3+}、Cu^{2+}、Cd^{2+}	Ca^{2+}、Mg^{2+}	10	EBT

氧化还原掩蔽法：在反应体系中加入某种氧化剂或还原剂使与 N 离子发生氧化还原反应，改变其价态，使原价态的 N 离子浓度降低，从而可选择性滴定 M，这种掩蔽方法称为氧化还原掩蔽法。例如，有 Fe^{3+} 存在时，要测定 Bi^{3+}、ZrO^{2+}、Th^{4+} 等离子的含量，可加入抗坏血酸或盐酸羟胺使 Fe^{3+} 还原为 Fe^{2+} 而消除干扰。

(2)应用其他配位剂提高配位滴定的选择性　随着配位滴定法的发展，除 EDTA 外人们又研制了一些新型的氨羧配位剂作为滴定剂，如 EGTA（乙二醇二乙醚二胺四乙酸）、DTPA（二乙基三胺五乙酸）、EDTP（乙二胺四丙酸）等，它们与金属离子形成配合物的稳定性各有特点，选用不同的氨羧配位剂，可以选择性滴定某些金属离子。

四、EDTA 标准溶液的配制及标定(GB/T 601—2016)

(一)间接配制法(标定法)

1. 配制

按表 5-8 的规定量，称取 EDTA，加 1 000 mL 水，加热溶解，冷却、摇匀。

表 5-8 配制不同浓度 EDTA 标液的取样量

乙二胺四乙酸二钠标准滴定溶液的浓度 $c(\mathrm{EDTA})/(\mathrm{mol\cdot L^{-1}})$	乙二胺四乙酸二钠的质量 m/g
0.1	40
0.05	20
0.02	8

2. 标定

(1)乙二胺四乙酸二钠标准滴定溶液[$c(\mathrm{EDTA})=0.1\ \mathrm{mol\cdot L^{-1}}$、$c(\mathrm{EDTA})=0.05\ \mathrm{mol\cdot L^{-1}}$]　按表 5-9 的规定量，称取于 800 ℃±50 ℃的高温炉中灼烧至恒量的工作基准试剂氧化锌，用少量水湿润，加 2 mL 盐酸溶液（20%）溶解，加 100 mL 水，用氨水溶液（10%）将溶液 pH 调至 7～8，加 10 mL 氨-氯化铵缓冲溶液甲（pH≈10）及 5 滴铬黑 T 指示液（$5\ \mathrm{g\cdot L^{-1}}$），用配制好的乙二胺四乙酸二钠溶液滴定至溶液由紫色变为纯蓝色，同时做空白试验。

乙二胺四乙酸二钠标准滴定溶液的浓度[$c(\mathrm{EDTA})$]，按下式计算：

$$c(\mathrm{EDTA})=\frac{m\times 1\,000}{(V_1-V_2)\times M}$$

式中，m 为氧化锌质量，g；V_1 为乙二胺四乙酸二钠溶液体积，mL；V_2 为空白试验消耗乙二胺四乙酸二钠溶液体积，mL；M 为氧化锌的摩尔质量，[$M(ZnO)=81.408\ g\cdot mol^{-1}$]。

表 5-9　标定不同浓度 EDTA 标准溶液称取工作基准试剂氧化锌的质量

乙二胺四乙酸二钠标准滴定溶液的浓度 $c(EDTA)/(mol\cdot L^{-1})$	工作基准试剂氧化锌的质量 m/g
0.1	0.3
0.05	0.15

(2)乙二胺四乙酸二钠标准滴定溶液[$c(EDTA)=0.02\ mol\cdot L^{-1}$]　称取 0.42 g 于 800 ℃±50 ℃的高温炉中灼烧至恒量的工作基准试剂氧化锌，用少量水湿润，加 3 mL 盐酸溶液(20%)溶解，移入 250 mL 容量瓶中，稀释至刻度，摇匀。取 35.00～40.00 mL，加 70 mL 水，用氨水溶液(10%)将溶液 pH 调至 7～8，加 10 mL 氨-氯化铵缓冲溶液(pH≈10)及 5 滴铬黑 T 指示液(5 g·L^{-1})，用配制好的乙二胺四乙酸二钠溶液滴定至溶液由紫色变为纯蓝色，同时做空白试验。

乙二胺四乙酸二钠标准滴定溶液的浓度[$c(EDTA)$]，按下式计算：

$$c(EDTA)=\frac{m\times\left(\frac{V_1}{250}\right)1\ 000}{(V_2-V_3)\times M}$$

式中，m 为称取的氧化锌质量，g；V_1 为称取的氧化锌溶液体积，mL；V_2 为滴定消耗乙二胺四乙酸二钠溶液体积，mL；V_3 为空白试验消耗乙二胺四乙酸二钠溶液体积，mL；M 为氧化锌的摩尔质量，g·mol^{-1}。

(二)直接配制法

按表 5-10 的规定量，称取在硝酸镁饱和溶液恒湿器中放置 7 d 后的工作基准试剂乙二胺四乙酸二钠，溶于热水中，冷却至室温，移入 1 000 mL 容量瓶中，稀释至刻度。

表 5-10　配制不同浓度 EDTA 标准溶液称取工作基准试剂乙二胺四乙酸二钠的质量

乙二胺四乙酸二钠标准滴定溶液的浓度 $c(EDTA)/(mol\cdot L^{-1})$	工作基准试剂乙二胺四乙酸二钠的质量 m/g
0.1	37.22±0.50
0.05	18.61±0.50
0.02	7.44±0.30

乙二胺四乙酸二钠标准滴定溶液的浓度[$c(EDTA)$]，按下式计算：

$$c(EDTA)=\frac{m\times 1\ 000}{V\times M}$$

式中，m 为称取的乙二胺四乙酸二钠质量，g；V 为定容的乙二胺四乙酸二钠溶液体积，mL；M 为乙二胺四乙酸二钠的摩尔质量，g·mol^{-1}。

五、配位滴定法的应用

(一)配位滴定在医学检验中的应用——血清钙的测定

血清样品用 NaOH 溶液调 pH 至 12～13,加入钙指示剂,血清中的部分钙离子形成红色配合物,然后用 EDTA 标准溶液滴定,EDTA 与钙离子形成更稳定的配合物,达计量点时,滴加的 EDTA 夺取钙指示剂配合物中的 Ca^{2+},使钙指示剂游离出来,溶液从红色变为蓝色,即达滴定终点。

滴定前:　　　$Ca^{2+} + In \rightleftharpoons CaIn$(红色)

滴定终点:　　$CaIn$(红色) $+ Y \rightleftharpoons CaY + In$(蓝色)

(二)配位滴定法在水质检测中的应用——水的硬度测定

水的硬度表示水中所含有钙、镁、铁、铝、锌等离子的含量多少,在一般天然水中,主要是 Ca^{2+}、Mg^{2+},其他离子含量较少,因此,一般常以水中的 Ca^{2+}、Mg^{2+} 总量作为硬度的定义,称为总硬度。水的硬度包括暂时硬度和永久硬度,暂时硬度是指由钙、镁的碳酸盐及酸式碳酸盐形成的硬度,可以通过将水加热煮沸使酸式盐转变为碳酸盐沉淀而从水中分离出去。永久硬度是指水中非钙、镁的碳酸盐和酸式碳酸盐的其他盐类,不能通过加热的方式从水中去除。

水的硬度单位在国际上并不统一,现将目前主要的硬度单位表示方法列于表 5-11,供实际工作中参考。

表 5-11　水的硬度表示方法

国家	单位	定义
中国	$mg \cdot L^{-1}$	碳酸钙或氧化钙的质量
	度(°)	1°=10 $mg \cdot L^{-1}$ 氧化钙
德国	德国度(°dH)	1°dH=10 $mg \cdot L^{-1}$ 氧化钙
美国	美国度($mg \cdot L^{-1}$)	1 $mg \cdot L^{-1}$ $CaCO_3$,即为 1 个美国度
法国	法国度(°fH)	10 $mg \cdot L^{-1}$ $CaCO_3$,即为 1 个法国度(1°fH)
英国	英国度(°eH)	14.28 $mg \cdot L^{-1}$ $CaCO_3$,即为 1 个英国度(1°eH)

配位滴定法测定水的硬度,即在 pH=10 的氨性缓冲溶液中,以铬黑 T 为指示剂,用 EDTA 标准溶液直接滴定,直至溶液由酒红色突变为蓝色为终点。滴定时,水中存在的少量 Fe^{3+}、Al^{3+} 等干扰离子用三乙醇胺掩蔽,Cu^{2+}、Pb^{2+} 等重金属离子用 KCN、NaS 来掩蔽。

知识拓展

配位滴定法的兴起

在经典分析化学中曾缺少类似酸碱滴定那样直接滴定金属阳离子的方法,而这一空白在 20 世纪中期被配位滴定填补了。这个方法的奠基者是瑞士的施瓦岑巴赫教授。在 1945 年,施瓦岑巴赫教授及其同事就已从事对乙二胺四乙酸(简称 EDTA)及其相关物质的研究,并称这类物质为“氨羧络合物”,因为这种强有力的络合剂几乎能与所有的金属离子产生络合反应,而形成一种可溶性而难解离络合物,以形成这种络合物作为滴定法的基础,即称之为“络合滴定”。在此之后的十几年间，配位滴定迅速发展。1957年，浦希比在英国分析化学学会上称配位滴定已达高峰，配位滴定已成为容量滴定的一个重要分支。随着滴定环境对结果的影响被深入了解和不断有新的指示剂被使用，配位滴定的实用性不断加强。至1962年，周期表中近50个元素能被乙二胺四乙酸（二钠盐）直接滴定（包括回滴法），以及15个元素如钠、钾、磷、砷等可被间接滴定。EDTA及其衍生物的发展为配位滴定提供更多可选择的螯合剂，金属指示剂的应用也让滴定终点更为准确。掩蔽剂的使用增强了配位滴定的选择性。另外，通过仪器分析的方法来确定滴定终点，既提高了准确性也使滴定方法更为简易。

从滴定分析的历史可以看出，滴定分析因其快捷、简便而获得了发展的机会，在发展的过程中，它的准确度和适用性也不断得到提升。作为分析化学的一个分支，它的原理和操作方法均已十分成熟，然而近十几年来对其研究和实验室运用日渐减少，究其原因，随着仪器分析的发展，比滴定分析更快捷简便，更准确和适用的方法陆续出现。试推想，要使滴定分析获得新的发展，必须将其与新发展的仪器相结合，与多学科多领域相结合，让滴定分析更加仪器化、自动化和数字化。

本章小结

本章主要讲述了配位滴定法的基本原理、影响因素、滴定条件和配位滴定法的应用。

1. 基本原理：配位化合物、配位反应平衡、配位滴定过程和金属指示剂。

2. 影响因素：EDTA的酸效应和共存离子效应、金属离子的配位效应和水解效应、配位化合物的混合配位效应。

3. 滴定条件：准确滴定的判别、酸度控制、滴定方法的选择性。

4. 配位滴定法的应用：滴定方式、金属离子测定实例。

巩固测试

第五章测试题

第六章

氧化还原滴定法

【学习目标】

［知识目标］

- 了解氧化还原滴定法的特点和应用
- 掌握常用氧化还原标准溶液的配制与标定原理

［能力目标］

- 能独立完成三大氧化还原滴定法应用任务
- 能独立完成高锰酸钾和硫代硫酸钠标准溶液的配制与标定
- 能够对具体氧化还原滴定分析案例进行数据处理并进行误差分析

［素质目标］

- 探究氧化还原滴定法在食品检测领域中的应用
- 培养耐心专注的工匠精神

【知识导图】

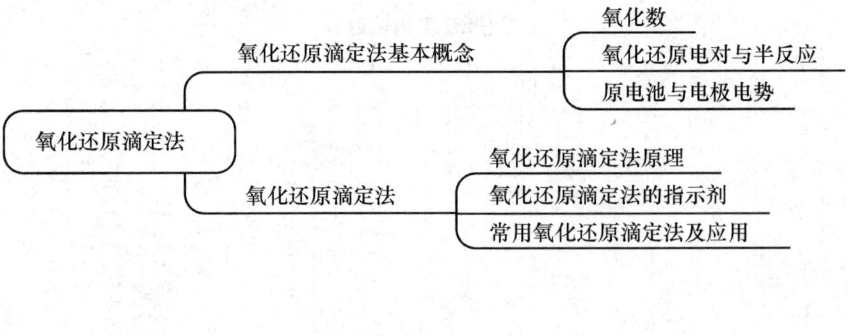

第一节　氧化还原滴定法基本概念

一、氧化数

氧化数又称氧化值，是指某元素一个原子的表观电荷数，这个电荷数是假定把每一个化学键中的电子指定给电负性更大的原子而求得的。可见，氧化数是一个有一定人为性的、经验性的概念，它是按一定规则指定了的数字，用来表征元素在化合状态时的形式电荷数（或表观电荷数）。这种形式电荷，正像它的名称那样，只有形式上的意义。

确定氧化数的一般规则：在单质中，元素的氧化值为0；在中性分子中，所有原子氧化值的代数和等于0；在离子中，所有原子的氧化值代数和等于离子的电荷数，单原子离子的氧化值等于它所带的电荷数；在共价化合物中，共用电子对偏向于电负性大的元素的原子，原子的形式电荷数即为它们的氧化值，即等于其电子对偏移的个数；氧在化合物中的氧化值一般为－2；在过氧化物（如 H_2O_2、Na_2O_2 等）中为－1；在超氧化物（如 KO_2）中为－1/2；在氟的氧化物中如 OF_2、O_2F_2 中为＋2、＋1；在大多数化合物中，氢的氧化值为＋1，只有在金属氢化物中氢的氧化值为－1；所有卤化物中卤素的氧化值为－1；碱金属、碱土金属在化合物中的氧化值为＋1、＋2。

例 6-1　计算下列物质中元素原子的氧化数。

(1)氧气(O_2)　(2)铁(Fe)　(3)金刚石(C)　(4)臭氧(O_3)

解：上述物质均为单质，因此，上述物质中各元素原子 O（氧气和臭氧）Fe、C 的氧化数均为0。

例 6-2　计算 Na_2CO_3 中 C 的氧化数、$HClO_4$ 中 Cl 的氧化值。

解：设 Na_2CO_3 中 C 的氧化数为 x，分子中 Na 的氧化数为＋1，O 的氧化数为－2，有：

$$2\times(+1)+1\times x+3\times(-2)=0, x=+4$$，即 C 的氧化值等于＋4；

设 $HClO_4$ 中 Cl 的氧化值为 y，分子中 Na 的氧化数为＋1，O 的氧化数为－2，有：

$$1\times(+1)+1\times y+4\times(-2)=0, x=+7$$，即 C 的氧化值等于＋7。

二、氧化还原电对与半反应

氧化还原反应是在反应前后，参与反应的元素氧化数有变化的一类反应，如：

$$\overset{0}{Zn} + 2\overset{+1}{H}Cl = \overset{+2}{Zn}Cl_2 + \overset{0}{H_2}$$

其中 Zn 失去电子，氧化数升高，被氧化，称为氧化反应，H 接受电子，氧化数降低，被还原，称为还原反应。也就是说，一个完整的氧化还原反应，包括氧化反应和还原反应两部分：

$Zn - 2e \longrightarrow Zn^{2+}$　（氧化反应）　　$2H^+ + 2e \longrightarrow H_2$　（还原反应）

可以看出，氧化反应和还原反应各为氧化还原反应的一半，称为氧化还原半反应。

在氧化还原反应中，能够失去电子，使氧化数升高的物质称为还原剂，还原剂使另一种物质还原，本身被氧化；能够接受电子，使氧化数降低的物质称为氧化剂，氧化剂使另一种物质氧化，本身被还原。

氧化还原反应的每一个半反应，均表示某一元素两种不同氧化数物质之间的转化，通常将其中氧化数高的物质称为氧化态，氧化数低的物质称为还原态，氧化还原反应就是将氧化剂由氧化态转化为还原态，而还原剂由还原态转化为氧化态，如：

$$Zn + 2HCl = ZnCl_2 + H_2$$

反应中氧化剂氯化氢的反应结果是由氧化态 H^+ 转化为还原态的 H_2，而还原剂锌的反应结果是由还原态的 Zn 转化为氧化态的 Zn^{2+}，这样，一种元素的氧化态物质与还原态物质就构成了一种共轭关系，同一元素的氧化态物质和还原态物质构成的这种共轭体系称为氧化还原电对，表示为 Ox/Red(氧化态/还原态)，如 MnO_4^-/Mn^{2+}、Fe^{3+}/Fe^{2+}、$Cr_2O_7^{2-}/Cr^{3+}$ 等。每个氧化还原反应至少由两个电对组成，一个氧化剂电对，一个还原剂电对，氧化还原反应就是两个氧化还原电对共同作用的结果，再比如下面的例子：

$$MnO_4^- + 5Fe^{2+} + 8H^+ = Mn^{2+} + 5Fe^{3+} + 4H_2O$$

氧化反应：$Fe^{2+} - e \longrightarrow Fe^{3+}$　　还原电对　还原 Fe^{2+}

还原反应：$MnO_4^- + 5e \longrightarrow Mn^{2+}$　　氧化电对　氧化剂 MnO_4^-

若一种元素的氧化数只有两个，那么这种元素就只有一个由氧化态物质和还原态物质组成的氧化还原电对，如元素铜、锌、氢等分别只有 Cu/Cu^{2+}、Zn/Zn^{2+}、H^+/H_2 一个氧化还原电对；但若一种元素具有两个以上的氧化数，那么这种元素的氧化还原电对就不止一个了，如元素 Mn 常见的有 +7、+4、+2 三个氧化数，其氧化还原电对分别可以是 MnO_4^-/Mn^{2+}、MnO_4^-/MnO_2、MnO_2/Mn^{2+}，其中 MnO_4^- 只有氧化性，Mn^{2+} 只有还原性，MnO_2 在不同条件下即可以表现为氧化性，又可以表现为还原性，称为氧化还原两性物质。至于有多个电对的元素在氧化还原反应中以哪种电对出现，则取决于具体的化学反应了。

在氧化还原电对中，氧化态的氧化能力越强，则其共轭还原态的还原能力越弱，反之，还原型的还原能力越强，则其共轭氧化型的氧化能力越弱，反应一般按照较强的氧化剂和较强的还原剂相互作用的方向进行。

三、原电池与电极电势

借助于氧化还原反应而产生电流，从而使化学能转变为电能的装置，称为原电池。金属还原剂失去电子，以离子形式进入溶液，失去的电子沿导线传递给氧化剂，使氧化还原反应分别在两极上进行，如图 6-1 所示。

还原反应：$Zn^{2+} \longrightarrow Zn - 2e$　　电对 Zn^{2+}/Zn

氧化反应：$Cu^{2+} + 2e \longrightarrow Cu$　电对 Cu^{2+}/Cu

总反应：$Zn + Cu^{2+} \longrightarrow Zn^{2+} + Cu$

锌与锌离子、铜与铜离子构成两个电极，又称为半电池，两个半电池中的反应叫半电池反

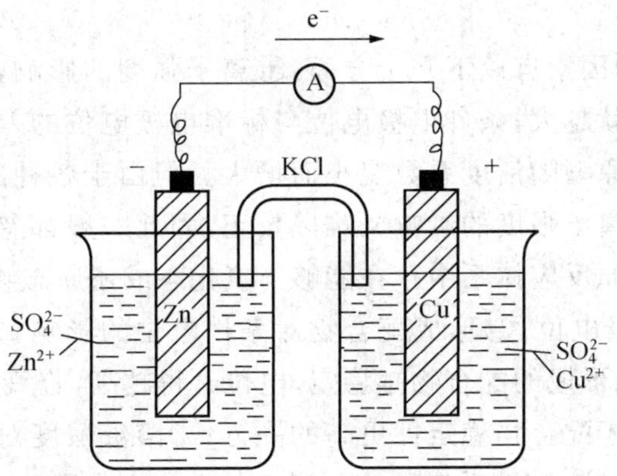

图 6-1　铜锌原电池

应，是在电极表面进行的，也称为电极反应，电极反应即氧化还原反应的半反应，原电池实质就是将氧化还原反应的两个半反应分隔开来，并用导体相连，使电子沿固相导体定向流动形成电流。

电极在标准状态下测得的电极电位称为标准电极电位，用$\varphi^{\ominus}$(Ox/Red)表示。标准状态是指温度为 298.15 K，气体分压为 101.3 kPa，溶液活度为 1 mol · L^{-1}，固体和液体为纯净物。

将待测电极在标准状态下与标准氢电极组成原电池，先用检流计确定电池的正、负极，再用电位计测得电池的电动势，求得待测电极的电极电位。

$$E_{电池}=\varphi_{正}-\varphi_{负}$$

标准电极电位是电对中氧化态物质和还原态物质均处于标准状态下及温度通常处于 298.15 K 时测得的电位，当氧化态或还原态物质不是标准态时，电极电位将随之改变，相应的定量关系可用能斯特方程计算。

$$\varphi(\mathrm{Ox/Red})=\varphi^{\ominus}(\mathrm{Ox/Red})+\frac{0.059\,2}{n}\lg\frac{c[\mathrm{Ox}]}{c[\mathrm{Red}]} \tag{6-1}$$

能斯特方程表达的是氧化态物质和还原态物质在不同活度条件下所具有的电位，但活度值使用起来并不方便，在实际应用中，若能以溶液的分析浓度来代替活度，就会非常方便简捷。当以分析浓度代替活度进行计算时，以活度系数 γ 将活度较正为平衡浓度，再以副反应系数 α 将平衡浓度较正为分析浓度。把 $\varphi^{\ominus'}$(Ox/Red) 称为条件电极电位，表示在特定条件下氧化态和还原态的分析浓度都是 1 mol · L^{-1} 时的实际电极电位。

引入条件电极电位后，能斯特方程可表示为：

$$\varphi(\mathrm{Ox/Red})=\varphi^{\ominus'}(\mathrm{Ox/Red})+\frac{0.059\,2}{n}\lg\frac{c(\mathrm{Ox})}{c(\mathrm{Red})}$$

条件电极电位可以通过实验测得，某些电对的条件电极电位在给定条件下已经确定，可通过查条件电位表获得，实际应用时若缺乏与条件电位表相同的条件，可采用条件相近的电位值。

影响条件电极电位的因素有以下几个方面：①离子强度的影响，离子强度越大，活度系数越小，活度与浓度的差别就越大，条件电极电位与标准电极电位的差别越大，电对中氧化型随活度系数变小而降低，还原型随活度系数变小而增大。但由于各种副反应对电位的影响远大于离子强度的影响，同时离子强度的影响又难以校正，因此一般都忽略离子强度的影响；②生成沉淀的影响，在氧化还原反应体系中存在能够与氧化态或还原态物质生成沉淀的沉淀剂时，就会改变电对的条件电极电位；③形成配合物对条件电位的影响，氧化态形成的配合物越稳定，电位降的越低，还原态形成的配合物越稳定，电位升得越高，若氧化态和还原态均能形成配合物，则电位的变化取决于配合物稳定性更高的一方；④溶液酸度对条件电位的影响，对于有 H^+ 和 OH^- 参加的电极反应，溶液酸度的变化对条件电位也有影响。

第二节　氧化还原滴定法

氧化还原滴定是以氧化剂或还原剂为标准溶液来测定待测物质的含量，根据所应用的氧化剂和还原剂的种类，将常用的氧化还原滴定方法分为：高锰酸钾法、碘量法、铈量法、亚硝酸钠法、溴酸钾法和重铬酸钾法等。

一、氧化还原滴定法原理

（一）氧化还原平衡

氧化还原滴定法和酸碱滴定法、配位滴定法一样，要求化学反应能完全、定量地完成。在实际的工作或实验状态下，任一氧化还原反应达到平衡，都是在多种内外因素综合作用下的结果，此时依据平衡时参与反应的各物质的浓度计算所得的平衡常数，已经包含了工作或实验状态下影响反应的各种条件，与电极电对的条件电位类似，可以称为条件平衡常数 K'。

氧化还原反应的平衡常数，可以通过反应达到平衡时参与反应的各物质浓度求得，也可以根据能斯特方程，从参与反应的两电对的标准电位或条件电位求得，从标准电位求得的即为平衡常数 K，从条件电位求得的，即为条件平衡常数 K'。

$$\lg K' = \frac{(\varphi_1^{\ominus'} - \varphi_2^{\ominus'})n_1 n_2}{0.0592} \tag{6-2}$$

氧化还原反应平衡常数的大小，是直接由氧化剂和还原剂两电对的条件电极电位之差来决定的，两者差值越大，K'值也就越大，反应进行得越完全。

在滴定分析中，如要求分析误差为 0.1%，即在计量点时反应物至少应有 99.9%变成生成物，残存的反应物应小于 0.1%，那么有：

$$\Delta\varphi^{\ominus'} = \varphi_1^{\ominus'} - \varphi_2^{\ominus'} = \frac{0.1776(n_1 + n_2)}{n_1 n_2} \tag{6-3}$$

所以，参与氧化还原反应两电对的条件电极电位之差 $\Delta\varphi^{\ominus'} \geqslant \frac{0.1776(n_1+n_2)}{n_1 n_2}$，反应的条件平衡常数对数值 $\lg K' \geqslant 3(n_1+n_2)$，表明氧化还原反应进行的足够完全，能够定量完成，满足滴定分析≤0.1%的误差要求。氧化还原反应的得失电子数不同，满足滴定分析要求的 $\Delta\varphi^{\ominus'}$ 值也不同，表 6-1 列出了不同得失电子数的氧化还原反应能够准确滴定的条件。

表 6-1　不同得失电子数氧化还原反应的滴定条件

得失电子数		滴定条件	
n_1	n_2	$\lg K'$	$\Delta\varphi^{\ominus'}$/V
1	1	≥6	≥0.35
2	1	≥9	≥0.27
1	3	≥12	≥0.24
2	2	≥6	≥0.18
2	3	≥15	≥0.15
3	3	≥6	≥0.12

注：当 $n_1=n_2$ 但≠1 时，氧化剂和还原剂的计量关系都是 1∶1，反应式中的系数实际都是 1，因此 $\lg K'$ 的滴定条件都是≥6，但由于得失电子数多，所以滴定条件的 $\Delta\varphi^{\ominus'}$ 降低。

由此可见，滴定条件要求最高的是得失电子数为 1 的氧化还原反应，要求两个电对的条件电极电位之差≥0.35 V，一般认为，若两电对的条件电位的差值大于 0.40 V，反应就能定量完成，符合滴定分析的要求。但这只反映了氧化还原滴定的可行性，除此之外还应考虑反应的机理、反应速率、反应条件的控制等问题。某些氧化还原反应，由于副反应使氧化剂和还原剂之间没有一定的定量关系，这样的反应显然不能用于滴定分析，如 $KMnO_4$ 与 Na_3AsO_3 在稀硫酸中的反应，虽说它们之间的电位差 0.95 V 远大于 0.4 V，但 AsO_3^{3-} 只能将 MnO_4^- 还原为平均氧化数为 3.3 的 Mn，两者之间没有定量关系，因此不能用于滴定分析。

(二)影响氧化还原反应速度的因素

根据氧化还原反应的标准电极电位或条件电极电位以及反应的条件平衡常数，只能判断氧化还原反应的方向和进行程度，却不能指出反应进行的速率，而滴定分析对化学反应速率是有要求的。对于一些反应慢的氧化还原反应，通过对影响其反应速度的因素的控制，达到提高反应速度，缩短反应时间的目的，使其满足滴定分析的要求，是氧化还原滴定法的重要环节。

1. 反应物浓度对氧化还原反应速度的影响

在直接滴定时，通过增加反应物浓度的方法提高反应速度的作用有限。但对于一些预氧化还原处理非常适用，如碘量法测定重铬酸钾：

$$K_2Cr_2O_7+6KI+7H_2SO_4 = Cr_2(SO_4)_3+3I_2+7H_2O$$

这个反应的速度很慢，不能用于直接滴定，但可以作为预氧化处理，通过增加 KI 浓度，加快置换单质碘的速度，实验证明，在 H^+ 浓度为 0.4 mol·L^{-1} 时，KI 过量 5 倍，放置 5 min 即可完成反应，之后再用标准硫代硫酸钠溶液滴定析出的 I_2，通过这样的操作，加快了整个分析的进程。

2. 温度对氧化还原反应速度的影响

反应体系温度升高会加快反应速度是温度对化学反应速度影响的一般规律，对大多数化学反应都适用。实验证明，温度每升高 10 ℃，反应速度提高 2～3 倍，例如，在酸性溶液中，高锰酸钾和草酸的反应：

$$2KMnO_4+5H_2C_2O_4+8H_2SO_4 \xlongequal{\quad} 2MnSO_4+10CO_2+8H_2O$$

在室温下，该反应较慢，不利于直接滴定，可以加热到 75～85 ℃来提高反应速率。

但是应该注意，并不是所有的氧化还原反应都允许采用加热的方式来提高反应速率，有些反应，如重铬酸钾和碘化钾的反应，生成的碘易挥发，而之后还要滴定碘，就不能用加热的方式提高反应速率。对那些加热易发生挥发、分解及加快空气氧化的氧化还原反应，不能用提高温度的方法来加速，只能寻求其他方法来提高反应速度。

3. 催化剂对氧化还原反应速度的影响

能提高反应速度的催化剂称为正催化剂，能减慢反应速度的催化剂称为负催化剂，滴定分析中应用的都是正催化剂，借以提高反应速度。如高锰酸钾和过氧化氢的反应不能加热，就可以加入少量 Mn^{2+} 作为催化剂，提高初始反应速度，反应本身也会生成 Mn^{2+}，随着反应的进行，生成物中 Mn^{2+} 浓度升高，反应速度也会加快，类似的反应还有高锰酸钾与草酸、草酸钠等的反应（与过氧化氢不同的是，滴定前加热，可以不加 Mn^{2+} 作催化剂），这种生成物本身起催化作用的催化剂称为自身催化剂，这样的化学反应称为自动催化反应。自身催化作用有一个特点，就是开始时反应速度慢，随着反应的进行，可做催化剂的生成物浓度逐渐增大，反应速度逐渐加快，随后由于反应物浓度越来越低，反应速度又逐渐降低。

4. 诱导反应对氧化还原反应速度的影响

在氧化还原反应中，由于一个氧化还原反应的发生促进另一个氧化还原反应进行的现象称为诱导作用，起诱导作用的反应称为诱导反应，被诱导的反应称为受诱反应。例如，Cl^- 对高锰酸钾氧化还原滴定法的干扰在不同反应体系中就有所不同，一般高锰酸钾和 Cl^- 的反应速度极慢，对滴定几乎没有影响，但当溶液中同时存在 Fe^{2+} 时，高锰酸钾和 Fe^{2+} 的反应就会诱导加速高锰酸钾和 Cl^- 的反应，高锰酸钾与 Fe^{2+} 的反应就是高锰酸钾与 Cl^- 反应的诱导反应，此时 Cl^- 的存在就会严重干扰高锰酸钾对 Fe^{2+} 的滴定，使测定结果偏高，所以 $KMnO_4$ 滴定 Fe^{2+} 时，应避免 Cl^- 存在。

（三）氧化还原滴定曲线

在氧化还原滴定中，随着标准溶液的加入，溶液中氧化态物质和还原态物质的浓度逐渐改变，因而其电位也随之不断改变，用标准溶液的加入量与溶液的电极电位变化绘制出的相关关系曲线称为氧化还原滴定曲线。

现以 1 mol·L^{-1} 的 $1/2H_2SO_4$ 溶液中，用 0.100 0 mol·L^{-1} 的 $Ce(SO_4)_2$ 标准溶液滴定 20.00 mL 0.100 0 mol·L^{-1} $FeSO_4$ 为例，讨论滴定过程中标准溶液用量和电极电位之间量的变化情况。

滴定反应式：$Ce^{4+}+Fe^{2+} \xlongequal{\quad} Ce^{3+}+Fe^{3+}$

两个电对的条件电极电位：

$$Fe^{3+}+e \rightleftharpoons Fe^{2+} \qquad \varphi^{\ominus'}(Fe^{3+}/Fe^{2+})=0.68\ V$$

$$Ce^{4+}+e \rightleftharpoons Ce^{3+} \qquad \varphi^{\ominus'}(Ce^{4+}/Ce^{3+})=1.44\ V$$

1. 滴定开始前

硫酸亚铁溶液中由于空气的氧化产生少量的 Fe^{3+}，组成 Fe^{3+}/Fe^{2+} 电对，但 Fe^{3+} 浓度未知，故不可算。

2. 滴定开始至计量点前

化学计量点前，溶液中有生成的 Fe^{3+} 及剩余的 Fe^{2+}，滴定过程中加入的 Ce^{4+} 则视为全部转化为 Ce^{3+}，溶液的氧化还原电位取决于电对 Fe^{3+}/Fe^{2+} 的电位，故用 Fe^{3+}/Fe^{2+} 电对计算溶液电位：

$$\varphi(Fe^{3+}/Fe^{2+})=\varphi^{\ominus'}(Fe^{3+}/Fe^{2+})+0.059\ 2\lg\frac{c(Fe^{3+})}{c(Fe^{2+})}$$

当加入 19.98 mL 标准溶液，生成的 Fe^{3+} 的浓度及剩余 Fe^{2+} 的浓度分别为：

$$c(Fe^{3+})=\frac{0.100\ 0\times19.98}{19.98+20.00}=0.049\ 97\ (mol\cdot L^{-1})$$

$$c(Fe^{2+})=\frac{0.1\times(20.00-19.98)}{19.98+20.00}=5.003\times10^{-5}(mol\cdot L^{-1})$$

代入能斯特方程得：

$$\varphi(Fe^{3+}/Fe^{2+})=0.68+0.059\ 2\lg\frac{0.049\ 97}{5.003\times10^{-5}}=0.86(V)$$

3. 化学计量点时

当达到化学计量点时，参与反应的两个电对的电位相等，即化学计量点时溶液的氧化还原电位 φ_{sp}，对任一对称电对的氧化还原反应 $n_2Ox_1+n_1Red_2=n_2Red_1+n_1Ox_2$：

$$\varphi_{sp}=\varphi(Ox_1/Red_1)=\varphi^{\ominus'}(Ox_1/Red_1)+\frac{0.059\ 2}{n_1}\lg\frac{c(Ox_1)}{c(Red_1)}$$

$$\varphi_{sp}=\varphi(Ox_2/Red_2)=\varphi^{\ominus'}(Ox_2/Red_2)+\frac{0.059\ 2}{n_2}\lg\frac{c(Ox_2)}{c(Red_2)}$$

$$n_1\varphi_{sp}=n_1\varphi^{\ominus'}(Ox_1/Red_1)+0.059\ 2\lg\frac{c(Ox_1)}{c(Red_1)}$$

$$n_2\varphi_{sp}=n_2\varphi^{\ominus'}(Ox_2/Red_2)+0.059\ 2\lg\frac{c(Ox_2)}{c(Red_2)}$$

两者相加得：

$$\begin{aligned}(n_1+n_2)\varphi_{sp}&=n_1\varphi^{\ominus'}(Ox_1/Red_1)+0.059\ 2\lg\frac{c(Ox_1)}{c(Red_1)}+n_2\varphi^{\ominus'}(Ox_2/Red_2)+0.059\ 2\lg\frac{c(Ox_2)}{c(Red_2)}\\&=n_1\varphi^{\ominus'}(Ox_1/Red_1)+n_2\varphi^{\ominus'}(Ox_2/Red_2)+0.059\ 2\lg\frac{c(OX_1)}{c(Red_1)}+0.059\ 2\lg\frac{c(Ox_2)}{c(Red_2)}\\&=n_1\varphi^{\ominus'}(Ox_1/Red_1)+n_2\varphi^{\ominus'}(Ox_2/Red_2)+0.059\ 2\lg\left[\frac{c(Ox_1)}{c(Red_1)}\right]\left[\frac{c(Ox_2)}{c(Red_2)}\right]\end{aligned}$$

根据化学反应方程式，计量点时：$\frac{c(Ox_1)}{c(Red_2)}=\frac{n_2}{n_1}$　　$\frac{c(Ox_2)}{c(Red_1)}=\frac{n_1}{n_2}$

则：　$(n_1+n_2)\varphi_{sp}=n_1\varphi^{\ominus'}(Ox_1/Red_1)+n_2\varphi^{\ominus'}(Ox_2/Red_2)$

$$\varphi_{sp}=\frac{n_1\varphi^{\ominus'}(Ox_1/Red_1)+n_2\varphi^{\ominus'}(Ox_2/Red_2)}{n_1+n_2}$$

因此对于本例，反应达化学计量点时：

$$\varphi_{sp}=\frac{n_1\varphi^{\ominus'}_{(Ce^{4+}/Ce^{3+})}+n_2\varphi^{\ominus'}_{(Fe^{3+}/Fe^{2+})}}{(n_1+n_2)}=\frac{1.44+0.68}{2}=1.06(V)$$

4.化学计量点后

化学计量点后，溶液中的Fe^{2+}可视为被全部滴定转化为Fe^{3+}，溶液的氧化还原电位取决于电对Ce^{4+}/Ce^{3+}的电位，故用Ce^{4+}/Ce^{3+}电对计算溶液电位：

当加入20.02 mL标准溶液，生成的Ce^{3+}和过量的Ce^{4+}浓度分别为：

$$c(Ce^{3+})=\frac{0.1\times20.00}{20.00+20.02}\qquad c(Ce^{4+})=\frac{0.1\times(20.02-20.00)}{20.00+20.02}$$

$$\varphi(Ce^{4+}/Ce^{3+})=1.44+0.059\ 2\lg\frac{0.02}{20.00}=1.26(V)$$

滴定过程中不同滴定点(不同标准溶液用量)的电位均可按上述方法计算，如表6-2所示。

表6-2　在1 mol·L^{-1} H_2SO_4溶液中，用0.100 0 mol·L^{-1} $Ce(SO_4)_2$滴定20.00 mL 0.100 0 mol·L^{-1} Fe^{2+}时溶液电位的变化

滴入溶液体积/mL	滴定百分数/%	电位 φ/V
1.00	5.0	0.60
5.00	25	0.65
10.00	50	0.68
19.80	99	0.80
19.98	99.9	0.86
20.00	100.0	1.06
20.02	100.1	1.26
20.20	101.0	1.32
40.00	200.0	1.44

以标准溶液的滴定百分数为横坐标，电对的电位为纵坐标，绘制氧化还原滴定曲线，如图6-2所示。

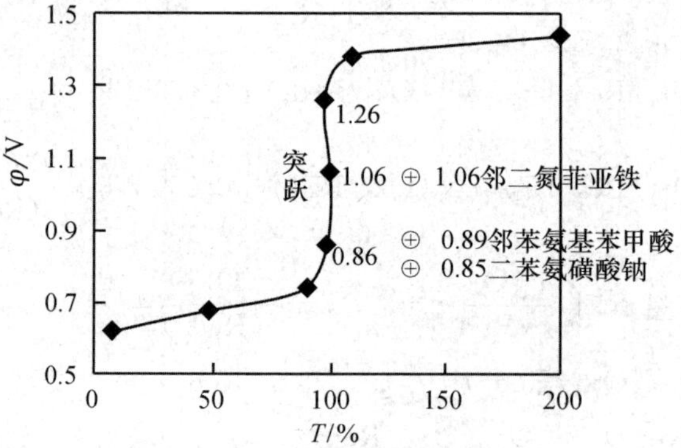

图6-2　Ce^{4+}滴定Fe^{2+}的滴定曲线

结合表 6-2 及图 6-2，对氧化还原滴定曲线做如下说明：

(1)用氧化还剂滴定还原剂时，滴定分数为 50％时的电位是还原剂电对的电位，这一区域电位比较稳定，曲线平坦；滴定分数为 200％时的电位是氧化剂电对的电位。

(2)在化学计量点附近（前后 0.1％），体系电位有明显的突跃（0.86～1.26 V）。

(3)在氧化剂和还原剂两个半反应中，若转移的电子数相等，即 $n_1=n_2$（本例中 $n_1=n_2=1$），则化学计量点电位 φ_{sp} 恰好在滴定突跃的中点，但当 $n_1\neq n_2$ 时，化学计量点电位偏向电子转移较多（即 n 值较大）的一方，n_1 和 n_2 相差越大，计量点越偏向于电子转移数较多的一方，在选择指示剂时，应注意化学计量点在突跃中的位置；对于两电对都是对称电对（电极反应式或氧化还原反应方程式中氧化态与还原态的系数相同的电对），计量点电位 φ_{sp} 只与两电对的条件电极电位和转移电子数有关，而与氧化剂和还原剂的浓度无关；对于不对称电对（电极反应式或氧化还原反应方程式中氧化态与还原态的系数不相同的电对），化学计量点电位还与浓度有关。

(4)滴定的突跃范围与两个电对的条件电位差有关，与氧化剂或还原剂的浓度无关，因此，凡能影响条件电极电位的因素均能影响突跃区间的大小。若以化学计量点前后 0.1％时电位的变化作为突跃范围，则突跃范围：

$$\Delta\varphi=\varphi^{\ominus'}(\mathrm{Ox})-\varphi^{\ominus'}(\mathrm{Red})-\frac{3\times 0.0592(n_1+n_2)}{n_1n_2} \tag{6-4}$$

滴定突跃范围越大，越便于选择指示剂，滴定结果越准确。

一般来说，两个电对的条件电极电位或标准电极电位相差 0.20 V 以上时，才有明显的滴定突跃，差值在 0.20～0.40 V 的，可采用电位法确定终点，差值大于 0.40 V 的，可采用氧化还原指示剂法确定终点，差值小于 0.20 V 的，无明显突跃，不能用氧化还原滴定法滴定。

二、氧化还原滴定法的指示剂

(一)自身指示剂

有些标准溶液或被测物质本身有很深的颜色，而滴定产物为无色或颜色很浅，则滴定时就无须另加指示剂，利用自身颜色的变化指示终点，即自身指示剂。

如 MnO_4^- 有很深的紫红色，用它滴定 Fe^{2+}、$C_2O_4^{2-}$ 溶液时，反应产物 Mn^{2+}、Fe^{3+} 颜色很浅，计量点后稍过量的 $KMnO_4$ 即可使溶液呈粉红色，实验证明，$KMnO_4$ 的浓度约为 2×10^{-6} mol·L^{-1} 时，就可以观察到溶液的粉红色，从而指示终点。

(二)专属指示剂

有些物质本身不具有氧化还原性，但它能与氧化剂或还原剂产生很深的特殊的颜色，这种能与氧化剂或还原剂产生特殊颜色以指示滴定终点的物质，称为专属指示剂或特殊指示剂。

如可溶性淀粉与碘反应生成深蓝色化合物，溶液中 I_2 的浓度为 1×10^{-5} 时，即可看到蓝色的出现，当 I_2 被还原为 I^- 时，蓝色消失，可根据蓝色的出现或消失指示滴定终点，因此淀粉就是一种特殊的指示剂。又如 SCN^- 和 Fe^{3+} 反应生成深红色配合物，用 $TiCl_3$ 滴定 Fe^{3+} 时，SCN^- 是适宜的指示剂，当 Fe^{3+} 全部被还原，SCN^- 和 Fe^{3+} 配合物的红色消失，指示终点到达。

(三)氧化还原指示剂

1.氧化还原指示剂的变色原理

氧化还原指示剂是一类复杂的有机化合物,它们本身就是一种弱的氧化剂或弱的还原剂,其氧化态和还原态具有不同的颜色,在滴定过程中因被氧化或被还原,指示剂由还原态转为氧化态或由氧化态转为还原态时,溶液颜色随之发生变化,从而指示滴定终点。

以 In_{Ox} 代表指示剂的氧化型,In_{Red} 代表指示剂的还原型,其电极反应为:

$$\underset{\text{色 1}}{In_{Ox}} + ne \rightleftharpoons \underset{\text{色 2}}{In_{Red}}$$

当溶液的氧化还原电位升高,指示剂被氧化,以氧化态存在,显氧化态颜色(色 1),当溶液的氧化还原电位降低,指示剂被还原,以还原态存在,显还原态颜色(色 2)。

2.常用的氧化还原指示剂

指示剂的变色范围取决于其条件电极电位的大小,指示剂不同,条件电极电位不同,同一种指示剂在不同介质中条件电极电位值也不同,表 6-3 列出了部分常用的氧化还原指示剂。

表 6-3 常用的氧化还原指示剂

序号	名称	颜色		条件电位/V	配制浓度
		氧化态	还原态		
1	二苯胺	紫	无色	0.76	1%浓硫酸溶液
2	二苯胺磺酸钠	紫红	无色	0.84	0.2%水溶液
3	亚甲基蓝	蓝	无色	0.53	0.1%水溶液
4	中性红	红	无色	0.24	0.1%乙醇溶液
5	喹啉黄	无色	黄	—	0.1%水溶液
6	硝基邻二氮菲-亚铁	浅蓝	红	1.25	0.025 mol·L^{-1} 水溶液
7	孔雀绿	棕	蓝	—	0.05%水溶液
8	劳氏紫	紫	无色	0.06	0.1%水溶液
9	邻二氮菲-亚铁	浅蓝	红	1.06	1.485 g 邻二氮菲+0.695 g 硫酸亚铁,溶于 100 mL 水
10	酸性绿	橘红	黄绿	0.96	0.1%水溶液
11	专利蓝V	红	黄	0.95	0.1%水溶液
12	邻苯氨基苯甲酸	紫红	无色	0.89	0.1%碳酸钠溶液

3.氧化还原指示剂的选择原则

指示剂的变色区间全部或部分存在于突跃区间内,尽可能选择变色点与计量点相接近的指示剂。例如,在 1 mol·L^{-1} 的 1/2 H_2SO_4 溶液中,用 Ce^{4+} 滴定 Fe^{2+},从滴定曲线中可以看出,滴定的突跃范围是 0.86～1.26 V,指示剂的选择显然以邻二氮菲-亚铁为最佳,其次是邻苯氨基苯甲酸,而二苯胺磺酸钠是不合适的,会使终点提前,终点误差将会大于允许误差(0.1%)。

三、常用氧化还原滴定法及应用

(一)高锰酸钾法

高锰酸钾是一种强氧化剂,它在酸性溶液中能直接与还原剂定量反应,自身被还原成二价锰,根据反应中消耗的高锰酸钾标准滴定溶液的体积,就可以计算出待测物质的含量。

高锰酸钾的氧化能力和还原产物与溶液的酸度有关。

在强酸性溶液中,MnO_4^- 被还原成 Mn^{2+}:

$$MnO_4^- + 8H^+ + 5e \rightleftharpoons Mn^{2+} + 4H_2O \qquad \varphi^{\ominus}(MnO_4^-/Mn^{2+}) = 1.51\ V$$

在强酸性溶液中,高锰酸钾有更强的氧化性,但酸度不宜过高,否则可能会引起高锰酸钾分解,因而高锰酸钾法一般以酸度控制在 $1\sim2\ mol \cdot L^{-1}(1/2H_2SO_4)$ 的强酸性介质为宜。由于盐酸具有还原性,且能诱发一些副反应,干扰滴定,硝酸中则含有氮氧化合物,也容易发生副反应,因而高锰酸钾法中不能使用盐酸介质,也极少采用硝酸介质。

在弱酸性或弱碱性或中性溶液中:MnO_4^- 被还原成褐色的 MnO_2 沉淀:

$$MnO_4^- + 2H_2O + 3e = MnO_2 + 4OH^- \qquad \varphi^{\ominus}(MnO_4^-/MnO_2) = 0.593\ V$$

由此可见,弱酸性或弱碱性或中性介质中,由于 MnO_4^- 被还原的不彻底,使其氧化能力大幅度降低,且生成的褐色沉淀会妨碍滴定终点的观察,所以很少使用。

在强碱性溶液中,MnO_4^- 被还原成 MnO_4^{2-}:

$$MnO_4^- + e = MnO_4^{2-} \qquad \varphi^{\ominus}(MnO_4^-/MnO_4^{2-}) = 0.564\ V$$

由此可见,在强碱性溶液中($pH>12$),高锰酸钾的氧化能力也是下降的,但此时高锰酸钾若用于氧化有机物,有反应速率反而比在酸性介质中更快的特点,所以用高锰酸钾法测定有机物时,大都在强碱性溶液($>2\ mol \cdot L^{-1}$ NaOH 溶液)中进行。

高锰酸钾的氧化性强,应用广泛,可以用来直接或间接地测定包括一些非氧化还原物质在内的多种物质;MnO_4^- 的着色能力很强,滴定时无需另加指示剂。

高锰酸钾法的缺点是:由于高锰酸钾的氧化性强,使方法的选择性欠佳,而且反应历程比较复杂,易发生副反应;$KMnO_4$ 标准溶液不够稳定,不能久置,需要经常标定。

由于市售 $KMnO_4$ 易分解,纯度仅在99%左右,含 $MnSO_4$、MnO_2 等杂质,且配制过程所用蒸馏水中也常含有还原性物质如尘埃、有机物等能够与高锰酸钾反应,$KMnO_4$ 高锰酸钾标准滴定溶液不能采用直接法配制。配制高锰酸钾标准滴定溶液时,必须先配制成近似浓度的溶液,然后再用基准物质进行标定。标定高锰酸钾的基准物质有很多,常用的有 $Na_2C_2O_4$、$H_2C_2O_4 \cdot 2H_2O$、As_2O_3 和纯铁丝等。其中 $Na_2C_2O_4$ 易精制、不含结晶水、吸湿性小和热稳定好,故常采用。MnO_4^- 和 $C_2O_4^{2-}$ 的标定反应在硫酸介质中进行,其反应如下:

$$2MnO_4^- + 5C_2O_4^{2-} + 16H^+ = 2Mn^{2+} + 10CO_2 + 8H_2O$$

为了使反应能定量、较快地完成,标定时应注意以下条件:

(1)温度　常将溶液加热至75～85 ℃进行滴定,滴定完毕时,温度不应低于55 ℃,滴定时温度不宜超过90 ℃,否则 $H_2C_2O_4$ 部分分解,导致标定结果偏高。

$$H_2C_2O_4 \rightarrow CO_2\uparrow + CO\uparrow + H_2O$$

(2)酸度　滴定开始时，0.5～1 mol·L^{-1}，结束时，0.2～0.5 mol·L^{-1}；酸度不足，易生成 MnO_2 沉淀，酸度过高，$H_2C_2O_4$ 分解。

(3)滴定速度　不能太快，尤其是反应刚开始时，否则高锰酸钾来不及和 $C_2O_4^{2-}$ 反应，就在热的酸溶液中分解，导致标定结果偏低。

$$4MnO_4^- + 12H^+ \longrightarrow 4MnO_2 + O_2\uparrow + 6H_2O$$

(4)催化剂　高锰酸钾与草酸钠的反应产物 Mn^{2+} 是反应的催化剂，因此该反应是一个自催化反应，随着产物中 Mn^{2+} 浓度的增加，滴定速度可以逐渐加快，如果在滴定开始前加入少量的硫酸锰作催化剂，则反应在滴定的最初阶段就能以较快的速率进行。

(5)滴定终点　用 $KMnO_4$ 滴定至溶液呈淡粉红色，30 s 不褪色，即为终点。放置时间过长，空气中的还原性物质能使 $KMnO_4$ 还原而褪色。

标定好的高锰酸钾溶液放置一段时间后，若发现有沉淀析出，应重新过滤并标定。

高锰酸钾的氧化能力很强，能直接滴定许多还原性物质，如 Fe^{2+}、As^{3+}、Sb^{3+}、$C_2O_4^{2-}$、NO_2^- 和 H_2O_2 等。以 H_2O_2 为例，它在酸性溶液中被高锰酸钾定量氧化，反应式如下：

$$2MnO_4^- + 5H_2O_2 + 6H^+ \longrightarrow 5O_2 + 2Mn^{2+} + 8H_2O$$

此滴定反应在室温下于硫酸溶液介质中即可顺利进行，开始反应较慢，随着 Mn^{2+} 生成，反应加速，为了提高初始反应速率，常常在滴定前加入少量的硫酸锰做催化剂。H_2O_2 中若含有具有还原性的有机物质，会使测定结果偏高，这时应采用碘量法或铈量法测定 H_2O_2。

再如间接法测定钙是利用 MnO_4^- 和 $C_2O_4^{2-}$ 的反应，间接测定能够与 $C_2O_4^{2-}$ 定量生成沉淀且在溶液中没有可变价态的金属离子，如 Ca^{2+}、Ba^{2+}、Zn^{2+}、Th^{4+} 等，这些离子可通过沉淀定量的转化为 $C_2O_4^{2-}$，再用高锰酸钾标准滴定溶液滴定生成的 $C_2O_4^{2-}$。

以 Ca^{2+} 为例，先将 Ca^{2+} 沉淀为 CaC_2O_4，再经过虑、洗涤后将沉淀溶于热的稀硫酸中，最后用 $KMnO_4$ 标准溶液滴定，根据 $KMnO_4$ 消耗量间接求得 Ca^{2+} 的含量。反应式如下：

沉淀反应：$Ca^{2+} + C_2O_4^{2-} \xlongequal{} CaC_2O_4\downarrow$

酸溶反应：$CaC_2O_4 + H_2SO_4 \xlongequal{} H_2C_2O_4 + CaSO_4$

滴定反应：$2KMnO_4 + 5H_2C_2O_4 + 3H_2SO_4 \xlongequal{} 2MnSO_4 + K_2SO_4 + 10CO_2 + 8H_2O$

高锰酸钾法测定钙，沉淀反应时控制酸度至关重要，如果是在中性或弱碱性溶液中进行，会生成部分氢氧化钙或碱式草酸钙，使测定结果偏低。

利用返滴定法，高锰酸钾法可测定许多氧化性物质，如 MnO_2、PbO_2、$K_2Cr_2O_7$ 等，某些有机物也可用这种方法测定，现以软锰矿中 MnO_2 含量的测定为例，称取一定质量的矿样，准确加入过量的固体草酸钠，然后在硫酸介质中缓慢加热，待 MnO_2 和 $C_2O_4^{2-}$ 反应完毕后，再用 $KMnO_4$ 标准滴定溶液滴定剩余的 $C_2O_4^{2-}$，反应式如下：

还原反应：$MnO_2 + C_2O_4^{2-} + 4H^+ \xlongequal{} Mn^{2+} + 2CO_2 + 2H_2O$

滴定反应：$2MnO_4^- + 5H_2C_2O_4 + 6H^+ \xlongequal{} 2MnSO_4 + 10CO_2 + 8H_2O$

高锰酸钾氧化有机物的反应在强碱性条件下比在酸性溶液中有更快的速率，采用加入过量的高锰酸钾并加热的方法可进一步加速反应。例如，测定甘油时，准确加入定量、过量的高锰酸钾标准滴定溶液于含有试样的 2 mol·L^{-1} NaOH 溶液中，加热，溶液中发生如下反应：

$$(CH_3)_2CH(OH)_3 + 14MnO_4^- + 20OH^- \longrightarrow 3CO_3^{2-} + 14MnO_4^{2-} + 14H_2O$$

待反应完全后，将溶液酸化，MnO_4^{2-} 歧化成 MnO_4^- 和 MnO_2，加入过量的 $Na_2C_2O_4$ 标准滴定溶液还原所有高价锰为 Mn^{2+}，再以 $KMnO_4$ 标准滴定溶液滴定剩余的 $Na_2C_2O_4$，由两次加入的 $KMnO_4$ 和 $Na_2C_2O_4$ 的量计算甘油的质量分数。甲醛、甲酸、酒石酸、柠檬酸、苯酚、葡萄糖等都可按此法测定。

（二）重铬酸钾法

重铬酸钾法是以 $K_2Cr_2O_7$ 为标准溶液所进行滴定的氧化还原法，$K_2Cr_2O_7$ 是一种强氧化剂，在酸性溶液中，被还原 Cr^{3+}，反应如下：

$$Cr_2O_7^{2-} + 14H^+ + 6e \longrightarrow 2Cr^{3+} + 7H_2O \qquad \varphi^{\ominus}(Cr_2O_7^{2-}/Cr^{3+}) = 1.33\ V$$

$K_2Cr_2O_7$ 在酸性溶液中的氧化能力不如 $KMnO_4$ 强，是稍弱于 $KMnO_4$ 的氧化剂，应用范围不如 $KMnO_4$ 法广泛，但它与 $KMnO_4$ 比，具有以下优点：$K_2Cr_2O_7$ 溶液较稳定，置于密封容器中，浓度可保持较长时间不改变；$K_2Cr_2O_7$ 的条件电极电位与氯的条件电极电位相等，因此可在 HCl 介质中进行滴定，$K_2Cr_2O_7$ 不会氧化 Cl^- 而产生误差；$K_2Cr_2O_7$ 容易制得纯品，因此可作基准物质直接配制成标准溶液。

$K_2Cr_2O_7$ 与 Fe^{2+} 的反应是重铬酸钾法的典型反应，以铁矿石中全铁含量的测定为例。试样经热的浓盐酸溶解后，加 $SnCl_2$，趁热将 Fe^{3+} 还原为 Fe^{2+}，冷却后，过量的 $SnCl_2$ 用 $HgCl_2$ 氧化，溶液中析出丝状的 Hg_2Cl_2 白色沉淀，用水稀释并加入 1～2 mol·L^{-1} 的 H_2SO_4-H_3PO_4 混合酸，以二苯胺磺酸钠为指示剂，用 $K_2Cr_2O_7$ 标准溶液滴定至溶液由浅绿色突变为紫红色即为滴定终点。主要反应如下：

溶解反应：$Fe_2O_3 + 6HCl \longrightarrow 2FeCl_3 + 3H_2O$　　　$FeO + 2HCl \longrightarrow FeCl_2 + H_2O$

还原反应：$2Fe^{3+} + Sn^{2+} \longrightarrow 2Fe^{2+} + Sn^{4+}$

滴定反应：$Cr_2O_7^{2-} + 6Fe^{2+} + 14H^+ \longrightarrow 2Cr^{3+} + 6Fe^{3+} + 7H_2O$

如 NO_3^- 在一定条件下可以氧化 Fe^{2+}，在含有 NO_3^- 的试液中加入定量、过量的 Fe^{2+} 标准溶液，待反应完全后，用 $K_2Cr_2O_7$ 标准滴定溶液滴定剩余的 Fe^{2+}，即可求得 NO_3^- 的含量，反应式如下：

$$Cr_2O_7^{2-}$$
$$\downarrow \text{标定}$$
$$NO_3^- \xrightarrow{Fe^{2+}(\text{过})} NO\uparrow + Fe^{3+} + Fe^{2+}(\text{剩})$$

再如返滴定法测定土壤有机质，称取一定量的试样，加入定量、过量的 $K_2Cr_2O_7$ 标准溶液，加热煮沸 5 min，冷却后加水至 60～70 mL，以邻菲罗啉为指示剂，用 $FeSO_4$ 标准滴定溶液滴定剩余的 $K_2Cr_2O_7$，根据 $FeSO_4$ 的消耗量即可求得土壤有机质的含量。反应式如下：

氧化反应：$2K_2Cr_2O_7 + 3C + 8H_2SO_4 \longrightarrow 2K_2SO_4 + 2Cr_2(SO_4)_3 + 3CO_2 + 8H_2O$

滴定反应：$K_2Cr_2O_7 + 6FeSO_4 + 7H_2SO_4 \longrightarrow K_2SO_4 + Cr_2(SO_4)_2 + 3Fe_2(SO_4)_3 + 7H_2O$

也可用置换滴定法测定还原剂，一些强还原剂如 Ti^{3+} 等极不稳定，易被空气中的氧所氧化，为使结果准确，可将 Ti^{4+} 流经还原柱后，用盛有 Fe^{3+} 溶液的锥形瓶接收，此时发生如下反应：

$$Ti^{3+}+Fe^{3+}=Ti^{4+}+Fe^{2+}$$

置换出的 Fe^{2+} 再用标准溶液滴定。

常用返滴定法测定水的化学需氧量(COD)。化学需氧量(COD)是在一定的条件下,采用一定的强氧化剂处理水样时,所消耗的氧化剂的量,它是表示水中还原性物质多少的一个指标。水中的还原性物质主要的是有机物,因此,化学需氧量(COD)又往往作为衡量水中有机物质含量多少的指标。

化学需氧量的测定方法,目前应用最普遍的是酸性高锰酸钾氧化法与重铬酸钾氧化法,高锰酸钾($KMnO_4$)法适用于较清洁的地表水和地下水,重铬酸钾($K_2Cr_2O_7$)法适用于污染相对较重的水样。在水样中加入已知量的重铬酸钾溶液,并在强酸介质下以银盐作催化剂,经沸腾回流后,以试亚铁灵为指示剂,用硫酸亚铁铵滴定水样中未被还原的重铬酸钾,由消耗的硫酸亚铁铵的量换算成消耗氧的质量浓度。

(三)碘量法

碘量法是基于 I_2 的氧化性和 I^- 的还原性进行测定的氧化还原滴定法。因 I_2 在水中溶解度小,通常将其溶解在 KI 溶液中,增加其溶解度。

$$I_2+I^- \rightleftharpoons I_3^-$$

I_3^- 在反应中仍能定量释放出 I_2,并不造成 I_2 在量上的变化,故通常仍写为 I_2。I_2/I^- 电对的半反应及标准电极电位为:

$$I_2+2e \rightleftharpoons 2I^- \qquad \varphi(I_2/I^-)=0.534\ V$$

I_2 为较弱的氧化剂,能与较强的还原剂作用,而 I^- 是中等强度的还原剂,能与许多氧化剂作用,故碘量法有直接碘量法和间接碘量法两种。

1. 直接碘量法

直接碘量法是利用 I_2 的氧化性,以 I_2 为标准滴定溶液直接滴定电位值比 I_2/I^- 小的还原性物质的氧化还原滴定方法,也称为碘滴定法。可测定的物质包括 S^{2-}、SO_3^{2-}、Sn^{2+}、$S_2O_3^{2-}$、As^{3+}、维生素 C 等。如 SO_2 的测定,SO_2 被水吸收,形成 H_2SO_3 可用 I_2 标准溶液滴定:

$$SO_2+H_2O=H_2SO_3$$
$$H_2SO_3+I_2+H_2O=2HI+H_2SO_4$$

由于 I_2 氧化能力不强,所以滴定仅限于较强的还原剂,因此可用于直接滴定的物质不多。

直接碘量法应在酸性、中性溶液中进行。在碱性溶液中($pH>9$),则有如下副反应(I_2 的歧化反应):

$$3I_2+6OH^-=IO_3^-+5I^-+3H_2O$$

2. 间接碘量法

间接碘量法是利用 I^- 的还原性,电对电位比 I_2/I^- 的电极电位高的物质,可将 I^- 氧化而析出 I_2,然后再用 $Na_2S_2O_3$ 标准溶液滴定析出的 I_2,这种方法称为间接碘量法,也称为滴定碘法。例如氧化性强的 $KMnO_4$ 在酸性溶液中与过量的 KI 作用,释放出来的 I_2 用 $Na_2S_2O_3$ 标准溶液滴定,其基本反应如下:

$$2MnO_4^- + 10I^- + 16H^+ = 2Mn^{2+} + 5I_2 + 8H_2O$$

$$I_2 + 2S_2O_3^{2-} = 2I^- + S_4O_6^{2-}$$

利用这一方式可以测定很多氧化性物质，如 Cu^{2+}、$Cr_2O_7^{2-}$、IO_3^-、BrO_3^-、AsO_4^{3-}、ClO^-、NO_2^-、H_2O_2、MnO_4^- 等，应用范围相当广泛。

间接碘量法还有一种情况，即利用过量的碘氧化还原性物质，再用 $Na_2S_2O_3$ 滴定剩余的 I_2，利用这种方法间接碘量法还可用来测定还原性物质。间接碘量法两种情况的基本滴定反应都是基于 I_2 和 $Na_2S_2O_3$ 的反应。

间接碘量法应在中性或弱酸性溶液中进行，通常控制在$[H^+]=3\sim4\ mol\cdot L^{-1}$ 以防止 I_2 在碱性条件下发生歧化反应而改变 I_2 与 $Na_2S_2O_3$ 的计量关系：

I_2 的歧化反应：　　$3I_2 + 6OH^- = IO_3^- + 5I^- + 3H_2O$

由此而引发反应：　　$I^- + IO_3^- + S_2O_3^{2-} = SO_4^{2-} + S_4O_6^{2-}$

相当于 I_2 部分的发生了如下反应：$4I_2 + S_2O_3^{2-} + 10H_2O = 2SO_4^{2-} + 8I^- + 5H_2O$

在这样的情况下，使 I_2 与 $Na_2S_2O_3$ 之间即存在该反应 4∶1 的计量关系，又存在 I_2 与 $Na_2S_2O_3$ 基本反应中 1∶2 的计量关系，将无法定量。

间接碘量法控制的酸度也不宜过高，因为在强酸性溶液中，$Na_2S_2O_3$ 会发生分解，同时，I^- 在酸性溶液中也容易被空气中的 O_2 氧化：

$$S_2O_3^{2-} + 2H^+ = SO_2 + S + H_2O$$

$$4I^- + 4H^+ + O_2 = 2I_2 + 2H_2O$$

间接碘量法的误差来源：一方面是 I_2 的挥发，另一方面是 I^- 被氧化。

防止碘的挥发可以采取以下措施：加入过量的 KI，使 I_2 生成难挥发的 I_3^-，增加碘的溶解度，降低碘的挥发性；滴定在室温（<25 ℃）下进行，避免日光照射，缓慢振荡溶液，并在碘瓶中进行滴定等。

防止 I^- 被氧化则可以采取如下措施：避光；消除试液中 Cu^{2+}、NO_2^- 等的干扰；析出碘后立即滴定且加快滴定速度等。

3. 淀粉指示剂的使用

淀粉是碘量法的专属指示剂，吸附碘显蓝色，解吸后游离淀粉变回无色，以此指示滴定终点。淀粉指示剂的灵敏度与淀粉的性质、加入时间、温度及反应介质等条件有关，使用时应注意以下几个方面：

(1)必须使用可溶性淀粉。

(2)不能在热的溶液中使用，因为 I_2 与 I^- 形成的 I_3^- 在热溶液中会和淀粉解吸而使蓝色消失。

(3)在弱酸、中性或弱碱性溶液中使用，酸度过高，pH<2 时，淀粉水解为糊精，与 I_2 作用显红色；碱度过高，pH>9 时，I_2 转变为 IO^-，与淀粉不显色。

(4)淀粉加入时间：直接碘量法在滴定前加入；间接碘量法必须在滴定至近终点时加入，表观上，一般在滴至溶液颜色变为浅黄色时加入。若淀粉加入过早，由于碘的浓度较高而使淀粉吸附大量的碘，终点时不易解吸而使终点延后。

(5)淀粉指示剂的用量：一般 $5\ g\cdot L^{-1}$ 的淀粉指示液用量为 2～5 mL。

碘量法所用的标准溶液有 $Na_2S_2O_3$ 和 I_2 两种。

4.碘量法应用示例

(1)铜矿石中铜的测定　样品经 HNO_3、HCl、溴水和尿素处理成溶液后，用 NH_4HF_2 掩蔽试液中的 Fe^{3+}，使其形成稳定的 $[FeF_6]^{3-}$ 配合物，并保持溶液的 pH 为 3～4，使 Cu^{2+} 不沉淀 As、Sb 不氧化 I^-，加入 KI 与 Cu^{2+} 反应析出 I_2，以淀粉为指示剂，用 $Na_2S_2O_3$ 标准溶液滴定，反应式如下。

$$2Cu^{2+}+4I^- = 2CuI+I_2$$

$$I_2+2S_2O_3^{2-} = 2I^-+S_4O_6^{2-}$$

(2)钡盐中钡的测定　在 HAc-NaAc 缓冲溶液中，CrO_4^{2-} 能将 Ba^{2+} 沉淀为 $BaCrO_4$，沉淀经过滤洗涤后，用稀 HCl 溶解，同时将 $BaCrO_4$ 中的 CrO_4^{2-} 定量地置换成 $Cr_2O_7^{2-}$，加入过量的 KI 后，$Cr_2O_7^{2-}$ 氧化 I^- 再定量析出 I_2，以淀粉为指示剂，用 $Na_2S_2O_3$ 标准溶液滴定，反应式如下。

沉淀反应：　$Ba^{2+}+CrO_4^{2-} = BaCrO_4$

溶解反应：　$2BaCrO_4+4H^+ = 2Ba^{2+}+H_2Cr_2O_7+H_2O$

置换反应：　$Cr_2O_7^{2-}+6I^-+14H^+ = 3I_2+2Cr^{3+}+7H_2O$

滴定反应：　$I_2+2S_2O_3^{2-} = 2I^-+S_4O_6^{2-}$

(3)维生素 C 的测定　维生素 C 的还原性很强，可采用直接碘量法。称取一定量试样用新煮沸冷却的无 O_2 水溶解，因为维生素 C 有很强的还原性，尤其是在碱性介质中更甚，故此时加 HAc 酸化溶液，再加入淀粉指示剂，迅速用 I_2 标准溶液滴定至终点。

维生素 C 在空气中易被氧化，所以在 HAc 酸化后要立刻滴定；蒸馏水是溶解有氧，因此需要事先煮沸除去氧，否则会使测定结果偏低；如果试液中含有能被 I_2 直接氧化的物质，则对测定有干扰。

(4)直接碘量法测硫　测定溶液中的 S^{2-} 或 H_2S 时，先将溶液调节至弱酸性，以淀粉为指示剂，用 I_2 标准溶液直接滴定 H_2S：

$$H_2S+I_2 = S+2I^-+2H^+$$

该滴定反应不能在碱性溶液中进行，除 I_2 将发生歧化反应外，部分 S^{2-} 也会被氧化成 SO_4^{2-}。测定钢铁中的硫含量时，先将样品置于密封的管式炉中高温熔融，通入空气，氧化形成 SO_2，用水吸收，转入 H_2SO_3 溶液，再以淀粉为指示剂，用 I_2 标准溶液滴定 H_2SO_3：

$$SO_2+H_2O = H_2SO_3$$

$$I_2+H_2SO_3+H_2O = 2I^-+SO_4^{2-}+4H^+$$

知识拓展

污水处理监测中 ORP(氧化还原电位)测量

在环保水质分析监测中，对 ORP 的测量尚未规定为必做的项目，但其数值大小对判断水质污染治理效果十分重要，如城市污水和工业废水监测中利用氯进行氰排水的氧化、6 价铬的还原、各种生物化学的氧化还原工程等。

对一个水体来说，往往存在多种氧化还原对，构成复杂氧化还原体系，而其 ORP 是多种氧化物与还原物质发生氧化还原反应的综合结果。这一指标虽然不能作为某种氧化物质与还原物质浓度的指标，但能帮助我们了解水质电化学特性，分析水体，以做出防范或治理的决策，水质 ORP 是一项综合性指标，通常采用现场测定。

水质 ORP 的测定方法是用铂电极作测量电极、饱和甘汞电极作参比电极，与水样组成原电池，用电子毫伏计或 pH 计测定铂电极相对于甘汞电极的电极电位，即为水样的氧化还原电位；一般情况都是采用 ORP 测量与 pH 测量同时进行，调换不同的电极就可以分别测量 pH 或 ORP。

ORP 测定的是电位势能，在电位测量过程中，实际并没有电流通过水溶液。因电解作用引起的化学成分变化是可以忽略的，在氧化还原电极的表面也不存在极化现象。在 ORP 形成过程中，电子可从电极流向氧化还原体系，或反向流动。在金属表面电荷的析出导致电位的形成，此电位又抵抗电子进一步迁移。当达到平衡状态时，电化学力（电位）和化学力（氧化力或还原力）相互平衡，这样溶液的 ORP 将随其氧化能力的大小而成比例增减，所测出的 ORP 值与其氧化能力呈典型的线性关系，能够综合反应水体中氧化性物质或还原性物质的总量及其活性。

本章小结

本章主要讲述了氧化还原反应、氧化还原滴定法的基本原理、氧化还原滴定方法和氧化还原滴定法的应用。

1. 氧化还原反应：氧化数、原电池、电极电位、氧化还原反应配平。
2. 氧化还原滴定基本原理：氧化还原反应平衡、氧化还原滴定过程和指示剂。
3. 氧化还原滴定方法：高锰酸钾法、重铬酸钾法、碘量法。
4. 氧化还原滴定法的应用：滴定方式、测定实例。

巩固测试

第六章测试题

第七章

沉淀滴定法

【学习目标】

[知识目标]

- 了解沉淀滴定法的特点和应用
- 掌握沉淀滴定法的原理

[能力目标]

- 独立完成沉淀滴定操作
- 独立完成生理盐水中氯化钠含量测定任务
- 能够对具体沉淀滴定分析案例进行数据处理并进行误差分析

[素质目标]

- 培养团队协作能力
- 培养爱岗敬业的职业素养

【知识导图】

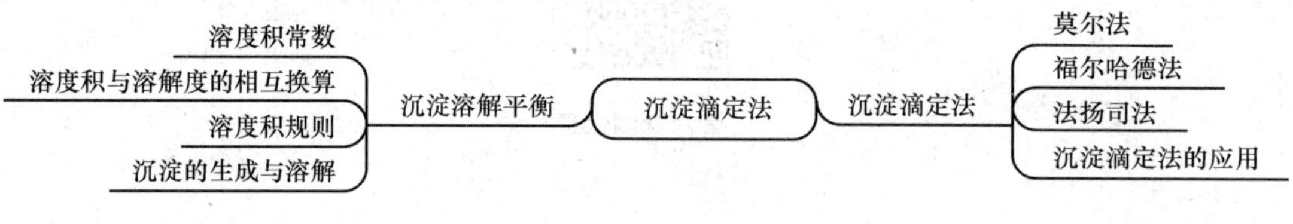

第一节　沉淀溶解平衡

电解质按溶解度的大小分为易溶和难溶两大类。习惯上把溶解度小于 0.01 g 的物质称为难溶物质。难溶电解质是指在水中难于溶解的电解质，它可以是强电解质，如 $BaSO_4$、AgCl 等，也可以是弱电解质，如 $Mg(OH)_2$、$Fe(OH)_3$ 等，但由于它们的溶解度很小，故溶解的极少部分，在溶液中可以认为是完全电离的，所以不论其强弱，统称为难溶电解质。

一、溶度积常数

在难溶电解质的饱和溶液中存在固相(难溶电解质)与液相离子间的平衡,称为沉淀溶解平衡。

将难溶化合物 A_mB_n 与水混合,A_mB_n 固体表面的 A^{n+} 及 B^{m-} 在水分子的作用下,一部分进入水中形成水合离子 $A^{n+}(aq)$ 和 $B^{m-}(aq)$,同时这些水合离子在运动中受到固体表面的吸附又可以重新回到固体表面,最终可达成沉淀溶解平衡。

$$A_mB_n(s) \rightleftharpoons mA^{n+}(aq) + nB^{m-}(aq)$$

若忽略离子强度的影响,上述平衡中离子的浓度关系表示为

$$K_{sp} = c^m(A^{n+}) \cdot c^n(B^{m-}) \tag{7-1}$$

在饱和溶液中,难溶电解质离子浓度幂的乘积,称为溶度积常数,简称为溶度积。例如难溶化合物 AgCl 的沉淀溶解平衡为

$$AgCl(s) \rightleftharpoons Ag^+(aq) + Cl^-(aq)$$

$$K_{sp} = c(Ag^+)c(Cl^-)$$

K_{sp} 称为 AgCl 的溶度积常数,简称溶度积。

在一定温度下,K_{sp} 主要决定于难溶电解质的本性,而与离子浓度的改变无关;K_{sp} 的大小可以反映物质的溶解能力和生成沉淀的难易程度。溶度积是难溶电解质沉淀溶解平衡的平衡常数,可以通过热力学计算获得,也可以通过实验方法测定。

二、溶度积与溶解度的相互换算

溶度积与溶解度都可以表示难溶电解质的溶解情况,但二者概念不同,溶度积是平衡常数的一种形式,溶解度是浓度的一种表示形式,溶解度和溶度积都反映了物质的溶解能力,二者之间必然存在着联系,单位统一时,可以相互换算。

需要注意的是,溶度积大的难溶电解质其溶解度不一定大,这与其结构类型有关。

在溶度积的计算中,离子浓度必须是物质的量浓度,其单位为 $mol \cdot L^{-1}$;而溶解度的单位有 $g \cdot L^{-1}$、$mol \cdot L^{-1}$。计算时一般要先将难溶电解质的溶解度 S 的单位换算为 $mol \cdot L^{-1}$。

那溶电解质大致可分为一下几种类型,对于同种类型化合物而言,溶度积常数 K_{sp} 越大,溶解度 S 越大。

但对于不同种类型化合物之间,不能根据 K_{sp} 来比较 S 的大小。

(1)AB 型,如 AgCl、AgI、$CaCO_3$。

$$AB(s) \rightleftharpoons A^+(aq) + B^-(aq)$$

溶解度:　　　　S　　　　S

$$K_{sp} = c(A^+)c(B^-) = S^2$$

$$S = \sqrt{K_{sp}}$$

(2)AB_2 或 A_2B 型,如 $Mg(OH)_2$、Ag_2CrO_4。

$$AB_2(s) \rightleftharpoons A^{2+}(aq) + 2B^-(aq)$$

溶解度： S $2S$

$$K_{sp} = c(A^{2+})c^2(B^-) = S(2S)^2 = 4S^3$$

$$S = \sqrt[3]{K_{sp}/4}$$

(3) AB_3 或 A_3B 型，如 $Fe(OH)_3$、Ag_3PO_4。

$$AB_3(s) \rightleftharpoons A^{3+}(aq) + 3B^-(aq)$$

溶解度： S $3S$

$$K_{sp} = c(A^{3+})c^3(B^-) = S(3S)^3 = 27S^4$$

$$S = \sqrt[4]{K_{sp}/27}$$

列举几种类型的难溶物质的溶度积、溶解度，如表 7-1 所示。

表 7-1 几种类型的难溶物质溶度积、溶解度比较

物质类型	难溶物质	溶度积 K_{sp}	溶解度/($mol \cdot L^{-1}$)	换算公式
AB	AgCl	1.77×10^{-10}	1.33×10^{-5}	$K_{sp} = S^2$
	$BaSO_4$	1.08×10^{-10}	1.04×10^{-5}	$K_{sp} = S^2$
AB_2	CaF_2	3.45×10^{-11}	2.05×10^{-4}	$K_{sp} = 4S^3$
A_2B	Ag_2CrO_4	1.12×10^{-12}	6.54×10^{-5}	$K_{sp} = 4S^3$

三、溶度积规则

在某难溶电解质的溶液中，有关离子浓度幂次方的乘积称为离子积，用符号 Q_i 表示，

$$A_mB_n(s) \rightleftharpoons mA^{n+} + nB^{m-}$$

$$Q_i = c^m(A^{n+}) \cdot c^n(B^{m-}) \tag{7-2}$$

(1) $Q_i < K_{sp}$ 时，为不饱和溶液，若体系中有固体存在，固体将溶解直至饱和为止。所以 $Q_i < K_{sp}$ 是沉淀溶解的条件。

(2) $Q_i = K_{sp}$ 时，为饱和溶液，处于动态平衡状态。

(3) $Q_i > K_{sp}$ 时，为过饱和溶液，有沉淀析出，直至饱和。所以 $Q_i > K_{sp}$ 是沉淀生成的条件。

四、沉淀的生成与溶解

根据化学平衡的原理，对已经达成沉淀溶解平衡的饱和溶液，改变条件时平衡发生移动，即可改变难溶电解质的溶解度。

(一)同离子效应

在难溶电解质的饱和溶液中，加入含有相同离子的强电解质，会使平衡向着生成沉淀的方向移动，使难溶电解质的溶解度减小，这种现象称为难溶电解质的同离子效应。如 AgCl 在 NaCl 溶液中溶解度小于其在水溶液中的溶解度。

(二)盐效应

在难溶电解质的饱和溶液中,加入含有与难溶电解质不相同离子的强电解质,会使平衡向着沉淀溶解的方向移动,使难溶电解质的溶解度增加,这种现象称为难溶电解质的盐效应。如 $BaSO_4$ 在 NaCl 溶液中的溶解度大于其在水溶液的溶解度。因为强电解质的加入,离子增多使溶液中的离子强度增加,可以形成沉淀的正、负离子结合成沉淀的机会减少,故难溶电解质的溶解度会增加。当加入的物质对难溶电解质同时存在同离子效应和盐效应时,同离子效应对难溶电解质的溶解度的影响要大于盐效应。

(三)酸效应

对于 $CaCO_3$、$Fe(OH)_3$ 等难溶化合物,当溶液 pH 降低时,会使沉淀溶解平衡向沉淀溶解的方向移动,使难溶化合物的溶解度增加,这种现象称为酸效应。

(四)配位效应

在难溶电解质的饱和溶液中,加入含有与难溶电解质的离子形成配合物的物质,会使平衡向着沉淀溶解的方向移动。如在 AgCl 饱和溶液中加入 $NH_3 \cdot H_2O$,会增大 AgCl 沉淀的溶解度。

第二节　沉淀滴定法

沉淀滴定法是以沉淀反应为基础的滴定分析方法。生成沉淀的反应很多,但能用于滴定分析的沉淀反应却不多。能用于沉淀滴定的化学反应必须符合以下四点要求:

(1)沉淀的溶解度足够小(一般小于 $10^{-6} g \cdot mL^{-1}$);

(2)沉淀反应必须迅速、定量地完成,没有副反应;

(3)沉淀的吸附现象不影响滴定结果和终点的确定;

(4)有适当方法确定滴定终点。

实际上,符合上述条件的沉淀反应并不多,而能用于沉淀滴定的主要是一类能生成难溶性银盐的反应:

$$Ag^+ + X^- = AgX\downarrow \qquad (X代表 Cl^-、Br^-、I^-、CN^-、SCN^-等)$$

利用生成难溶性银盐的反应来进行滴定分析的方法又称银量法。

银量法可用于测定 Cl^-、Br^-、I^-、CN^-、SCN^- 和 Ag^+ 等,也可以测定含有这些离子的化合物。银量法根据指示剂的不同,按创立者的名字命名为 3 种方法:莫尔法、福尔哈德法、法扬司法。

一、莫尔法

莫尔法是以铬酸钾(K_2CrO_4)作指示剂,在中性或弱碱性溶液中用 $AgNO_3$ 标准溶液直接测定含 Cl^-(或 Br^-)溶液的银量法,也称铬酸钾指示剂法。现以滴定 Cl^- 说明其测定原理。

用 $AgNO_3$ 标准溶液滴定加有少量 K_2CrO_4 指示剂的 Cl^- 被测溶液时,滴定过程中,由于 K_2CrO_4 与 Cl^- 形成的沉淀溶解度较大,且 K_2CrO_4 浓度较小,故首先析出 AgCl 沉淀,当 AgCl 定量沉淀后,过量的 Ag^+ 与 CrO_4^{2-} 生成砖红色的 Ag_2CrO_4 沉淀,从而指示滴定到达终点。滴定反应和指示剂的反应分别为:

计量点前：$Ag^+ + Cl^- \rightleftharpoons AgCl\downarrow$（白）　　　$K_{sp}(AgCl)=1.8\times10^{-10}$

计量点时：$2Ag^+ + CrO_4^{2-} \rightleftharpoons Ag_2CrO_4\downarrow$（砖红）　　　$K_{sp}(Ag_2CrO_4)=1.1\times10^{-12}$

(一)滴定条件和应用范围

1.指示剂用量

为了使溶液中的Cl^-完全沉淀为AgCl以后立即析出Ag_2CrO_4沉淀，并使滴定终点与理论终点相符合，关键在于溶液中K_2CrO_4的浓度是否恰当。若溶液中K_2CrO_4浓度过高，溶液颜色过深，终点出现过早，影响终点的观察。如果溶液中K_2CrO_4浓度过低，则终点出现过迟，也会影响滴定的准确度。K_2CrO_4的浓度一般采用5×10^{-3} mol·L^{-1}为宜。

2.溶液酸度

滴定适宜在中性或弱碱性(pH在6.5～10.5)溶液中进行。

在酸性溶液中，因在酸性溶液中Ag_2CrO_4要溶解。会发生如下反应：

$$Ag_2CrO_4 + H^+ \rightleftharpoons 2Ag^+ + HCrO_4^-$$
$$2HCrO_4^- \rightleftharpoons Cr_2O_7^{2-} + H_2O$$

反应降低了CrO_4^{2-}浓度，出现终点拖后的现象，影响滴定分析。因此，滴定时溶液的pH不能小于6.5。

如果溶液的碱性太强，Ag^+将以Ag_2O沉淀析出：

$$Ag^+ + OH^- \rightleftharpoons AgOH\downarrow$$
$$2AgOH \longrightarrow Ag_2O\downarrow + H_2O$$

因此，滴定时溶液的pH不能大于10.5。通常，莫尔法测定要求的pH为6.5～10.5。若溶液碱性过强，可先用稀HNO_3中和至甲基红变橙，再滴加稀NaOH溶液至橙色变黄；若溶液酸性太强，则用碳酸氢钠、碳酸钙或硼砂中和。

3.滴定体系中不应含有氨

因为NH_3易与Ag^+生成$[Ag(NH_3)_2]^+$配离子，而使AgCl和Ag_2CrO_4溶解。如果溶液中有氨存在时，必须用酸中和成铵盐并且使溶液的pH控制在6.5～7.2。

4.莫尔法不能反过来用NaCl标准溶液滴定Ag^+

因为试液加入指示剂K_2CrO_4后即与Ag^+先生成Ag_2CrO_4沉淀，且沉淀很难转化成AgCl沉淀而从砖红色转变为黄色，容易滴过终点，影响滴定结果。如果要测定Ag^+，可先加过量的NaCl溶液，再用$AgNO_3$溶液返滴定过量的Cl^-。

5.莫尔法的选择性较差

凡能与Ag^+或CrO_4^{2-}生成沉淀的离子均干扰测定，如PO_4^{3-}、AsO_4^{3-}、S^{2-}、$C_2O_4^{2-}$、Ba^{2+}、Pb^{2+}、Hg^{2+}等；大量存在的有色离子如MnO_4^-、Fe^{3+}、Cu^{2+}、Ni^{2+}、Co^{2+}等也干扰终点的观察，应预先分离。

6.反应中生成的AgCl易吸附Cl^-，使被测离子浓度降低

滴定过程中应剧烈摇动溶液，以破坏吸附过程，在用莫尔法测定Br^-时更要如此，否则会使终点提前而产生误差。AgI和AgSCN沉淀对I^-和SCN^-的吸附更为严重，不能通过剧烈摇动溶液来解吸，会造成较大的误差，所以该法不适合于测定I^-和SCN^-。

二、福尔哈德法

福尔哈德法是用铁铵矾$(NH_4)Fe(SO_4)_2$作指示剂，以NH_4SCN或KSCN标准溶液滴定含有Ag^+离子试液的银量法。可分为直接滴定法和返滴定法。

(一)基本原理

1. 直接滴定法

在含有Ag^+的硝酸溶液中，以铁铵矾作指示剂，用NH_4SCN(或KSCN、NaSCN)的标准溶液滴定。滴定过程中溶液首先析出AgSCN的白色沉淀。当Ag^+沉淀完全后，稍过量的SCN^-与Fe^{3+}生成红色配合物$[Fe(SCN)]^{2+}$，指示终点到达。有关反应为：

$$Ag^+ + SCN^- \rightleftharpoons AgSCN\downarrow(白) \qquad K_{sp}(AgSCN)=1.0\times10^{-12}$$

$$Fe^{3+} + SCN^- \rightleftharpoons [Fe(SCN)]^{2+}(红) \qquad K_f=1.38\times10^2$$

2. 返滴定法

在含有卤化物的酸性溶液中，以铁铵矾作指示剂，先加入过量的$AgNO_3$标准溶液将待测阴离子定量沉淀后，再用KSCN标准溶液回滴剩余的Ag^+。例如，测Cl^-时，有关反应为：

终点前：$Ag^+(准确过量) + Cl^- \rightleftharpoons AgCl\downarrow(白) \qquad Ag^+(剩余)$

$Ag^+(剩余) + SCN^- \rightleftharpoons AgSCN\downarrow(白)$

终点时：$Fe^{3+} + SCN^- \rightleftharpoons [Fe(SCN)]^{2+}(红)$

此时，两种标准溶液所用量的差值与被测试液中的Cl^-的物质的量相对应，从而计算出被测物质的浓度(或含量)。

应注意的是，由于AgCl的溶解度较大，易转化为AgSCN沉淀，从而产生很大的误差，需采用些措施避免已沉淀的AgCl转化。例如，可在沉淀后加入数毫升硝基苯，用力振摇，使硝基苯包裹在AgCl沉淀表面上，减少与SCN^-的接触，防止沉淀转化，或将AgCl沉淀滤去后再滴定溶液中剩余的Ag^+。返滴定I^-、Br^-时，由于AgI、AgBr的溶解度比AgSCN小，不会发生沉淀转化，所以不必加入硝基苯。

(二)滴定条件和应用范围

1. 溶液的酸度

滴定一般在硝酸溶液中进行，酸度控制在$0.1\sim1\ mol\cdot L^{-1}$。这时，$Fe^{3+}$主要以$[Fe(H_2O)_6]^{3+}$的形式存在，颜色较浅。酸度较低时，$Fe^{3+}$水解，形成颜色较深的棕色物质，影响终点的观察。酸度更低时，则可能析出氢氧化铁沉淀。

2. 铁铵矾的用量

在滴定分析中，指示剂的用量适宜是保证滴定分析准确的重要条件。Fe^{3+}的浓度应保持在$0.015\ mol\cdot L^{-1}$，科学计算表明，这时引起的误差很小，滴定误差不会超过0.1%，可以忽略不计。

3. 滴定过程

采用直接滴定法时应充分摇动溶液，滴定中生成的AgSCN白色沉淀，具有强烈的吸附作用，吸附溶液中的Ag^+，而使Ag^+浓度降低，造成未到化学计量点，指示剂提前显色，使结果偏低。因此滴定时，需剧烈振荡溶液使吸附的Ag^+及时地释放出来。强氧化剂和氮的低价氧化物以及铜盐、汞盐都与 SCN^- 作用，因而干扰测定，必须预先除去。

4. 返滴定法

用返滴定法测定 I^- 时，应首先加入过量 $AgNO_3$，再加铁铵矾指示剂，否则 Fe^{3+} 将氧化 I^- 为 I_2，影响分析结果的准确度。滴定不宜在高温条件下进行，否则会使红色的 $[Fe(SCN)]^{2+}$ 颜色褪去。

福尔哈德法的最大优点是在酸性溶液中进行滴定。许多弱酸根离子，如 PO_4^{3-}、AsO_4^{3-}、S^{2-}、$C_2O_4^{2-}$ 等在酸性溶液中与 Ag^+ 不生成沉淀，不干扰测定，故此法的选择性较高。该法比莫尔法应用广泛，但莫尔法具有操作简便和准确度较高的优点。

三、法扬司法

（一）基本原理

法扬司法是利用吸附指示剂指示终点的银量法。吸附指示剂是一些有机染料，它们的阴离子在溶液中很容易被带正电荷的胶态沉淀吸附，使结构变形引起颜色变化，从而指示终点。

例如，用 $AgNO_3$ 滴定 Cl^- 时，用荧光黄（以 HFn 表示）作指示剂，它在水溶液中离解为黄绿色的阴离子：

$$HFn \rightleftharpoons H^+ + Fln^-\text{（黄绿色）}$$

在理论终点前，溶液中的 Cl^- 剩余，滴定反应产物 AgCl 沉淀胶粒优先吸附 Cl^- 而带负电荷：

$$AgCl + Cl^- \rightleftharpoons AgCl \cdot Cl^-$$

由于静电排斥作用，Fln^- 不被沉淀吸附，溶液仍显现 Fln^- 的黄绿色。稍滴过理论终点，溶液中就有过量的 Ag^+，根据吸附规律，AgCl 沉淀胶粒将吸附 Ag^+：

$$AgCl + Ag^+ \rightleftharpoons AgCl \cdot Ag^+$$

使 AgCl 沉淀带正电荷，因静电引力而立即吸附指示剂的阴离子 Fln^-，使结构变形而呈现粉红色，指示终点的到达。

$$AgCl \cdot Ag^+ + Fln^- \rightleftharpoons AgCl \cdot Ag^+ \cdot Fln^-\text{（粉红色）}$$

这就是利用荧光黄指示理论终点的原理，其他吸附指示剂的变色原理与此基本相同。若用 Cl^- 返滴上述终点溶液，则溶液的颜色又可变为 Fln^- 的黄绿色，说明在理论终点时荧光黄颜色的转变是可逆的。在银量法中常用的几种吸附指示剂见表 7-2。

表 7-2　几种常用吸附指示剂

指示剂	被测定的离子	pH
荧光黄	Cl^-	7～10（一般为 7～8）
二氯荧光黄	Cl^-	4～10（一般为 5～8）
曙红	Br^-、I^-、SCN^-	2～10（一般为 3～9）
溴甲酚绿	SCN^-	4～5

(二)滴定条件和应用范围

由于吸附指示剂是吸附在沉淀表面上而变色,为了使终点的颜色变得更明显,就必须使沉淀有较大表面,这就需要 AgCl 沉淀保持胶体状态。为此,滴定时一般都先加入糊精或淀粉溶液等胶体保护剂。

滴定必须在中性、弱碱性或很弱的酸性(如 HAc)溶液中进行。这是因为酸度较大时,指示剂的阴离子与 H^+ 结合,形成不带电荷的荧光黄分子($K_a \approx 10^{-7}$)而不被吸附。因此一般滴定是在 pH=7～10 范围内进行。对于酸性稍强一些的吸附指示剂(即电离常数大一些),溶液的酸性也可稍大一些,如二氯荧光黄($K_a \approx 10^{-4}$)可在 pH=4～10 范围内进行滴定。曙红(四溴荧光黄,$K_a \approx 10^{-2}$)的酸性更强些,在 pH=2 时仍可应用。

因卤化银易感光变灰,影响终点观察,所以应避免在强光下滴定。

荧光黄指示剂适于测定高浓度的氯化物,如果氯化物的浓度小于 0.005 mol·L^{-1},就不能用荧光黄作指示剂进行滴定。测定 Br^-、I^-、SCN^- 时,用曙红作指示剂,可以得到满意的结果,但不能用它测定 Cl^-,这是由于 AgCl 沉淀对曙红阴离子吸附能力很强,比荧光黄阴离子要强得多。

四、沉淀滴定法的应用

(一)罐头食品(或调味品)中氯化钠的测定(莫尔法)

将一定量的罐头样品捣碎均匀(颜色深的要碳化),用蒸馏水溶解后移入 250 mL 容量瓶中,加蒸馏水定容、摇匀,用干燥的滤纸滤入干燥的烧杯中,用移液管吸取 50 mL 滤液,加酚酞指示剂 3～5 滴,用 NaOH 中和到淡红色,调节溶液近中性,加入铬酸钾指示剂,用硝酸银标准溶液滴定至砖红色,摇动后不褪色为终点。

(二)蔬菜产品中氯化物含量的测定(福尔哈德法)

蔬菜在生长过程中常会喷施含有氯化物的农药和化肥等,可采用福尔哈德法测定氯化物含量。样品磨碎或捣碎均匀,准确称取适量样品于烧杯中,加入 100 mL 蒸馏水混匀,加热至沸并保持 1 min,冷却后转入 250 mL 容量瓶中加硝酸定容,静置 15 min,过滤去渣,用移液管吸取滤液,加入 5 mL 硝酸和 5 mL 硫酸,加入铁铵矾指示剂,加入过量的硝酸银标准溶液,再加入 3 mL 硝基苯并用力摇动,促使沉淀凝聚,再用 NH_4SCN 溶液滴定至出现红色,保持 5 min 不褪色为终点。

本章小结

1. 在难溶电解质的饱和溶液中存在固相(难溶电解质)与液相离子间的平衡,称为沉淀溶解平衡。

2. 在饱和溶液中,难溶电解质离子浓度幂的乘积,称为溶度积常数,简称为溶度积。

3. 溶度积与溶解度的相互换算:AB 型 $K_{sp}=S^2$;AB_2 或 A_2B 型 $K_{sp}=4S^3$;AB_3 或 A_3B 型 $K_{sp}=27S^4$。

4. 影响沉淀生成与溶解的因素:同离子效应、盐效应、酸效应和配位效应。

5. 能用于沉淀滴定的化学反应必须符合的四点要求:

a. 沉淀的溶解度足够小(一般小于 10^{-6} g·mL^{-1});

b. 沉淀反应必须迅速、定量地完成，没有副反应；

c. 沉淀的吸附现象不影响滴定结果和终点的确定；

d. 有适当方法确定滴定终点。

6. 银量法的 3 种方法：

a. 莫尔法是以铬酸钾（K_2CrO_4）作指示剂，在中性或弱碱性溶液中用 $AgNO_3$ 标准溶液直接测定含 Cl^-（或 Br^-）溶液的银量法，也称铬酸钾指示剂法。

b. 福尔哈德法是用铁铵矾（$NH_4Fe(SO_4)_2$）作指示剂，以 NH_4SCN 或 KSCN 标准溶液滴定含有 Ag^+ 离子试液的银量法。

c. 法扬司法是利用吸附指示剂指示终点的银量法。

巩固测试

第七章测试题

第八章

仪器分析方法

【学习目标】

［知识目标］

- 理解分析化学、化学分析、仪器分析三者之间的关系
- 掌握各类仪器分析法的原理

［能力目标］

- 熟练掌握常见小型分析仪器操作方法
- 独立完成仪器日常维护

［素质目标］

- 爱护公共设备，保护环境
- 培养自学能力和创新能力

【知识导图】

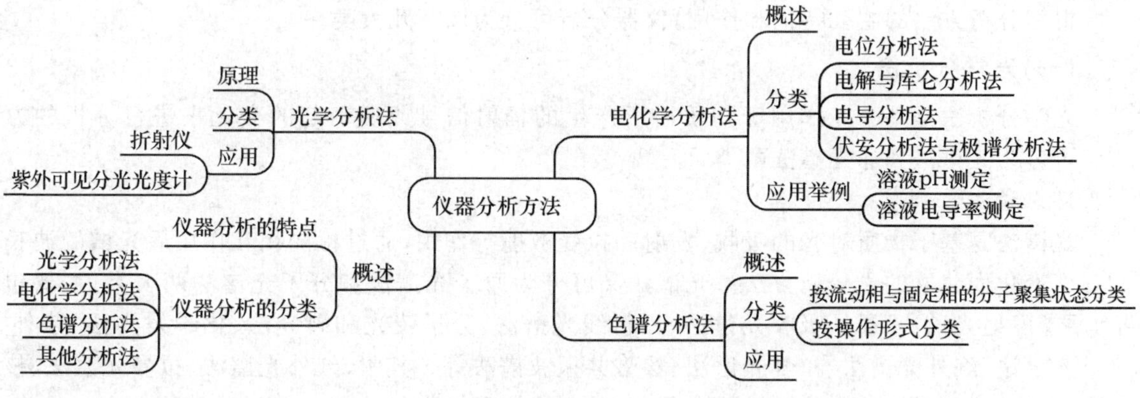

第一节　仪器分析法概述

仪器分析是指采用比较复杂或特殊的仪器设备，通过测量物质的某些物理或物理化学性质的参数及其变化来获取物质的化学组成、成分含量及化学结构等信息的一类方法。仪器分析与化学分析是分析化学的两个分支。

一、仪器分析特点

仪器分析的分析对象一般是半微量(0.01～0.1 g)、微量(0.1～10 mg)、超微量(<0.1 mg)组分的分析，灵敏度高；而化学分析一般是半微量(0.01～0.1 g)、常量(>0.1 g)组分的分析，准确度高。

仪器分析法主要用于定性分析、定量分析和结构分析，但不同的方法主要应用领域也不同，如光学分析法中，原子发射光谱法主要用于定性和定量分析，原子吸收光谱法主要用于定量分析，紫外-可见吸收光谱法主要用于定量分析，而核磁共振波谱法主要用于结构分析。

仪器分析方法与化学分析方法相比具有重现性好、灵敏度高、分析速度快及试样用量少等优点。近几十年来发展十分迅速，已在分析化学中占据了主导地位。虽然化学分析在常量分析方面还起着难以取代的作用，但从发展的观点来看，化学分析将仅作为一种分析方法而存在，仪器分析将成为分析化学的主体。

仪器分析发展至今，形成了以光学分析、电化学分析、色谱分析及质谱分析为支柱的现代仪器分析，其内涵和外延非常丰富，已成为研究各种化学理论和解决实际问题的重要手段。

仪器分析的内容之丰富、发展之迅速、所体现出的“与时俱进”特征是其他化学基础课程所少见的。特别是20世纪中后期，更是各种新理论、新方法、新仪器不断出现的快速发展时期。原则上，凡能表征物质的某些物理和化学性质的方法，都可以划归仪器分析的范畴，这在客观上导致仪器分析方法众多，且各种方法具有比较独立的原理而自成体系。因此，熟悉仪器分析的分类对于学习仪器分析是十分必要的。本章将简单介绍一些常用的仪器分析方法。

二、仪器分析的分类

根据分析方法的主要特征和作用，仪器分析可分为以下几大类。

(一)光学分析法

光学分析法是基于光作用于物质后所产生的辐射信号或所引起的变化来进行分析的方法。可分为光谱法和非光谱法两类。

1. 光谱法

光谱法是基于物质对光的吸收、发射和拉曼散射等作用，通过检测相互作用后光谱的波长和强度变化而建立的光分析方法。光谱法又可分为原子光谱法和分子光谱法两大类，主要包括：原子发射光谱法、原子吸收光谱法、X射线光谱法、分子荧光和磷光法、化学发光法、紫外-可见光谱法、红外光谱法、拉曼光谱法、核磁共振波谱法等。其中，红外光谱法、拉曼光谱法、核磁共振波谱法常用于化合物的结构分析，其他方法多用于定量分析。

2. 非光谱法

非光谱法是指通过测量光的反射、折射、干涉、衍射和偏振等变化所建立的分析方法，包括：折射法、干涉法、旋光法、X射线衍射法等。

同时新型高强度、短脉冲、可调谐光源的研制及复杂光谱解析、物质同时测定等都是光分析法的前沿领域。

(二)电化学分析法

电化学分析法是依据物质在溶液中的电化学性质及其变化进行分析的方法。根据所测定的电参数的不同可分为：电位分析、电导分析、库仑分析、极谱分析及伏安分析等。新型电极与微电极、原位及活体分析都是电化学分析十分活跃的研究领域。循环伏安法已成为研究电极反应、吸附过程、电化学与化学偶联反应的重要手段。

(三)色谱分析法

色谱分析法是依据不同物质在固定相和流动相中分配系数的差异实现混合物分离的分析方法。特别适合于复杂有机混合物的快速高效分析。色谱分析包括气相色谱、液相色谱、离子色谱、超临界流体色谱、薄层色谱等。考虑到毛细管电泳等的混合物分离特性，故将其划分在这一类别中。

生物大分子与手性化合物的分析是色谱分析法研究的活跃领域。色谱与其他分析仪器联用技术的发展也十分迅速。

(四)其他分析法

质谱法即用电场和磁场将运动的离子(带电荷的原子、分子或分子碎片，有分子离子、同位素离子、碎片离子、重排离子、多电荷离子、亚稳离子、负离子和离子-分子相互作用产生的离子)按它们的质荷比分离后进行检测的方法。测出离子准确质量即可确定离子的化合物组成。这是由于核素的准确质量是一多位小数，不会有两个核素的质量是一样的，也不会有一种核素的质量恰好是另一核素质量的整数倍。分析这些离子可获得化合物的分子量、化学结构、裂解规律和由单分子分解形成的某些离子间存在的某种相互关系等信息。质谱分析法与紫外、红外、核磁一起组成了化合物结构分析中最常用的4种光波谱分析方法。

另外，热分析法是依据物质的质量、体积、热导率或反应热与温度之间的变化关系而建立起来的分析方法，常见的有热重分析法、差热分析法、流动注射分析法等。

第二节　光学分析法

一、光学分析法原理

光学分析法是基于物质发射光或光与物质相互作用所建立的分析方法。电磁波是空间传播的交变电磁场，光学分析中所涉及的X射线、紫外光、可见光、红外光、微波和无线电波(射频)都属于电磁波。但通常将波长从200 nm至1 000 nm的电磁波称作光波或光，其所对应的光学分析法称作光学光谱法；而将微波区和射频区称作波谱区，其对应的分析法称作波谱法。电磁波谱是描述发射或吸收的电磁波能量随电磁波波长(或频率、波数)变化的函数关系，这种函数关系一般很难用一简单数学关系式描述，而用图或表来描述，最常用图来描述，描述此函数关系的图即为电磁波谱图，如吸收光谱图、发射光谱图等。一般将电磁波按波长(或频率、波数)次序排列成的谱称为电磁波谱。从微观上讲，电磁波的发射和吸收实际上是光子的发射和吸收，其发射和吸收的强度（能量）自然与光子数目及每个光子的能量有关，因此描述电磁波的参数有电磁波的波长、频率、波数和能量。

二、光学分析法分类

光学分析法依据是否涉及物质内部能级变化而分为光谱分析法与非光谱分析法。非光谱分析法不涉及物质内部能级的变化，其分析法根据所测光学性质的不同而分为折射法、散射法、干涉法、衍射法、旋光法等。光谱分析法涉及物质内部能级的变化，根据所测对象不同分为原子光谱法和分子光谱法，而原子光谱法包括原子发射光谱法、原子吸收光谱法、原子荧光光谱法等，分子光谱法包括紫外-可见吸收光谱法、分子发光光谱法、红外吸收光谱法、核磁共振波谱法等。光学分析法中主要测量的参数有电磁波的波长、波数、强度、方向等。

光谱可分为线光谱、带光谱和连续光谱，连续光谱只作为背景，不做进一步讨论。而线光谱主要产生于原子，带光谱主要产生于分子，这种区分也不十分严格，如常将气体分子的纯转动光谱也称作线光谱，但一般将分子光谱称作带光谱。所以也常常将光谱分析分为原子光谱和分子光谱分析。原子光谱又可分为原子发射、原子吸收和原子荧光光谱。同样，分子光谱也可分为分子发光、分子吸收和分子荧光光谱。

微课学习　如何使用手持式糖度计

三、光学分析法的应用

光化学分析已从一个狭义的概念发展成一个十分广泛的领域，其中的分析方法已达几十种。本教材仅介绍几种食品检测中常见的小型光学分析仪器。

（一）折射仪

折射仪也叫折光仪，是利用光线测试液体浓度的仪器。折射仪的种类有手持式折光仪、糖量折光仪、蜂蜜折光仪、宝石折光仪、数显折光仪、全自动折光仪等。

微课学习　阿贝折光仪的使用与维护

1. 折射仪检测原理

光线从一种介质进入另一种介质时会产生折射现象，且入射角正弦之比恒为定值，此比值称为折光率。

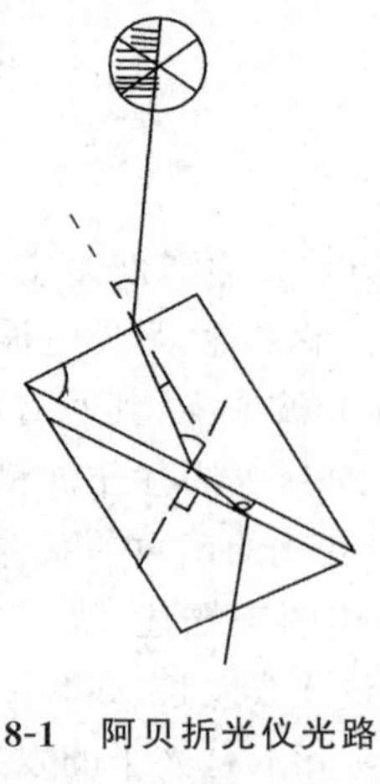

图 8-1　阿贝折光仪光路图

例如，果蔬汁液中可溶性固形物含量与折光率在一定条件下（同一温度、压力）成正比例，故测定果蔬汁液的折光率，可求出果蔬汁液的浓度（含糖量的多少），以了解样品的品质。

折光仪是根据临界折射现象设计的，以阿贝折光仪为例，说明折光仪测定原理。如图 8-1 所示，仪器的主要部分为两块直角棱镜，下面一块是可以启闭的辅助棱镜，其斜面为一毛玻璃面。待测液体就放在辅助棱镜和测量棱镜之间，展开成一薄层。光线由反光镜和测量棱镜，透过液体薄层及测量棱镜而进入目镜。目镜位置固定，只要转动棱镜的位置，在目镜中可以看到半明半暗的分界线。从棱镜转动角度的大小，可测得液体的折射率。

2. 折射仪应用

折射仪广泛应用于制糖、食品、饮料等工业部门及农业生产和科研中。比如，适用于酱油、番茄酱等各种酱类（调味料）产品的浓度测量；适用于果酱、糖稀、液糖等含糖分较多产品的糖度测量；适用于果汁、清凉饮料及碳酸饮料的生产线品质管理、发货前检验等；适用于水果从种植至销售的过程中，测定准确的采收时期，进行甜度分级分类。此外，在纺织工业浆料的浓度测定中折射仪也普遍应用。手持糖度计具有操作简便、体积小、质量轻、便于携带等特点，被广泛地应用于农业、养殖、造酒、食品、饮料加工业等各个行业。

（二）紫外-可见分光光度计

紫外-可见分子吸收光谱法也称为紫外-可见分光光度法，它是依据物质对紫外、可见光区不同波长光吸收的程度进行定性、定量分析的一种分析方法。

1. 分光光度法的原理

有色溶液所呈现的颜色是由于溶液中的物质对光的选择性吸收产生的。不同的物质其分子结构不同，对不同波长光的吸收能力也不同，因此具有特征结构的结构集团，存在选择吸收特性的最大实收波长，形成最大吸收峰，而产生特有的吸收光谱。即使是相同的物质，由于其含量不同，对光的吸收程度也不同。利用物质所特有的吸收光谱来鉴别物质的存在（定性分析），或利用物质对一定波长光的吸收程度来测定物质含量（定量分析）的方法，称为分光光度法。

朗伯-比尔定律是分光光度法的基本定律，是描述物质对某一波长光吸收的强弱与吸光物质的浓度及其液层厚度间的关系。

朗伯-比尔定律是根据辐射能的近代概念推导出来的，吸光度（A）是试样液层厚度（b，光程）和待测物质浓度的函数。

$$A=\varepsilon bc \tag{8-1}$$

式中：A 为吸光度；ε 为摩尔吸光系数；b 为试样光程，cm；c 为试样溶液的浓度，$mol \cdot L^{-1}$。

当浓度用 $g \cdot L^{-1}$ 表示时，常数 ε 改用 a 表示，称为吸光系数：

$$A=abc \tag{8-2}$$

当试样光程（b）固定时，溶液的吸光度（A）正比于吸光成分的浓度（c），就称为比尔定律。

当试样浓度（c）固定时，溶液的吸光度（A）正比于光程长度，就称为朗伯定律。

虽然 $A=abc$ 或 $A=\varepsilon bc$ 表示吸光度与浓度之间呈线性关系，但只有在稀溶液（低含量时）中才能成立。在此种意义上来说，朗伯-比尔定律是一个有限的定律。由于在高浓度（通常认为大于 0.01 $mol \cdot L^{-1}$）时，吸收成分质点之间的平均距离缩小到一定程度，邻近质点彼此的电荷分布都会相互影响，这种影响能改变它们对特征光的吸收能力。相互影响的程度取决于浓度，这种现象的存在致使吸光度与浓度之间的线性关系产生偏差。

依据光谱区，分光光度计可分为：紫外分光光度计，可见分光光度计（图 8-2）、红外分光光度计。如果吸光质点是原子，其仪器称为原子吸收分光光度计。

可见分光光度法是基于物质对 420～760 nm 可见光区的选择性吸收而建立的分析方法。

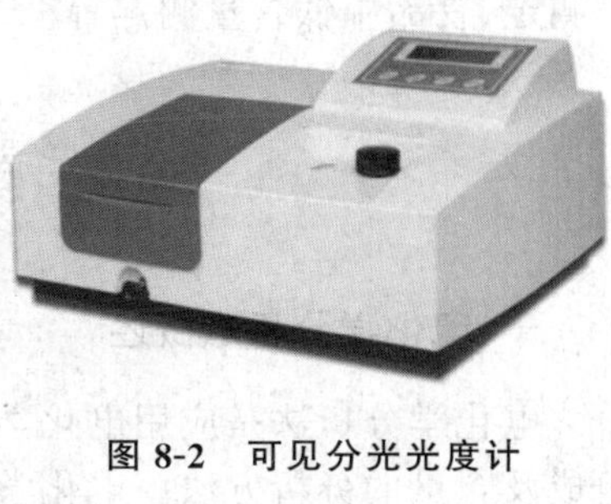

图 8-2　可见分光光度计

紫外吸收光谱法是基物质对紫外光选择性吸收来进行分析的方法，又称为紫外分光光度法。根据电磁波谱，200 nm 以下远紫外光辐射会被空气强烈吸收，所以紫外吸收光谱法主要是利用 200～400 nm 的近紫外光区的辐射。

2. 紫外-可见分光光度计的应用

(1)定性分析　紫外-可见光谱中，每一种化合物都有自己的特征吸收带，不同化合物有不同的特征光谱，进行定性分析时，通常是根据吸收光谱的形状、吸收峰的数目以及最大吸收波长的位置和相应的摩尔吸光系数进行定性鉴定。

未知试样的鉴定一般采用比较光谱法，即在相同的测定条件下，比较待测物与已知标准物的吸收光谱曲线，如果它们的吸收光谱曲线完全相同(λ_{max} 及相应的 ε 均相同)，则可以初步认为是同一物质。

如果没有标准物，则可以借助汇编的各种有机化合物的紫外-可见标准谱图进行比较。与标准谱图比较时，仪器准确度、精密度要高，操作时测定条件要完全与文献规定的条件相同，否则可靠性差。

(2)定量分析　紫外-可见分光光度法用于定量分析的依据是朗伯-比尔定律，通过测定溶液对一定波长入射光的吸光度，可求得溶液的浓度和含量。常用的方法有标准曲线法。由朗伯-比尔定律可知，当溶液层厚度 b 和吸光系数 a 固定时，吸光度 A 与溶液的浓度呈线性关系。在定量分析时，首先需要测定溶液对不同波长光的吸收情况(吸收光谱)，从中确定最大吸收波长 ，然后以此波长的光为光源，测定一系列已知浓度 c 溶液的吸光度 A，绘制 $A—c$ 工作曲线，如图 8-3 所示。在分析未知溶液时，根据测量的吸光度 A，查工作曲线即可确定其相应的浓度。这便是分光光度法测量浓度的基本原理。

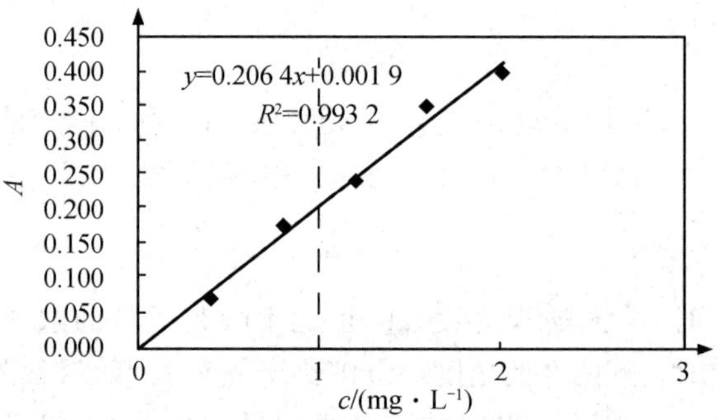

图 8-3　标准曲线

在食品检测分析中有很多检测项目会用到此法，如食品中亚硝酸盐测定、马口铁罐头锡含量测定、食品中铁含量测定等。

第三节　电化学分析法

一、电化学分析法概述

电化学分析法是应用电化学的基本原理和实验技术，依据物质的电化学性质来测定物质组成及含量的分析方法。电化学分析法直接通过测定溶液中的电流、电位、电导、电阻等各种物理量,在溶液中有电流或无电流的情况下研究、确定参与化学反应的物质的量。

在电化学分析法中经常被测量的参数有电位(或电动势)、电流、电阻(或电导)和电量等。与此相应的方法就有电位法、伏安法(极谱法)、电导法、库仑法等。根据 IUPAC(国际纯化学和应用化学学会)的建议,电化学分析法应分为三大类:①不涉及电双层和电极反应者,如电导法和高频滴定法等;②涉及电双层但不涉及任何电极反应者,如通过测量表面张力、非法拉第阻抗进而测量浓度的分析方法;③涉及电极反应者,如电位分析法、电解分析法、库仑分析法、极谱法和伏安法等。应用最广的电化学分析法均属第三类方法。

二、电化学分析法分类

(一)电位分析法

电位分析法属于涉及电极反应的电化学分析法,测量的是两电极间的电池电动势,但电极间并没有电流流过,即电位测量前后,溶液中被测物质的浓度不发生改变。按应用方式不同,电位分析法又可为两类。

(1)直接电位法 即电极电位与溶液中电活性物质的活度有关。通过测最溶液的电动势,根据能斯特方程计算被测物质的含量。例如,果汁 pH 测定就是利用直接电位法,用酸度计进行测定。

(2)电位滴定 即采用电位测量装置指示滴定分析过程中被测组分的浓度变化,通过记录或绘制滴定曲线来确定滴定终点的分析方法。研制各种高灵敏度、高选择性的电极是电位分析法研究领域中最活跃的研究课题之一。

(二)电解分析法与库仑分析法

电解分析法是建立在电解基础上通过称量沉积于电极表面的沉积物质量以测定溶液中被测离子含量的电化学分析法。库伦分析法是以测量电解过程中被测物质在电极上发生电化学反应所消耗的电量来进行定量分析的一种电化学分析法。电解分析法与库仑分析法中,在电极上发生了电极反应,测量结果与测量过程中体系通过的电流有关,而且测量前后溶液中被测物质的浓度发生改变。

(三)电导分析法

电导分析法是通过测量溶液的电导来分析被测物质含量的电化学分析方法。它所依据的基本原理是,溶液的电导与溶液中各种离子的浓度、运动速度和离子电荷数有关。其具体做法是:将被测溶液放在由固定面积、固定距离的两个铂电极所构成的电导池中,然后测量溶液的电导,由此计算被测物质的含量。电导容易测量且灵敏度高,故电导分析法常用于超纯水质测定、稀溶液中混合酸(或碱)的分析及酸雨监测。

(四)伏安分析法与极谱分析法

伏安分析法是在特殊条件下,通过测定体系电流-电压变化曲线(伏安曲线)来分析溶液中电活性组分的组成和含量的一类分析方法的总称。极谱分析法是使用滴汞电极的一种特殊的伏安分析法,在此基础上发展起来了一系列现代伏安分析法,如交流示波极谱、方波极谱、脉冲极谱、导数与微分极谱、阳极溶出伏安分析、循环伏安分析等。伏安分析法具有很高的灵敏度,不仅用于微量组分分析,也多用于化学反应机理、电极反应过程动力学等基础理论的研究。

微课学习
溶液 pH 的测定

三、电化学分析法应用举例

(一)电位分析法——溶液 pH 测定

酸度计(pH 计)是采用氢离子选择性电极测量液体 pH 的一种广泛使用的化学分析仪器。酸度计是用电势法来测量 pH 的,其基本原理是将一个连有内参比电极的可逆氢离子指示电极和一个外参比电极同时浸入某一待测溶液中而形成原电池,在一定温度下产生一个内外参比电极之间的电池电动势。这个电动势与溶液中氢离子活度有关,而与其他离子的存在基本没有关系。仪器通过测量该电动势的大小,最后转化为待测液的 pH 而显示出来。

关于酸度计的使用方法可参考有关的实验内容。

1. pH 标准缓冲液的配制

目前,市面上有各种浓度的标准缓冲液试剂供应,每包试剂按其要求的方法溶解定容即可,也可按以下方法配制。

pH=4.00 标准缓冲溶液(20 ℃):称取在(115±5) ℃烘干 2～3 h,并经冷却的优级纯邻苯二钾酸氢钾($KHC_8H_4O_4$)10.12 g 溶于无 CO_2 的蒸馏水中,并稀释至 1 000 mL。

pH=6.86 标准缓冲溶液(20 ℃):称取在(115±5) ℃烘干 2～3 h,并经冷却的优级纯磷酸二氢钾(KH_2PO_4)3.39 g 和优级纯无水磷酸氢二钠(Na_2HPO_4)3.53 g 溶于蒸馏水中并稀释至 1 000 mL。

pH=9.18 标准缓冲溶液(20 ℃):称取优级纯硼砂($Na_2B_4O_7 \cdot 10H_2O$)3.80 g,溶于无 CO_2 的蒸馏水中,并稀释至 1 000 mL。

2. 保养及注意事项

(1)仪器的输入端(即复合电极插口)必须保持高度清洁,电极插头不要经常拔下,以防止灰尘及湿气侵入。

(2)复合电极的电极头部很薄,因此,勿与硬物相碰,防止电极损坏。

(3)复合电极头部勿接触污物,如发现污物可用医用棉花轻擦电极头部,或用 0.1 $mol \cdot L^{-1}$ 盐酸溶液清洗。

(4)复合电极头部裂纹或老化(久放一年以上),则应调换新的电极,否则反应缓慢,甚至造成较大的测量误差,新的电极在使用之前需在 3 $mol \cdot L^{-1}$ 氯化钾溶液中浸泡 24 h。

(5)请不要让强烈阳光长时间直射液晶显示器,以延长液晶显示的使用寿命,必须防止硬物碰撞,划伤显示器表面玻璃。

(二)电导分析法——溶液电导率测定

电导率测定仪(图 8-4,图 8-5)是多量程仪器,能够满足从去离子水到海水等多种应用检测要求。电导率测定仪是以数字表示溶液传导电流的能力的仪器。水的电导率与其所含无机酸、碱、盐的量有一定的关系,当它们的浓度较低时,电导率随着浓度的增大而增加,因此,该指标常用于推测水中离子的总浓度或含盐量。

图 8-4　电导率仪

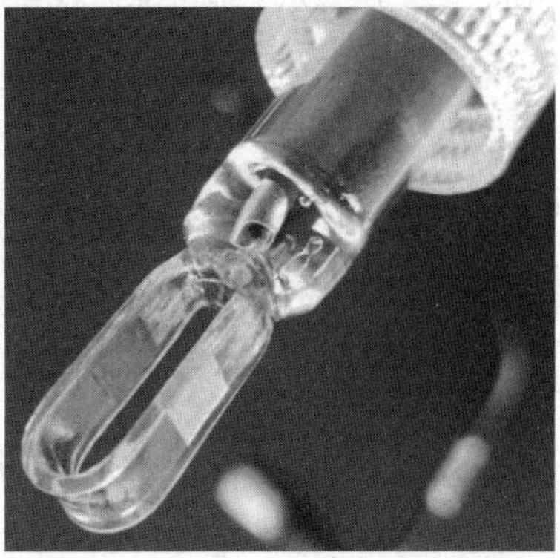

图 8-5　电导电极头

关于电导率仪的使用方法可参考溶液电导率值测定微课。

微课学习　水的电导率测定

电导率仪操作过程注意事项：

(1)电导电极尖端的"U"形玻璃和玻璃上的铂黑都非常脆弱，切勿用力触摸，以免损坏电极。

(2)电极不用时要盖好电极保护套。

(3)如果屏幕上只出现一个"1"，证明电导率值超出量程，需调高量程重新测量。

(4)在溶液的电导率值未超量程的情况下，尽量选取小量程测试样品的电导率值。

第四节　色谱分析法

一、色谱法概述

色谱分析法是根据混合物的各组分在互不相溶的两相(固定相和流动相)中的吸附能力、分配系数或其他亲和作用的差异而建立起来的分离测定方法。

色谱分析法是集分离与检测为一体的分析方法，其测量参数主要依据检测器而定，其检测器主要为光学式、电化学式和质谱式等，测量参数也与检测方式相适应。

色谱分析法是 20 世纪发展起来的一种有效的分析和分离技术，也称为色层分析，简称为层析。色谱分析法是俄国植物学家茨维特(Tswett)在 20 世纪初发明的。他将植物色素的石油醚提取液注入碳酸钙柱，再加入石油醚到柱内，使之自由流下，分出叶绿素带(绿色)和胡萝卜素带(黄色)。1906 年茨维特在论文中称其为色谱，玻璃管叫作色谱柱，管内填充物碳酸钙称为固定相，冲洗剂石油醚称为流动相。随着层析技术的发展，陆续出现了前沿层析法、置换层析法、分配层析法、纸层析法、离子交换层析法等。层析已成为生物技术中不可缺少的分离、鉴定和制备方法。

色谱分析有两个要素：流动相和固定相。在流动相从固定相的一端流到另一端的过程中，加在固定相起始端的溶质随流动相流动，并在流动相和固定相之间来回转移。不同的溶质与这两相的亲和力大小不同，溶质的移动速度也不同，因而得到分离。固定相一般是固体，也可以是固体上附着液体；流动相是液体或气体。

色谱分析具有很多优点，如分离效果好，设备简单，操作方便，条件较温和，方法多样，能适应不同的需要。其缺点主要是处理量小，周期长，不能连续操作；有的层析介质价格昂贵，有时找不到合适的介质。

微课学习
色谱的分类

二、色谱法分类

色谱分析（层析）有各种类型。按照固定相使用的形式，可分为柱层析、纸层析、薄层层析。按照溶质的展开方式，可分为前沿层析、置换层析、洗脱层析。按照流动相的物理状态，可分为气相层析与液相层析，以及超临界流体层析等。按照分离机理，可分为分配层析、吸附层析、离子交换层析、排阻层析、疏水层析、离子对层析、亲和层析、键合相层析。按照固定相和流动相的相对极性，可分为正相层析与反相层析。

色谱法分类如图 8-6 所示。

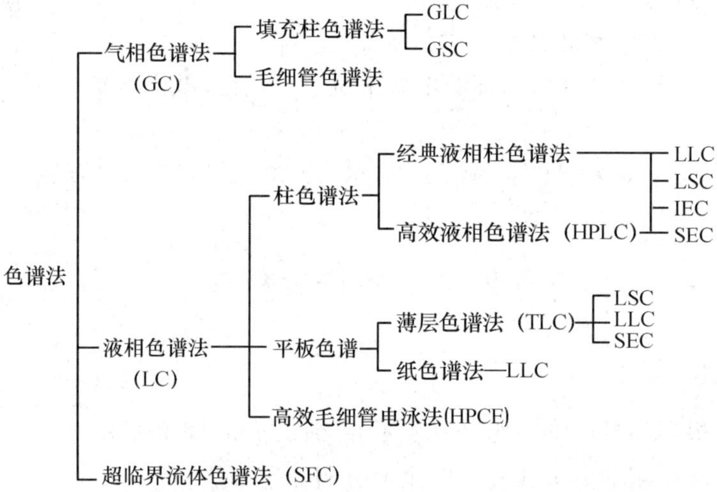

图 8-6　色谱法分类

（一）按流动相与固定相的分子聚集状态分类

色谱法按流动相与固定相的分子聚集状态分类可分为气相色谱法（GC）、液相色谱法（LC）和超临界流体色谱法（SFC）。

气相色谱法流动相是气体，又因为固定相的不同，气相色谱又分为气固色谱法（GSC）和气液色谱法（GLC）。在石油化学工业中，大部分的原料和产品都可采用气相色谱法来分析；在电力部门，可用气相色谱法来检查变压器的潜伏性故障；在环境保护工作中可用来监测城市大气和水的质量；在农业上可用来监测农作物中残留的农药；在商业部门可用来检验及鉴定食品质量的好坏；在医学上可用来研究人体新陈代谢、生理机能；在临床上用于鉴别药物中毒或疾病类型；在太空舱中可用来自动监测飞船密封舱内的气体等。

液相色谱是以液体作为流动相，固定相可以有多种形式，如纸、薄板和填充床等。在色谱技术发展的过程中，为了区分各种方法，根据固定相的形式产生了各自的命名，如纸色谱、薄层色谱和柱液相色谱。高效液相色谱具有高分辨率、高灵敏度、速度快、色谱柱可反复利用、流出组分易收集等优点，因而被广泛应用到生物化学、食品分析、医药研究、环境分析、无机分析等各种领域，并已成为解决生化分析问题最有前途的方法。

超临界流体色谱技术是 20 世纪 80 年代发展起来的一种崭新的色谱技术。由于它具有气相和液相色谱所没有的优点，并能处理气相和液相色谱不能解决的一些问题，应用广泛，发展十分迅速。

纯物质的相图如图 8-7 所示，在温度高于某一数值时，任何大的压力均不能使该纯物质由气相转化为液相，此时的温度即被称之为临界温度（T_c）；而在临界温度下，气体能被液化的最低压力称为临界压力（P_c）。当物质所处的温度高于临界温度，压力大于临界压力时，该物质处于超临界状态。温度及压力均处于临界点以上的液体叫超临界流体。

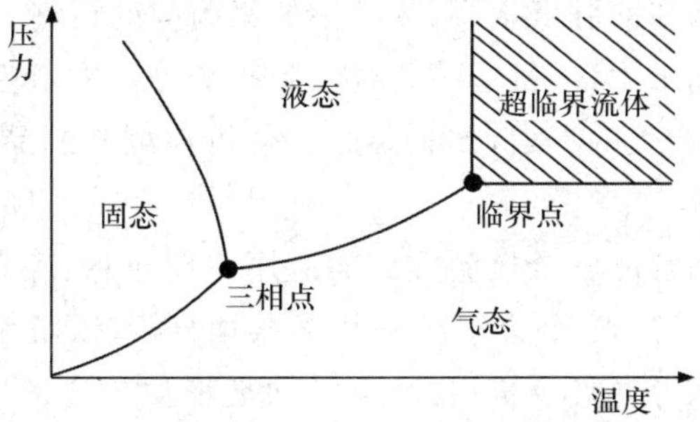

图 8-7　纯物质相图

超临界流体色谱法用超临界流体为流动相，如临界态的二氧化碳，兼有气相和高效液相的优点。超临界流体色谱法可以实现对热不稳定化合物进行有效的分离，如分离手性化合物。由于超临界流体溶剂能力强，可分析非挥发性的高分子、生物大分子等样品。

(二)按操作形式分类

如果按操作形式分类，色谱分析法可分为柱色谱法、平面色谱法和毛细管电泳法（CE）。柱色谱法又分为填充柱色谱法、毛细管柱色谱法和微填充柱色谱法。之前说的气相、高效液相和超临界流体色谱法均属于柱色谱法。平面色谱法为色谱过程在固定相构成的平面状层内进行的色谱法，包括纸色谱法、薄层色谱法和薄膜色谱法。纸色谱是一种以滤纸为支持物的色谱方法，主要用于多官能团或高极性的亲水化合物，如醇类、羟基酸、氨基酸、糖类和黄酮类等的分离、检验。薄层色谱，或称薄层层析，是以涂布于支持板上的支持物作为固定相，以合适的溶剂为流动相，对混合样品进行分离、鉴定和定量的一种层析分离技术。这是一种快速分离诸如脂肪酸、类固醇、氨基酸、核苷酸、生物碱及其他多种物质的特别有效的层析方法，从 20 世纪 50 年代发展至今，仍被广泛采用。

毛细管电泳法（CE）是指通过在毛细管内进行的电泳，从而使物质得以进行分离、分析的方法。毛细管电泳法具有多种分离模式，故具有多种功能，因此其应用十分广泛，通常能配成溶液或悬浮溶液的样品，除挥发性和不溶物外均能用CE进行分离和分析，小到无机离子，大到生物大分子和超分子，甚至整个细胞都可进行分离检测。它广泛应用于生命科学、医药科学、临床医学、分子生物学、法庭与侦破鉴定、化学、环境、海关、农学、生产过程监控、产品质检以及单细胞和单分子分析等领域。目前，CE分析技术被药物分析工作者在药品检验领域迅速推广应用。

三、色谱法在食品检测行业的应用

随着分子生物学的不断发展及各种新技术的广泛应用，利用高效液相技术应用于细菌的分子生物学鉴定和细菌细胞的化学成分分析可直接测定细菌DNA的碱基组成和细菌的化学组分，为细菌的分类鉴定提供有利的证据。在食品中环境污染物测定方面研究者采用液质联用的方法分析了食品中的有机砷和无机砷。采用高分辨色谱-高分辨质谱联用的方法测定食品中的痕量有机污染物是目前常用的手段。再如，食品中农药兽药残留的分析、食品中天然毒素的分析都用到色谱技术，如河豚毒素、调味品中的氯丙醇的检测。采用色谱技术也可以分析食品中的多种营养物质，如维生素、氨基酸、糖类、脂肪酸等。采用色谱和色谱联用的方法可分析食品加工和贮藏过程中产生的毒素，如利用此法分析检测肉制品经高温加工产生的多环芳烃、杂环胺等。

目前，气相色谱技术在食品安全检测方面的应用主要包括：蔬菜、水果及烟草中的农药残留分析；畜禽、水产品中兽药残留及瘦肉精、三甲胺含量分析；饮用水中的农药残留及挥发性有机物污染分析；熏肉中的多环芳烃分析；食品中添加剂种类与含量分析；油炸食品中的丙烯酰胺分析；白酒中的甲醇和杂醇油含量分析；啤酒、葡萄酒和饮料的风味组分及质量控制分析；食品包装袋中有害物质及含量的检测分析；食用植物油中的脂肪酸组成分析等。

相信随着社会的发展和人们对食品安全的重视，色谱技术在食品检测领域的应用会越来越广泛与深入。

本章小结

1. 光学分析法是基于光作用于物质后所产生的辐射信号或所引起的变化来进行分析的方法，可分为光谱法和非光谱法两类。

2. 光线从一种介质进入另一种介质时会产生折射现象，且入射角正弦之比为定值，此比值称为折光率。

3. 朗伯-比尔定律

$$A=\varepsilon bc$$

式中：A 为吸光度；ε 为摩尔吸光系数；b 为试样光程，cm；c 为试样溶液的浓度，$mol \cdot L^{-1}$。

4. 酸度计（pH计）是采用氢离子选择性电极测量液体pH的一种广泛使用的化学分析仪器。

5. 电导率是以数字表示溶液传导电流的能力的仪器。

6. 色谱分析法是根据混合物的各组分在互不相溶的两相(固定相和流动相)中的吸附能力、分配系数或其他亲和作用的差异而建立起来的分离、测定方法。

7. 色谱法的分类。

巩固测试

第八章测试题

模块二　有机化学基础

第九章　烃类化合物

第十章　卤代烃

第十一章　醇、酚、醚

第十二章　醛、酮、醌

第十三章　羧酸及其衍生物

第十四章　含氮和含磷有机化合物

第十五章　杂环化合物和生物碱

第十六章　大分子有机化合物

第九章

烃类化合物

【学习目标】

［知识目标］

- 了解烃类化合物的分类
- 掌握烃的命名
- 掌握烃的性质

［能力目标］

- 能够根据结构式给化合物命名
- 能够根据反应物和反应条件写出相应的生成物

［素质目标］

- 培养化学思维，以科学的态度与方法去解决问题
- 培养爱国情怀和环保意识

【知识导图】

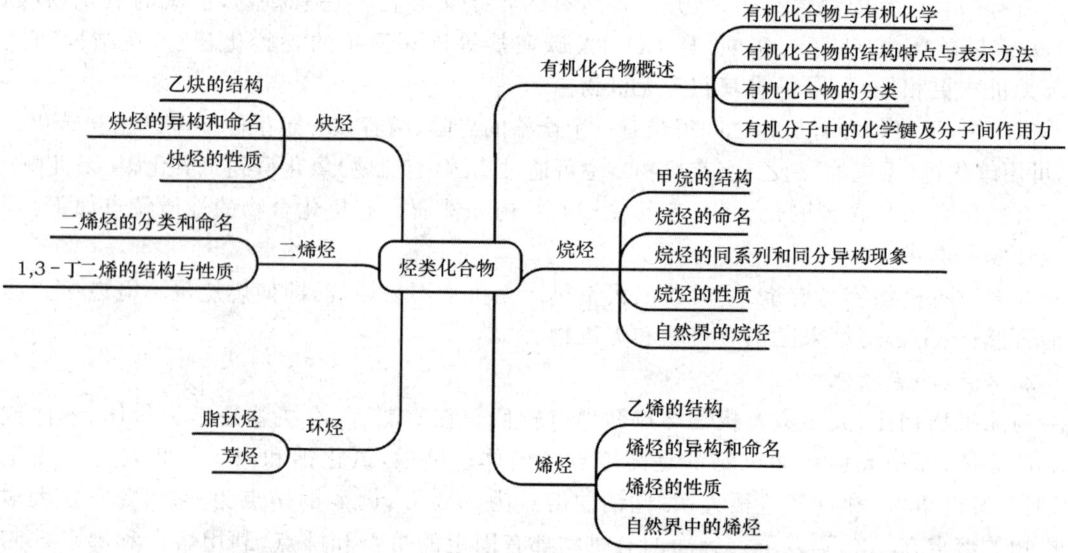

第一节 有机化合物概述

一、有机化合物与有机化学

(一)有机化合物

有机化合物是碳氢化合物及其衍生物的总称,简称为有机物。有机物是生命产生的物质基础,如脂肪、氨基酸、蛋白质、糖、血红素、叶绿素、酶、激素等都是有机物。生物体内的新陈代谢和生物的遗传现象,都涉及有机化合物的转变。此外,有机物大量存在于自然界,许多与人类生活有密切关系的物质,如石油、天然气、棉花、染料、化纤、油漆、橡胶等,其成分大多数为有机物。

人类对有机物的认识经历了一个漫长的过程。在我国古代,周朝已知用胶,汉朝发明了造纸等。这都是对有机物的最初认识,但当时人类只是对其物性进行运用,并不了解其结构与性质。

上述有机物均为混合物,人类对有机物纯物质的认识是从近代开始的。18世纪,人们从动物或植物中分离得到一些纯的化合物,如草酸、酒石酸和柠檬酸等,其性质与来源于矿物的化合物明显不同,于是,人们根据其来源称之为“有机化合物”(简称为有机物),其含义是“有生机之物”。

当时人们认为,在实验室无法合成有机化合物(即所为“生命力”学说)。这一观点曾严重阻碍了有机物的研究。直到1828年德国化学家维勒(F. Wohler,1800—1882)加热无机化合物氰酸铵溶液时,意外地得到了当时公认的有机化合物——尿素。

$$NH_4OCN \xrightarrow{\triangle} H_2N-\overset{\overset{\displaystyle O}{\|}}{C}-NH_2$$

之后,人们相继在实验室中合成了乙酸、油脂等有机物,“生命力”学说被彻底否定,但有机化合物这一名词却沿用至今。

所有的有机物中都含有碳,但并不是所有的含碳化合物都是有机物,如碳的氧化物(CO、CO_2)、金属碳化物(CaC_2)、碳酸(H_2CO_3)及碳酸盐等许多简单的含碳化合物,在结构和性质上与无机物更相似,所以仍将其归入无机物。

实际上,无机物和有机物之间很难有一个严格的界限,两者在一定条件下可以相互转化。例如,可用碳化钙(无机物)制乙炔(有机物),也可通过乙醇(有机物)氧化得到二氧化碳(无机物)。

有机化合物是含碳的化合物,有其独特的结构和性质。有机化合物的性质特点如下:

1. 容易燃烧

大多数有机物容易燃烧,同时放出大量热。无机物不易燃烧,即使燃烧也不能燃尽。通常用能否燃烧、是否烧尽来区别有机物和无机物。

2. 熔点、沸点较低

与无机物相比,大多数有机物熔点和沸点较低。在室温下,有机物通常为气体、液体或低熔点的固体;而绝大多数无机物都是高熔点的固体。例如,氯化钠和丙酮的相对分子质量相当,但二者的熔点、沸点相差很大;氯化钠的熔点为800 ℃,丙酮的熔点为−95.2 ℃。大多数有机物的熔点在400 ℃以下。纯净的有机物都有固定的熔点和沸点,利用熔点和沸点的测定

可以鉴定有机物。

3. 难溶于水，易溶于有机溶剂

化合物的溶解性通常遵循“相似相溶”原理。有机物一般是共价化合物，极性很小或无极性，难溶或不溶于水，而易溶于极性小或非极性的有机溶剂，如酒精、乙醚、丙酮、苯等。水是一种极性比较强的物质，以离子键结合的无机物大多易溶于水而不易溶于有机溶剂。因此，多数的有机反应在有机溶剂中进行。

4. 反应速度慢，副反应多

与无机物间的离子反应不同，有机物之间的反应是分子反应，因此，有机物之间的反应速度较慢，反应产物复杂，常常伴有副反应，产率很少能达到 100%。通常采用加热、加催化剂或用光照等手段，以加速反应。

(二)有机化学

有机化学是研究有机化合物的组成、结构、性质及其变化规律的科学。有机化学可以看作是碳氢化合物及其衍生物的化学，它包括有机合成化学、天然有机化学、生物有机化学、元素有机化学、金属有机化学、物理有机化学、有机分析化学及应用有机化学等。

有机化学是化学学科的重要组成部分。200 多年来，有机化学揭示了构成物质世界的各种有机化合物的结构、有机分子中各原子间键合的本质以及它们相互转化的规律，并设计合成了大量具有特定性质的有机分子；同时，它又为相关学科(如材料科学、生命科学、环境科学等)的发展提供了理论、技术和材料。有机化学的成就使煤、石油、天然气、农产品等自然资源得到了充分的综合利用，为合成染料、炸药等工业奠定了基础。

二、有机化合物的结构特点与表示方法

(一)结构特点

组成有机物的元素主要有碳、氢两种，此外还含有氧、氮、硫、磷和卤素等，一些天然有机物还含有铁等金属元素。组成有机物的元素种类虽然少，但有机物的数目众多。至今登记的有机物已达 8 000 多万种。

有机物数目众多的根本原因首先是构成有机物主体的碳原子的相互结合能力很强。有机物是含碳化合物。碳元素位于元素周期表第二周期第四主族，碳原子最外层有 4 个电子，正好处于金属元素与非金属元素之间。这种特殊位置决定了它既不容易得到电子也不容易失去电子，而是通过共用电子对与其他元素的原子或自身碳原子形成共价化合物。碳原子是四价的，它可以与其他元素的原子或自身碳原子形成单键、双键或三键，也可以相互结合成链状或环状结构，从而构成各类结构复杂的有机物。例如：

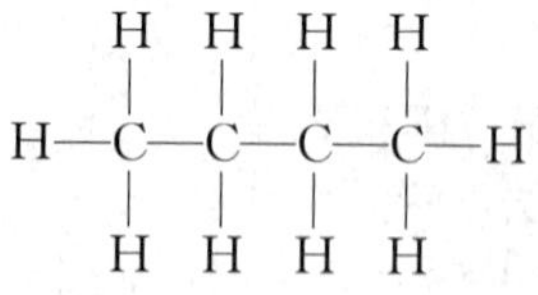
正丁烷

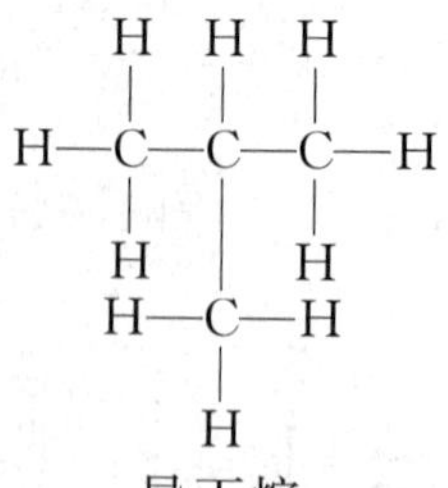
异丁烷

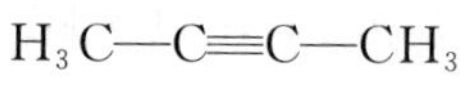
丁炔

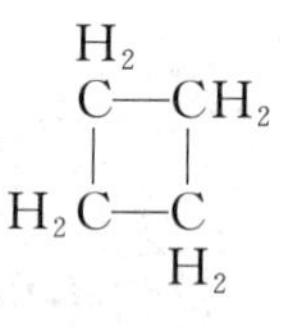
环丁烷

其次，有机物中同分异构现象普遍存在。有机物的分子组成相同而结构不同的现象称为同分异构现象，这些化合物互称为同分异构体（或同分异构物）。例如，C_2H_6O 就可以代表乙醇和二甲醚两种不同的化合物。

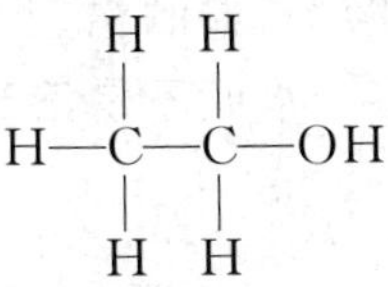

乙醇

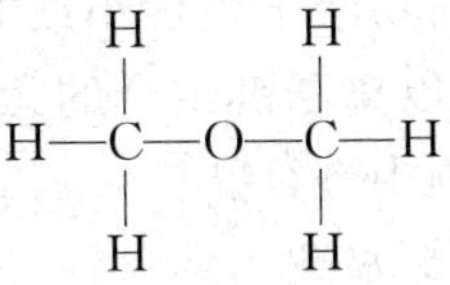

二甲醚

同分异构现象一般有两大类：构造异构和构型异构。分子式相同而原子的连接顺序或方式不同的异构现象称为构造异构；分子的构造相同而原子或基团在空间的排布（或在空间伸展方向）不同的异构现象称为构型异构。

随着有机物分子中碳原子数目的增多，同分异构体的数目也将迅速增加。例如，分子式为 C_9H_{20} 的同分异构体有 35 种，分子式为 $C_{10}H_{22}$ 的同分异构体有 75 种，而分子式为 $C_{20}H_{42}$ 的同分异构体可达 366 319 种。同分异构现象的普遍存在使有机物的数目庞大。

（二）表示方法

由于有机物同分异构现象普遍存在，因而不能用分子式准确表示有机物。分子中原子间的连接顺序和连接方式叫作分子的构造，表示分子构造的式子叫作构造式。

构造式表示方法常用结构式（又称为蛛网式）、结构简式、键线式（表 9-1）。其中，比较常用的是结构简式和键线式。此外，还有一种用两个小黑点表示一对共用电子的化学式称为电子式。

表 9-1　有机化合物的结构表示

物质名称	乙烷	乙烯	乙醇
分子式	C_2H_6	C_2H_4	C_2H_6O
电子式	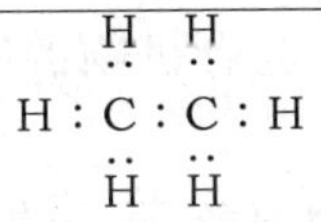	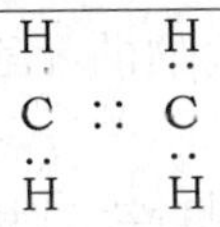	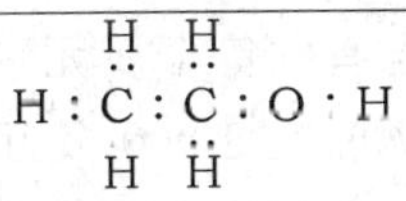
结构式	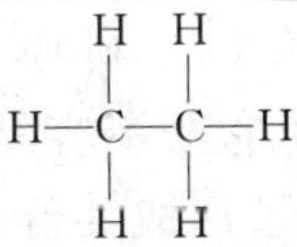	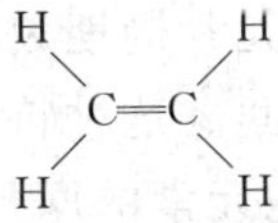	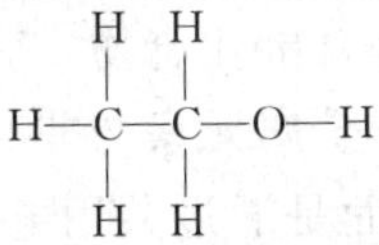
结构简式	$H_3C—CH_3$	$H_2C═CH_2$	CH_3CH_2OH

正丁烷（$CH_3CH_2CH_2CH_3$）键线式

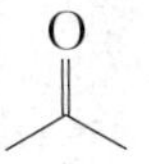

丙酮（CH_3COCH_3）键线式

（三）构型和透视式

只有少数有机分子的原子排布在一条直线或同一平面上，绝大多数有机分子的原子是立体排布的。分子中，原子的空间排布（不论线型、面型或体型）统称为分子构型，或称为立体结

构，如图 9-1 所示。

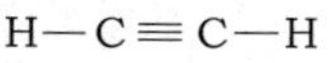

a. 乙炔（直线型）

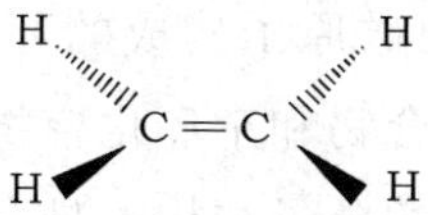

b. 乙烯（平面型）

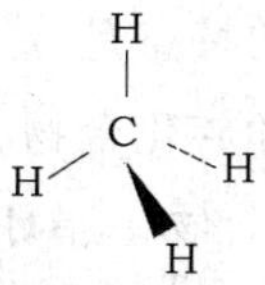

c. 甲烷（立体型）

图 9-1　分子中原子的空间排布

考察一个有机分子的结构不仅要了解分子的构造，而且还要了解分子的构型。为了便于理解和研究有机分子的构型，常常借助于分子模型。常见的分子模型有球棒模型和比例模型两种。前者以球代表原子或原子团，以棒代表共价键，形象清楚，使用方便，如图 9-2a 所示；后者按原子半径和键长的比例制作，如图 9-2b 所示。

要在纸面上表示一个分子的立体结构，可用不同的线条来代表共价键。例如，用实线表示在纸面上，虚线表示在纸后面；楔形线则大头表示朝前。这种立体构型的表达方式称为透视式，如图 9-2c 所示。

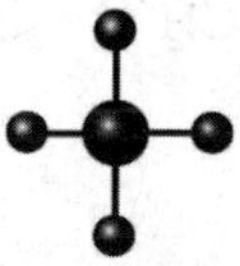

a. 球棒模型

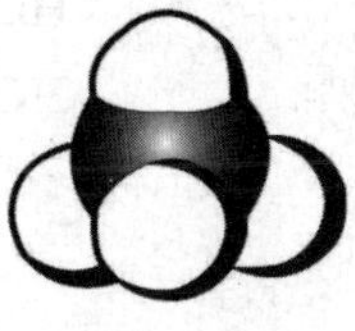

b. 比例模型

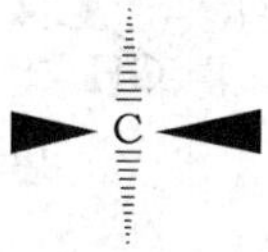

c. 透视式

图 9-2　甲烷分子模型和透视式

除透视式外，表示立体构型的方式还有投影式。

三、有机化合物的分类

有机化合物数量庞大，为了便于学习和研究，对有机化合物进行分类是十分必要的。一般分类方法有两种：按碳架分类和按官能团分类。

（一）按碳架分类

按分子中碳原子的连接方式即碳的骨架不同，有机化合物可分为开链化合物和环状化合物。

1. 开链化合物

开链化合物的特点是分子中的碳原子相互连接成链状，碳原子之间的结合方式可以是单键、双键或三键。这类化合物最初是从脂肪中获得的，又称为脂肪族化合物。例如：

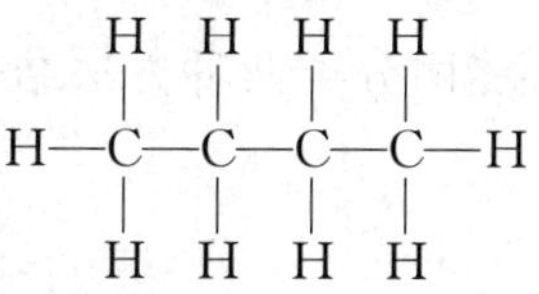

正丁烷

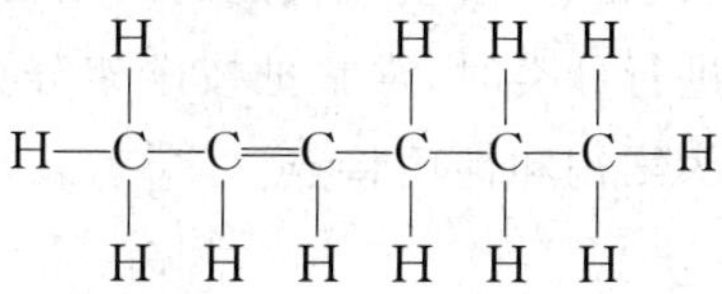

2-己烯

2. 碳环化合物

碳环化合物的特点是分子中含有由碳原子构成的环状结构。按碳环的特点不同，碳环化合物又可分为脂环族化合物、芳香族化合物和杂环化合物。

(1)脂环族化合物　脂环族化合物的分子结构上具有环状的碳骨架，其性质和脂肪族化合物相似，故称为脂环族化合物。例如：

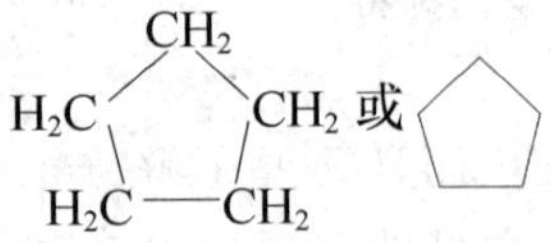

环戊烷

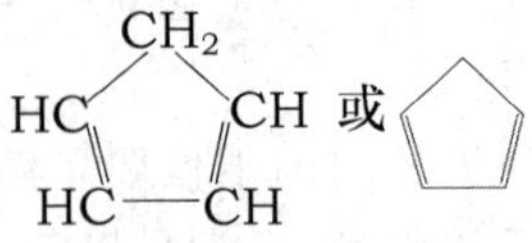

环戊二烯

(2)芳香族化合物　芳香族化合物的分子中至少含有一个苯环结构，其性质和与脂环族化合物不同，因其具有特殊的芳香性，故称为芳香族化合物。例如：

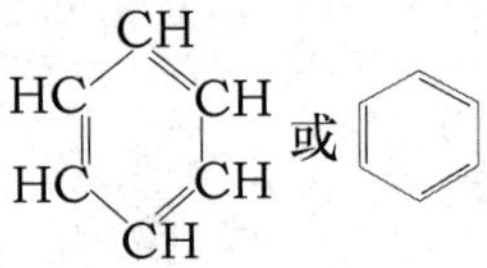

苯

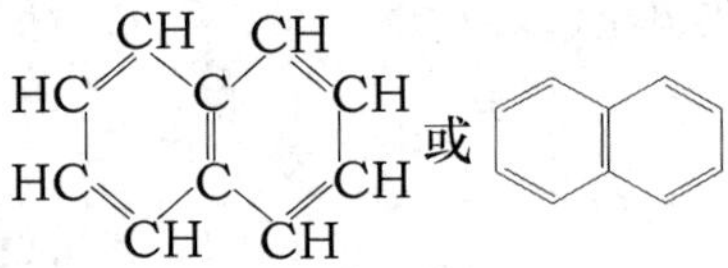

萘

(3)杂环化合物　杂环化合物的分子中成环的原子除碳原子外还有其他原子(如氧、硫、氮等)。例如：

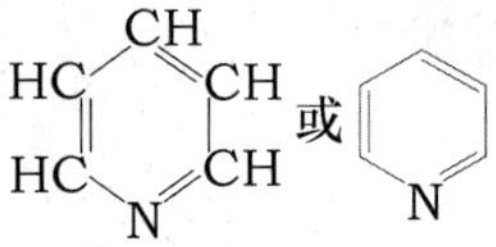

吡啶

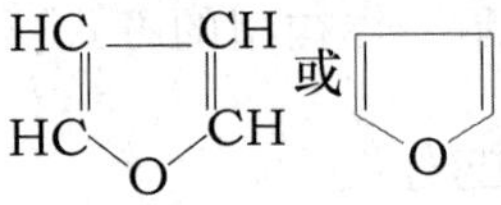

呋喃

(二)按官能团分类

官能团是指有机化合物分子中比较活泼、容易发生反应的原子或基团，这些原子或基团决定这类有机化合物的主要性质。一般来说，含有相同官能团的化合物，具有相似的性质，可将它们归为一类进行研究，这样不仅体现有机物“结构决定性质”的特点，而且还利于比较各类有机物之间的相互联系。一些重要官能团的结构与名称如表 9-2 所示。

在对有机物进行分类时，常常把按碳架分类和按官能团分类两种方法结合起来使用，这样更能反映有机物的结构和性质特点。

表 9-2　有机化合物按官能团分类

官能团	官能团名称	分类名
$>C=C<$	双键	烯烃
$-C\equiv C-$	三键	炔烃
—X(F,Cl,Br,I)	卤素	卤代物
—OH	羟基	醇(脂族)、酚(芳香族)
(C)—O—(C)	醚键	醚
—CHO	醛基	醛
$>C=O$	酮基	酮
—COOH	羧基	羧酸
$-SO_3H$	磺基	磺酸
$-NO_2$	硝基	硝基化合物
$-NH_2$	氨基	胺
—CN	氰基	腈

四、有机分子中的化学键及分子间作用力

(一)有机物中的化学键

有机物分子中各原子间一般是以共价键结合起来的，从本质上讲，有机化学是研究共价化合物的化学，因此，要研究有机物应先了解有机化学中普遍存在的共价键。对于共价键的理论解释，常用的有两种方法——价键法和分子轨道法。下面只简单介绍价键法。

1. 价键理论

(1)共价键的形成　价键理论认为，共价键是由成键的两个原子间自旋相反的未成对电子所处的原子轨道(或电子云)重叠而成的。两个原子轨道相互重叠时，重叠的程度越大，核间排斥力越小，系统能量越低，形成的共价键越稳定。

例如，H_2 分子的形成如图 9-3 所示；HCl 分子的形成如图 9-4 所示；N_2 分子中的化学键如图 9-5 所示。

$$H\cdot + H\times \longrightarrow H\overset{\times}{\cdot}H$$

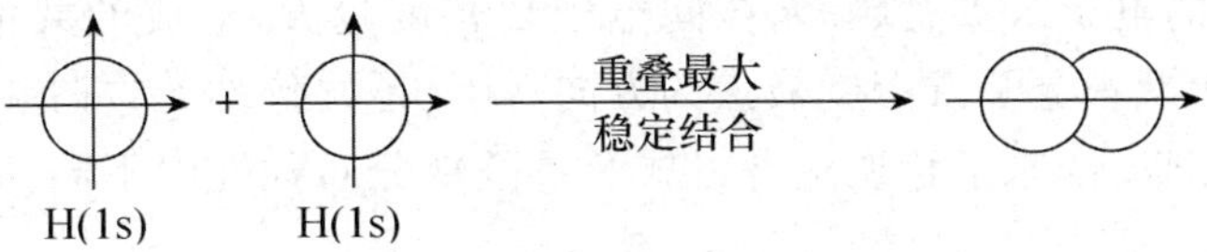

图 9-3　H_2 分子的形成

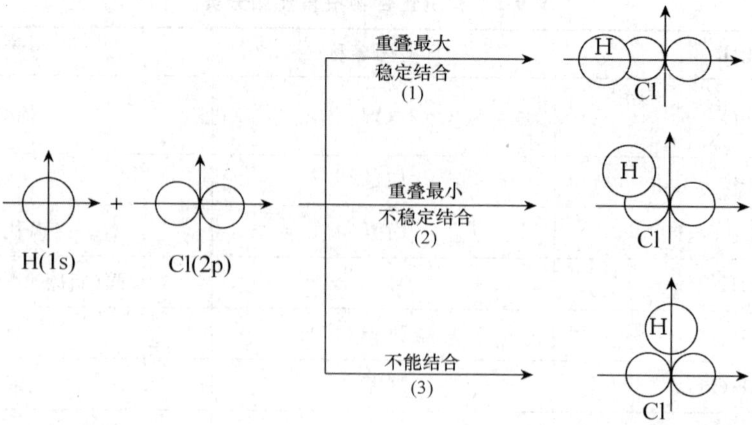

图 9-4　HCl 分子的形成

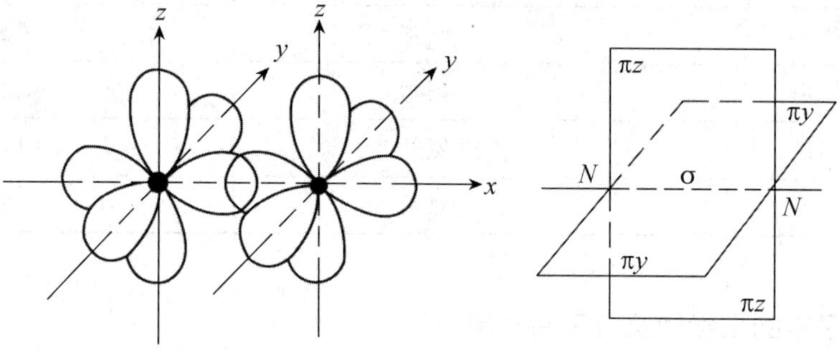

图 9-5　N_2 分子中的化学键示意图

(2)共价键形成的基本要点　共价键形成的基本要点可归纳如下：

①成键电子自旋方向相反　成键原子的电子云重叠成键时，成键电子必须是自旋相反的未成对电子，这样才能相互接近而结合成键，因此，价键理论也称为电子配对法。

②共价键的饱和性　一般来说，一个未成键电子若与某原子的另一个电子配对，就不再与第三个电子配对，所以，原子核外的未成对电子数，也就是该原子可能形成的共价键数目。例如，氢原子只能与另一个氢原子或其他一价原子结合，氧原子只能与两个一价原子结合等，这就是共价键的饱和性。

③共价键的方向性　共价键是由电子云重叠形成的。而除 s 轨道呈球形对称、无方向性外，p、d、f 轨道在空间都有一定的伸展方向。在形成共价键时，除 s 轨道在任何方向上都能达到最大程度的重叠外，p、d、f 轨道只有沿着一定的方向才能发生最大程度的重叠。由于形成共价键时，成键电子的电子云重叠越多，核间电子云密度越大，形成的共价键越稳固，因此，共价键的形成应尽可能沿着电子云密度最大的方向，这就是共价键的方向性。

(3)共价键的类型　按原子轨道重叠方式及重叠部分对称性的不同，共价键可分为 σ 键和 π 键两类。

若两原子轨道按“头碰头”的方式发生轨道重叠，轨道重叠部分沿着键轴(即成键原子核间连线)呈圆柱形对称，这种共价键称为 σ 键。形成 σ 键的电子称为 σ 电子。

若两原子轨道按“肩并肩”的方式发生轨道重叠，轨道重叠部分对通过键轴的一个平面呈镜面反对称，这种共价键称为 π 键。形成 π 键的电子称为 π 电子。σ 键和 π 键的特征比较如表 9-3 所示。

表 9-3　σ 键和 π 键的特征比较

项目	σ 键	π 键
原子轨道重叠方式	沿键轴方向“头碰头”重叠	沿键轴方向“肩并肩”重叠
原子轨道重叠部位	集中在两核之间键轴处，可绕键轴旋转	分布在通过键轴的平面的上下方，键轴处为零，不可绕轴旋转
原子轨道重叠程度	大	小
键的强度	较大	较小
化学活泼性	不活泼	活泼

2. 有机化合物中的共价键

(1)碳原子轨道的杂化　碳原子在基态时，只有两个未成对电子，碳原子应是 2 价的。而在有机化合物中，碳均为 4 价。碳原子处于激发态时，其 4 个原子轨道的能量及形状是不完全等同的。若用这 4 个原子轨道成键，碳原子的 4 个价键也是不等同的。为了解决这个矛盾，化学家提出了杂化轨道理论，即碳原子在成键时，4 个原子轨道可以“混合起来”进行“重新组合”，形成 4 个能量等同的新轨道。

不同种类原子轨道混合起来重新组合成新原子轨道的过程称为原子轨道的杂化。形成的新原子轨道称为杂化轨道。

碳原子轨道的杂化分为 3 种类型：sp^3 杂化、sp^2 杂化和 sp 杂化，如图 9-6 所示。其中，上标 3、2、1 表示参加杂化的 p 轨道数目。

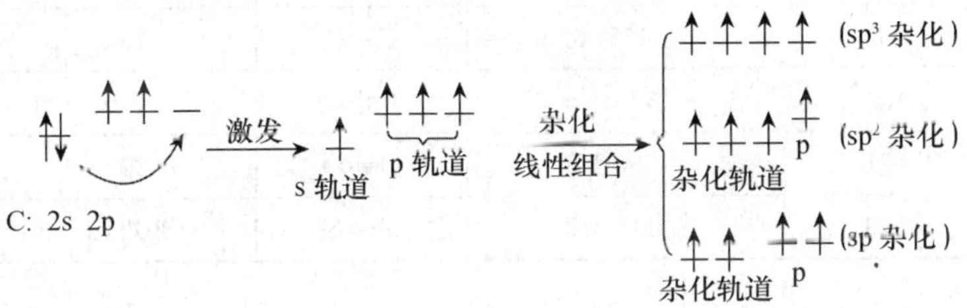

图 9-6　碳原子轨道的杂化

sp^3 杂化：甲烷 CH_4 分子中的碳原子采取 sp^3 杂化，如图 9-7 所示。杂化结果如下：

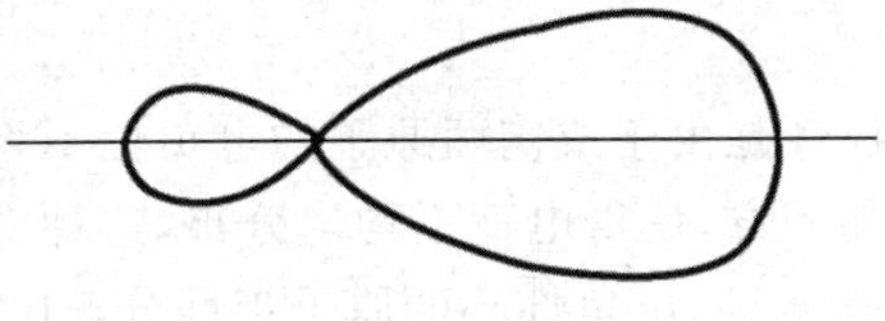

图 9-7　一个 sp^3 杂化轨道的形状

①sp^3 杂化轨道具有更强的成键能力和更大的方向性。

②4 个 sp^3 杂化轨道完全相同，它们在空间的分布呈正四面体，其对称轴间的夹角为 109.5°。

③4 个 H 原子只能从四面体的 4 个顶点进行重叠(因顶点方向电子云密度最大)，形成 4 个等同的 C—H 键(σ 键)。

sp^2 杂化：乙烯 C_2H_4 分子中的碳原子采取 sp^2 杂化。杂化结果：3 个 sp^2 杂化轨道处于同一平面内，彼此间呈 120°；未参加杂化的轨道与此平面垂直。

sp 杂化：乙炔 C_2H_2 分子中的碳原子采取 sp 杂化。杂化结果如下：

①sp 杂化轨道的 s 成分更大，电子云离核更近。

②两个 sp 杂化轨道间的夹角为 180°。

(2)共价键的基本属性　键长、键角、键能、键的极性等表征共价键性质的物理量称为共价键的基本属性(键参数)。它们在理论上可以由量子力学计算而得，也可以由实验测得。共价键的基本属性可粗略而方便地定性或半定量确定分子的形状、解释分子的某些性质。

①键长　键长是指成键两原子核间的距离。键长越短，键越牢固。键长越长，越易发生化学反应。部分共价键的键长如表 9-4 所示。

表 9-4　部分共价键的键长和键能

共价键	键长/pm	键能/(kJ/mol)	共价键	键长/pm	键能/(kJ/mol)
H—H	74.2	436.00	F—F	141.8	154.8
H—F	91.8	565±4	Cl—Cl	198.8	239.7
H—Cl	127.4	431.20	Br—Br	228.4	190.16
H—Br	140.8	362.3	I—I	266.6	198.95
H—I	160.8	294.6	C—C	154	345.6
O—H	96	458.8	C═C	134	602±21
S—H	134	363±5	C≡C	120	835.1
N—H	101	386±8	O═O	120.7	493.59
C—H	109	411±7	N≡N	109.8	941.69

②键角　键角是指 2 价以上的原子与其他原子所形成的共价键之间的夹角。

③键能　键能是指共价键在形成或断裂过程中所释放或吸收的能量。对于双原子分子，破坏其共价键所需提供的能量，称为该共价键的离解能，也称为键能。对于多原子分子，若分子中含有多个同类型的键，则键能是指这些键离解能的平均值。部分共价键的键能如表 9-4 所示。

④键的极性　共价键的极性是由于成键两原子的电负性不相同而产生的。电负性高的原子会把共用电子对“拉”向它那一方，使得电荷不均匀分布，这种键具有极性，称为极性共价键。电负性大的原子带部分负电荷(δ^-)；电负性小的原子带部分正电荷(δ^+)。键的极性强弱可用偶极矩(μ)来衡量，它是部分电荷与电荷之间距离的乘积，即

$$\mu = qd$$

偶极距的单位为 C·m(库伦·米)。偶极距是矢量,具有方向性,一般用箭头从正电荷指向负电荷,如图 9-8 所示。

图 9-8　偶极距的表示

偶极距为零的分子是非极性分子,偶极距不为零的分子是极性分子。偶极距越大,分子的极性越强。在双原子分子中,键的偶极距就是分子的偶极距;而多原子分子的偶极距是各个键偶极距的矢量和。

在大多数情况下,极性分子中含有极性键,非极性分子中含有非极性键。然而,非极性分子也可以全部由极性键构成。只要分子高度对称,各个极性键的正、负电荷中心就都集中在了分子的几何中心上,这样便消去了分子的极性。这样的分子一般是直线形、三角形或四面体形,如图 9-9 所示。

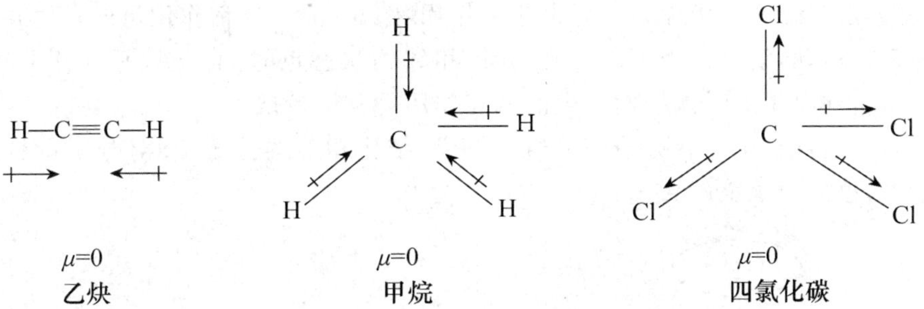

图 9-9　由极性键组成的非极性分子

(3)共价键的断裂方式　当有机物发生化学反应时,必然包含着分子中原来共价键的断裂和新共价键的形成。共价键的断裂有均裂和异裂两种方式。

①均裂　均裂是指共价键断裂时,成键的一对电子平均分配给两个成键原子,即

$$A:B \longrightarrow A\cdot + B\cdot$$

均裂生成的带有成单电子的原子或原子团称为自由基(游离基),通常用 R· 表示,小黑点表示孤立单电子。例如,$CH_3\cdot$ 称为甲基自由基(甲基游离基)。共价键按均裂方式断裂的反应称为自由基反应。自由基反应一般在光和热的作用下进行。

②异裂　异裂是指共价键断裂时,成键的一对电子保留在一个原子上生成正、负离子,即

$$A:B \longrightarrow A:^- + B^+ \text{ 或 } A:B \longrightarrow A^+ + B:^-$$

通过共价键异裂生成离子的反应称为离子型反应。有机化合物经由离子型反应生成的有机离子有碳正离子或碳负离子,可用 R^+ 表示碳正离子,用 R^- 表示碳负离子。例如,CH_3^+ 表示甲基碳正离子,CH_3^- 表示甲基碳负离子。离子型反应一般在酸碱或极性物质(包括极性溶剂)催化下进行。

在离子反应中,根据试剂本身是亲核的还是亲电的,离子试剂可分为亲核试剂和亲电试剂

两类。亲核试剂是指反应时试剂把它的孤对电子作用于有机化合物分子中与它发生反应的那个原子上，而与之共有。亲电试剂是指反应时试剂从有机化合物分子中与它发生反应的那个原子上接受电子对，而与之共有。根据反应试剂的类型不同，离子型反应也可分为亲电反应和亲核反应。

自由基、碳正离子、碳负离子都是有机反应进程中生成的活性中间体，往往在生成的一瞬间就参加化学反应，只有极少数能稳定存在。

（二）分子间作用力

1. 范德瓦耳斯力

有机物分子中除有化学键外，在分子之间还存在着比化学键弱得多的相互作用力，称为分子间作用力。分子间作用力是1873年由荷兰物理学家范德瓦耳斯首先发现并提出的，故又称为范德瓦耳斯力，它是决定物质熔点、沸点、溶解度等物理化学性质的一个重要因素。

范德瓦耳斯力的主要形式有：色散力、诱导力和取向力。

（1）色散力　非极性分子因为电子与原子核的不断的相对运动，分子的正、负电荷中心不断地发生瞬间的相对位移，使分子产生瞬时偶极。当两个或多个非极性分子在一定条件下充分靠近时，就会由于瞬时偶极而发生异极相吸作用（图9-10）。这种作用虽然是短暂的，但原子核和电子时刻在运动，瞬时偶极不断出现，异极相邻的状态也时刻出现，所以分子间始终维持这种作用力。这种由于瞬时偶极而产生的相互作用力称为色散力。

这种引力普遍存在于所有分子中。通常组成、结构相似的分子，相对分子量越大，分子的变形性就越大，色散力也就越大。

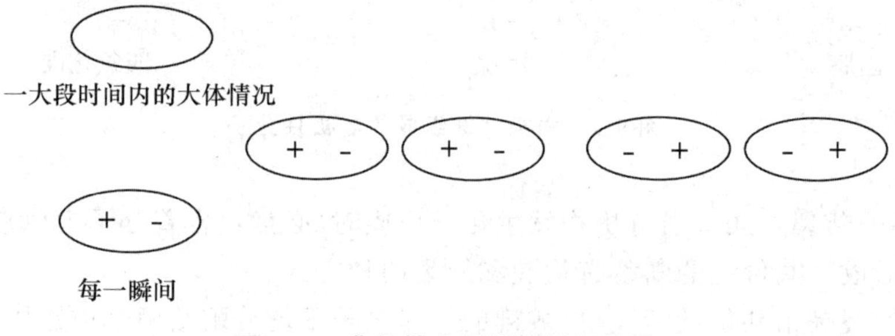

图9-10　非极性分子间的相互作用

（2）诱导力　当极性分子与非极性分子相互靠近时，非极性分子在极性分子永久偶极的影响下，正、负电荷中心分离产生诱导偶极，诱导偶极与极性分子的永久偶极之间的相互作用力称为诱导力，如图9-11所示。诱导力随着分子的极性增大而增大。

图9-11　极性分子和非极性分子间的相互作用

（3）取向力　当两个极性分子充分靠近时，由于极性分子中存在永久偶极，就会发生同极相斥、异极相吸，从而使极性分子按一定的取向排列，同时变形，这种永久偶极间产生的作用力称为取向力，如图 9-12 所示。取向力的本质是静电吸引力，因此分子间的偶极矩越大，取向力就越强。

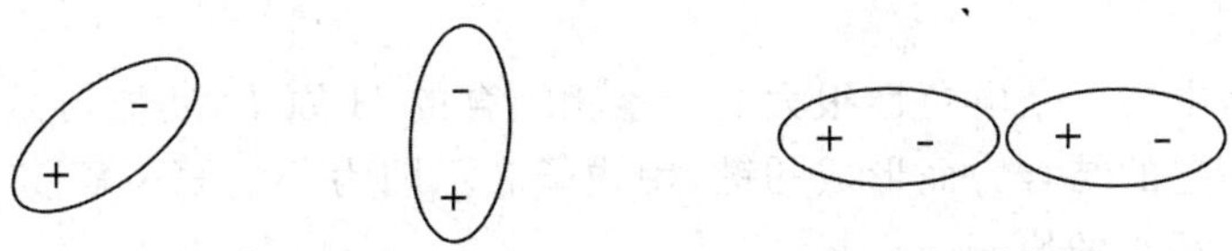

图 9-12　极性分子间的相互作用

由此可见，非极性分子和非极性分子之间的作用力只有色散力，而极性分子和非极性分子之间则有色散力和诱导力，极性分子之间则 3 种作用力都普遍存在。在这 3 种作用力中，色散力存在于一切分子之间，对于大多数分子来说，色散力是主要的，取向力次之，诱导力最小。

分子间作用力直接影响物质的许多物理性质，如熔点、沸点、溶解度、黏度、表面张力、硬度等。分子间力越强，物质的熔点、沸点越高。通常，组成、结构相似的分子，随相对分子质量的增大，熔点、沸点升高。表 9-5 中给出了一些简单的正烷烃的物理参数。

表 9-5　直链烷烃的熔点、沸点

化合物	熔点/℃	沸点/℃
甲烷	−182.6	−161.6
乙烷	−183	−88.5
丙烷	−187.1	−42.1
丁烷	−138	−0.5
戊烷	−129.7	36.1
己烷	−95	68.8
庚烷	−90.5	98.4
辛烷	−56.8	125.7
壬烷	−53.7	150.7
癸烷	−29.7	174.1
十一烷	−25.6	195.9
十二烷	−9.7	216.3

从上面的数据中可以发现，正烷烃的熔点和沸点随着同系物碳原子数目的增加而增加。这是因为烷烃分子的极性非常弱，分子间的作用以色散力为主，随着分子的分子量增大，分子间的瞬间作用力也随之增强，从统计结果上看就是分子间的作用力更强，相应的，其宏观表现的熔、沸点就更高。

此外，大量生产实验总结出“相似相溶”规律：结构相似的物质，易于相互溶解，极性分子易溶于极性溶剂之中，非极性分子易溶于非极性溶剂之中，这是由于溶解前后分子间作用力变化较小。例如，结构相似的乙醇（CH_3CH_2OH）和水（HOH）可以互溶，非极性单质 I_2 易溶于非极性的四氯化碳(CCl_4)溶剂,而难溶于水。"相似相溶"规律是选择合适溶剂进行溶解或萃取分离的重要依据。

2. 氢键

氢键是指分子中与一个电负性很大的元素相结合的 H 原子,还能与另一分子中电负性很大的原子间产生一定的结合力而形成的键,用式子表示即为:X—H…Y,其中 X、Y 代表 F、O、N 等电负性大且半径小的原子。

由于氢键的作用,可以使简单分子形成缔合分子,而不改变其化学性质。例如:

$n\mathrm{HF} \rightleftharpoons (\mathrm{HF})_n \quad (n=2,3,4,\cdots\cdots)$

$n\mathrm{NH_3} \rightleftharpoons (\mathrm{NH_3})_n \quad (n=2,3,4,\cdots\cdots)$

氢键也可以在不同分子之间形成,甚至可以在某些分子内形成。如图 9-13 所示。

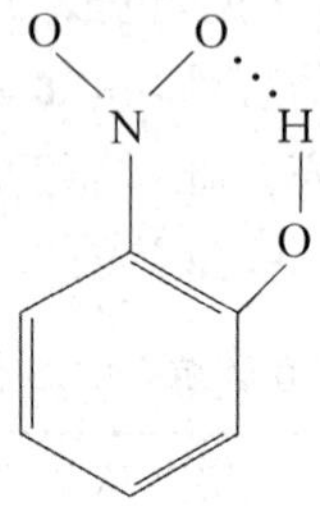

图 9-13 分子内氢键示意图

低分子醇、酚、胺之间,以及醇、醚、醛、酮、胺与水之间也能形成氢键(图 9-14)。

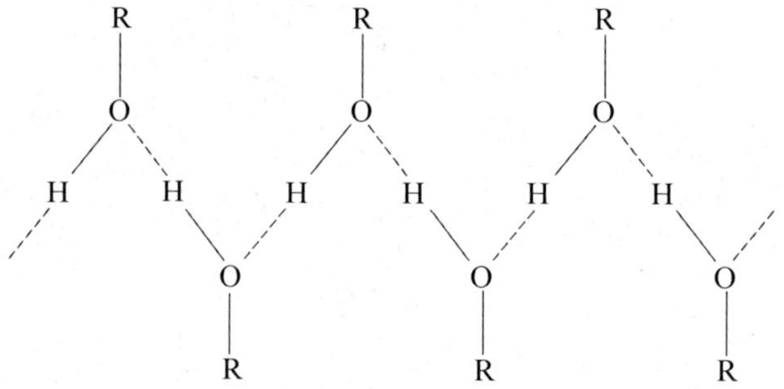

图 9-14 醇分子间氢键示意图

氢键不是化学键,但也有饱和性和方向性。其饱和性是指 X—H 只能与一个 Y 形成氢键;方向性是指 X、H、Y 3 个原子必须在一条直线上。

氢键对物质性质的影响如下:

(1)对熔点、沸点的影响　氢键的结合能比化学键小得多,但通常又比分子间作用力大,因此又称其为特殊的分子间作用力。分子间氢键增强了分子之间的结合力,使物质融化或汽化时需要更多的能量,因而其熔点、沸点显著升高,如 NH_3、H_2O 和 HF。分子内氢键可使熔点、沸点下降,如氨基苯酚和醛基苯酚(水杨醛)。

(2)对溶解度的影响　不同分子间形成氢键,使相互间溶解性增大。例如,NH_3 和 HF 易溶于水;同样低级醇、醚、醛、酮、胺也易溶于水。

第二节　烷　　烃

只由碳和氢两种元素组成的有机化合物称为碳氢化合物，简称为烃。烃分为开链烃和环状烃两大类。开链烃又可分为饱和烃和不饱和烃。

分子中的碳原子都以单键相连，其余价键全都被氢原子所饱和的开链烃称为饱和链烃，又称为烷烃。甲烷是结构最简单的碳氢化合物。

一、烷烃的结构

（一）正四面体结构

为了解释有机化合物的对映异构现象，1874 年范托夫提出了碳原子四面体结构。他认为，在有机化合物分子中，饱和碳原子是位于一个四面体的中心，它的 4 个化合键指向四面体的 4 个顶点，在这位置上分别与其他 4 个原子相连接形成有机化合物分子。范托夫提出的碳原子四面体结构早就得到公认，到了 20 世纪后，又得到实验的直接验证。实验测定，CH_4 分子是正四面体结构，四个 C—H 键是等同的，键角（∠HCH）是 109.5°，C—H 键的键长为 0.110 nm。

（二）C 原子的 sp^3 杂化

C 原子的 4 个等同的 sp^3 杂化轨道以碳原子为中心，轨道大头一瓣分别指向正四面体的 4 个顶点；4 个对称轴之间的夹角是正四面体角，109.5°。形成 CH_4 分子时，4 个 H 原子是以其 s 轨道沿着 C 原子 sp^3 轨道对称轴的方向分别与 4 个等同的 sp^3 轨道大头一瓣“头顶头”地重叠，形成 4 个 C—H 键，即 4 个 σ 键。所以，这 4 个 C—H 键是等同的。这样的空间排布，成键电子之间排斥力最小、最稳定。同时，σ 键的特点是以形成共价键的两个原子核的连线为轴做旋转操作，共价键电子云不被破坏。

如图 9-15 所示，碳原子的 4 个 sp^3 杂化轨道与氢原了的 1s 轨道在对称轴方向交叠形成。

其他烷烃分子中的碳原子也是以 sp^3 杂化轨道与别的原子形成 σ 键，因此也都具有四面体的结构。烷烃分子中各碳原子的结构都可用正四面体模型表示。除甲烷外，其他烷烃中各碳原了所连 4 个原子或原子团不一样，因此键角并不完全相等，但都接近于 109.5°。除乙烷外，烷烃分子中的碳原子并不排布在一条直线上，而是以锯齿形或其他可能的形式存在。所以，“直链烷烃”仅指不带支链的烷烃。烷烃分子的立体模型如图 9-16 所示。

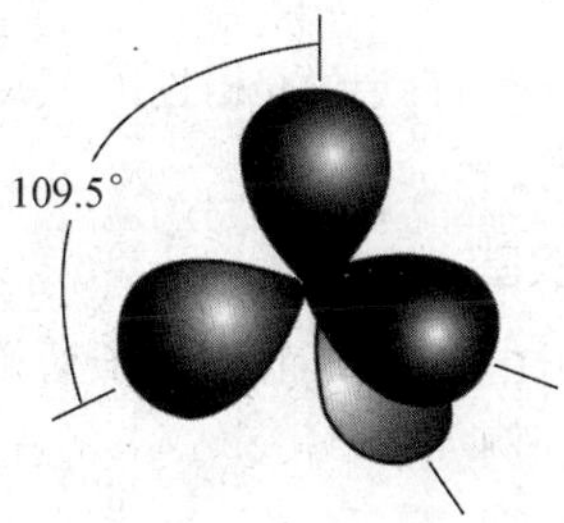

图 9-15　4 个 sp^3 杂化轨道的空间分布

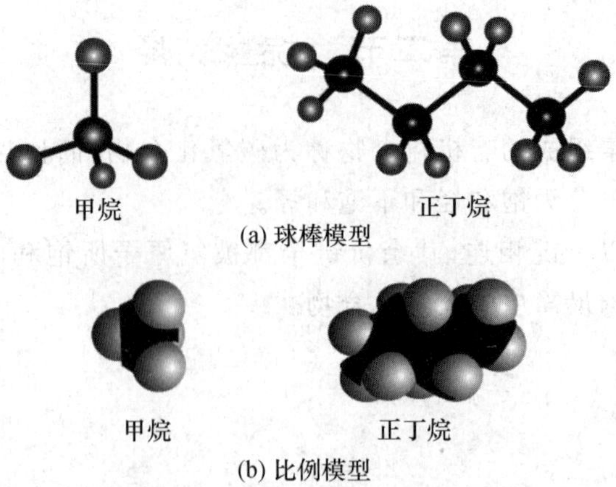

图 9-16　烷烃分子的立体模型

二、烷烃的命名

(一)伯、仲、叔、季碳原子

按连接其他碳原子数目的不同,烷烃中的碳原子可分为伯、仲、叔、季四类。

微课学习
烷烃的命名

(1)伯碳原子　是指只与一个其他碳原子相连的碳原子,又称为一级碳原子,用 1°表示。

(2)仲碳原子　是指与两个其他碳原子相连的碳原子,又称为二级碳原子,用 2°表示。

(3)叔碳原子　是指与三个其他碳原子相连的碳原子,又称为三级碳原子,用 3°表示。

(4)季碳原子　是指与四个其他碳原子相连的碳原子,又称为四级碳原子,用 4°表示。例如:

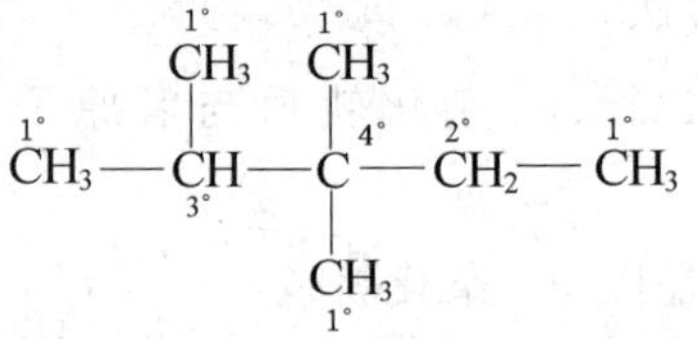

与伯、仲、叔碳原子相连的氢原子分别称为伯、仲、叔氢原子。不同类型氢原子的相对反应活性不相同。

(二)烷基

烃分子中去掉一个氢原子留下的基团称为烃基。烷烃分子中去掉一个氢原子留下的基团称为烷基。例如:

CH_4	甲烷	CH_3-	甲基
CH_3CH_3	乙烷	CH_3CH_2-	乙基
$CH_3CH_2CH_3$	丙烷	$CH_3CH_2CH_2-$	丙基
		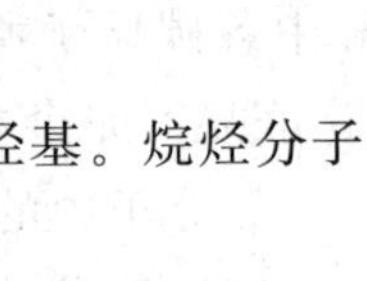	异丙基

从烷烃分子中去掉两个 H 原子后剩下的基团叫作亚某基。例如：

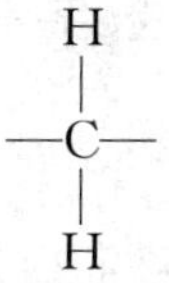

亚甲基

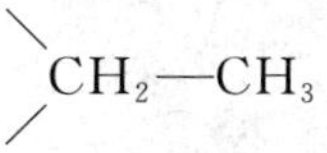

亚乙基

(三)普通命名法

普通命名法主要是对简单的、含碳数少的烷烃进行命名，也称为习惯命名法。

普通命名法的命名原则是：碳原子数小于或等于 10 时，依次用甲、乙、丙、丁、戊、己、庚、辛、壬、癸命名；碳原子数大于 10 时，用十一、十二……命名。没有支链的烷烃（即直链烷烃），在名称前冠以“正”字；链端第二个碳原子有一个甲基支链的，在名称前冠以“异”字，链端第二个碳原子有两个甲基支链的，在名称前冠以“新”字。例如：

$CH_3CH_2CH_2CH_3$

正丁烷

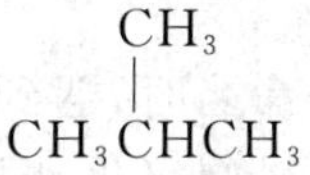

异丁烷

$CH_3CH_2CH_2CH_2CH_3$

正戊烷

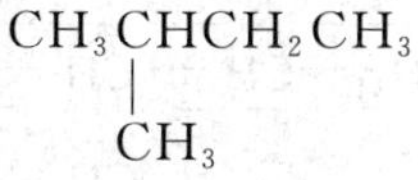

异戊烷

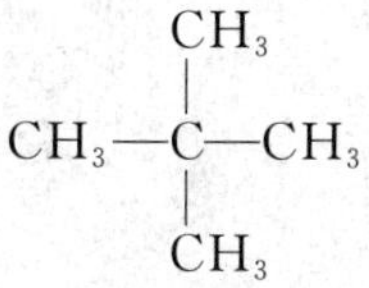

新戊烷

普通命名法虽然比较简单，但对结构较为复杂的化合物就无法命名。

(四)系统命名法

系统命名法是根据国际纯化学和应用化学联合会(International Union of Pure and Applied Chemistry，简称 IUPAC)制定的原则，并结合我国文字特点对有机物进行命名。

在系统命名法中，直链烷烃的命名与普通命名法相同，但不加“正”字。例如：

$$CH_3CH_2CH_2CH_2CH_3$$

戊烷

$$CH_3(CH_2)_{10}CH_3$$

十二烷

带支链烷烃的命名原则如下：

1. 选择主链

在分子中选择含碳原子数最多的碳链作为主链，将主链作为母体，按直链烃的命名原则命名为“某烷”，并将主链以外的支链作为取代基。例如：

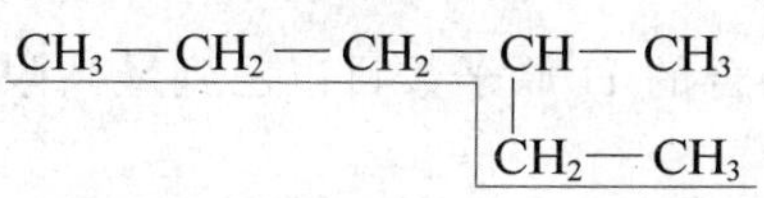

上述化学式中，主链含有 6 个碳原子，母体名称为“己烷”。

2. 确定主链碳原子的编号

从靠近取代基的一端开始，将主链碳原子用阿拉伯数字编号，也就是确定取代基的位次。

3. 写名称

写名称时，按取代基的位次、短横线、取代基数目、名称、主链名称的顺序书写。若分子中含有多个相同取代基时，需逐个标明其位次，位次之间用逗号隔开，并在取代基前用中文数字表示出其数目；若分子含有多个不同的取代基，应按先简后繁的顺序书写。例如：

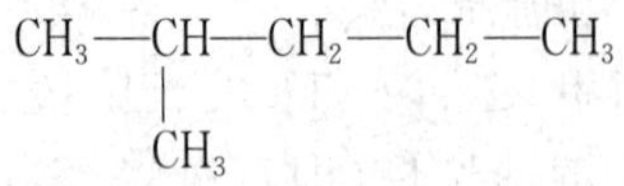

2-甲基戊烷

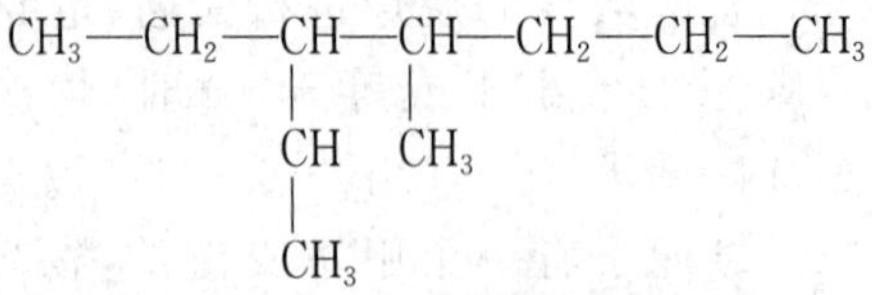

4-甲基-3-乙基庚烷

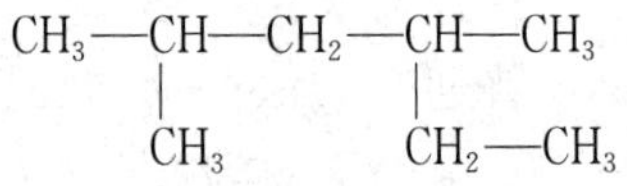

2,4-二甲基己烷

采用系统命名法命名时，遇到特殊情况可按下列原则来处理。

①当有几个等长碳链可供选择时，应选择支链较多的碳链作为主链。

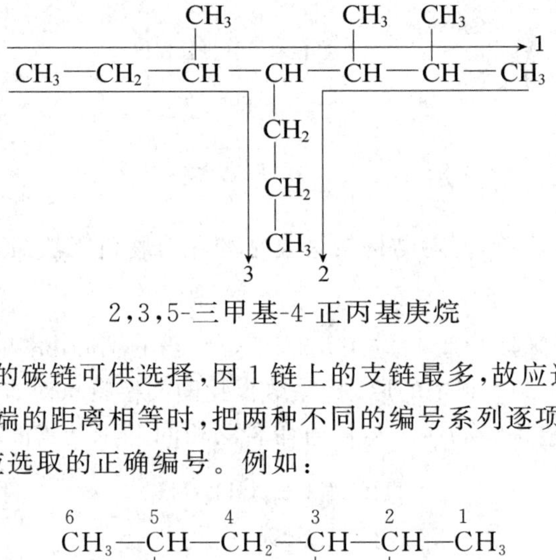

2,3,5-三甲基-4-正丙基庚烷

上例中有三条等长的碳链可供选择，因 1 链上的支链最多，故应选 1 链作为主链。

②当支链到主链两端的距离相等时，把两种不同的编号系列逐项比较，最先遇到位次最小者为“最低系列”，即是应选取的正确编号。例如：

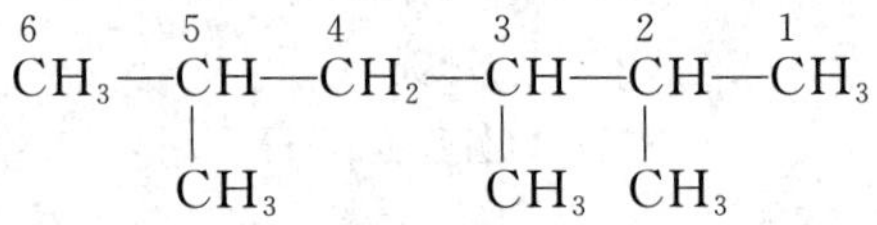

2,3,5-三甲基己烷(不能称 2,4,5-三甲基己烷)

三、烷烃的同系列和同分异构现象

(一)烷烃的结构通式、同系物

1. 烷烃的结构通式

烷烃是饱和烃，与 C 原子结合的 H 原子数目以已到最高限度，不可能再增加。例如：

结构式

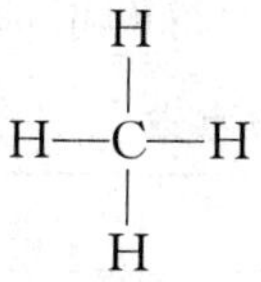
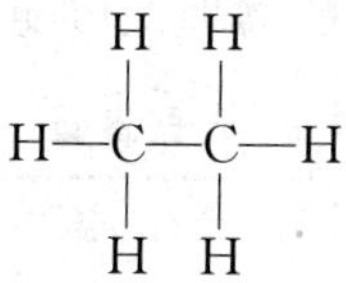
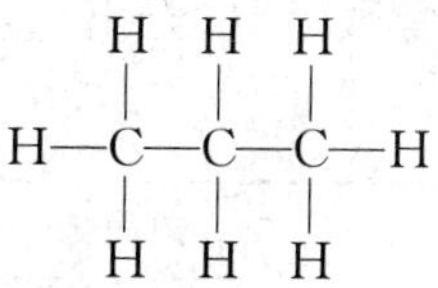

分子式	CH_4	C_2H_6	C_3H_8
	甲烷	乙烷	丙烷

从这几个烷烃分子式中可以看出，在任何一个烷烃分子里，如果 C 原子数是 n，H 原子数则是 $2n+2$。因此，可以用一个共同的式子 C_nH_{2n+2}（n 表示 C 原子数）来表示烷烃分子的组成。这个式子叫作烷烃的通式。

2. 同系物

在相邻的两个烷烃分子之间，总是相差一个"CH_2"原子团。通常，把具有同一通式、结构相似、在分子组成上相差一个或若干个 CH_2 原子团的一系列化合物称为同系列。同系列中的各化合物互称为同系物。甲烷、乙烷、丙烷、丁烷等互为同系物。同系列中，相邻同系物的差（CH_2）称为同系差。

由于同系列中同系物的结构和性质相似，其物理性质也随着碳原子数目的增加而呈规律性变化，因此，掌握几个典型同系物的化学性质，就可推知同系列中同系物的一般化学性质，这为研究体系庞大、数量众多的有机物提供了方便。

（二）烷烃的同分异构现象

甲烷、乙烷、丙烷没有异构体，从丁烷开始出现同分异构现象。例如，丁烷有两种同分异构体：

$CH_3CH_2CH_2CH_3$

正丁烷

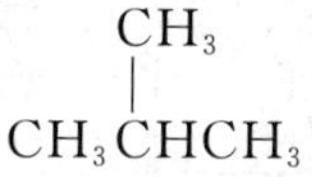

异丁烷

戊烷有 3 种同分异构体：

$CH_3CH_2CH_2CH_2CH_3$

正戊烷

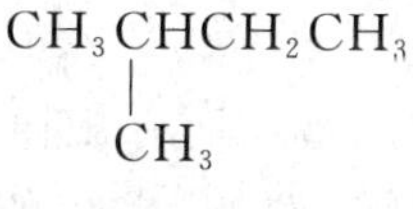

异戊烷

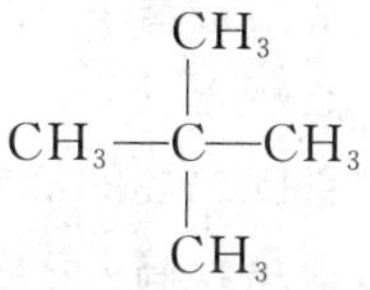

新戊烷

随着碳原子数的增加，同分异构体的数目也迅速增加。例如，$C_{10}H_{22}$ 有 75 个异构体。烷烃的同分异构现象是由于分子中碳原子的骨架不同而引起的，这种异构称为碳架异构。

四、烷烃的性质

（一）物理性质

有机化合物的物理性质一般包括物态、熔点、沸点、相对密度和溶解度等。纯物质的物理性质在一定条件下都是固定的，所以常把这些定值称为物理常数。表 9-6 列出了一些直链烷烃的物理常数,可以看出,直链烷烃的物理性质随着碳原子数的增加而呈现规律性的变化。

表 9-6 一些直链烷烃的物理常数

名称	结构简式	常温时的状态	熔点/℃	沸点/℃	相对密度(d_4^{20})
甲烷	CH_4	气	−182.5	−164	0.424
乙烷	C_2H_6		−183.3	−88.6	0.546
丙烷	C_3H_8		−189.7	−42.1	0.582
丁烷	C_4H_{10}		−138.4	−0.5	0.579
戊烷	C_5H_{12}	液	−129.7	36.1	0.626
己烷	C_6H_{14}		−95.0	68.9	0.659
庚烷	C_7H_{16}		−90.6	98.4	0.684
辛烷	C_8H_{18}		−56.8	125.7	0.703
壬烷	C_9H_{20}		−51.0	150.8	0.718
癸烷	$C_{10}H_{22}$		−29.7	174.0	0.730
十一烷	$C_{11}H_{24}$		−25.6	195.9	0.740
十二烷	$C_{12}H_{26}$		−9.6	216.3	0.749
十三烷	$C_{13}H_{28}$		−5.5	235.4	0.756
十四烷	$C_{14}H_{30}$		5.9	253.7	0.763
十五烷	$C_{15}H_{32}$		10.0	270.6	0.769
十六烷	$C_{16}H_{34}$		18.2	287	0.773
十七烷	$C_{17}H_{36}$	固	22	301.8	0.778
十八烷	$C_{18}H_{38}$		28.2	316.1	0.777

1.物态

常温常压下,C_1～C_4 的烷烃为气态,C_5～C_{16} 的烷烃为液态,C_{17} 以上的烷烃为固态。

2.沸点

直链烷烃的沸点随着碳原子数的增加而有规律地升高。在烷烃的同分异构体中,直链烷烃的沸点较高,支链越多,沸点越低。例如,戊烷的 3 种同分异构体的沸点分别为:正戊烷 36.1 ℃,异戊烷 27.9 ℃,新戊烷 9.5 ℃。

3.熔点

C_4 以上直链烷烃的熔点,是随着碳原子数的增加而升高的。

4.相对密度

烷烃的相对密度都小于 1,直链烷烃的相对密度也随着碳原子数的增加而逐渐增大,最后趋于 0.78。

5.溶解度

烷烃是非极性或弱极性化合物,因此,烷烃几乎不溶于水,而易溶于苯、四氯化碳等有机溶剂。

(二)化学性质

烷烃分子中的官能团是C—C单键和C—H单键,它们都是非常牢固的σ键。所以,烷烃的化学性质非常稳定,一般不与强酸、强碱、强氧化剂、强还原剂等进行反应。但在一定条件下,烷烃也可以发生某些化学反应。

1. 氧化反应

常温常压下,烷烃一般不与氧化剂反应,也不与空气中的氧反应,但烷烃在空气中易燃烧。

①烷烃在空气中完全燃烧时,生成二氧化碳和水,并放出大量热。

$$CH_4+2O_2\xrightarrow{燃烧}CO_2+2H_2O+819\ kJ/mol$$

$$C_nH_{2n+2}+\frac{3n+1}{2}O_2\xrightarrow{燃烧}nCO_2+(n+1)H_2O+Q$$

烷烃完全燃烧时是很好的燃料,同时,也可用燃烧来测定烷烃中的C、H含量。

②烷烃的不完全燃烧会产生有毒的CO或黑烟C,例如:

$$CH_4+O_2\xrightarrow{燃烧}C+2H_2O$$

炭黑是黑色的颜料,也可作为橡胶的填料,具有补强作用。但汽车尾气中的烷烃不完全燃烧会造成空气污染。

③在控制条件时,烷烃可以部分氧化,生成醇、醛、酮、酸等含氧有机化合物。例如,甲烷在NO的催化下,可与空气中的氧发生部分氧化生成甲醛。

$$CH_4+O_2\xrightarrow[600\ ℃]{NO}HCHO+H_2O$$

石蜡(含20～40个碳原子的高级烷烃混合物)在特定条件下氧化可得到高级脂肪酸。

$$RCH_2CH_2R'+2O_2\xrightarrow[107\sim110\ ℃]{MnO_2}RCOOH+R'COOH+2H^+$$

2. 卤代反应

烷烃分子中氢原子被其他原子(或原子团)所取代的反应称为取代反应。若被卤素原子取代,则称为卤代反应。卤素的反应活性为:$F_2>Cl_2>Br_2>I_2$。烷烃的卤代反应通常是指氯代和溴代。

在室温或黑暗处,烷烃与氯、溴混合并不发生反应,但在光照、紫外线或加热的条件下,氯、溴与烷烃可发生剧烈反应,甚至引起爆炸。例如:

$$CH_4+Cl_2\xrightarrow{光}CH_3Cl+HCl$$

$$CH_3Cl+Cl_2\xrightarrow{光}CH_2Cl_2+HCl$$

$$CH_2Cl_2+Cl_2\xrightarrow{光}CHCl_3+HCl$$

$$CHCl_3+Cl_2\xrightarrow{光}CCl_4+HCl$$

反应中,甲烷分子中的氢原子逐步被氯原子取代,直至生成CCl_4。因反应很难控制在某一步，所以，反应产物是各种氯化甲烷的混合物。

在烷烃的卤代反应中，共价键发生均裂生成游离基，所以烷烃的卤代反应是游离基取代反应。

氢原子类型不同，卤代反应的难易程度也不同，氢原子卤代反应活性的次序是：叔氢＞仲氢＞伯氢。因此，在复杂的烷烃卤代反应中，生成叔卤代烃最容易，仲卤代烃次之，伯卤代烃最难。例如：

$$CH_3—CH_2—CH_3 + Cl_2 \xrightarrow[25\ ℃]{光} \underset{\substack{43\% \\ 1\text{-氯丙烷}}}{CH_3—CH_2—\underset{|\atop Cl}{CH_2}} + \underset{\substack{57\% \\ 2\text{-氯丙烷}}}{CH_3—\underset{|\atop Cl}{CH}—CH_3}$$

3. 裂化

烷烃在隔绝空气的条件下加热、加压就会发生碳碳键或碳氢键的断裂，生成小分子量的各种碳氢化合物，这种反应称为热裂化反应。例如：

$$CH_3CH_2CH_2CH_3 \xrightarrow{600\ ℃} \begin{cases} CH_3CH{=}CH_2 + CH_4 \\ CH_3CH_3 + CH_2{=}CH_2 \\ CH_3CH{=}CHCH_3 + H_2 \\ CH_2{=}CHCH_2CH_3 + H_2 \end{cases}$$

在催化剂作用下发生的裂化称为催化裂化。例如：

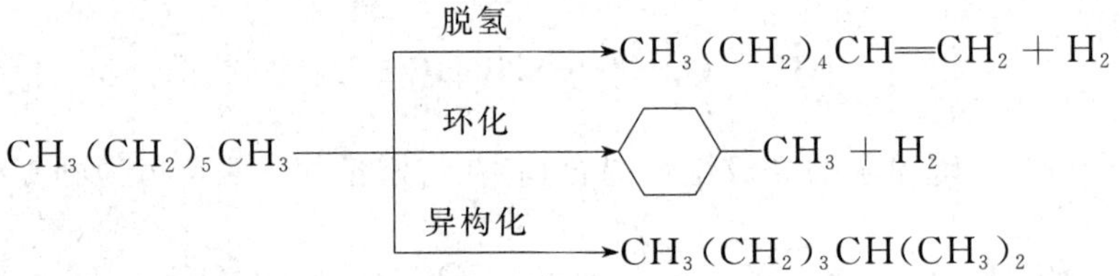

为了获得高质量的汽油，催化裂化的温度一般在 400～500 ℃，所用催化剂为硅酸铝和氧化铝等。

五、自然界的烷烃

烷烃广泛存在于自然界中。低级烷烃是汽油和天然气的主要成分。烷烃是燃料，燃烧可以放出大量的热量。一些烷烃还可以采取适当的办法控制其氧化过程，或经过裂化为较小的分子，这些化合物都是化学工业的原料，有些烷烃的混合物也是制药工业及医药中常用的有机溶剂或药物制剂中的软膏基质等。

天然气和沼气（主要成分为甲烷）是近来广泛使用的清洁能源。石油主要是烃类的混合物。石油分馏得到的各种馏分适用于各种发动机，例如，C_1～C_4（40 ℃以下时的馏分）是石油气，C_5～C_{11}（40～200 ℃时的馏分）是汽油。

1. 甲烷

甲烷是最简单的有机物，自然界中广泛存在。它是天然气、沼气及煤气的主要成分。同时，也是一些行星（如木星、土星等）大气层的主要成分。甲烷的用途：一是作为重要的能源，二是作为化工原料，大量用于合成氨、尿素和炭黑等。

2. 石油醚

石油醚是低级烷烃的混合物，为透明无色液体，易挥发，主要用作有机溶剂，易燃并具有毒性。

3. 凡士林

凡士林(石油脂)的主要成分是 C_{18}～C_{22} 的烷烃混合物，呈软膏状半固体，不溶于水，易溶于醚和石油醚。因此它不能被皮肤吸收，而且化学性质稳定，不和软膏中的药物起变化，所以在医药上长用作软膏基质起到不亲水、隔绝空气的作用。不亲水，涂抹在皮肤上可以保持皮肤湿润，使伤口部位的皮肤组织保持最佳状态，加速了皮肤自身的修复能力。

凡士林并没有杀菌能力，它只不过阻挡了来自空气中的细菌和皮肤接触，从而降低了感染的可能性。凡士林还可以防治尿布疹。

4. 液体石蜡

液体石蜡的主要成分是 C_{18}～C_{24} 的烷烃混合物，呈透明液体状，不溶于水和醇，能溶于醚和氯仿中，化学性质稳定，在体内不被吸收，在医药上用于配制滴鼻剂和喷雾剂，也常用作缓泻剂。

5. 石蜡

石蜡的主要成分是 C_{25}～C_{34} 的烷烃混合物，为白色蜡状固体，化学性质稳定，在医药上用于调节软膏的硬度，是工业上制造蜡烛的原料。

第三节 烯 烃

脂肪烃分子中含有一个碳碳双键(C═C)的不饱和烃称为烯烃。C═C 双键是烯烃的官能团。分子中仅含有一个碳碳双键的烯烃为单烯烃，含有两个碳碳双键的烯烃为二烯烃。

一、乙烯的结构

单烯烃中，乙烯分子最简单也最具有代表性。乙烯(CH_2═CH_2)分子是平面形结构，键角和键长如图 9-17 所示：

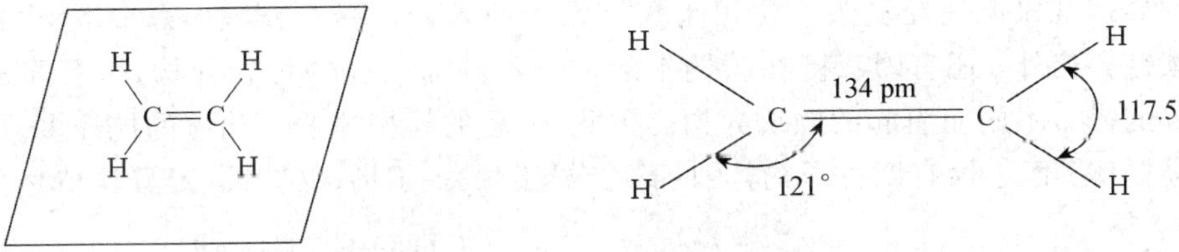

图 9-17 乙烯分子的平面结构

在乙烯分子中，C 原子是以两个单键和一个双键分别与两个 H 原子和另一个 C 原子相连接。按照轨道杂化理论，以两个单键和一个双键分别与 3 个原子相连接的 C 原子是以 sp^2 杂化轨道成键的。所谓 sp^2 杂化是指激发态的碳原子以一个 2s 轨道和两个 2p 轨道进行杂化，形成 3 个处于同一平面上的 sp^2 杂化轨道，这 3 个 sp^2 杂化轨道间的夹角为 120°，没有参与杂化的 p 轨道垂直于 3 个 sp^2 杂化轨道所形成的平面。因此，sp^2 轨道可以看成是由 1/3 的 s 轨道和 2/3 的 p 轨道“混合”而成。

在乙烯分子中，两个 C 原子各以一个 sp^2 轨道大头一瓣沿着对称轴方向“头顶头”地重叠，形成 C—C σ 键外，又各以两个 sp^2 轨道大头一瓣沿着对称轴方向和 4 个 H 原子的 s 重叠，形成 4 个 C—H σ 键。这样，6 个原子和 5 个 σ 键处于同一平面上。

乙烯分子中的两个 C 原子各自还有一个未杂化的 p_z 轨道。这两个 p_z 轨道的对称轴都垂直于 5 个 σ 键处的平面，且互相平行，它们进行另一种重叠——“肩并肩”重叠形成 π 轨道。π 轨道上有两个自旋方向相反的电子，这样，在两个 C 原子间又形成了一个新的共价键——π 键（图 9-18）。

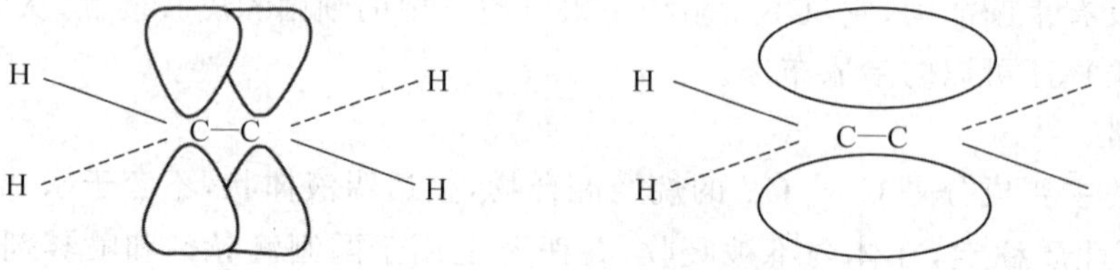

(a) 5 个σ键　　(b) π键以两瓣分布于分子平面的上、下两侧

图 9-18　乙烯分子结构

综上所述，在C═C 双键中，一个是 σ 键，另一个是 π 键，不是两个同等的共价键。由于形成 π 键的原子轨道的重叠程度小于 σ 键，其稳定性也小于 σ 键，容易断裂；而且 π 电子并不是集中在两个原子核的连线上，原子核对其束缚力较小，当试剂进攻时，π 电子比较容易被极化，导致 π 键断裂发生加成反应；因此 π 键限制了以双键相连的两个原子的自由旋转。

二、烯烃的异构和命名

微课学习　烯烃和炔烃的命名

（一）烯烃的异构

1. 烯烃的构造异构

烯烃比相对应的烷烃少了两个氢原子，所以单烯烃的通式为 C_nH_{2n}。

烯烃的异构现象比烷烃复杂。含相同数目原子的烯烃，除与烷烃一样存在碳链异构外，还有因双键在碳链中的位置不同而引起的位置异构，以及原子或基团在空间位置的排布不同而引起的顺反异构。因此，烯烃的异构体要比相应的烷烃多。例如，丁烷有两种异构体，而丁烯有四种异构体：1-丁烯、异丁烯、2-丁烯（又有顺、反异构体之分）。

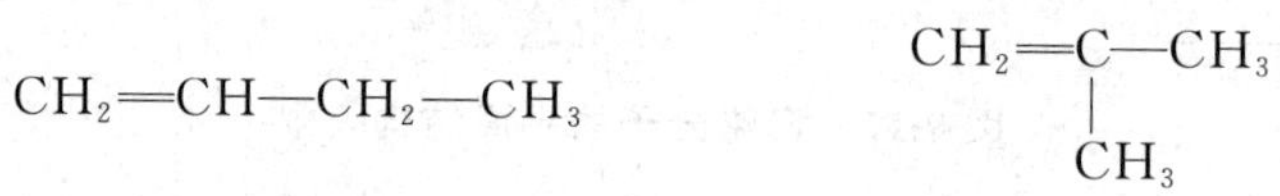

1-丁烯　　异丁烯

2. 烯烃的顺反异构

前面的内容已经指出：①乙烯分子是平面形的；② C═C 双键不能绕 σ 键为轴自由转动。由于这两个原因，当双键的两个碳原子各连接两个不同的原子或原子团时，就能产生顺反异构体。

例如，丁烯双键上的 4 个基团在空间就可以有两种不同的排列方式：

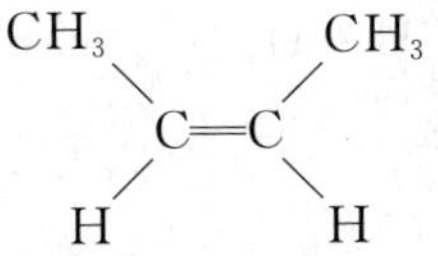

顺-2-丁烯（沸点 3.7 ℃）

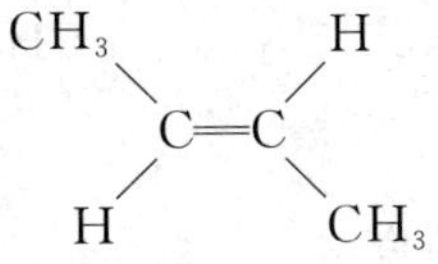

反-2-丁烯（沸点 0.9 ℃）

由于双键不能自由旋转，使原子或基团在空间有不同的排列方式，这种异构称为顺反异构，顺反异构属于立体异构的一种。相同的原子（基团）在双键同侧称为顺式构型，在异侧称为反式构型。

并不是所有的烯烃都有顺反异构，只有每个双键碳连有两个不同的原子或基团才可能产生顺反异构。例如下面的 4 个分子中，（Ⅳ）没有顺反异构。

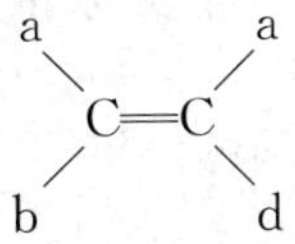

（Ⅰ）

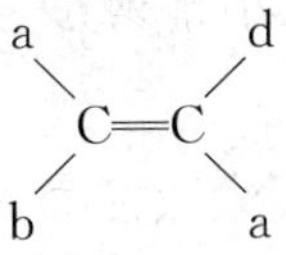

（Ⅱ）

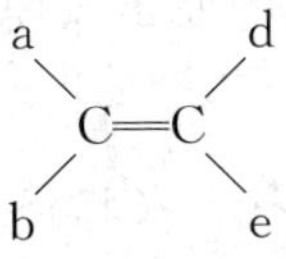

（Ⅲ）

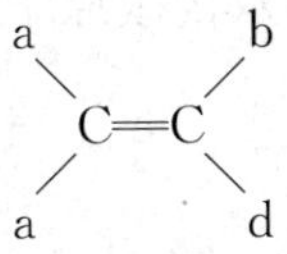

（Ⅳ）

（二）烯烃的命名

1. 烯基

烯烃去掉一个氢原子后剩下的一价基团叫作烯基，如：

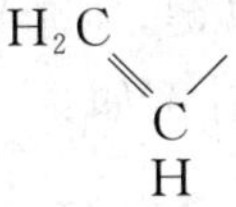

乙烯基

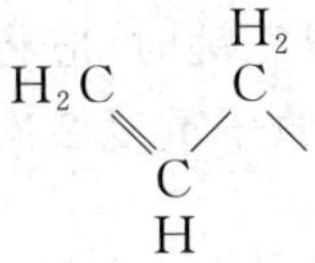

烯丙基

2. 系统命名法

烯烃的命名一般采用系统命名法，其命名原则与烷烃类似：分子中碳原子数在 10 个以下时，用天干命名，命名时在表示碳原子数目的词干后加一“烯”字；超过 10 个时，用中文数字命名，同时，应在表示含碳原子数的中文数字与“烯”字之间加一“碳”字，例如，$C_{11}H_{22}$ 称为十一碳烯。对于结构复杂的烯烃，可根据下列要点进行命名。

(1)选择含有碳碳双键的最长碳链作为主链，并按主链所含碳原子数称为“某烯”，作为该化合物的母体名称。

(2)从主链上的碳原子距离双键最近的一端开始编号，以双键上位次较低的数字来表示双键的位次，并用阿拉伯数字写在母体名称之前。在有选择的情况下，应兼顾使支链的位次尽可能低。

(3)支链作为取代基，依次将其位次、数目和名称放在母体名称之前，排列次序与烷烃的系统命名相同。例如：

$CH_3CH{=}CH_2$

丙烯

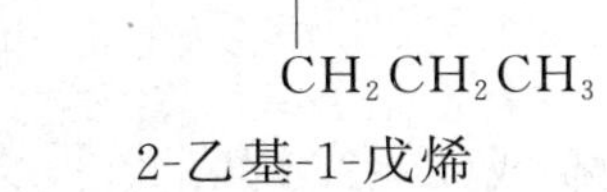

2-乙基-1-戊烯

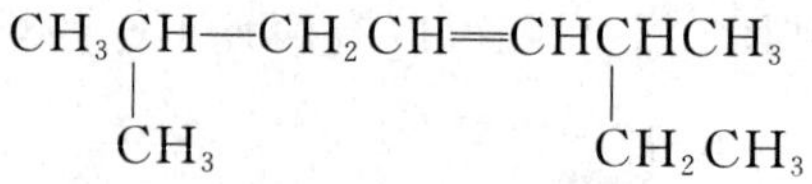

2,6-二甲基-4-辛烯

3.顺反异构体的命名

对于有顺反异构体的烯烃，通常采用顺-反和 Z/E 两种命名法。

(1)顺-反命名法　把双键两端相同基团在同侧的称为顺式，相同基团在异侧的称为反式。例如上面提到的顺-2-丁烯和反-2-丁烯。

(2)Z/E 命名法　Z/E 命名法是把“顺序规则”中较优先的基团在双键同侧的称为 Z 型，在双键异侧的称为 E 型。

顺序规则的主要内容如下。

①与双键碳原子直接相连的原子按原子序数大小排列，大者“较优”。常见原子的优先次序为：

$$I>Br>Cl>S>F>O>N>C>D>H$$

②如与双键碳原子直接相连的原子的原子序数相同，则需再比较由该原子外推至相邻的第二个原子的原子序数，如仍相同，继续外推，直到比较出“较优”基团为止。常见烷基的优先次序为：

$$-C(CH_3)_3>-CH(CH_3)_2>-CH_2CH_3>-CH_3$$

③当基团含有双键或三键时，应将双键分开成 2 个单键，每个键合原子重复 1 次；三键分开成 3 个单键，每个键合原子重复 2 次，然后再进行比较。例如：

$-CH{=}CH_2$　　相当于　　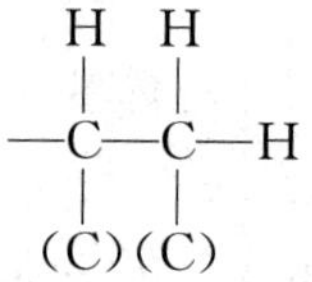

$-C{\equiv}CH$　　相当于　　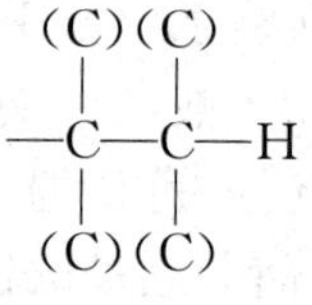

因此：

 $>-C{\equiv}CH>-CH{=}CH_2$

顺反异构体的命名举例如下：

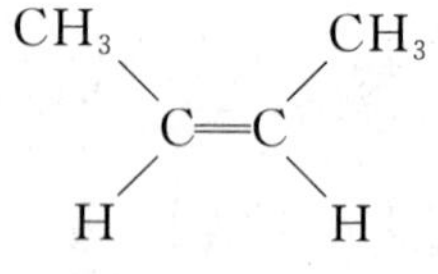

顺-2-丁烯 或(Z)-2-丁烯

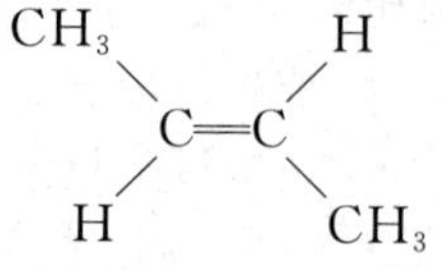

反-2-丁烯 或(E)-2-丁烯

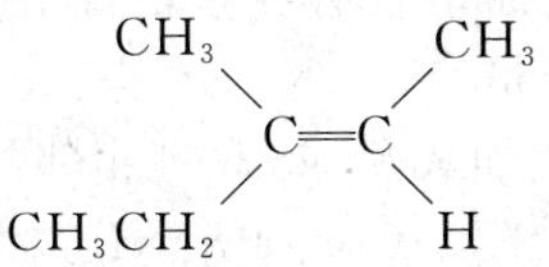

顺-3-甲基-2-戊烯 或(*E*)-3-甲基-2-戊烯

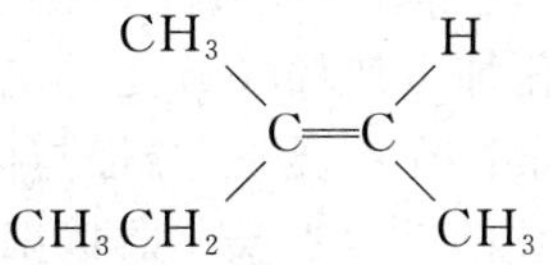

反-3-甲基-2-戊烯 或(*Z*)-3-甲基-2-戊烯

需要注意的是,顺-反命名法和 Z/E 命名法是表示烯烃结构的两种不同命名方法,不能误以为 Z 式一定是顺反命名中的顺式,E 式一定是顺反命名中的反式。

三、烯烃的性质

(一)物理性质

烯烃的物理性质在许多方面与烷烃类似。常温常压下,$C_2 \sim C_4$ 的烯烃为气态,$C_5 \sim C_{18}$ 的烯烃为液态,C_{19} 以上的烯烃为固态。烯烃的熔点、沸点和相对密度也随其分子量的增加而呈现规律性变化。烯烃的密度小于 1,几乎不溶于水,而溶于四氯化碳、乙醚等有机溶剂。一些烯烃的物理常数如表 9-7 所示。

表 9-7　一些烯烃的物理常数

名称	结构式	熔点/℃	沸点/℃	相对密度(d_4^{20})
乙烯	$CH_2{=}CH_2$	−169	−102	0.570
丙烯	$CH_3CH{=}CH_2$	−185	−48	0.610
1-丁烯	$CH_3CH_2CH{=}CH_2$	−184	−6.5	0.625
1-戊烯	$CH_3(CH_2)_2CH{=}CH_2$	−138	30	0.641
1-己烯	$CH_3(CH_2)_3CH{=}CH_2$	−139.8	63.5	0.675
1-庚烯	$CH_3(CH_2)_4CH{=}CH_2$	−119	93	0.698
1-辛烯	$CH_3(CH_2)_5CH{=}CH_2$	−101.7	122.5	0.715

(二)化学性质

烯烃的结构特征是含有碳碳双键,由于组成碳碳双键的 π 键容易断裂,使得碳碳双键成为这类化合物的反应中心,因此,烯烃易于发生加成、氧化、聚合等反应。此外,烯烃分子中 α-碳上的氢原子也可发生自由基取代反应。

1. 加成反应

烯烃与试剂作用,分子中的 π 键断裂,试剂分子的两部分分别加到与 π 键相连的两个原子上,形成饱和化合物,这种反应称为加成反应。这是烯烃最普遍、最典型的反应。

(1)催化加氢　常温常压下,烯烃与氢气通常不反应,但在铂(Pt)、钯(Pd)、镍(Ni)等催化剂的作用下,烯烃能与氢气反应生成相应的烷烃,这一反应称为催化加氢或催化氢化。例如:

$$CH_2{=}CH_2 + H_2 \xrightarrow{Ni} CH_3CH_3$$

$$RCH{=}CH_2 + H_2 \xrightarrow{Ni} RCH_2CH_3$$

烯烃的催化加氢反应在工业上有重要意义。例如，汽油中含有少量的烯烃时，性能不稳定，可通过催化加氢使烯烃转变为烷烃，从而提高汽油的质量。

(2)加卤素　在室温下，烯烃与卤素（如溴）很容易发生加成反应，双键相邻的两个碳原子上各加上一个卤原子，生成二卤代烷。卤素的活泼顺序为：$F_2 > Cl_2 > Br_2 > I_2$。由于氟与烯烃的反应非常激烈，而碘与烯烃则难以发生反应，因此，一般烯烃加卤素是指加氯或加溴。

例如，将乙烯或丙烯通入溴水或溴的四氯化碳溶液中，溴的颜色可迅速褪去。实验室中常用此反应来检验烯烃。

$$CH_2{=}CH_2 + Br_2 \longrightarrow \underset{Br}{\underset{|}{CH_2}}—\underset{Br}{\underset{|}{CH_2}}$$

1,2-二溴乙烷

$$CH_3—CH{=}CH_2 + Br_2 \longrightarrow CH_3—\underset{Br}{\underset{|}{CH}}—\underset{Br}{\underset{|}{CH_2}}$$

1,2-二溴丙烷

(3)加卤化氢　烯烃能与卤化氢（HCl、HBr、HI）发生加成反应，生成卤代烷。例如：

$$CH_2{=}CH_2 + HX \longrightarrow CH_3CH_2X$$

卤化氢的反应活性顺序为：HI>HBr>HCl。乙烯是对称分子，与卤化氢加成只生成一种产物，但不对称烯烃与卤化氢反应时可生成两种产物。例如：

$$CH_2CH{=}CH_2 + HX \begin{cases} \longrightarrow CH_3\overset{X}{\overset{|}{C}}HCH_3 & \text{2-卤丙烷} \\ \longrightarrow CH_3CH_2CH_2X & \text{1-卤丙烷} \end{cases}$$

实验证明，在两种加成产物中，2-卤丙烷是主产物。这是1869年俄国化学家马尔科夫尼科夫根据一些实验结果总结出来的一条经验规则：当不对称烯烃与卤化氢等不对称试剂加成时，总是不对称试剂的带负电部分加到含氢较少的双键碳原子上，而带正电的部分主要加到含氢较多的双键碳原子上。这一规律称为马尔科夫尼科夫规则，简称为马氏规则。例如：

$$(CH_3)_2C{=}CH_2 + \overset{+}{H} \,\vdots\, \overset{-}{Br} \longrightarrow (CH_3)_2\underset{Br}{\underset{|}{C}}—\underset{H}{\underset{|}{CH_2}}$$

特殊情况下，如有过氧化物存在时，烯烃与卤化氢的加成不符合马氏规则，称为反马氏加成。例如：

$$CH_3CH{=}CH_2 + HBr \xrightarrow{(RCOO)_2} CH_3CH_2—CH_2Br$$

(4)加水　在酸的催化下，烯烃与水加成可生成醇。例如：

$$CH_2{=}CH_2 + H_2O \xrightarrow{H^+} CH_3CH_2OH$$

$$CH_3CH{=}CH_2 + H_2O \xrightarrow{H^+} CH_3\underset{OH}{\underset{|}{C}}HCH_3$$

这是工业上生产乙醇、异丙醇的最重要方法，称为烯烃直接水合法。从丙烯与水的加成反应可以看出，在酸催化下，不对称烯烃与水的加成反应遵守马氏规则。

2. 氧化反应

烯烃不仅可以燃烧生成二氧化碳和水，还可被高锰酸钾等氧化剂氧化。高锰酸钾是一种常见的氧化剂，在中性、碱性和酸性溶液中，其氧化能力是不同的。在酸性溶液中，高锰酸钾的氧化能力最强。

烯烃与酸性高锰酸钾溶液反应时，C═C 双键断裂，可生成羧酸类、酮类物质，亚甲基被氧化成 CO_2 和水。例如：

$$RCH{=}CH_2 \xrightarrow{KMnO_4/H^+} RCOOH + CO_2 + H_2O$$

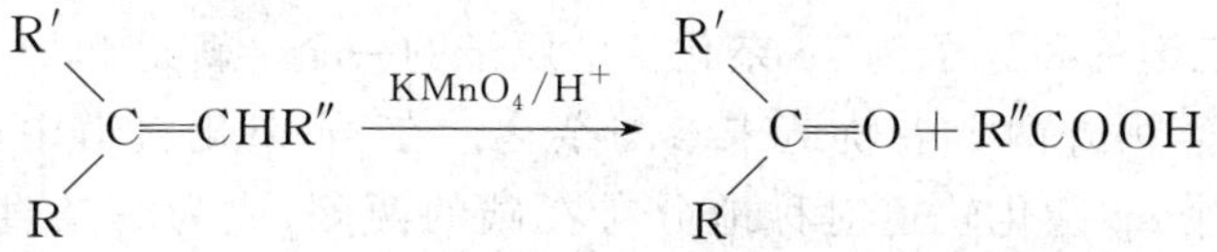

上述反应可用于鉴别烯烃，推测烯烃的结构。当烯烃的构造不同时，氧化生成的产物也不相同。生成的产物与烯烃双键碳上连接的氢数目有关，有两个氢的（$H_2C{=}$）生成 CO_2；有一个氢的（RHC═）生成相应的羧酸（RCOOH）；无氢的（RR′C═C）生成酮（C═O）。

3. α-氢的反应

在有机化合物分子中，与官能团直接相连的碳原子称为 α-碳，α-碳上所连的氢原子称为 α-氢。α-氢受双键的影响，较其他位置上的氢原子活泼，易发生卤代、氧化等反应。例如：

$$CH_3CH{=}CH_2 + Cl_2 \xrightarrow{500\ ℃} \underset{\text{3-氯丙烯}}{CH_2{=}CH{-}CH_2Cl} + HCl$$

$$CH_3CH{=}CH_2 + O_2 \xrightarrow[350\ ℃,\ 0.25\ MPa]{Cu_2O} \underset{\text{丙烯醛}}{CH_2{=}CH{-}CHO}$$

4. 聚合反应

在一定条件下，烯烃分子可相互加成，生成高分子化合物。这种由低分子量化合物有规律地相互加成生成高分子量化合物的反应称为聚合反应。参加聚合反应的单个分子称为单体，聚合后生成的产物称为聚合物。例如：

$$\underset{\substack{\text{乙烯}\\\text{（单体）}}}{nCH_2{=}CH_2} \xrightarrow[\text{加热、加压}]{\text{催化剂}} \underset{\substack{\text{聚乙烯}\\\text{（高分子）}}}{\lbrack CH_2{-}CH_2 \rbrack_n}$$

聚乙烯和聚丙烯广泛用于农业、工业，如制造薄膜、管件以及各种绝缘和防腐蚀材料等。

四、自然界中的烯烃

自然界中很少存在烯烃。乙烯是植物体内产生的一种激素，很多植物器官中含有微量乙烯。乙烯在植物体内有很多生理功能。目前，农林生产上使用的乙烯主要用于未成熟果实的催熟，防止苹果、橄榄等落果，促进棉桃在收获前张开等。

大量的乙烯、丙烯等烯烃来源于石油裂化加工，它们是重要的化工原料。

第四节　炔　　烃

脂肪烃分子中含有一个碳碳三键（C≡C）的不饱和烃称为炔烃。C≡C 三键是炔烃的官能团。

一、乙炔的结构

乙炔是最简单、最重要的炔烃，分子式是 C_2H_2。乙炔（CH≡CH）分子是直线形结构，四个原子都排布在同一直线上（图 9-19）。

在乙炔中，碳碳三键的碳原子为 sp 杂化。C 原子的一个 s 轨道和一个 p 轨道杂化生成两个等同的 sp 杂化轨道，另外两个 p 轨道未参与杂化。在 sp 杂化轨道中，s 轨道成分占 1/2，p 轨道成分占 1/2。两个 sp 杂化轨道对称地分布在碳的两侧，成为一条直线，两者之间的夹角为 180°，如图 9-20 所示。C 原子剩下的两个未参与杂化的 p 轨道对称轴互相垂直，并且都垂直于 sp 杂化轨道对称轴所在的直线。

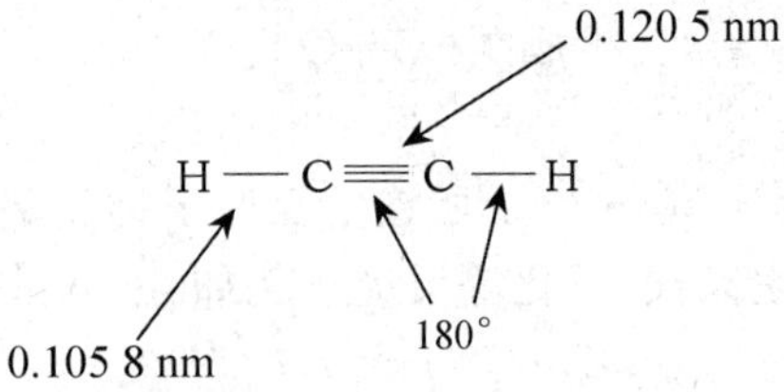

图 9-19　乙炔分子的直线形结构

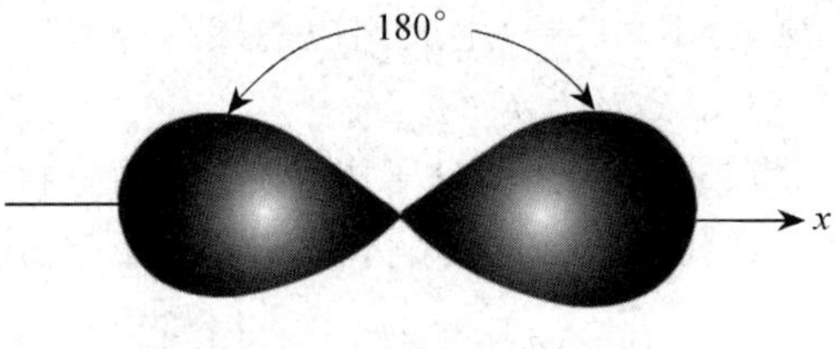

图 9-20　碳原子的 sp 杂化电子轨道

所以，在乙炔分子中，每一个碳都以一个 sp 杂化电子轨道与氢的 1s 电子轨道相互重叠成为一个 C—H σ 键，两个碳又各以一个 sp 杂化轨道相重叠，形成 C—C σ 键。

三键 C 原子的成键方式决定了炔烃有比较活泼的化学性质。

二、炔烃的异构和命名

（一）炔烃的异构

炔烃是不饱和脂肪烃，它的通式为 C_nH_{2n-2}（n 表示 C 原子数）。

在炔烃分子中，C≡C 三键处于末端的，例如 HC≡CH 、RC≡CH ，叫作末端炔烃；处于中间的，例如 RC≡CR′，叫作非末端炔烃。在末端炔烃分子中，C≡C 三键上的氢叫作炔氢。

炔烃的异构与烯烃相似，但比烯烃简单，因为炔烃不存在顺反异构，只有碳链异构和三键位置异构。例如，丁烯有三个构造异构体，而丁炔只有两个：

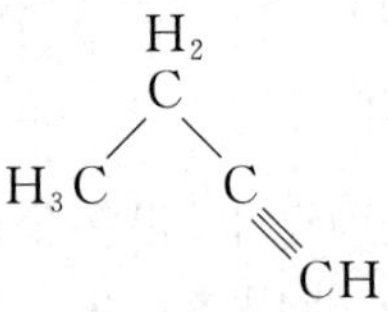

1-丁炔

$H_3C—C≡C—CH_3$

2-丁炔

分子式为 C_5H_8 的炔烃有 3 种构造异构体：

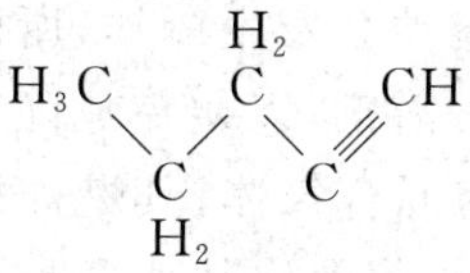

1-戊炔

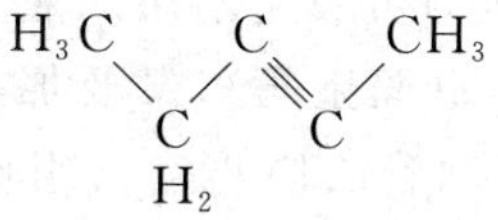

2-戊炔

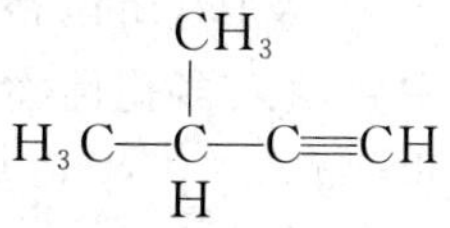

3-甲基-1-丁炔

(二)炔烃的命名

炔烃命名与烯烃相同，把“烯”字改为“炔”字即可。例如：

$CH_3CH_2C{\equiv}CH$

1-丁炔

$CH_3CH_2C{\equiv}CCH_3$

2-戊炔

$$\begin{array}{c}CH_3\phantom{CH_2C{\equiv}CCH_3}\\ |\phantom{CH_2C{\equiv}CCH_3}\\ CH_3CH_2CHCH_2C{\equiv}CCH_3\end{array}$$

5-甲基-2-庚炔

分子中同时含有碳碳双键和碳碳三键时，以炔烃命名，称为某烯炔。命名时，应选含双键和三键的最长碳链作主链；编号在保证双键和三键位次之和最小的前提下，应使双键的位次尽量小；主链的碳原子数写在“烯”前面。例如：

$CH_3{-}CH_2{-}CH{=}CH{-}C{\equiv}CH$

3-己烯-1-炔(不是 3-己烯-5-炔)

$CH{\equiv}C{-}CH_2{-}CH_2{-}CH{=}CH_2$

1-己烯-5-炔(不是 5-己烯-1-炔)

三、炔烃的性质

(一)物理性质

炔烃的物理性质与烷烃及烯烃相似，也随炔烃分子量的变化而规律性变化。简单炔烃的沸点、熔点、密度一般比同碳原子数的烷烃和烯烃高一些。常温常压下，乙炔、丙炔和丁炔是气体，戊炔以上是液体，高级炔烃是固体。一些炔烃的物理常数如表 9-8 所示。

表 9-8　一些炔烃的物理常数

名称	熔点/℃	沸点/℃	相对密度(d_4^{20})
乙炔	−80.8(压力下)	−84.0(升华)	0.618(沸点时)
丙炔	−101.5	−23.2	0.671(沸点时)
1-丁炔	−125.7	8.1	0.668(沸点时)
2-丁炔	−32.2	27.0	0.691
1-戊炔	−90.0	40.2	0.690
2-戊炔	−101	56	0.710
3-甲基-1-丁炔	−89.7	29.3	0.686
1-己炔	−132	71.3	0.719
1-庚炔	−81	99.7	0.733
1-辛炔	−79.3	125.2	0.476

炔烃中最重要的是乙炔。纯的乙炔是无色、无臭味的气体。乙炔临界温度 36.5 ℃，临界压力是 6.17 MPa，所以常温下增大压力可液化乙炔。液态乙炔受震动会发生爆炸，所以在乙炔钢瓶中要填入多孔性物质（如石棉、硅藻土等），又要加入丙酮作为溶剂，以避免危险。乙炔难溶于水，易溶于丙酮和某些有机溶剂。乙炔与空气组成爆炸性的混合气体，其爆炸极限为 3%～81%（体积分数）。由此看出，乙炔与空气组成爆炸性混合物的范围比其他烃类要大得多，在生产、使用乙炔时必须注意，以防止发生爆炸事故。

（二）化学性质

炔烃分子中含有两个 π 键，其化学性质与烯烃相似，可发生加成、氧化、聚合等反应。但炔烃分子中的两个 π 键围绕着 σ 键形成一个圆筒状，此 π 键比烯烃中的 π 键牢固，所以，碳碳三键的活性不如碳碳双键。此外，由于碳碳三键所显示出的极性等原因，炔烃还具有特征性的反应。

1. 加成反应

（1）加氢　炔烃在催化剂铂、钯或镍等存在下可与氢发生加成反应，生成相应的烷烃。例如：

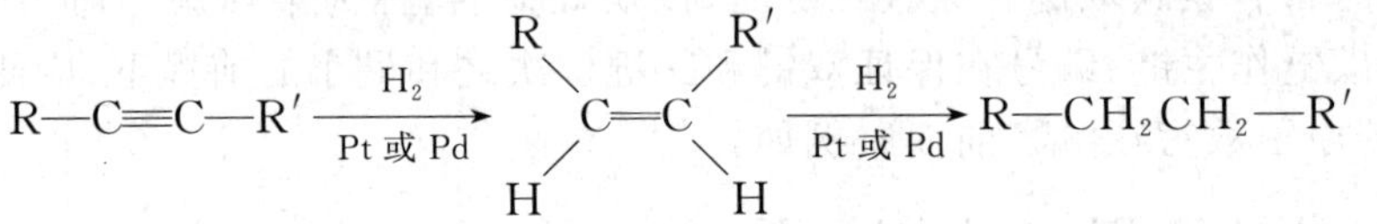

（2）加卤化氢　炔烃与 HX 加成，先生成单卤代烯烃，进一步加成得二卤化物，反应服从马氏规则。例如：

$$CH{\equiv}CH \xrightarrow[HgCl_2]{HCl} H_2C{=}CHCl \xrightarrow[HgCl_2]{HCl} CH_3CHCl_2$$

（3）加卤素　炔烃与卤素发生亲电加成生成相应的二卤化物，进一步反应生成四卤化物。例如：

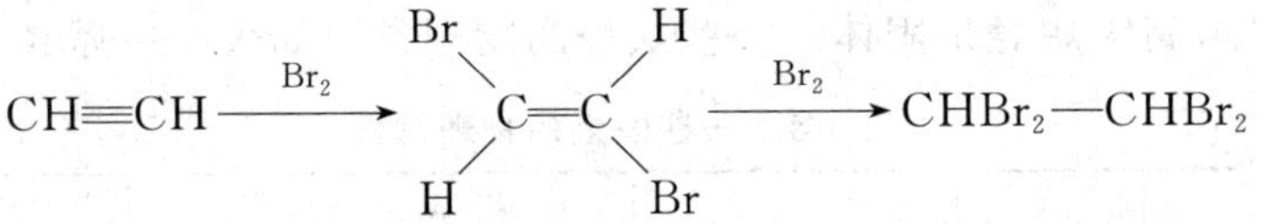

乙炔　　1,2-二溴乙烯　　1,1,2,2-四溴乙烷

（4）加水　乙炔与水在硫酸汞的稀硫酸溶液催化下反应，先生成乙烯醇，后者很快变成乙醛。

$$CH{\equiv}CH + H_2O \xrightarrow[H_2SO_4]{HgSO_4} [CH_2{=}CHOH] \longrightarrow CH_3{-}CHO$$

乙烯醇　　乙醛

不对称炔烃的水合也遵循马氏规则，除乙炔加水得到乙醛外，其他炔烃加水都生成相应的酮。例如：

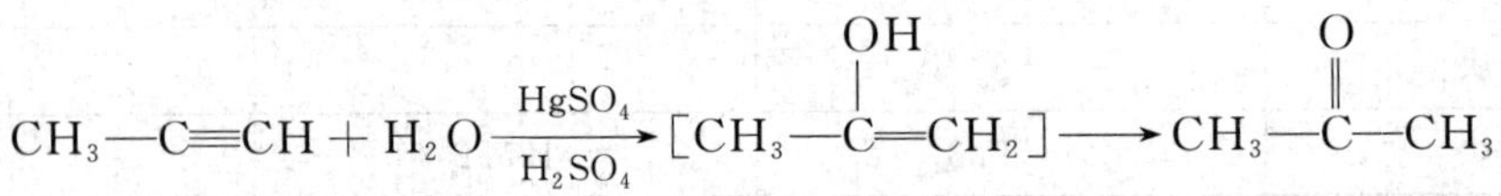

丙烯-2-醇　　丙酮

2. 氧化反应

炔烃在一般条件下可被高锰酸钾、重铬酸钾、臭氧等氧化剂氧化，反应时，碳碳三键断裂生成羧酸或二氧化碳等产物。例如：

$$RC \equiv CH \xrightarrow[H^+]{KMNO_4} RCOOH + CO_2 + H_2O$$

$$RC \equiv CR' \xrightarrow[H^+]{KMNO_4} RCOOH + R'COOH$$

反应后高锰酸钾溶液的紫色消失，同时生成二氧化锰沉淀，因此，这个反应可用来检验分子中是否存在三键。与烯烃相似，根据所得氧化产物的结构，还可推知原炔烃的结构。例如，某炔烃用高锰酸钾氧化后生成 CH_3COOH 和 CH_3CH_2COOH，则可推得该炔烃是 $CH_3C \equiv CCH_2CH_3$ 。

3. 聚合反应

低级的炔烃在一定条件下可以发生聚合反应，生成链状化合物或环状化合物。例如：

$$CH \equiv CH + CH \equiv CH \xrightarrow[NH_4Cl_2]{CuCl_2} CH \equiv C - CH = CH_2$$

乙烯基乙炔

$$3CH \equiv CH \xrightarrow{400 \sim 500\ ℃}$$ 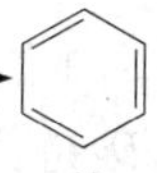

苯

4. 金属炔化物的生成

碳碳三键位于碳链末端的炔烃称为末端炔烃。与末端炔烃的三键碳原子直接相连的氢原子比较活泼，能被某些金属原子取代，生成金属炔化物。例如，末端炔烃可与硝酸银或氯化亚铜的氨溶液反应，生成白色的炔化银沉淀或红棕色的炔化亚铜沉淀。

$$CH \equiv CH \xrightarrow{[Ag(NH_3)_2]^+} AgC \equiv CAg \downarrow \text{（白色）}$$

乙炔银

$$CH \equiv CH \xrightarrow{[Cu(NH_3)_2]^+} CuC \equiv CCu \downarrow \text{（红棕色）}$$

乙炔亚铜

$$R - C \equiv CH \xrightarrow{[Ag(NH_3)_2]^+} RC \equiv CAg \downarrow \text{（白色）}$$

炔化银

$$R - C \equiv CH \xrightarrow{[Cu(NH_3)_2]^+} RC \equiv CCu \downarrow \text{（红棕色）}$$

炔化亚铜

上述反应在常温下非常迅速，现象明显，常用来鉴定末端炔烃。

第五节　二　烯　烃

一、二烯烃的分类和命名

分子中含有两个碳碳双键的开链烃称为二烯烃，其通式为 C_nH_{2n-2}。二烯烃的通式与炔烃的通式相同，因此相同碳原子数目的炔烃和二烯烃也互为同分异构体。这种异构体属于官能团不同的构造异构体。

(一)二烯烃的分类

1. 二烯烃的分类

在二烯烃分子中，由于两个碳碳双键的相对位置不同，致使其性质也有差异。因此，通常根据二烯烃分子中两个碳碳双键相对位置的不同，将二烯烃分为以下三类。

(1)累积二烯烃　两个碳碳双键连接在同一个碳原子上称为累积双键，含有累积双键的二烯烃称为累积二烯烃，如丙二烯(C_3H_4)：$CH_2=C=CH_2$。

(2)共轭二烯烃　两个碳碳双键被一个碳碳单键隔开称为共轭双键，含有共轭双键的二烯烃称为共轭二烯烃，如1,3-丁二烯：$CH_2=CH-CH=CH_2$。

共轭二烯烃是二烯烃中最重要的一类，它在理论和应用方面都具有重要意义。

(3)隔离(孤立)二烯烃　两个碳碳双键被两个或两个以上碳碳单键隔开称为隔离(孤立)双键，含有隔离(孤立)双键的二烯烃称为孤立二烯烃，如1,4-戊二烯：$CH_2=CH-CH_2-CH=CH_2$。

(二)二烯烃的命名

二烯烃的命名与烯烃相似，不同之处在于：

①选取含有两个双键的最长碳链为主链，根据碳原子数的多少，称为“某二烯”。

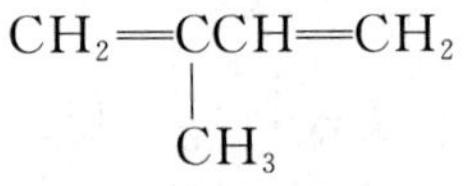

2-甲基-1,3-丁二烯(俗名异戊二烯)

②两个双键的位次都必须标明。

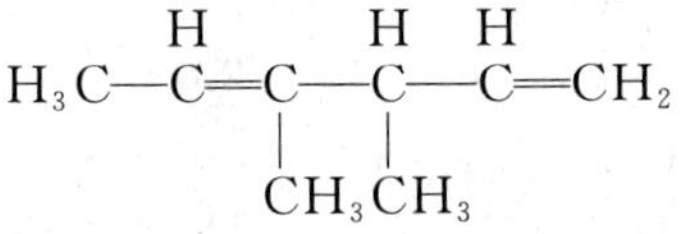

3,4-二甲基-1,4-己二烯

二烯烃的顺反异构的命名与烯烃相似(每一个双键的构型均应标出)，可以用顺-反命名法，也可以用 Z/E 命名法。

二、1,3-丁二烯的结构与性质

(一)1,3-丁二烯的结构

最简单、最重要的共轭二烯烃是1,3-丁二烯($CH_2=CH-CH=CH_2$)。下面以1,3-丁二烯为例介绍共轭二烯烃的结构和化学性质。

实验测定表明，1,3-丁二烯分子中的4个碳原子和6个氢原子都在同一平面内，所有键角都接近120 ℃，其C=C双键的键长与乙烯C=C双键的键长相近，C—C单键的键长0.148 nm，比烷烃中C—C单键的键长0.154 nm短。由此可见，1,3-丁二烯的结构特点是键长趋于平均化。如图9-21所示。

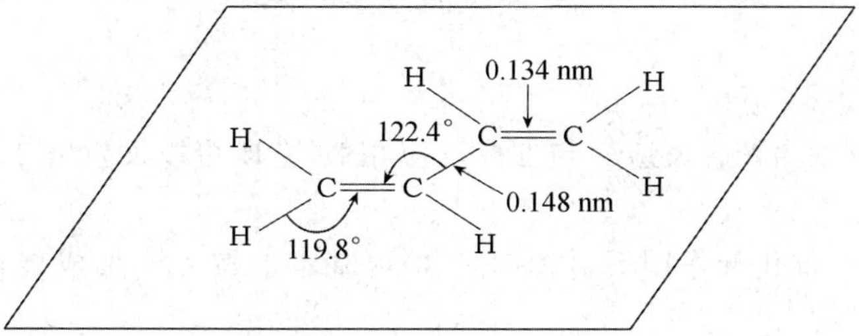

图 9-21　1,3-丁二烯分子的形状

在 1,3-丁二烯分子中，4 个碳原子都以 sp^2 杂化轨道成键，即形成 3 个 C—C σ 键和 6 个 C—H σ 键。

(二)1,3-丁二烯的性质

共轭二烯烃分子中含有 C═C—C═C 共轭 π 键。与烯烃的 C═C 双键相似，C═C—C═C 共轭 π 键的化学性质主要是可进行加成和聚合反应。

1. 1,2-加成和 1,4-加成反应

共轭二烯烃和烯烃一样，也可以和氢气、卤素、卤化氢等试剂进行加成反应。不同的是，由于共轭二烯烃有两个双键，当它与这些分子试剂加成时，将生成两种不同的产物。例如：

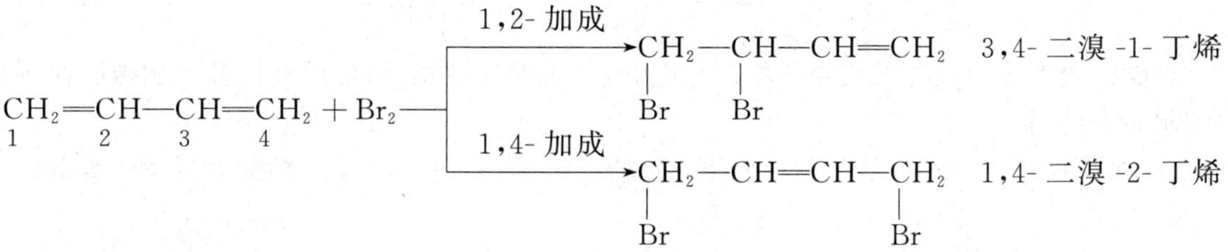

2. 双烯合成反应

共轭二烯烃与含有碳碳双键的化合物发生 1,4-加成，生成环状化合物的反应称为双烯合成反应。例如：

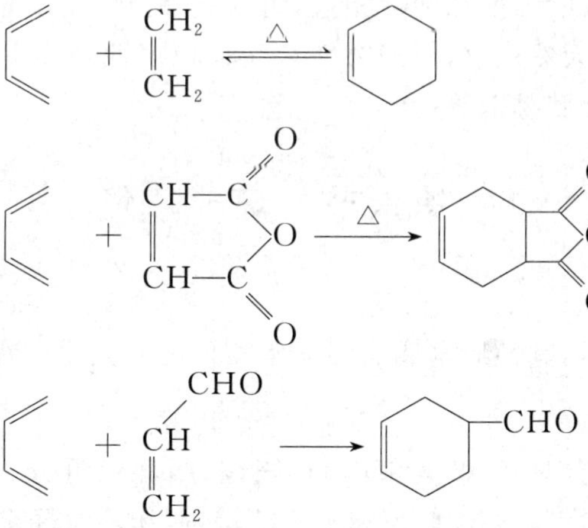

上述反应中，共轭二烯烃称为双烯体，与双烯体发生反应的不饱和化合物称为亲双烯体。

这一反应又称为环加成反应，在有机合成中具有重要意义，是制备六元环状化合物的重要方法。

3.聚合反应

共轭二烯烃可以发生聚合反应。与加成反应相似，它既可以发生1,2-加成聚合，也可以发生1,4-加成聚合。

(1)顺丁橡胶　在催化剂作用下，1,3-丁二烯可基本上按1,4-加成聚合，生成顺-1,4-聚丁二烯，也称为顺丁橡胶。

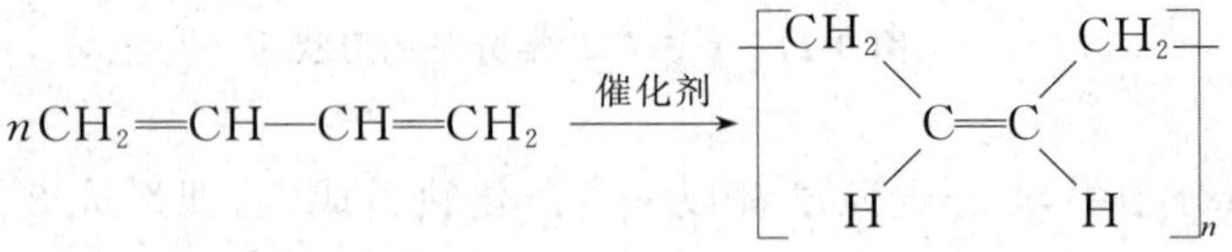

顺丁橡胶

(2)异戊橡胶　在络合催化剂如[$Al(C_2H_5)_3TiCl_4$]催化下，于40～45 ℃，异戊二烯聚合成顺-1,4-聚异戊二烯橡胶，叫异戊橡胶。

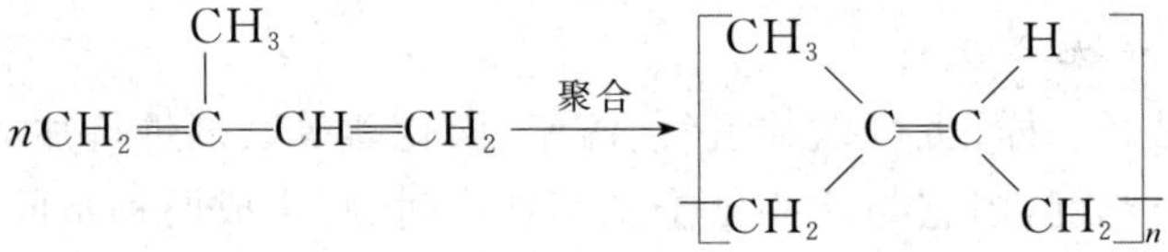

异戊橡胶

异戊橡胶理化性质与天然橡胶相似，其用途与天然橡胶相同，可用来代替天然橡胶在各种橡胶制品中使用。

(3)氯丁橡胶　在过硫酸盐的引发下，于30～50 ℃，2-氯-1,3-丁二烯聚合成氯丁橡胶。

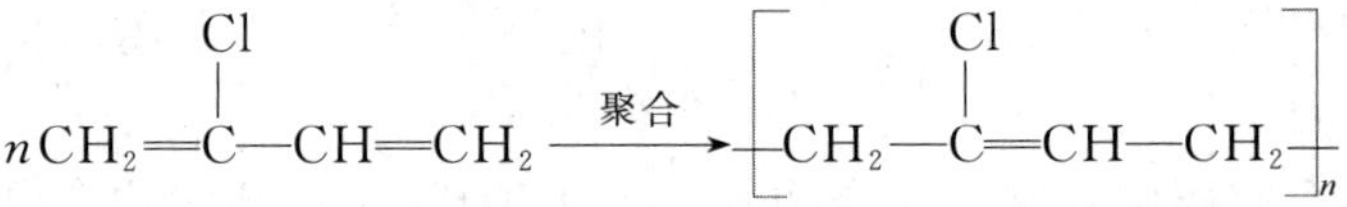

氯丁橡胶

氯丁橡胶与天然橡胶的强度和弹性相近，耐臭氧、耐热、耐阳光老化性、耐油性、耐溶剂、耐化学腐蚀性良好，均超过天然橡胶，但耐寒性和储存稳定性差。主要用于制造运输带、输油软管、胶布制品、电缆电线和胶黏剂等。

第六节　环　烃

一、脂环烃

分子中含有碳环构造，其性质与脂肪烃非常相似的一类化合物，称为脂环烃。

(一)脂环烃的分类

按照碳环中是否含有C═C双键和C≡C三键，脂环烃可分为饱和脂环烃和不饱和脂环烃。饱和脂环烃分子中含有C—C单键和C—H键，叫作环烷烃。碳环中含有C═C双键的不饱和脂环烃叫作环烯烃；含有C≡C三键的不饱和脂环烃叫环炔烃。例如：

环丙烷

环戊烯

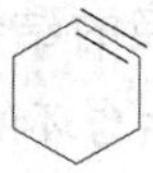
环己炔

根据分子中碳环的数目分为单环、二环、螺环、多环脂环烃。

根据分子组成环的碳原子数目，环烷烃可分为三元、四元、五元等环烷烃。

单环环烷烃与含相同碳原子数的烯烃互为同分异构体，其通式为 C_nH_{2n}；单环环烯烃与含相同碳原子数的炔烃互为同分异构体，其通式为 C_nH_{2n-2}。

(二)脂环烃的命名

1. 环烷烃的命名

环烷烃的命名与烷烃类似，在烷字前加一“环”字即可。例如：

环丁烷

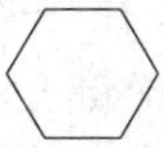
环己烷

环上有支链时，一般将环作为母体，支链作为取代基。若环上连有多个取代基时，需对环上的碳原子编号。编号时，从连有较小取代基的碳原子开始，并使各取代基的位次尽可能小。例如：

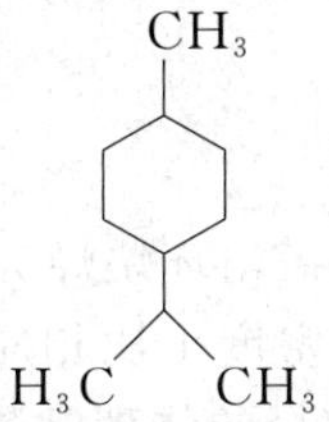
1-甲基-4-异丙基环己烷

如取代基为较长的碳链，可将环作为取代基，作为烷烃的衍生物命名。例如：

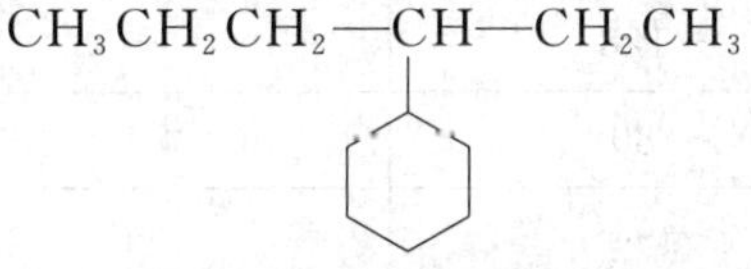
3-环己基己烷

2. 不饱和脂环烃的命名

环烯烃和环炔烃的命名是以环烯烃和环炔烃为母体，环上碳原子的编号在满足官能团碳原子编号为最小的前提下，使取代基有尽可能小的编号。例如：

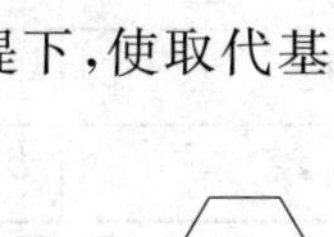
3-甲基环己烯

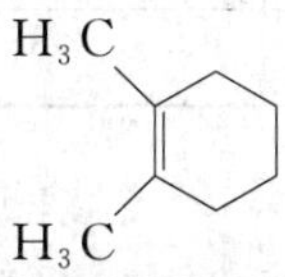
1,2-二甲基环己烯

(三)环烷烃的结构

环的稳定性与环的大小有关，三碳环最不稳定，四碳环比三碳环稍稳定一点，五碳环及六碳环较稳定。

环烷烃和烷烃一样，碳原子也是 sp^3 杂化，由于同时要形成环状结构，因此，C—C—C 键角就不一定是 109.5°，即环的大小不同，键角也不同。

现代物理方法研究证明，在环丙烷分子中，C—C—C 键角为 104°，H—C—H 键角为 105°。正三角的内角为 60°，而环丙烷分子的 C—C—C 键角虽大于 60°，但却小于 109.5°，因此，环丙烷分子中的 σ 键不能像开链烷烃一样沿着对称轴的方向重叠，而是要偏离一定的角度斜着重叠，所以，重叠程度较小，键弱，不稳定。

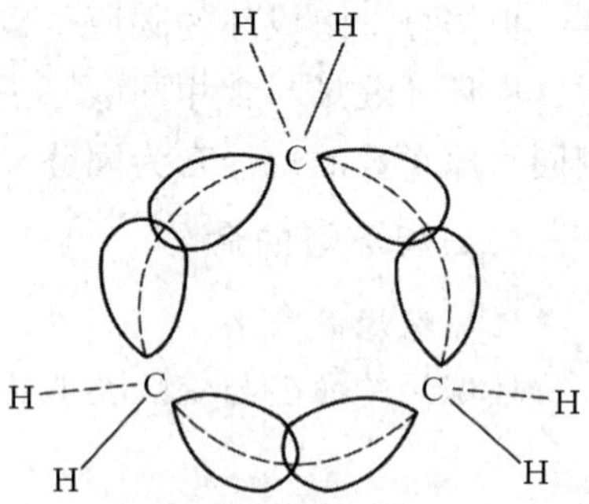

图 9-22 具有角张力的环丙烷轨道结构

这种 σ 键与一般的 σ 键不同，它的电子云不是对称分布在轨道对称轴上，而是分布在一条曲线上，称为弯曲键或香蕉键，如图 9-22 所示。由于键角偏离正常键角而引起的张力称为角张力。正是由于角张力的存在，环丙烷不稳定，容易开环。

角张力是影响环烷烃稳定性的重要因素之一，尤其对环丙烷和环丁烷的影响更大。从环丁烷开始，由于组成环的碳原子不在同一个平面上，角张力逐渐减小，环的稳定性逐渐增强。到环己烷，已经没有角张力，环很稳定。

(四)环烷烃的性质

1. 物理性质

常温下，环丙烷、环丁烷为气体，$C_5 \sim C_{11}$ 环烷烃为液体，其余高级环烷烃为固体。环烷烃的熔点、沸点都比同碳数的烷烃高，相对密度也比相应的烷烃高，但仍小于 1。环烷烃易溶于有机溶剂，不溶于水。表 9-9 为一些环烷烃的物理常数。

表 9-9 一些环烷烃的物理常数

名称	熔点/℃	沸点/℃	相对密度(d_4^{20})
环丙烷	−128	−33	0.720(−79 ℃)
环丁烷	−80	12	0.703(0 ℃)
环戊烷	−94	49	0.745
甲基环戊烷	−142.4	72	0.748
环己烷	6.5	80.8	0.779
甲基环己烷	−126.6	101	0.769
环庚烷	−12	118	0.810
环辛烷	14.8	148	0.835

2. 化学性质

环烷烃的化学性质与烷烃相似，也可发生取代反应和氧化反应等。但由于碳环结构的特殊性，尤其是三元环和四元环结构不稳定，化学性质较活泼，与烯烃相似，易发生开环加成反应;而五元环和六元环相对较稳定,与烷烃相似,易发生取代反应,表现为“小环似烯, 大环似烷”。

(1)取代反应　环烷烃在光照或加热的条件下,可以发生卤代反应,生成相应的卤代物。例如:

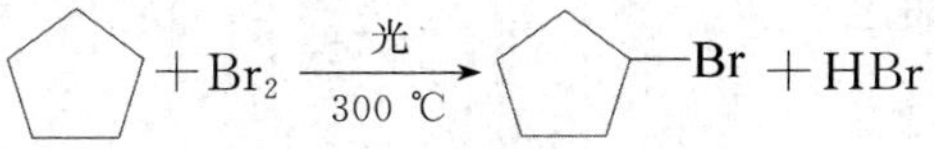

溴代环戊烷

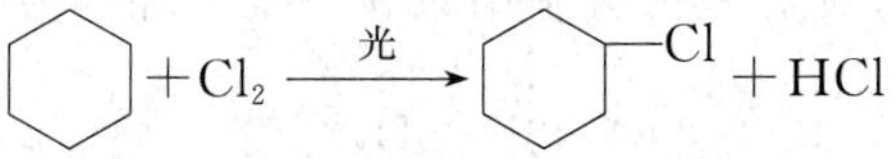

氯代环己烷

(2)加成反应

①催化加氢。在催化剂铂、钯、镍等作用下,三元环到五元环开环,与两个氢原子结合生成开链烷烃。环的大小不同,反应的难易程度不同。例如:

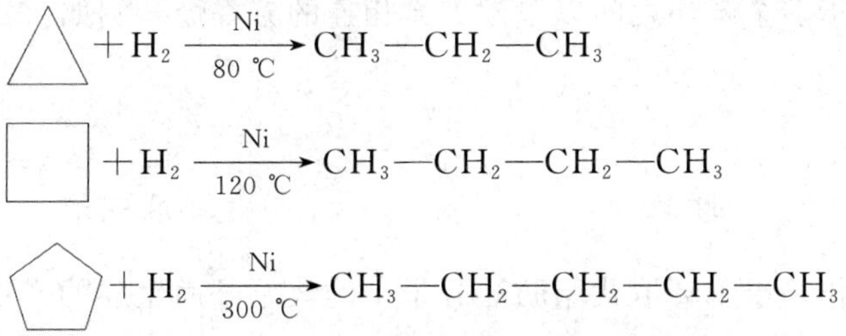

②加卤素。环丙烷和环丁烷可以与氯、溴发生开环加成反应。例如:

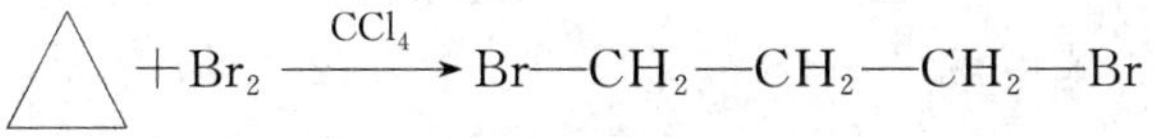

1,3-二溴丙烷

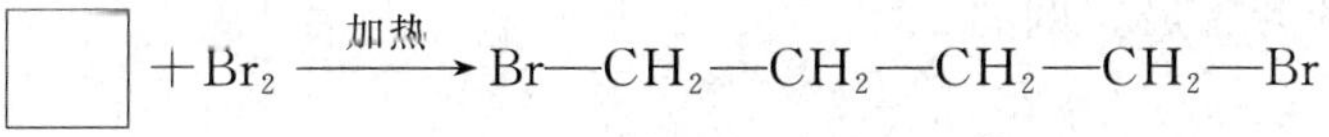

1,4-二溴丁烷

③加卤化氢。环丙烷在常温下容易与卤化氢发生开环反应。

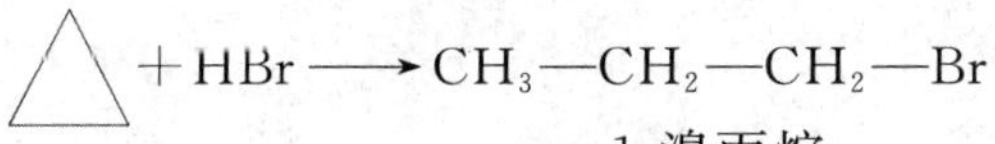

1-溴丙烷

环丙烷的烷基衍生物与卤化氢加成时,环的断裂发生在含氢最少与含氢最多的相邻两个碳原子之间,且符合马氏规则。例如:

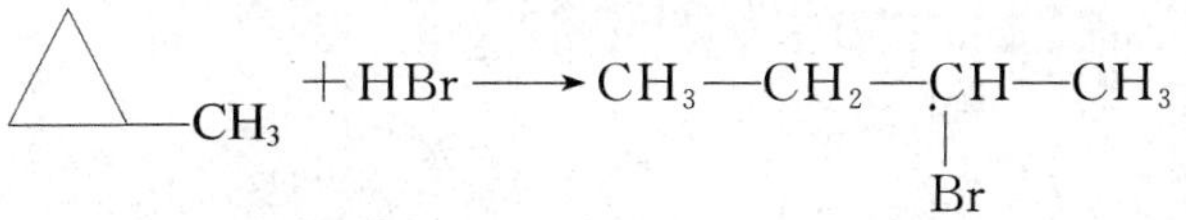

2-溴丁烷

二、芳烃

芳香烃是指只含碳氢两种元素的芳香族化合物。大多数芳香烃都含有苯环结构(称为苯系芳烃),但还有少数不含苯环的环状烃也属于芳香族化合物(称为非苯芳烃)。

(一)芳香烃的分类与命名

1. 芳香烃的分类

苯系芳烃可分为单环芳香烃和多环芳香烃两类。

(1)单环芳香烃　单环芳香烃是指分子中只含一个苯环的芳香烃。例如:

苯

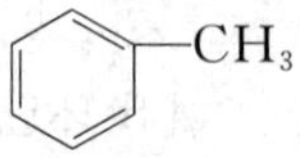

甲苯

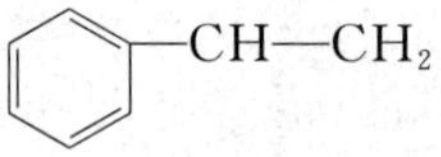

苯乙烯

(2)多环芳香烃　多环芳香烃是指分子含有两个及两个以上独立的苯环结构的芳香烃。根据连接方式的不同,多环芳香烃又可分为联苯芳香烃、多苯代脂肪烃和稠环芳香烃等。

联苯芳香烃是指多个苯环之间以单键直接相连的芳香烃。例如:

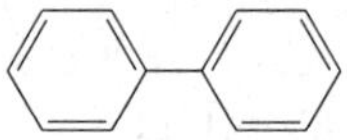

联苯

1,4-联三苯

多苯代脂肪烃可看作是以苯环取代脂肪烃分子中的氢原子而生成的产物。例如:

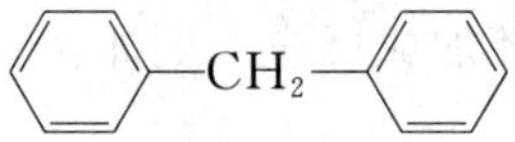

二苯甲烷

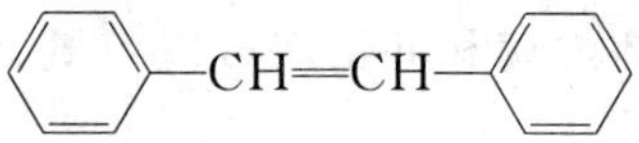

1,2-二苯乙烯

(3)稠环芳香烃　稠环芳香烃是指分子中含有两个或多个苯环,彼此间通过共用两个相邻碳原子稠合而成的芳香烃。例如:

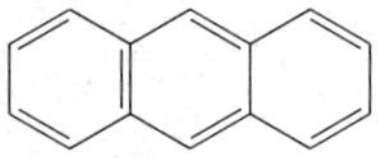

蒽

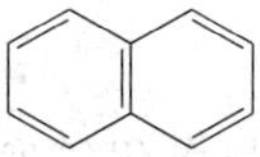

萘

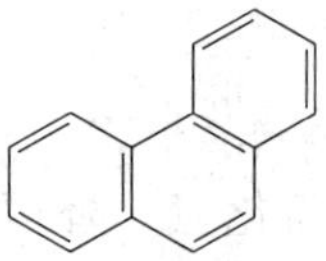

菲

2. 单环芳香烃的命名

单环芳香烃可以看作苯分子中的氢原子被烃基取代所得的衍生物,包括苯、苯的同系物(烷基苯)和苯基取代的不饱和烃。苯的同系物通式为 C_nH_{2n-6}($n\geqslant 6$)。

对于在苯环上只有一个取代基(烷基)的芳香烃,其命名是以苯环为母体,把烷基当作取代基,称为"某苯"。例如:

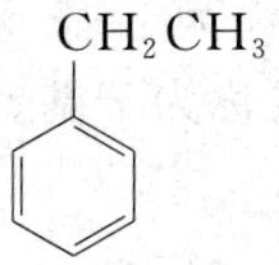

乙苯

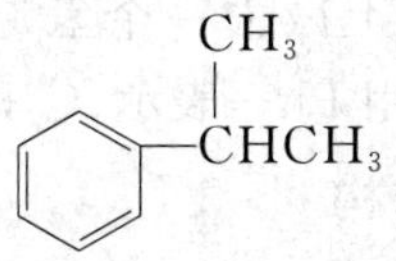

异丙苯

当苯环上有两个或两个以上相同取代基时，由于它们在环上的相对位置不同会产生同分异构体，因此，命名时，应表明它们的相对位置。

若苯环上仅有两个取代基，可在名称前加邻、间、对等字或用阿拉伯数字 1,2-、1,3-、1,4-表示。例如：

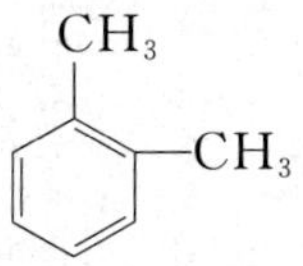

邻二甲苯(1,2-二甲苯)

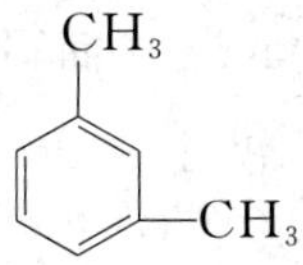

间二甲苯(1,3-二甲苯)

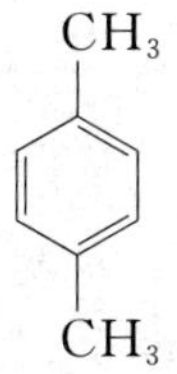

对二甲苯(1,4-二甲苯)

若苯环上有 3 个取代基，可用阿拉伯数字标记取代基的位置，也可用连、偏、均表明其相对位置。例如：

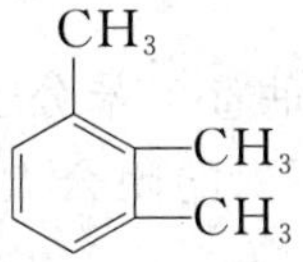

连三甲苯(1,2,3-三甲苯)

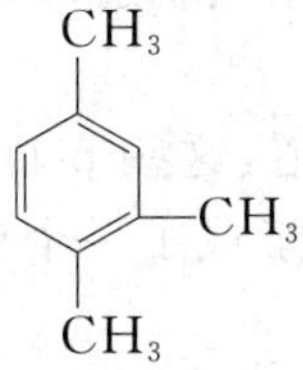

偏三甲苯(1,2,4-三甲苯)

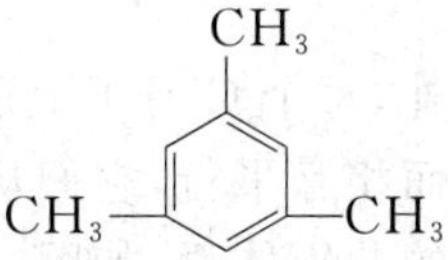

均三甲苯(1,3,5-三甲苯)

如果苯环上连有不同的取代基，编号时，要选择较小基团所连的苯环碳原子为 1 位，然后使所有取代基的位次之和最小。例如：

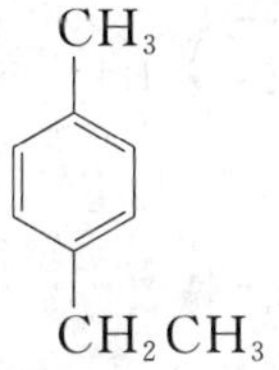

对甲乙苯(1-甲基-4-乙基苯)

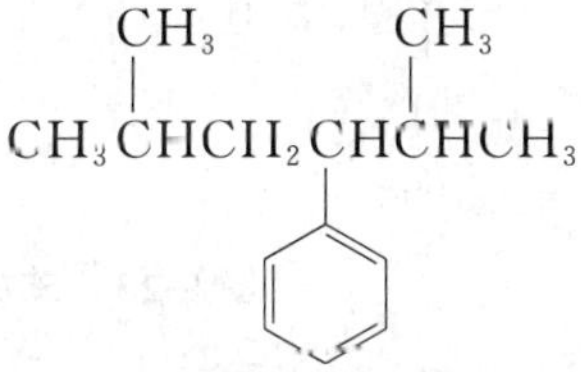

2,5-二甲基-3-苯基己烷

当苯环上连有不饱和基团或较复杂烷基时，常把苯环作为取代基来命名。例如：

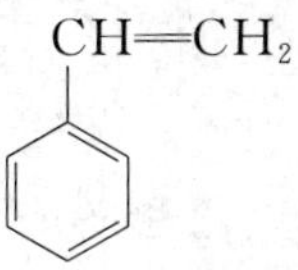

苯乙烯(乙烯基苯)

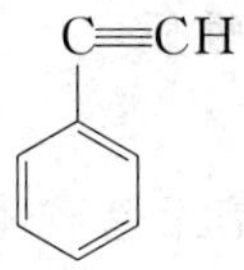

苯乙炔(乙炔基苯)

芳烃分子中芳环上减去一个氢原子后剩下的原子团称为芳基，可用 Ar—表示。其中，C_6H_5—为苯基，也可用 Ph—表示；$C_6H_5CH_2$—为苯甲基，或称为苄基。

(二)苯分子的结构

苯是最简单的芳香烃，也是芳香烃中的典型代表。下面以苯为例介绍芳香烃的结构。

根据元素分析及分子量的测定，可以确定苯的分子式为 C_6H_6；苯的一元取代物只有一种，说明分子中 6 个 C 和 6 个 H 的地位是等同的；苯催化加氢生成环己烷，说明苯具有 6 碳环结构。根据这些事实，1865 年凯库勒提出苯的结构为：

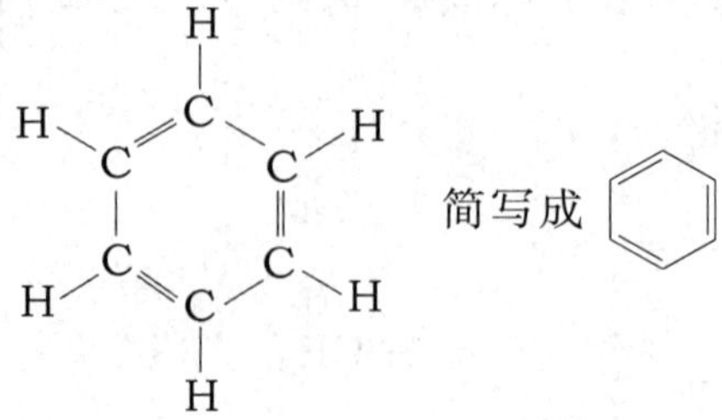

物理测试方法证明，苯是平面正六边形结构。各个键之间的键角都是 120°，6 个碳碳键都是 0.139 nm，每个碳原子都只与其他 3 个原子相连，如图 9-23a 所示。

因此，在苯分子中，6 个碳原子都是 sp^2 杂化。每个碳原子都以 3 个 sp^2 杂化轨道分别与相邻碳和氢形成 3 个 σ 键。由于 3 个 sp^2 杂化轨道都处于同一平面上，所以，苯环上所有原子共平面。

另外，每个 C 原子上还剩下一个 p 轨道，这些 p 轨道由于对称轴都垂直于苯分子所形成的平面而相互平行，它们从侧面相互交叠，形成了一个包含 6 个碳原子在内的闭合大 π 键，称为闭合的共轭体系，如图 9-23b 所示。

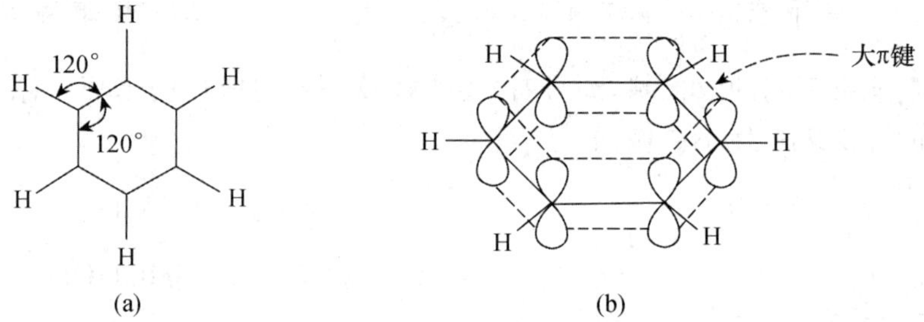

图 9-23　苯的平面结构及共轭大 π 键

大 π 键的电子云对称分布在碳环平面的上下两侧，且平均分布于 6 个碳原子之间，使整个分子成为闭合的结构体系，分子能量显著降低，使苯环具有特殊的化学稳定性。由此可看出，凯库勒式不能完整地代表苯的真实结构，苯环中并没有一般的碳碳单键和碳碳双键。

(三)单环芳香烃的性质

1. 物理性质

苯及其同系物一般是无色液体，不溶于水，可溶于乙醇、乙醚等有机溶剂，相对密度小于 1。在单环芳烃中，最常见的是苯、甲苯和二甲苯。它们除了是重要的有机原料外，也是常用的有机溶剂。苯及其同系物的蒸气有毒。一些常见单环芳烃的物理常数如表 9-10 所示。

表 9-10　常见单环芳烃的物理常数

名称	熔点/℃	沸点/℃	相对密度(d_4^{20})
苯	5.5	80.1	0.879
甲苯	−95	110.6	0.867
乙苯	−95	136.2	0.867
丙苯	−99.5	159.2	0.862
邻二甲苯	−25.2	144.4	0.880
间二甲苯	−47.9	139.1	0.864
对二甲苯	13.3	138.4	0.861

2.化学性质

单环芳烃都含有苯环结构，由于苯环中存在闭合的大π键，所以，分子相对稳定，不易发生氧化和加成反应，而易发生取代反应。

(1)取代反应　在一定条件下，苯环上的 H 原子可被—X、—NO_2、—SO_3H 等原子或原子团取代，生成相应的化合物。

①卤代反应　在 FeX_3 或 Fe 粉的催化下，苯可与氯或溴发生卤代反应，生成卤化苯。

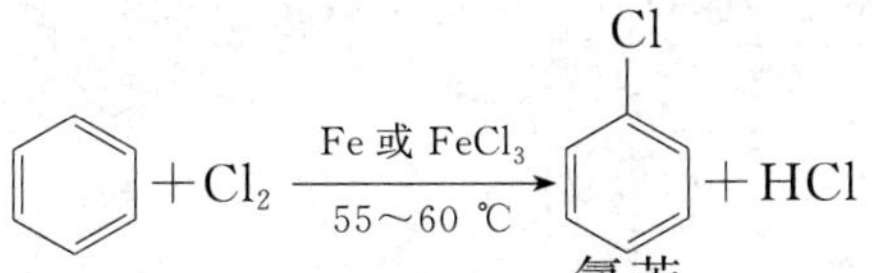

氯苯

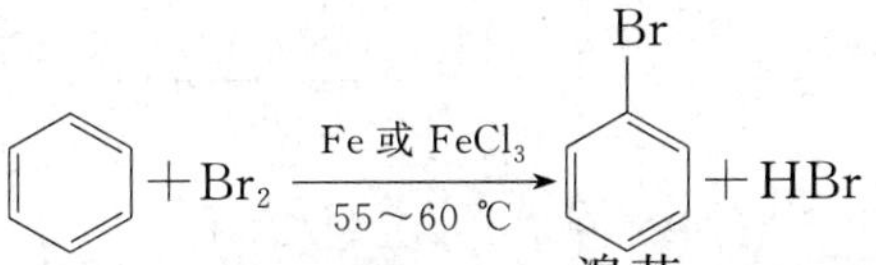

溴苯

在催化剂作用下，苯的同系物也可以发生卤代反应，并且反应要比苯容易，主要得到邻位和对位产物。例如：

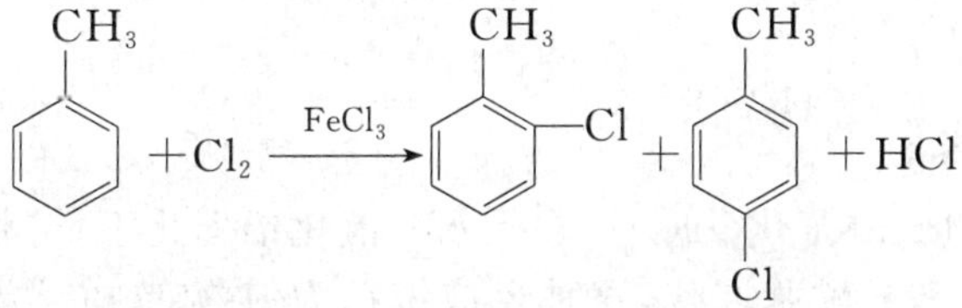

邻氯甲苯　　对氯甲苯

若没有催化剂，在加热或光照条件下，苯同系物的卤代反应不发生在苯环上，而是侧链上的氢被取代。例如：

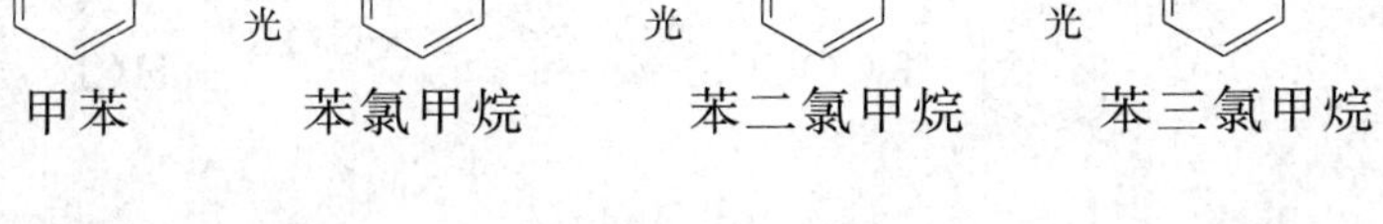

甲苯　　苯氯甲烷　　苯二氯甲烷　　苯三氯甲烷

②硝化反应　苯与混酸(浓 HNO_3+浓 H_2SO_4 的混合物)共热,苯环上的氢原子会被硝基取代,生成硝基苯。苯环上的氢原子被硝基取代的反应称为硝化反应。

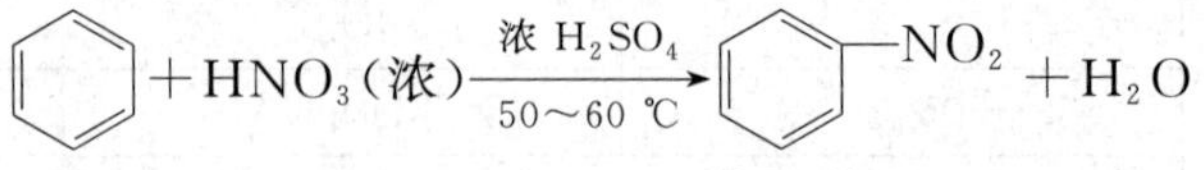

硝基苯

硝基苯为淡黄色油状液体,有苦杏仁味,易燃,有毒,是制造染料和农药的重要原料。如果提高反应温度,并用发烟硝酸和浓硫酸作硝化剂,则可生成间二硝基苯。

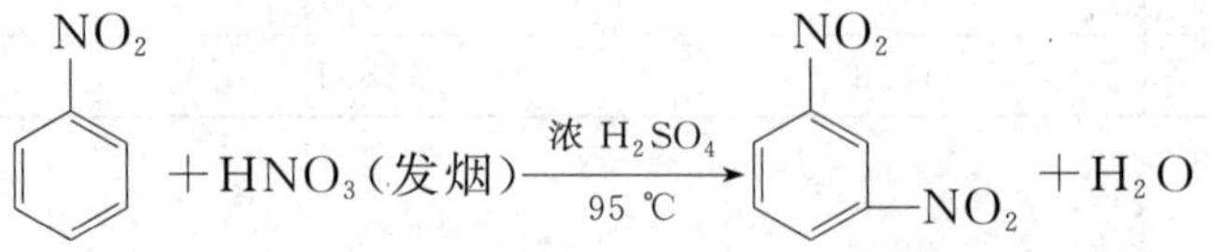

间二硝基苯

甲苯比苯容易硝化,在 30 ℃即可反应,生成邻硝基甲苯和对硝基甲苯,进一步硝化,可生成 2,4,6-三硝基甲苯(TNT)。

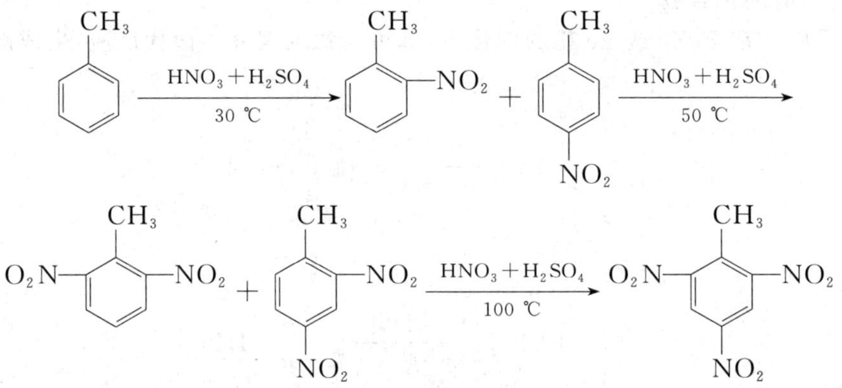

2,4,6-三硝基甲苯

③磺化反应　苯与浓硫酸或发烟硫酸共热,苯环上的氢原子会与被磺基取代,生成苯磺酸。苯环上的氢被磺基取代的反应称为磺化反应。磺化反应为可逆反应。

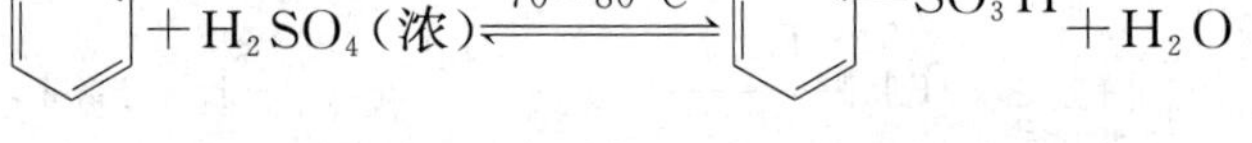

④傅-克反应(烷基化、酰基化反应)　在无水三氯化铝催化下,芳烃与卤代烷或酰卤反应,苯环上的氢原子将被烷基或酰基取代,这种反应统称为傅-克反应。前者称为烷基化反应,后者称为酰基化反应。

烷基化反应中,如果碳链较长,反应中碳链发生异构化,将得到较多的异烷基取代物。例如:

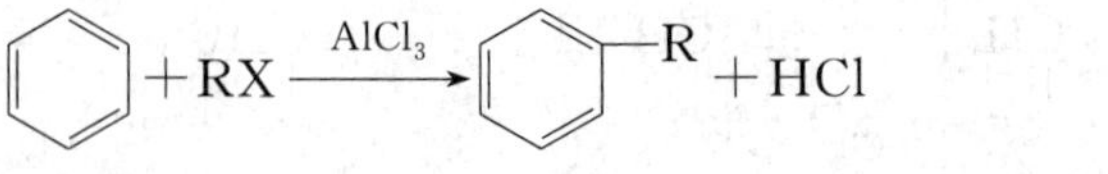

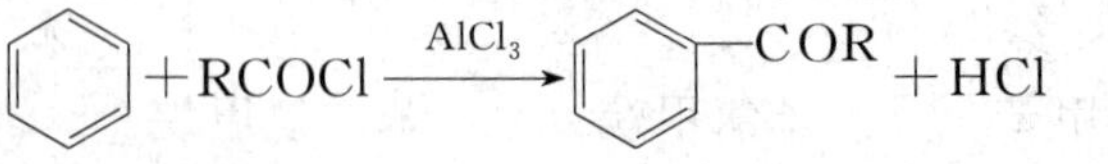

(2)氧化反应　苯环比较稳定，一般条件下不与 $KMnO_4$、K_2CrO_7 等氧化剂反应。但当苯环上有侧链时，只要与苯环相连的碳原子上有氢原子，则不论侧链有几个碳原子，侧链都能被氧化成羧基。例如：

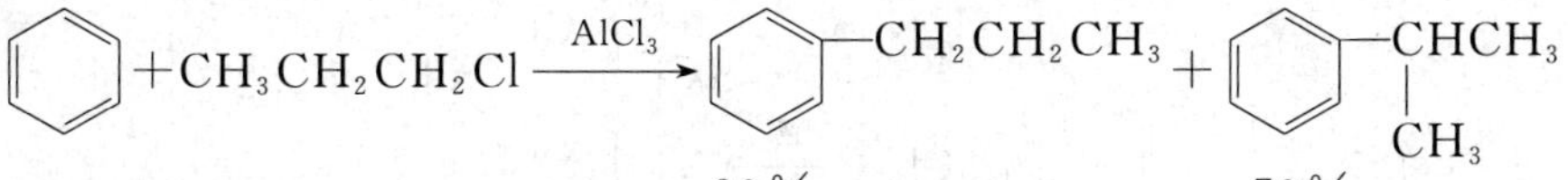

30%　　　　70%

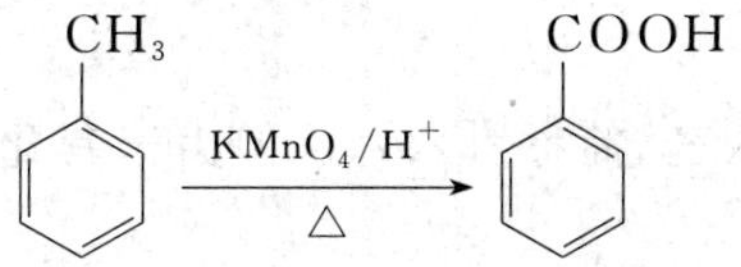

苯甲酸

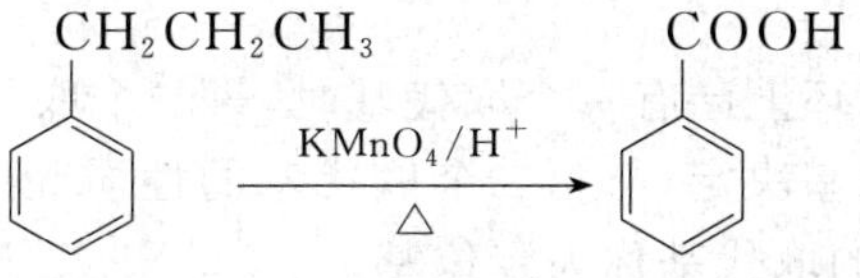

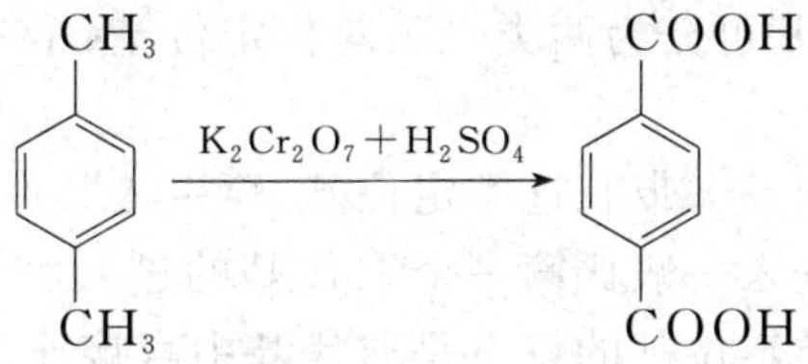

对苯二甲酸

但若与苯环相连的碳原子上无 α-H，则侧链不易被氧化。例如：

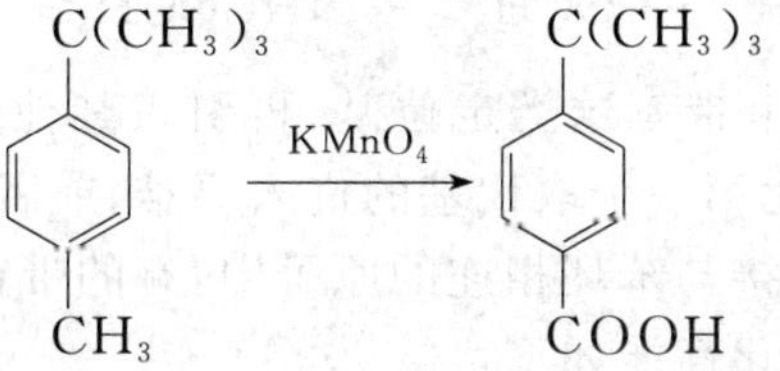

尽管苯环很稳定，但在特殊条件下，苯环也会被氧化，生成顺丁烯二酸酐。

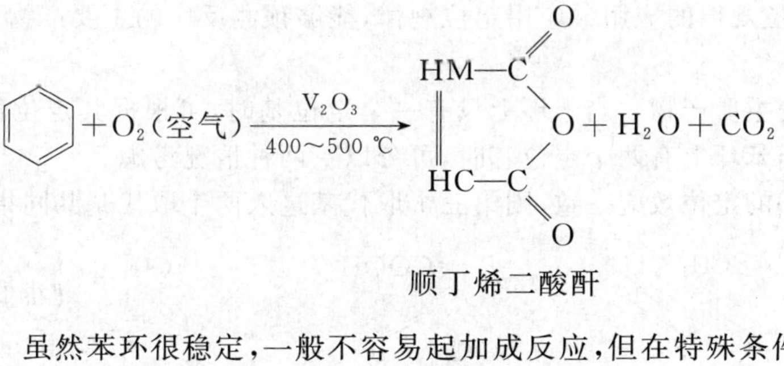

顺丁烯二酸酐

(3)加成反应　虽然苯环很稳定，一般不容易起加成反应，但在特殊条件下也可发生加成反应。

①加 H_2　这是工业上生产环己烷的方法。

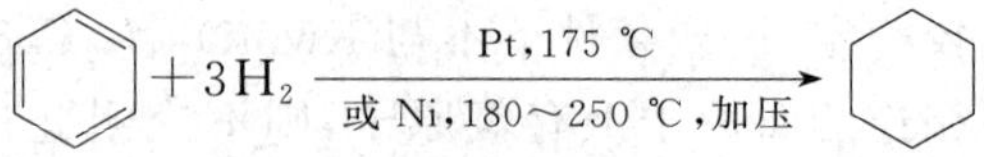

②加 Cl_2　在光照射下，无 $FeCl_3$ 存在时，苯与氯加成生成六氯化苯（六氯环己烷）。

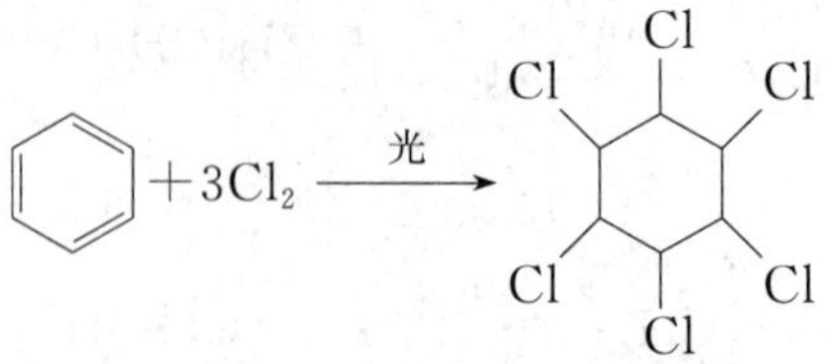

六氯化苯曾是一种重要的农药，简称六六六。但由于其化学性质稳定，毒性残留期长，危害生态环境，现已禁止生产使用。

（四）苯环上亲电取代反应的定位规律

1. 定位规律

大量实验结果表明，当苯环上已有一个取代基时，第二个取代基进入苯环的位置和难易程度，主要由苯环上原有的取代基决定，与第二个取代基的性质无关，这个规律称为苯环上取代基的定位规律。苯环上原有的取代基称为定位基。

按其定位作用不同，定位基可分为两类：邻、对位定位基（第一类定位基）和间位定位基（第二类定位基）。

（1）邻、对位定位基　若苯环上带有这类定位基，再引入其他基团时，主要进入它的邻位或对位，而且，第二个取代基的进入一般比第一个取代基的进入容易，或者说这类取代基使苯环活化（卤素使苯环钝化）。这类定位基的特点是取代基中直接连在苯环上的原子多数具有未共用电子对，并且不含有双键或三键。

常见的邻、对位定位基及其活化性能如下：

$$—N(CH_3)_2 > —NH_2 > —OH > —OCH_3 > —NHCOCH_3 > —R(烷基) > —OCOR > —X$$

（2）间位定位基　若苯环上带有这类定位基，再引入其他基团时，主要进入它的间位，而且，第二个取代基的进入一般比第一个取代基的进入要难，或者说这类取代基使苯环钝化。这类定位基的特点是取代基中直接与苯环相连的原子中，有的带正电荷，有的含双键或三键。

常见的间位定位基及其钝化性能如下：

$$—N^+(CH_3)_3 > —NO_2 > —CN > —SO_3H > —COR > —COOH > —COOR > —CONH_2$$

（3）取代基定位规律的应用　应用定位规律，能够预测反应的主要产物以及选择适当的合成路线。

①预测反应的主要产物　当苯环上只有一个定位基时，可根据其定位作用直接判断出反应的主要产物。当苯环上有两个定位基时，可分以下两种情况考虑。

若两个取代基的定位效应一致，则第三个取代基进入两个取代基共同指向的位置。例如：

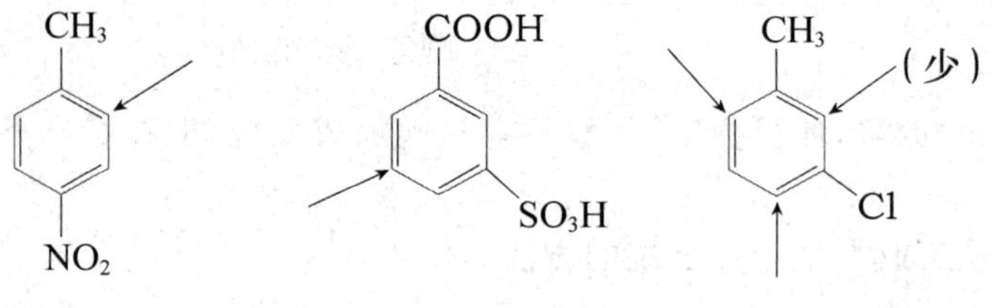

—CH_3 和—Cl 共同的邻位由于空间效应的影响，受到一定的阻碍，不易进入。

两个取代基的定位效应不一致时，又可分两种情况。两个取代基属同一类时，由定位效应强的决定，即若为第一类定位基，由活化作用强的决定；若为第二类定位基，由钝化作用强的决定。例如：

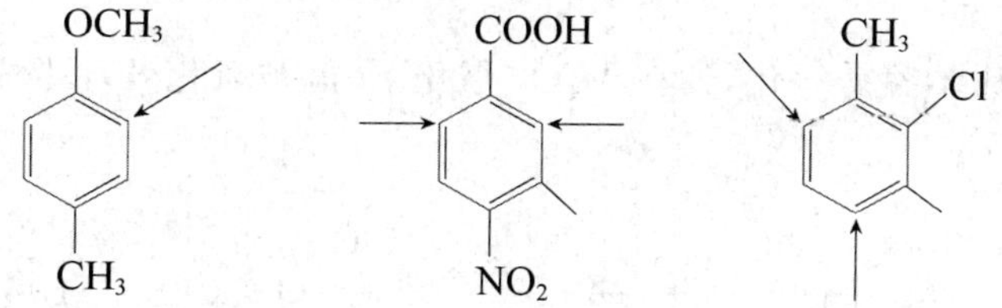

两个取代基属不同类时，由第一类定位基决定。例如：

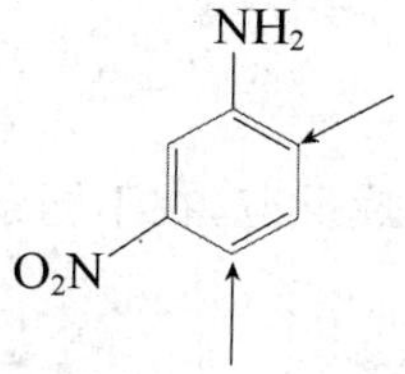

②选择合适的合成路线　例如，由苯制取间硝基氯苯，应先硝化，再氯代；但如果制取对硝基氯苯，则应先氯代，再硝化，否则不能得到目标化合物。

(五)稠环芳香烃

稠环芳香烃大量存在于煤焦油中，其中比较重要的是萘、蒽、菲，它们都是合成染料和药物的重要原料。本章仅介绍萘。

1. 萘的结构

萘分子与苯相似，也具有平面结构。每个碳原子都是 sp^2 杂化，每个 C 原子上都剩下一个没有参加杂化的 p 轨道，这些 p 轨道可以从侧面交叠组成一个闭合的共轭体系，形成大 π 键，π 电子是离域的，这些都与苯相似；但与苯不同的是，萘分子中碳碳键的键长不完全相等。在萘分子中，不仅 C—C 键长不完全相同，而且 C 原子的位置也不完全相同。例如：

萘分子中碳原子的编号是固定的，1、4、5、8 四个 C 原子位置是等同的，称为 α 位；2、3、6、7 四个 C 位置是等同的，称为 β 位。9、10 两个 C 原子上无氢原子。

2. 萘的反应

萘的性质与苯相似，可发生取代、加成、氧化等反应，这些反应都比苯容易进行。

(1)取代反应　萘 α 位活性比 β 位大，发生取代时主要得到 α-取代产物。例如：

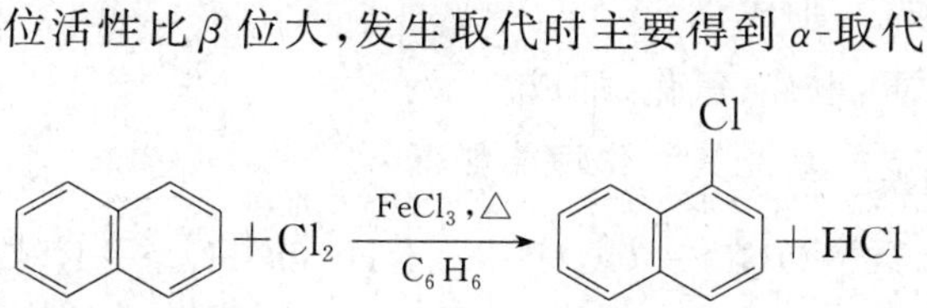

α-氯萘(79%)

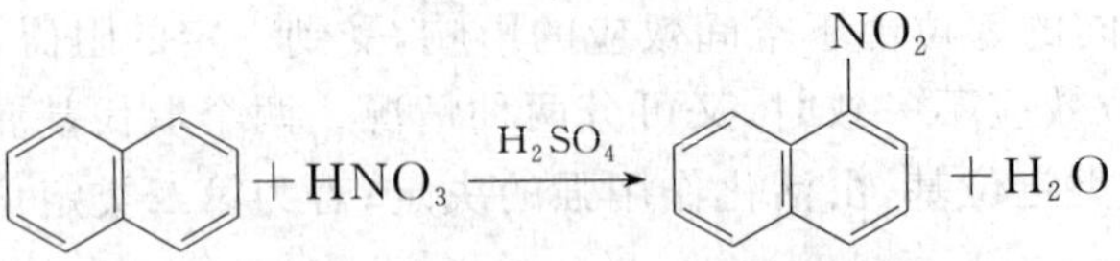

α-硝基萘(92%)

(2)氧化反应　萘比苯容易氧化,如在 V_2O_5 催化下,能被氧化开环生成邻苯二甲酸酐。

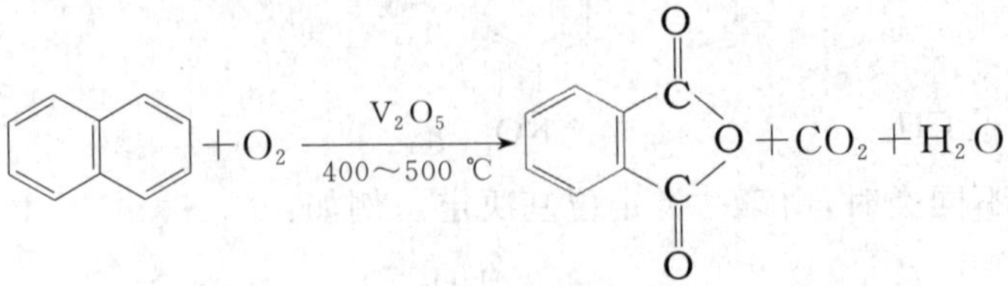

邻苯二甲酸酐

(3)加成反应　萘比苯容易发生加成反应,在不同条件下可生成不同的加成产物。例如:

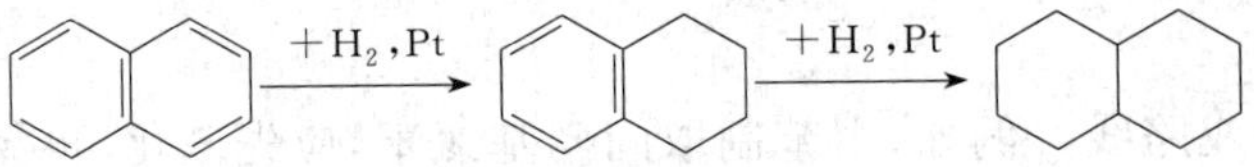

1,2,3,4-四氢化萘　　十氢化萘

本章小结

1.价键理论认为:共价键是由成键两个原子间自旋相反的未成对电子所处的原子轨道(或电子云)重叠而成的。两个原子轨道相互重叠时,重叠的程度越大,核间排斥力越小,系统能量越低,形成的共价键越稳定。

2.有机物分子中除有化学键外,在分子之间还存在着比化学键弱得多的相互作用力,称为分子间作用力,它是决定物质熔点、沸点、溶解度等物理化学性质的一个重要因素。其主要形式有:色散力、诱导力和取向力。

3.氢键是指分子中与一个电负性很大的元素相结合的 H 原子,还能与另一分子中电负性很大的原子间产生一定的结合力而形成的键,用式子表示即为 X—H…Y,其中 X、Y 代表 F、O、N 等电负性大且半径小的原子。

4.烷烃的化学性质:氧化、卤代、裂化。

5.烯烃的化学性质:加成、氧化、α-氢的反应、聚合反应。

6.炔烃的化学性质:加成、氧化、聚合反应、金属炔化物的生成。

7.二烯烃的化学性质:1,2-加成和 1,4-加成反应、双烯合成反应、聚合反应。

8.环烷烃的性质:取代、加成。

9.单环芳香烃的性质:取代、氧化、加成。

10.常见的邻、对位定位基及其活化性能如下:

$-N(CH_3)_2 > -NH_2 > -OH > -OCH_3 > -NHCOCH_3 > -R$(烷基)$> -OCOR > -X$

11. 常见的间位定位基及其钝化性能如下：

$—N^+(CH_3)_3 > —NO_2 > —CN > —SO_3H > —COR > —COOH > —COOR > —CONH_2$

12. 萘的反应：取代、氧化、加成。

巩固测试

第九章测试题

思政小课堂

化学家的“元素组成”

第十章
卤代烃

【学习目标】

［知识目标］

- 熟悉卤代烃的分类和性质
- 了解常见的卤代烃

［能力目标］

- 能够根据反应物和反应条件合理写出产物
- 能够列举卤代烃的应用实例

［素质目标］

- 培养笃信好学、勇于探索的精神
- 热爱祖国大好河山，为节能减排助力

【知识导图】

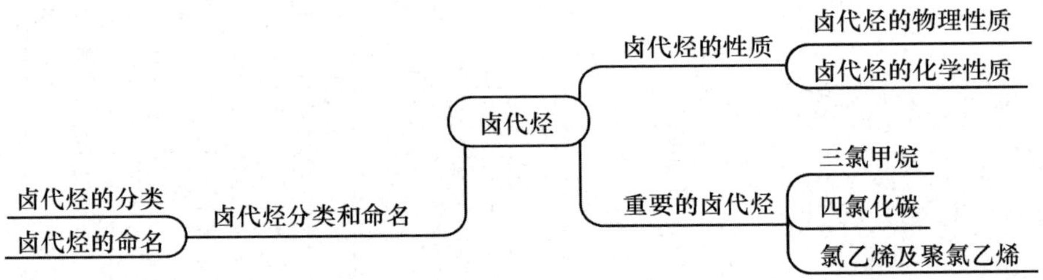

烃类分子中一个或几个氢原子被卤原子取代后生成的各种化合物总称为卤代烃，简称卤烃。在卤代烃分子中，卤原子是官能团。相对于烃分子中的碳碳键而言，碳卤键具有一定的极性，因而卤代烃的性质比一般的烃类活泼，较易与其他试剂反应而转变成各种化合物，是有机合成中常用的试剂。

卤代烃是很重要的烃类衍生物，它能发生许多化学反应而转变为其他类型的化合物，在有机合成中起着桥梁作用。在人们日常的生产和生活中，卤代烃广泛用作农药、麻醉剂、灭火剂、溶剂等。

由于碘太贵，碘代烃在工业上没有什么重要的意义。在工业上最重要的大规模生产的是氯代烃。凡是用氯代烃可以满足需要的，就不用溴代烃，更不用碘代烃。在实验室中，溴代烃有它的重要性。由于 C—Br 键的活性比 C—Cl 键大，因此，为了使反应比较容易进行，实验室中常用溴代烃来合成有机化合物。

第一节　卤代烃分类和命名

一、卤代烃的分类

根据分子中卤原子种类的不同，卤代烃可分为氟代烃、氯代烃、溴代烃和碘代烃。因氟代烃的制备和性质比较特殊，与其他卤代烃不同，本章不做讲解。

根据分子中烃基的不同，卤代烃可分为饱和卤代烃（又称卤代烷）、不饱和卤代烃和芳香族卤代烃。例如：

CH_3CH_2Cl	$CH_2{=}CHCl$	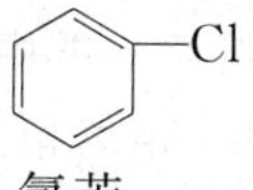
氯乙烷	氯乙烯	氯苯
饱和卤代烃（卤代烷）	不饱和卤代烃	芳香族卤代烃

根据分子中卤原子数目的不同，卤代烃可分为一卤代烃和多卤代烃。例如 RCH_2X，C_6H_5X 等一卤代烷通常用 RX 表示；$RCHX_2$，CHX_3 等可表示多卤代烷。

根据与卤原子直接相连的碳原子类型不同，卤代烃可分为伯卤代烃、仲卤代烃和叔卤代烃，或分别称为一级卤代烃、二级卤代烃和三级卤代烃。例如：

$CH_3CH_2CH_2Cl$	$CH_3CH_2ClCH_3$	$(CH_3)_3CCl$
1-氯丙烷	2-氯丙烷	叔丁基氯
伯卤代烃	仲卤代烃	叔卤代烃

根据分子中卤原子与双键相对位置的不同，卤代烯烃可分为以下 3 类。

(1)乙烯型卤代烯烃　卤原子直接与双键碳原子相连，如：

$$CH_2{=}CHCl$$

氯乙烯

(2)烯丙型卤代烯烃　卤原子直接与双键的 α-碳原子相连，如：

$CH_2BrCH{=\!=}CH_2$

烯丙基溴

(3)隔离型卤代烯烃　卤原子直接与双键相隔两个或两个以上的饱和碳原子相连，如

$CH_2{=\!=}CHCH_2CH_2Cl$

5-氯-2-戊烯

二、卤代烃的命名

(一)习惯命名法

构造比较简单的卤代烃可用习惯命名法命名，方法是在烃基名称之前加上卤素的名称，称为“卤(代)某烃”，或在烃基名称之后加上卤素的名称，称为“某基卤”。例如：

CH_3Cl　　氯甲烷(或甲基氯)

$CH_2{=\!=}CHCl$　　氯乙烯(或乙烯基氯)

$(CH_3)_3CBr$　　叔丁基溴

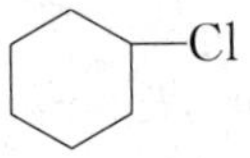

氯代环己烷(或环己基氯)

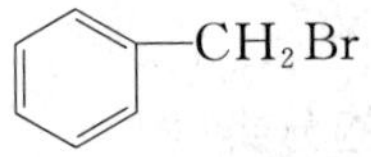

苄基溴(或溴化苄、苯溴甲烷)

(二)系统命名法

卤代烃系统命名法的基本要点与烃类的命名相似。

对于卤代烷烃，其命名方法是：选择含有卤素原子的最长碳链作为主链，把支链和卤素看作取代基，按照主链中所含碳原子数目称为“某烷”；主链碳原子的编号从靠近支链一端开始，若支链到两端距离相等，则按基团次序规则，把“较优”基团后编号；将所有取代基按“较优”基团后列出的顺序，依次把它们的位次、名称写在“某烷”之前。例如：

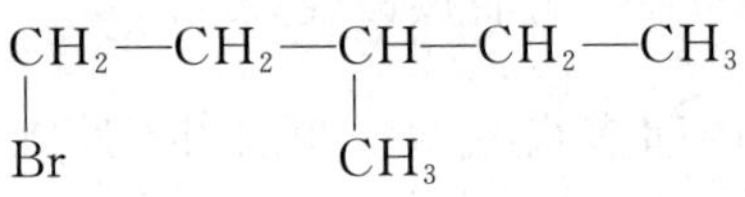

3-甲基-1-溴戊烷

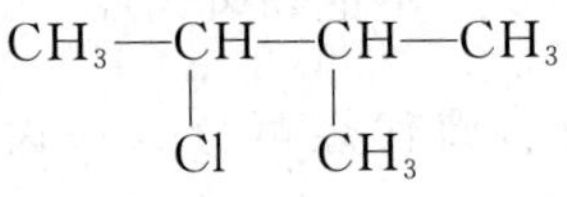

2-甲基-3-氯丁烷

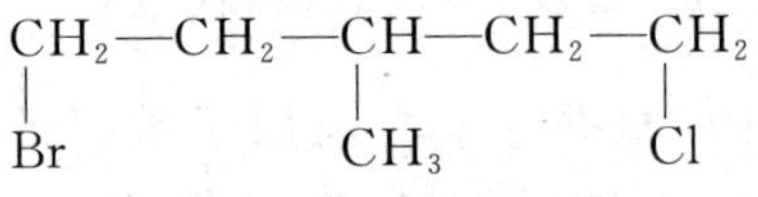

3-甲基-1-氯-5-溴戊烷

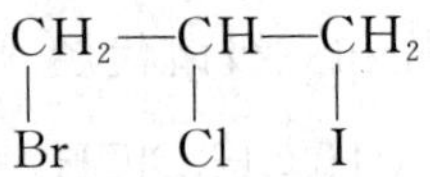

2-氯-1-溴-3-碘丙烷

对于不饱和卤代烃，其命名方法是：选择含有卤素原子和不饱和键的最长碳链作为主链，主链编号时使不饱和键的位次最小。顺反异构体用 Z/E 或顺/反标明其构型。例如：

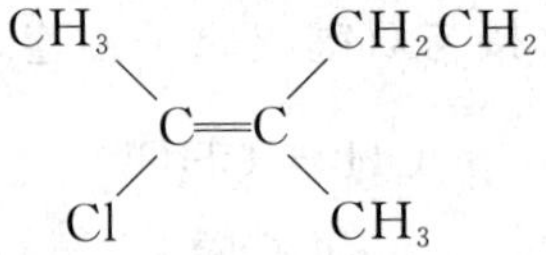

反-3-甲基-2-氯-2-戊烯

对于卤代芳烃，如果卤素直接与苯环相连，命名时以芳烃为母体，卤原子作为取代基。同时，应将卤原子的位置、数目和名称写在芳烃名称之前。例如：

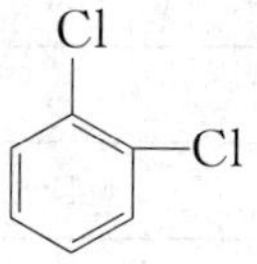

1,2-二氯苯

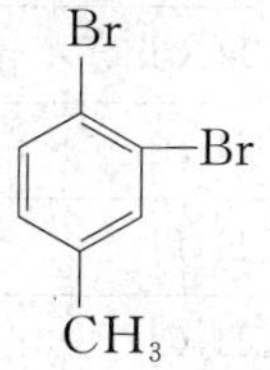

3,4-二溴甲苯

如果卤素原子连在芳烃的侧链上，命名时，应将芳基和卤素都作为烷烃的取代基，而以脂肪烃为母体。例如：

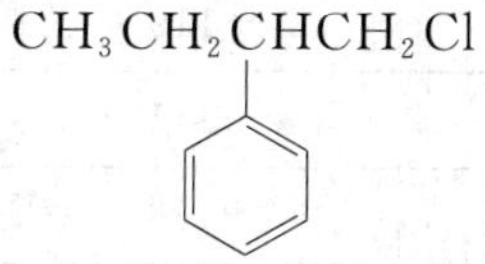

2-苯基-1-氯丁烷

第二节　卤代烃的性质

一、卤代烃的物理性质

在室温下，只有少数低级卤代烃是气体，如氯甲烷、溴甲烷、氯乙烷、氯乙烯等，其他常见的卤代烃大多是液体。纯净的卤代烷多数是无色的。溴代烷和碘代烷对光较敏感，光照下能缓慢地分解出游离卤素而分别呈棕黄色和紫色。

卤代烃不溶于水，但是它们可以相互混溶，也能溶于醇、醚、烃类等有机溶剂中。有些卤代烃本身就是有机溶剂。多氯代烷和多氯代烯可用作干洗剂。

卤代烃中，烃基相同而卤原子不同时，沸点随卤原子序数的增加而升高，即碘代烃最高、溴代烃次之，氯代烃最低。同系列中，卤代烃的沸点随碳链的增加而升高。同分异构体中，支链越多，沸点越低。一氟代烷和一氯代烷的相对密度小于1，一溴代烷和一碘代烷以及多卤代烷和卤代芳烃的相对密度都大于1。此物理性质常用于卤代烃的分离提纯。表10-1给出了卤代烃的一些物理常数。

在有机分子中引入卤原子或溴原子可减弱其燃烧性，增强其不燃性，这是一般规律。某些含氯、含溴的有机化合物是很好的灭火剂和阻燃剂。例如，二氟二溴甲烷、三氟一溴甲烷可用作灭火剂，它们比四氯化碳安全。氯化石蜡（C_{10}～C_{30} 直链烷烃溴代衍生物的统称，一般产品含溴量为40%～70%）是树脂和橡胶的阻燃剂。六溴苯、十溴二苯醚等是高分子材料的阻燃剂。卤代烷有毒，可能有致癌作用，使用时需注意。

表 10-1 卤代烃的物理常数

名称	构造式	熔点/℃	沸点/℃	相对密度(d_4^{20})
氯甲烷	CH_3Cl	−97	−24	0.920
溴甲烷	CH_3Br	−93	4	1.732
碘甲烷	CH_3I	−66	42	2.279
二氯甲烷	CH_2Cl_2	−96	40	1.326
三氯甲烷	$CHCl_3$	−64	62	1.489
四氯化碳	CCl_4	−23	77	1.594
氯乙烷	C_2H_5Cl	−139	12	0.898
溴乙烷	C_2H_5Br	−119	38	1.461
碘乙烷	C_2H_5I	−111	72	1.936
1-氯丙烷	$CH_3CH_2CH_2Cl$	−123	47	0.890
2-氯丙烷	$CH_3CHClCH_3$	−117	36	0.860
氯乙烯	$CH_2{=}CHCl$	−154	−14	0.911
氯苯	C_6H_5Cl	−45	132	1.107
溴苯	C_6H_5Br	−31	155	1.499
碘苯	C_6H_5I	−29	189	1.824

二、卤代烷的化学性质

卤代烷分子中，卤原子是卤代烷的官能团。由于卤素原子的电负性大于碳原子，因此C—X键为极性共价键，键上电子对偏向卤原子，使碳原子带有部分正电荷。C—X键在极性试剂作用下，较易发生异裂，并与试剂的基团结合而生成新化合物，因此，卤代烷的许多化学性质都是由于官能团卤素的存在而引起的。

反应时卤代烷的活性顺序为：碘代烷＞溴代烷＞氯代烷。

(一)取代反应

卤代烷容易发生取代反应，在反应中卤原子被其他原子团所取代。

1. 水解(生成醇)

卤代烷与水作用生成醇的反应称为水解。水解反应是可逆反应。

$$RX + H_2O \rightleftharpoons ROH + HX$$

在通常情况下，卤代烷不溶或微溶于水，水解的速度很慢。为了加快反应速度，并使反应进行完全，一般是将卤代烷与强碱(如氢氧化钠、氢氧化钾)的水溶液共热来进行水解，反应中生成的卤化氢被碱中和，从而平衡向右边移动，使水解完全。

$$RX + NaOH \xrightarrow[\triangle]{H_2O} ROH + NaX$$

2. 醇解（生成醚）

卤代烷与醇钠反应常用于制备混醚（Williamson 反应），也称醇解反应，反应中所用的卤代烷通常为伯卤代烷。这是制备醚，特别是制备 R—O—R′类型的醚，最常用的一种方法。

$$CH_3CH_2CH_2CH_2Br + \underset{\text{乙醇钠}}{CH_3CH_2ONa} \xrightarrow[\text{回流}]{\text{乙醇}} \underset{\text{乙(基)正丁(基)醚}}{CH_3CH_2CH_2CH_2OCH_2CH_3} + NaBr$$

3. 氰解（生成腈）

伯卤代烷与氰化钠或氰化钾在乙醇中回流，卤原子被氰基取代生成腈的反应称为卤代烃的氰解。

$$RX + NaCN \xrightarrow[\text{回流}]{\text{乙醇}} \underset{\text{腈}}{RCN} + NaX$$

生成的产物腈较原料卤代烷增加了一个碳原子，是有机合成中增长碳链的一种方法。此外，这也是制备腈的一种方法。腈基（—CN）还可转化为—COOH、还原生成—CH_2NH_2，这也是从伯卤代烷制备羧酸和胺的一种方法。氰化钠剧毒，故应用时应谨慎。

$$RCN + H_2O \xrightarrow{H^+} RCOOH$$

4. 氨解（生成胺）

伯卤代烷与过量的氨作用，卤原子被氨基取代生成胺的反应称为卤代烃的氨解。工业上用这个反应制备伯胺。

$$RX + 2NH_3(\text{过量}) \longrightarrow RNH_2 + NH_4X$$

例如：

$$CH_3CH_2CH_2Cl + 2NH_3 \longrightarrow CH_3CH_2CH_2NH_2 + NH_4Cl$$

5. 与硝酸银反应（检验卤代烷）

卤代烷与硝酸银的醇溶液反应，生成硝酸酯和卤化银沉淀。

$$RX + AgNO_3 \xrightarrow{\text{乙醇}} RONO_2 + AgX\downarrow$$

例如：

$$CH_3CH_2CH_2Cl + AgNO_3 \xrightarrow{\text{乙醇}} CH_3CH_2CH_2ONO_2 + AgCl\downarrow$$

根据生成卤化银沉淀的颜色和速度的快慢，可鉴别卤代烷。烯丙型卤代烃、苄卤、叔卤代烃在常温下就能与硝酸银醇溶液反应，仲卤代烃和伯卤代烃在加热条件下才能与硝酸银醇溶液反应，而乙烯型卤代烃和卤苯则不与硝酸银醇溶液反应。这个反应在有机分析上常用来检验卤代烷。不同的卤代烃与硝酸银醇溶液反应由易到难的顺序为：

$$CH_2{=}CH{-}CH_2X、ArCH_2X、(R)_3CX、(R)_2CHX、RX$$

(二)消除反应

卤代烷与强碱的醇溶液共热，脱去卤原子和相邻碳上的氢原子（β-H）生成烯烃。这种从有机物分子中相邻两个碳上脱去卤化氢或水等小分子形成不饱和键的反应称为消除反应。例如：

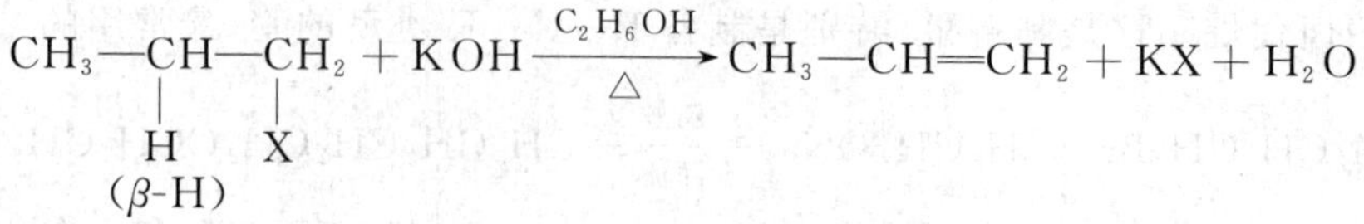

因卤代烷分子中 β-碳原子上必须连有氢原子，才能进行消除反应，因此，消除反应又称为 β-消除反应。消除反应是制备烯烃的重要方法。

卤代烷消除 HX 的难易程度和烃基的结构有关。叔卤代烷最容易，仲卤代烷次之，伯卤代烷再次之。

二级和三级卤代烷脱卤化氢时，反应可以在碳链的不同方向进行，得到不同的产物，但其中占优势的产物是从含氢较少的 β-碳原子上脱去氢原子而生成的烯烃。这是俄国化学家扎依采夫根据大量实验事实总结出来的规律，称为扎依采夫规则。例如：

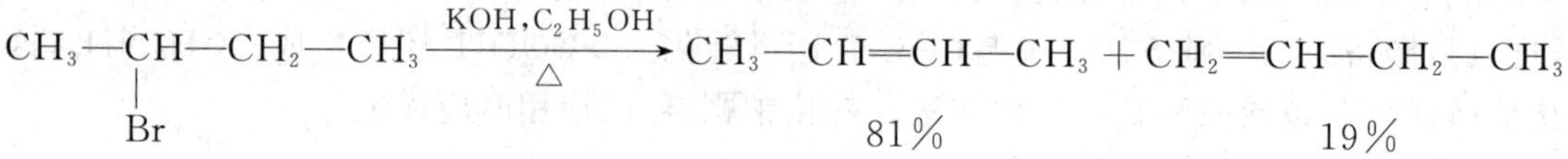

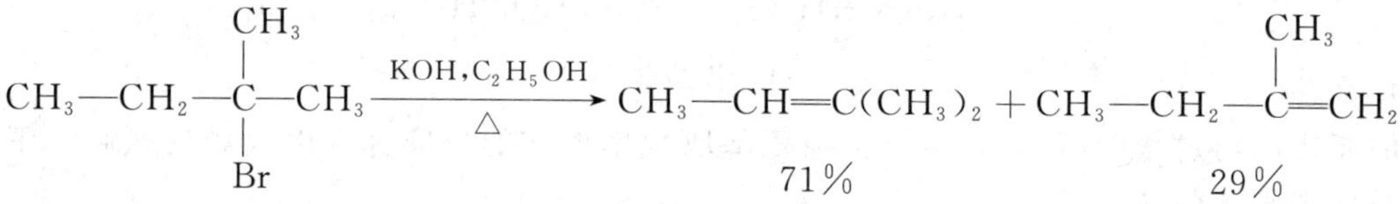

(三)与金属反应(格氏试剂的生成)

卤代烃能和 Mg、Li 等金属发生反应，生成金属有机化合物。金属有机化合物是指金属原子直接与碳原子连接的有机化合物。金属原子不直接和碳原子相连，如 C_2H_5ONa、CH_3COOK 等就不属于金属有机化合物。

1. 与金属镁反应

卤代烃与金属镁在无水乙醚中反应，生成有机镁化合物。

$$RX + Mg \xrightarrow{\text{无水乙醚}} RMgX$$

烷基卤化镁 RMgX 表示多种有机镁化合物，它被称为格利雅试剂，简称格氏试剂。除乙醚外，四氢呋喃、苯和其他醚类也可作溶剂。

制备格氏试剂时，卤代烃的活性顺序是：

碘代烷＞溴代烷＞氯代烷

格氏试剂中的 C—Mg 键是强的极性共价键，很容易与含活泼氢的化合物作用生成相应的烷烃，易被空气中的氧气氧化。因此，制备格氏试剂时要用干醚，最好在氮气保护下进行。格氏试剂性质活泼，可迅速与水、醇、酸、氨(胺)及末端炔烃等含有活泼氢的化合物反应，生成相应的烃。因此，在制备格氏试剂时，必须禁止这类物质存在。

格氏试剂能和多种含羰基的化合物(如醛、酮、酯、CO_2 等)反应，生成相应的化合物，是有机合成中使用非常广泛的一种试剂。

2. 与金属锂反应

一级或二级卤代烷在烃类溶剂中与金属锂作用可以直接生成有机锂化合物。

$$RX + 2Li \xrightarrow[-10\ ℃]{N_2} RLi + LiX$$

有机锂化合物的性质与格氏试剂相似，但比格氏试剂更为活泼，广泛用于有机合成。

第三节　重要的卤代烃

一、三氯甲烷

三氯甲烷又称为氯仿，常温下为无色透明液体，是良好的有机溶剂；有特殊气味，易挥发，味甜。沸点 61.2 ℃，有强烈的麻醉作用，微溶于水，能与乙醇、乙醚、苯、石油醚等有机溶剂混溶。

医学上曾用氯仿作为手术麻醉剂，但因其麻醉性能过深，对肝脏有毒，并有致癌作用，所以不再使用。氯仿是良好的有机溶剂，能溶解油脂、蜡、有机玻璃和橡胶等。一般采用甲烷氯化法生产氯仿。此外，工业上还可用乙醇或乙醛与次氯酸盐作用来合成氯仿。

二、四氯化碳

四氯化碳为无色液体，沸点 76.7 ℃，微溶于水，可与乙醇、乙醚混溶。四氯化碳能溶解脂肪、油脂、树脂、橡胶等有机质，亦能溶解某些无机物，如硫、磷、卤素等。四氯化碳能伤害肝脏，空气中最高允许浓度为 25 $\mu g \cdot g^{-1}$。

四氯化碳曾广泛用作溶剂、灭火剂、有机物的氯化剂、香料的浸出剂、纤维的脱脂剂、粮食的蒸煮剂、药物的萃取剂、有机溶剂、织物的干洗剂，但是由于毒性及破坏臭氧层的关系现甚少使用并被限制生产，很多用途也被二氯甲烷等所替代。四氯化碳也可用来合成氟氯代烷、尼龙 7、尼龙 9 的单体；还可制三氯甲烷和药物；金属切削中用作润滑剂。

三、氯乙烯及聚氯乙烯

氯乙烯是无色气体，有微弱芳香气味，沸点 −13.8 ℃。易溶于乙醇、丙酮等有机溶剂。容易燃烧，与空气形成爆炸性混合物，空气中最高允许浓度为 50 $\mu g \cdot g^{-1}$。长期接触高浓度氯乙烯可引起许多疾病，并有致癌作用。

氯乙烯对人有麻醉作用，可使人中毒，其中毒症状表现为头晕、浑身软弱无力，逐渐神志不清、站立不稳，严重者四肢痉挛，呼吸由急变微，最后失去知觉。当氯乙烯蒸气浓度在 1% 时人开始有麻醉感觉，5% 以上时即出现中毒症状。目前生产氯乙烯的主要方法是氧氯化法。

氯乙烯容易聚合生成聚氯乙烯。聚氯乙烯(PVC)，是氯乙烯单体在过氧化物、偶氮化合物等引发剂，或在光、热作用下按自由基聚合反应机理聚合而成的聚合物。PVC 为无定形结构的白色粉末，化学性质稳定，对光、热的稳定性较差，电绝缘性和机械性能较好，具自熄性。耐酸、耐碱，不易燃烧，不受空气氧化，不溶于一般溶剂等优良性能。

聚氯乙烯(PVC) 是重要的有机合成材料之一。由于在制造过程中增加了增塑剂、抗老化剂等一些有毒辅助材料来增强其耐热性、韧性、延展性等，故其产品一般不用于存放食品和药品。它是当今世界上深受喜爱、颇为流行并且也被广泛应用的一种合成材料，广泛用于工业、建筑、农业、日用生活、包装、电力、公用事业等领域。使用量在全球各种合成材料中高居第二。

PVC可加工成各种塑料制品，按其用途可分为软质和硬质产品两大类，主要用于生产透明片、管件、金卡、输血器材、软管、硬管、板材、门窗、异型材、薄膜、电绝缘材料、电缆护套等。

知识拓展

塑料之王——聚四氟乙烯发展史

聚四氟乙烯(PTFE)又名特氟龙，是四氟乙烯经聚合而成的高分子化合物，具有优良的化学稳定性、耐腐蚀性、耐高低温性、电绝缘性、表面不黏性等，为许多其他工程塑料所不及，它解决了化工、石油、电气、制药等领域的许多难题，因而有"塑料之王"的美称。那么，特氟龙（聚四氟乙烯）是怎样被发现的呢？

罗伊·普伦基特(Roy Plunkett)是美国化学家。1938年夏天，普伦基特正在研究氯氟烃的制备，虽然之前成功商业化的氯氟烃都是氯氟烷烃，可是他对氯氟烯烃产生了兴趣。

他选择了最简单的四氟乙烯，他将四氟乙烯存放在干冰冷却的钢瓶里，以备进一步研究。有一天，他和助手一起打开了钢瓶，希望四氟乙烯气化并通过流量计进入反应器。但没多久，他们发现四氟乙烯的流动停止了，测定钢瓶的质量却表明里面还有不少东西。普伦基特摇晃钢瓶，发现里面有一些固体物在响动。

他把阀门拆下，从钢瓶里倒出一些白色粉末。接着，他又用钢锯把钢瓶锯开，结果发现里面还有相当多的白粉末。他明白了，四氟乙烯发生了聚合反应，这白色粉末就是聚合物——聚四氟乙烯。1941年，普伦基特通过专利首次把聚四氟乙烯公之于世。1945年，公司为聚四氟乙烯注册了Teflon商标，中文名称为特氟龙。

聚四氟乙烯被制造出来以后，人们发现这实在是一种超强的材料。它十分耐寒，即使到了-269.3 ℃的低温也没有问题，在干冰、液氮、液氧、液体空气的温度下不会变性，甚至在液氦中也能保持本身性质。它的耐热性能虽说不像它的耐寒性能那么优异，却也能耐受250 ℃的高温。

它又特别耐腐蚀，不论是强酸强碱，如硫酸、盐酸、硝酸、烧碱甚至王水，还是强氧化剂，比如重铬酸钾、高锰酸钾，都不能动它半根毫毛。可以说，它的化学稳定性超过了玻璃、陶瓷、不锈钢，甚至黄金、白金。我们知道即使是黄金、白金在王水中也会溶解，然而，聚四氟乙烯在沸腾的王水中煮几十个小时，却依然如旧。

它又特别难被浸湿，在水中浸泡一年，它不会膨胀，质量也不会增加。至今，人们还没发现有任何一种溶剂，能够使聚四氟乙烯膨胀。

此外，聚四氟乙烯的介电性能也特别好，而且它的介电性能与频率无关，也不随温度而改变，这让它在电器中可以用作很好的绝缘材料。

聚四氟乙烯特别光滑，在机械上的各种轴承、齿轮、滑轮都可以用它来做。由于有的设备的摩擦部分不宜加油润滑，比如在润滑油脂会被溶剂溶解而失效的场合或者造纸、制药、食品、纺织等工业领域的产品需要避免润滑油沾污，这就使填充PTFE材料成为机械设备零件无油润滑（直接承受载荷）的最理想材料。聚四氟乙烯的摩擦系数是已知固体材料中最低的，它的表现远胜于酚醛树脂、尼龙，可能只有超高分子量的聚乙烯才能跟它媲美。

高端复合材料多为碳纤维和玻璃纤维，这二者的耐腐蚀性能比聚四氟乙烯要弱很多，因此在它们外面涂一层聚四氟乙烯，起到很好的隔离作用。这不光用于航空业，还可以用于建筑等其他领域，举世闻名的迪拜阿拉伯塔就是其中一例。

随着材料应用技术的不断发展，PTFE材料的三大缺点：冷流性、难焊接性、难熔融加工性正在逐渐被克服，从而使它在光学、电子、医学、石油化工等多种领域的应用前景更加广阔。

本章小节

本章主要讲述了卤代烃化合物的命名、分类和理化特性。

1. 根据分子中卤原子种类的不同，卤代烃可分为氟代烃、氯代烃、溴代烃和碘代烃。根据分子中烃基的不同，卤代烃可分为饱和卤代烃（又称卤代烷）、不饱和卤代烃和芳香族卤代烃。根据分子中卤原子数目的不同，卤代烃可分为一卤代烃和多卤代烃。根据与卤原子直接相连的碳原子类型的不同，卤代烃可分为伯卤代烃、仲卤代烃和叔卤代烃。卤代烃的命名原则与各类烃相同。

2. 卤代烷能发生水解、氰解、氨解等取代反应。

3. 比较重要的卤代烃有三氯甲烷、四氯化碳、氯乙烯及聚氯乙烯。

巩固测试

第十章测试题

第十一章

醇、酚、醚

【学习目标】

［知识目标］

- 熟悉醇、酚、醚的分类和性质
- 了解常见的醇、酚、醚

［能力目标］

- 能够根据反应物和反应条件合理写出产物
- 能够列举醇、酚、醚的应用实例

［素质目标］

- 培养笃信好学、勇于探索的精神
- 铸爱国之魂，成强国之梦

【知识导图】

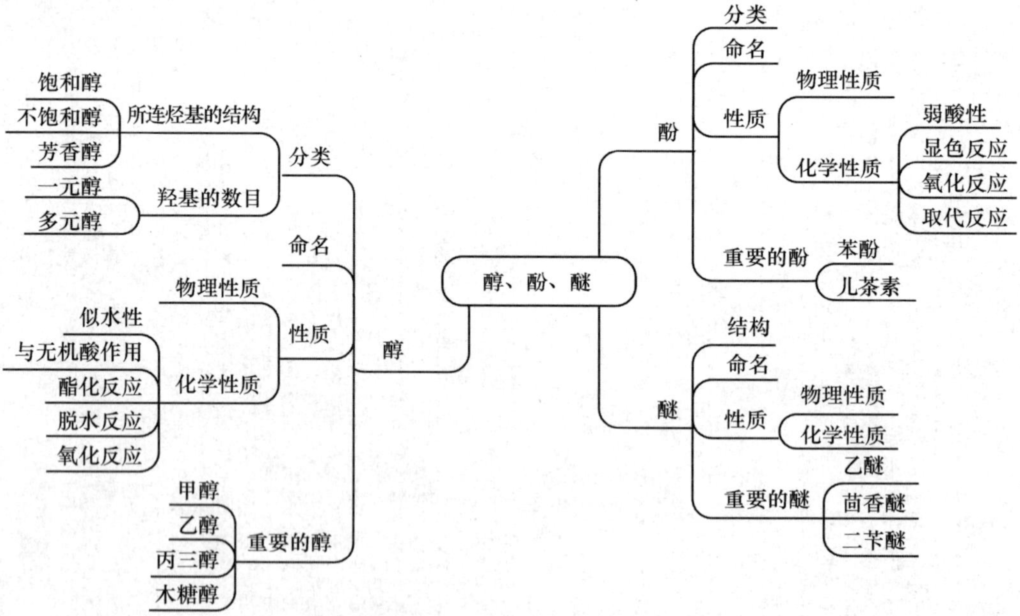

醇、酚、醚都是烃的含氧衍生物。水分子中的一个氢原子被脂肪烃基取代的是醇（R—OH），被芳香烃取代的叫酚（Ar—OH），如果两个氢原子都被烃基取代的衍生物就是醚（R—O—R′，Ar—O—R 或 Ar—O—Ar′）。

许多天然产物中含有醇或酚的结构。有些醇、酚、醚不仅是重要的工业原料，也与我们的日常生活密切相关。

第一节 醇

醇的官能团是羟基（—OH），甲醇是最简单醇，氧原子外层的电子为 sp^3 杂化状态。其中两对未共用电子对占据两个 sp^3 杂化轨道，余下两个未占满的 sp^3 杂化轨道分别与 H 及 C 结合。由于氧的电负性比碳强，所以在醇分子中，氧原子上的电子密度较高，而与羟基相连的碳原子上电子密度较低，这样使分子呈现的极性，决定了醇的物理和化学性质。

一、醇的分类与命名

（一）分类

根据分子中羟基所连烃基的结构，醇可分为饱和醇、不饱和醇和芳香醇。

CH_3OH

甲醇

$CH_2{=}CHCH_2OH$

丙烯醇

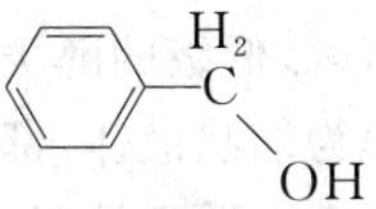

苯甲醇

根据分子中羟基的数目，醇可分为一元醇、多元醇。

CH_3CH_2OH

乙醇

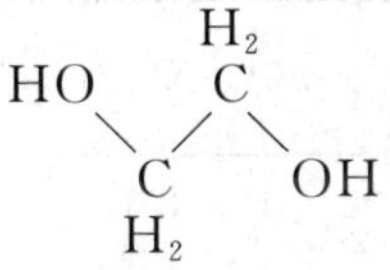

乙二醇

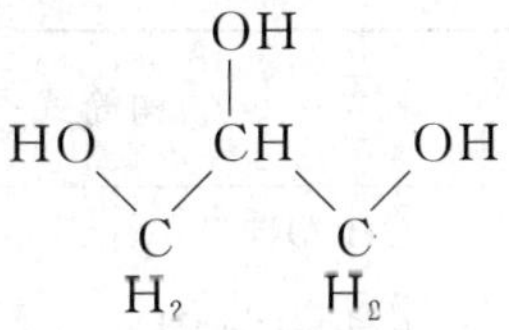

丙三醇

根据羟基所连碳原子的类不同，醇还可分为伯醇、仲醇和叔醇。

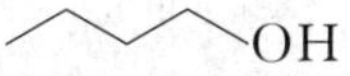

伯丁醇

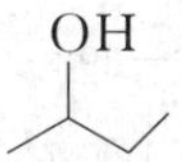

仲丁醇

叔丁醇

（二）醇的命名

结构简单的醇，根据羟基所连接的烃基命名为“某醇”。例如：

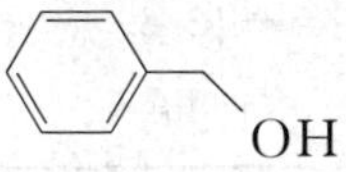

苯甲醇

对于结构比较复杂的脂肪醇需采用系统命名法，其命名原则是：选择含有羟基的最长碳链作为主链，从靠近羟基的一端开始，用阿拉伯数字给主链碳原子编号，根据主链碳原子数命名为“某醇”。对于不饱和醇，还需注明双键或三键的位置。例如：

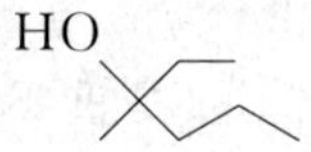

3-甲基-3-己醇

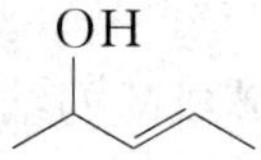

3-戊烯-2-醇

芳香醇的命名，以芳环作取代基，侧链脂肪醇为母体。例如：

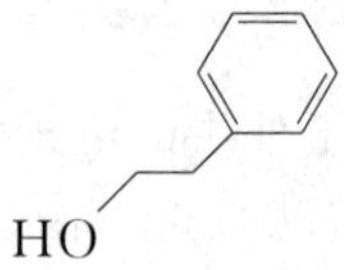

2-苯乙醇

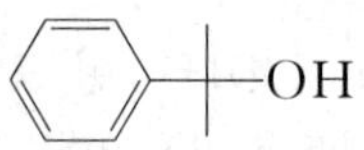

2-苯-2-丙醇

二、醇的性质

（一）醇的物理性质

醇类化合物受羟基的影响，存在分子间的氢键，在水中还有醇分子和水分子间的氢键。所以，它们的物理性质与相应的烃差异较大。主要表现在熔沸点比较高，在水中有一定的溶解度等。一般而言，低级的醇类水溶性较好，甲醇、乙醇和丙醇能与水以任意比例混溶。4～11 个碳原子的醇为油状液体，部分溶于水，以后随着碳原子数增加，烃基对分子的影响越来越大，使高级醇的物理性质更接近于相应的烃。另外，低级的醇具有特殊的气味和辛辣的味道，而高级的醇则无嗅、无味。一些醇的物理常数见表 11-1。

表 11-1　某些醇的物理常数

名称	结构简式	熔点/℃	沸点/℃	相对密度 (d_4^{20})	溶解度/g
甲醇	CH_3OH	−97.8	64.65	0.791 5	∞
乙醇	CH_3CH_2OH	−117.3	78.4	0.789 3	∞
正丙醇	$CH_2CH_2CH_2OH$	−127	97.19	0.803 6	∞
异丙醇	$CH_3CH(OH)CH_3$	−88	82.5	0.785 1	∞
正丁醇	$CH_3CH_2CH_2CH_2OH$	−89	117.7	0.809 8	7.9
2-丁醇	$CH_3CH_2CH(OH)CH_3$	−114.7	99.5	0.807 0	可溶
异丁醇	$(CH_3)_2CHCH_2OH$	−108	107	0.806 0	9.5
叔丁醇	$(CH_3)_3COH$	25.5	82.5	0.788 7	∞
苯甲醇	$C_6H_5CH_2OH$	−15.3	205.3	1.045 4(24.℃)	<4
乙二醇	$HOCH_2CH_2OH$	−12.6	197.2	1.113 2	∞
丙三醇	$HOCH_2CH(OH)CH_2OH$	17.9	290(分解)	1.261 3	∞

注：除注明者外，其余均为 20 ℃时的数据。

从表 11-1 中可以看出，直链饱和一元醇的沸点随着碳原子数的增加而有规律地上升。低级醇的沸点比相对分子质量相近的烷烃要高得多，这是因为醇分子间能通过氢键发生缔合的缘故。

(二)醇的化学性质

1. 似水性

从结构式的角度可以把醇看作是水的脂肪烃基衍生物，实际上醇与水在性质上确有某些相似处。醇和水都含有一个与氧原子结合的氢，这个氢表现了一定程度的酸性，但由于烷基的给电子效应，醇中氧原子上电子密度比水中的高，所以醇的酸性比水还弱(但比炔氢强)醇不能与碱的水溶液作用，而只能与碱金属或碱土金属作用放出氢气，并形成醇化物(或称烃氧基金属)。

$$HOH + Na \longrightarrow NaOH + \frac{1}{2}H_2$$

$$ROH + Na \longrightarrow \underset{\text{醇钠}}{RONa} + \frac{1}{2}H_2$$

$$2ROH + Mg \longrightarrow \underset{\text{醇镁}}{(RO)_2Mg} + H_2$$

2. 与无机酸的作用

醇与酸(包括无机酸和有机酸)失水所得的产物叫作酯，醇与有机酸形成的是有机酸酯。醇与无机酸形成的酯叫无机酸酯，如醇与浓硝酸作用可得硝酸酯。

$$ROH + HONO_2 \longleftrightarrow \underset{\text{硝酸酯}}{RONO_2} + H_2O$$

多数硝酸酯受热后能因猛烈分解而爆炸，因此某些硝酸酯是常用的炸药。

硫酸为二元酸，就像可以与碱生成酸性盐和中性盐一样，它可与醇分别生成酸性酯或中性酯。

$$CH_3OH + HOSO_2HO \longleftrightarrow \underset{\substack{\text{硫酸氢甲酯}\\\text{(酸性硫酸酯)}}}{CH_3OSO_2OH} + H_2O$$

$$CH_3OH + CH_3OSO_2HO \longleftrightarrow \underset{\substack{\text{硫酸二甲酯}\\\text{(中性硫酸酯)}}}{CH_3OSO_2OCH_3} + H_2O$$

醇与氢卤酸(HX)作用，醇分子中的C—O键断裂，醇羟基被卤素原子取代，生成卤代烃和水。这实际上是卤代烃水解反应的逆反应，也是制备卤代烃的重要方法。

$$ROH + HX \rightleftharpoons R—X + H_2O$$

醇的结构和氢卤酸的种类对反应速率都有影响。在与同一种氢卤酸作用时，醇的反应活性次序是：苄醇和烯丙醇＞叔醇＞仲醇＞伯醇＞甲醇。在与同一种醇作用时，氢卤酸的反应活性次序是：HI＞HBr＞HCl。

3. 酯化反应

酯化反应，是一类有机化学反应，是醇跟羧酸或含氧无机酸生成酯和水的反应。分为羧酸跟醇反应和无机含氧酸跟醇反应和无机强酸跟醇的反应三类。羧酸跟醇的酯化反应是可逆的，并且一般反应极缓慢，故常用浓硫酸作催化剂。多元羧酸跟醇反应，则可生成多种酯。无机强酸跟醇的反应，其速度一般较快。典型的酯化反应有乙醇和醋酸的反应，生成具有芳香气味的乙酸乙酯，是制造染料和医药的原料。酯化反应广泛地应用于有机合成等领域。

$$CH_3COOH + CH_3CH_2OH \xrightarrow[\triangle]{浓硫酸} CH_3COOCH_2CH_3 + H_2O$$

4. 脱水反应

醇与浓硫酸共热时，容易发生脱水反应。一般在较高温度下，发生分子内脱水生成烯烃；在较低温度下，发生分子间脱水生成醚。

(1)伯醇脱水　都按上述规律进行。例如，将乙醇和浓硫酸混合加热，当温度加热到140 ℃时，两分子乙醇发生分子间脱水，得到乙醚；当温度加热到170 ℃时，醇羟基和β-碳原子上的氢发生分子内脱水，得到乙烯。

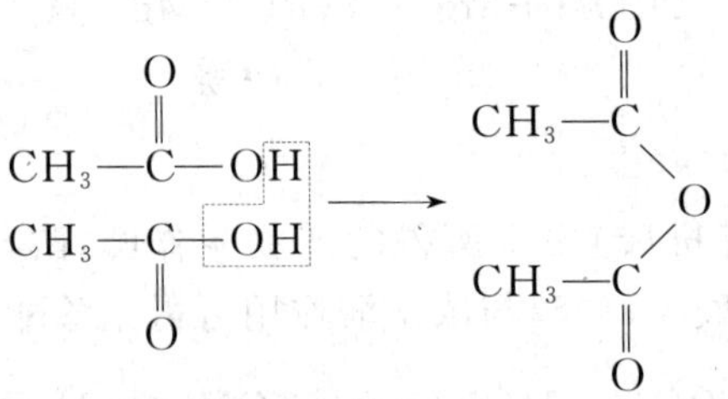

$$CH_3CH_2OH \xrightarrow[170\ ℃]{浓硫酸} CH_2{=}CH_2 + H_2O$$

(2)仲醇和叔醇　脱水主要以生成烯烃的分子内脱水(即消除反应)为主。尤其是叔醇，主要得到烯烃。对于结构不对称的仲醇和叔醇脱水生成烯烃时，将遵守扎依采夫规则，即氢原子主要从含氢较少的β-碳原子上脱去，得到双键上含较多烃基的烯烃。例如：

$$CH_3CH_2\underset{\displaystyle OH}{\underset{|}{CH}}{-}CH_3 \xrightarrow[\triangle]{浓硫酸} \underset{主要产物}{CH_3CH{=}CHCH_3} + \underset{次要产物}{CH_3CH_2CH{=}CH_2}$$

$$CH_3CH_2\overset{\displaystyle CH_3}{\overset{|}{\underset{\displaystyle OH}{\underset{|}{C}}}}CH_3 \xrightarrow[\triangle]{浓硫酸} \underset{主要产物}{CH_3CH{=}\overset{\displaystyle CH_3}{\overset{|}{C}}CH_3} + \underset{次要产物}{CH_3CH_2\overset{\displaystyle CH_3}{\overset{|}{C}}{=}CH_2}$$

5. 脱水反应

在伯、仲醇分子中，与羟基直接相连的碳原子上的氢原子比较活泼，能被高锰酸钾或重铬酸钾等氧化剂氧化，生成不同的氧化产物。伯醇易氧化生成相应的醛，醛继续氧化生成羧酸；而仲醇氧化生成相应的酮；叔醇在相同条件下很难被氧化。

$$RCH_2OH \xrightarrow{K_2Cr_2O_7/H^+} RCHO \rightarrow RCOOH + Cr^{3+}$$

$$R_1-\overset{\overset{\displaystyle OH}{|}}{C}H-R_2 \xrightarrow{K_2Cr_2O_7/H^+} R_1-\overset{\overset{\displaystyle R_2}{|}}{C}=O+Cr^{3+}$$

由于橙色的 $Cr_2O_7^{2-}$ 在反应中被还原为绿色的 Cr^{3+}，颜色变化明显。故可利用此性质，将叔醇与伯醇、仲醇定性鉴别开来。

三、重要的醇

1. 甲醇

甲醇（CH_3OH）是结构最为简单的饱和一元醇。因在干馏木材中首次发现，故又称“木醇”或“木精”。基本有机原料之一，用于制造氯甲烷、甲胺和硫酸二甲酯等多种有机产品。也是农药（杀虫剂、杀螨剂）、医药（磺胺类、合霉素等）的原料，合成对苯二甲酸二甲酯、甲基丙烯酸甲酯和丙烯酸甲酯的原料之一。甲醇的生产，主要是用合成法，合成的化学反应式为：

$$2H_2+CO \longrightarrow CH_3OH$$

甲醇具有毒性。工业酒精中大约含有4%的甲醇，若被不法分子当作食用酒精制作假酒，饮用后，会产生甲醇中毒。甲醇的毒性对人体的神经系统和血液系统影响最大，它经消化道、呼吸道或皮肤摄入都会产生毒性反应，甲醇蒸气能损害人的呼吸道黏膜和视力。

2. 乙醇

乙醇（CH_3CH_2OH）俗称酒精，在常温常压下是一种易燃、易挥发的无色透明液体，低毒性，纯液体不可直接饮用；具有特殊香味，并略带刺激；微甘，并伴有刺激的辛辣滋味。易燃，其蒸气能与空气形成爆炸性混合物，能与水以任意比互溶。能与氯仿、乙醚、甲醇、丙酮和其他多数有机溶剂混溶。可用乙醇制造醋酸、饮料、香精、染料、燃料等。医疗上也常用体积分数为70%～75%的乙醇作消毒剂等，在国防化工、医疗卫生、食品工业、工农业生产中都有广泛的用途。

3. 丙三醇

丙三醇俗称甘油，无色、无臭，味甜，外观呈透明黏稠液态，能从空气中吸收潮气，也能吸收硫化氢、氰化氢和二氧化硫。难溶于苯、氯仿、四氯化碳、二硫化碳、石油醚和油类。甘油的工业生产方法可分为两大类：以天然油脂为原料，所得甘油称天然甘油；以丙烯为原料合成，所得甘油称合成甘油。

丙三醇可用做软化剂、抗生素发酵用营养剂、干燥剂、润滑剂，用于制药工业、化妆品配制、有机合成等。食用级甘油在食品加工中也有广泛的应用。例如，在果汁、果醋生产中丙三醇能迅速分解果汁、果醋饮料中的苦、涩异味，增进果汁本身的厚味和香味，使果醋外观鲜亮，酸甜适口。

4. 木糖醇

木糖醇原产于芬兰，是从白桦树、橡树、玉米芯、甘蔗渣等植物原料中提取出来的一种天然甜味剂。在自然界中，木糖醇的分布范围很广，广泛存在于各种水果、蔬菜、谷类之中，但含量很低。商品木糖醇是将玉米芯、甘蔗渣等农业作物进行深加工而制得的，是一种天然、健康的甜味剂。木糖醇甜度与蔗糖相当，溶于水时可吸收大量热量，是所有糖醇甜味剂中吸热值最大的一种，故以固体形式食用时，会在口中产生愉快的清凉感。木糖醇不致龋且有防龋齿的作用，代谢不受胰岛素调节，在人体内代谢完全，可作为糖尿病人的热量来源。

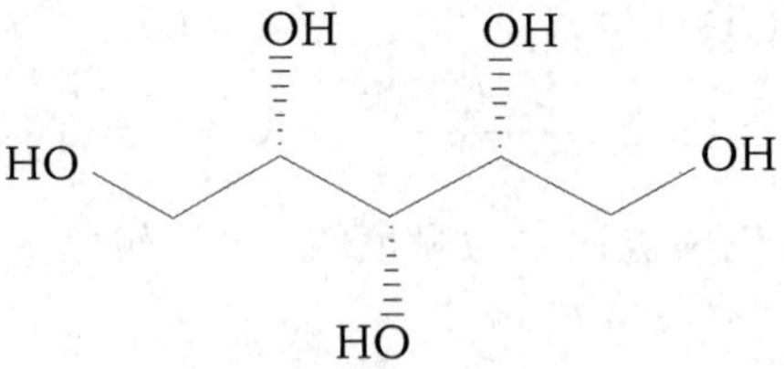

木糖醇

第二节　酚

一、酚的分类和命名

羟基直接连在芳环上的化合物叫作酚。根据分子中所含酚羟基的数目，酚可分为一元酚和多元酚；根据羟基所连芳环的不同，酚又可分为苯酚、萘酚和蒽酚等。

酚的命名一般是在酚字前面加上芳环的名称，并以此作为母体，再加上其他取代基的位次、数目和名称。有时，也把羟基当作取代基来命名，如 α-萘酚。

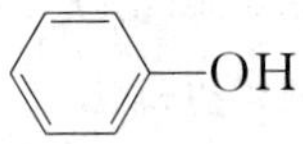

苯酚

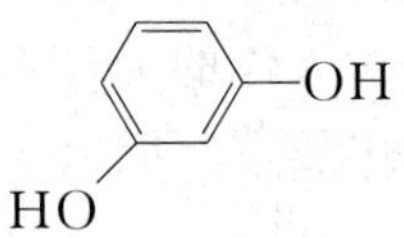

间苯二酚

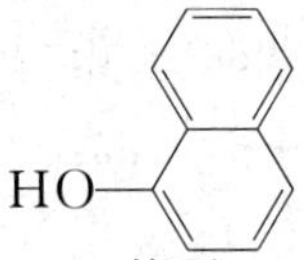

α-萘酚

二、酚的性质

（一）物理性质

大多数酚是无色针状结晶或白色结晶，少数烷基酚为高沸点液体；有特殊气味，遇空气和光变红，遇碱变色更快。低级酚都有特殊的刺激性气味，对眼睛、呼吸道黏膜、皮肤等有强烈的刺激和腐蚀作用。一些常见酚的物理常数见表 11-2。

表 11-2　常见酚的物理常数

名称	结构简式	熔点/℃	沸点/℃	溶解度/g	pK_a
苯酚	C_6H_5OH	43	182	9.37	10
邻甲苯酚	$CH_3C_6H_4OH$	30	191	2.5	10.2
间甲苯酚	$CH_3C_6H_4OH$	10.9	202.8	2.6	10.01
对甲苯酚	$CH_3C_6H_4OH$	35～36	202	2.3	10.17
邻苯二酚	HOC_6H_4OH	105	240	45	9.4
间苯二酚	HOC_6H_4OH	111	280～281	易溶	9.4
对苯二酚	HOC_6H_4OH	172	286.2		10.35
β-萘酚	$C_{10}H_7OH$	123	295	0.1	9.51

注：除注明者外，其余均为 20 ℃时的数据。

（二）化学性质

1. 酚的弱酸性

由于芳环的影响，酚类最显著的特性是具有酸性，能与氢氧化钠等强碱作用生成酚盐；向酚盐水溶液中再加入稀盐酸或通入二氧化碳，酚即能重新游离出来。可见酚的酸性比醇强，但比碳酸弱。例如：

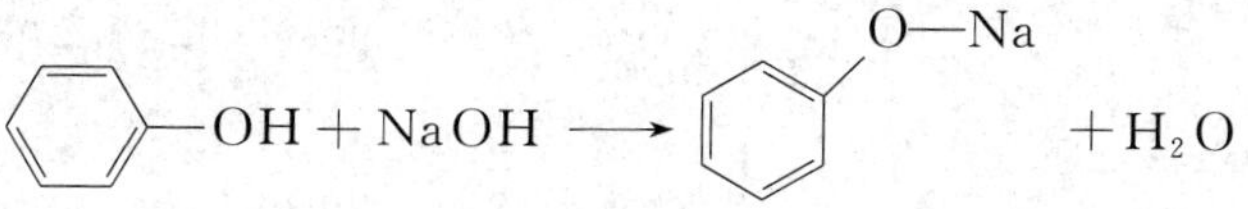

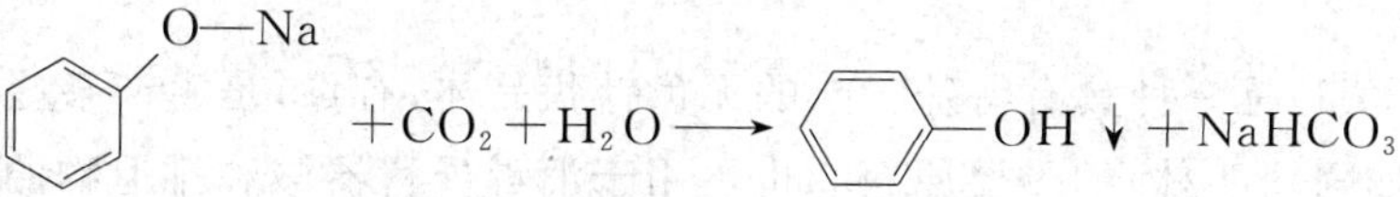

此反应常用于酚的分离与提纯。

2. 与三氯化铁的显色反应

多数酚能与三氯化铁溶液作用，生成有色化合物。例如，苯酚与 $FeCl_3$ 溶液作用显紫色；邻甲苯酚与三氯化铁溶液作用呈蓝色等。这一反应常用于酚类的定性鉴别。

$$6C_6H_5OH+FeCl_3 \longrightarrow [Fe(OC_6H_5)_6]^{3-}+6H^+ +3Cl^-$$

3. 氧化反应

酚很容易被氧化生成有色的醌类化合物。其氧化过程非常复杂，如将酚置于空气中，酚与空气接触先被氧化成粉红色，进而变成红色或深褐色。水果、蔬菜去皮放置后发生褐变，就是水果、蔬菜中的酚类化合物被氧化的结果。

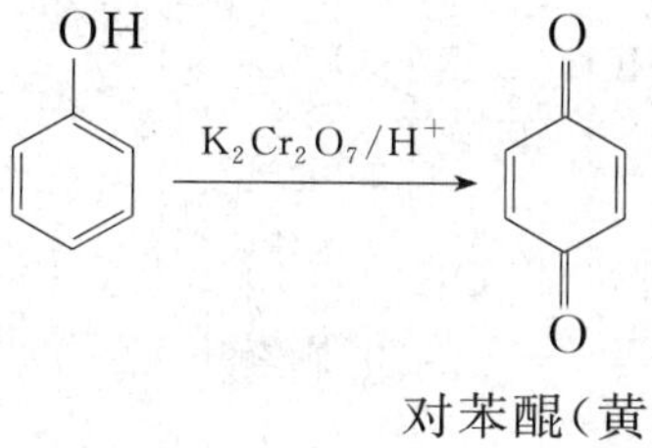

对苯醌（黄色）

4. 芳环上的取代反应

（1）卤代　苯酚与溴水反应，立即生成 2，4，6-三溴苯酚白色沉淀。该反应在常温下几乎定量完成，故此反应常用于苯酚的定性和定量测定。

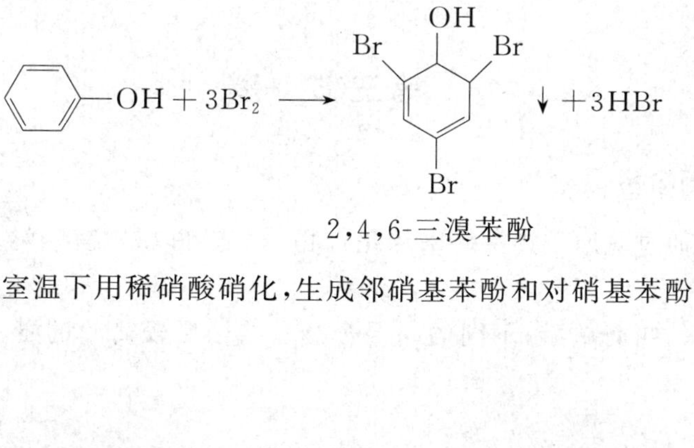

2，4，6-三溴苯酚

（2）硝化　苯酚在室温下用稀硝酸硝化，生成邻硝基苯酚和对硝基苯酚的混合物。

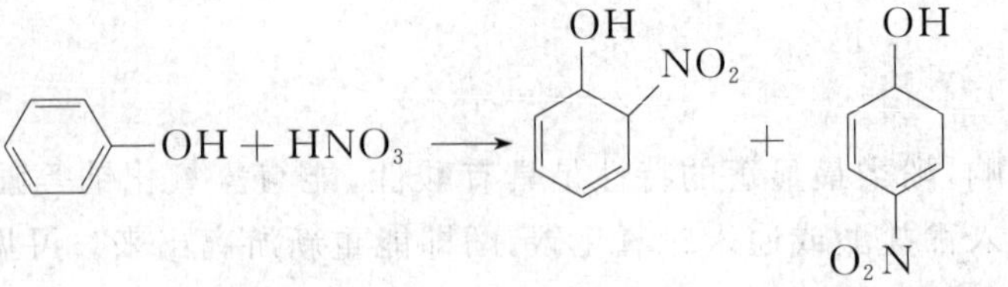

邻硝基苯酚　　对硝基苯酚

三、重要的酚

(一)苯酚

苯酚(C_6H_5OH)是一种具有特殊气味的无色针状晶体,有毒,是生产某些树脂、杀菌剂、防腐剂以及药物(如阿司匹林)的重要原料。也可用于消毒外科器械和排泄物的处理,皮肤杀菌、止痒及治疗中耳炎。熔点 43 ℃,常温下微溶于水,易溶于有机溶剂;当温度高于 65 ℃时,能跟水以任意比例互溶。苯酚有腐蚀性,接触后会使局部蛋白质变性,如沾到皮肤上可用酒精洗涤。小部分苯酚暴露在空气中被氧气氧化为醌而呈粉红色。遇三价铁离子变紫,通常用此方法来检验苯酚。

(二)儿茶素

儿茶素,又名儿茶酸、儿茶精,系从茶叶等天然植物中提取出来的一类酚类活性物质。儿茶素为白色针状结晶,溶于热水、乙醇、冰醋酸、丙酮,微溶于冷水和乙醚,几乎不溶于苯、氯仿及石油醚。

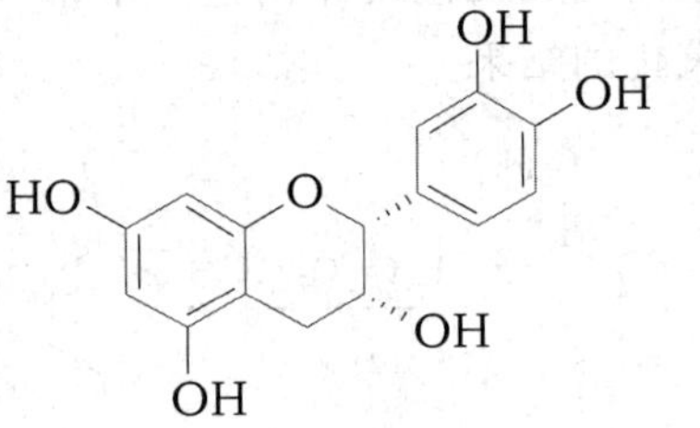

儿茶素

儿茶素类化合物是茶叶中的主要功能性成分,占茶叶干质量的 12%～24%。儿茶素具有抗肿瘤、抗氧化、抗病菌以及保护心脑器官等多种作用,这些药理活性主要由其多羟基结构决定,然而,多羟基结构也使儿茶素在中性和碱性条件下结构不稳定。儿茶素存在脂溶性低、稳定性差、在人体内利用率低等缺点,大大限制了其开发应用。

第三节　醚

一、醚的结构和命名

醚是两个烃基通过氧原子连接起来的化合物,烃基可以是烷基、烯基、芳基等。C—O—C 键叫作醚键。

两个烃基相同的叫简单醚,不同的叫混合醚。结构比较简单的醚,多习惯按它的烃基命名。如：

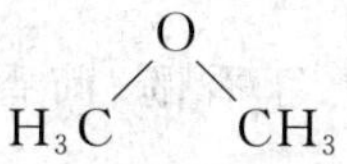

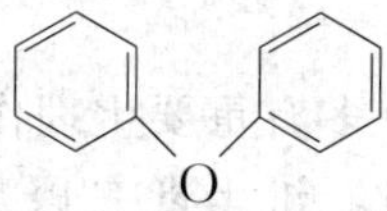

二甲醚（简称甲醚）　二乙醚（简称乙醚）　二苯醚

分子较小的简单脂肪醚中的“二”字常可省略。两个烃基不同时，将较小的烃基放在前面；烃基中有一个是芳香基时，芳香基放在前面，如：

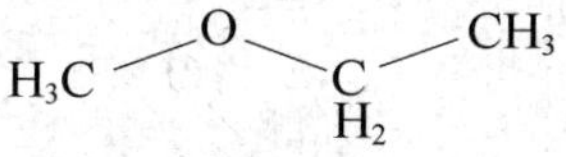
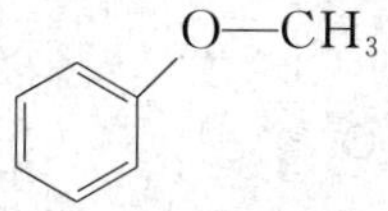

甲乙醚　苯甲醚（茴香醚）

醚的系统命名是将 RO—或 ArO—当作取代基，以烃为母体命名。脂肪醚是以较长的碳链作为母体烃，将含碳数较少的烃基与氧连在一起，叫作烷氧基。如：

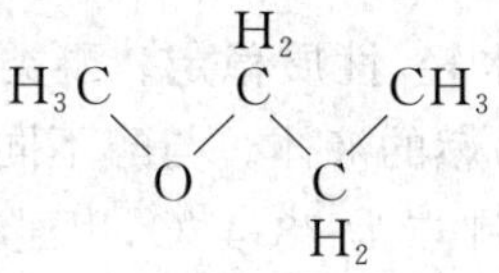
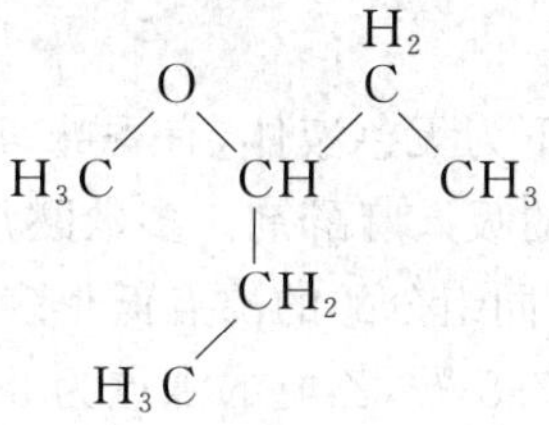

甲氧基丙烷　3-甲氧基戊烷

烃基中有一个是芳香环的，则以芳香环为母体，如：

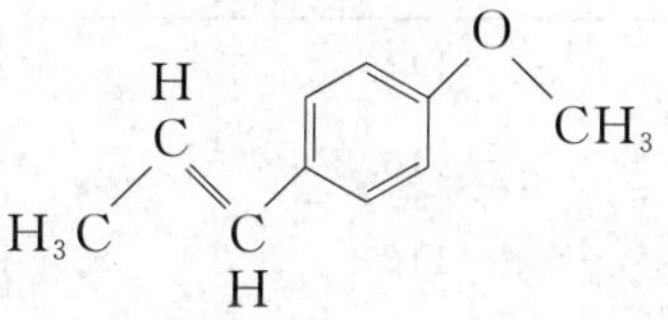

对甲氧基丙烯苯

（茴香脑，存在八角茴香的果实中，主要用作香料）

氧所连接的两个烃基形成一个环的，属于环醚，如：

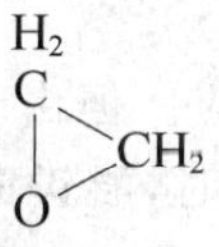
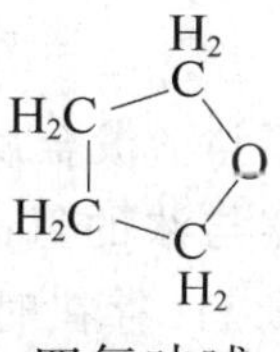

环氧乙烷　四氢呋喃

脂肪醚与含相同碳原子数的醇互为异构体，属于官能团异构。例如：

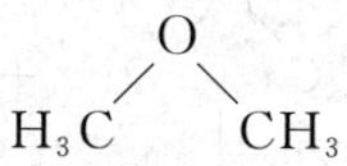
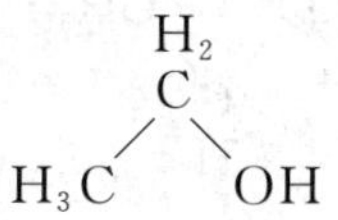

甲醚　乙醇

醇分子间的失水反应是制备简单醚的主要方法；混合醚则可由醇钠（或酚钠）与卤代烃作用制取。

在许多有重要生理作用的天然产物中含有醚的结构，如愈创木酚、丁香酚、茴香脑、茴香醇、桉树脑、维生素 E 以及某些昆虫的外激素等。

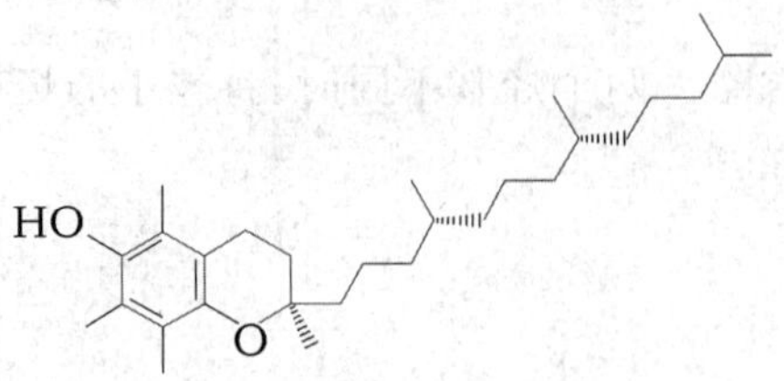

维生素 E

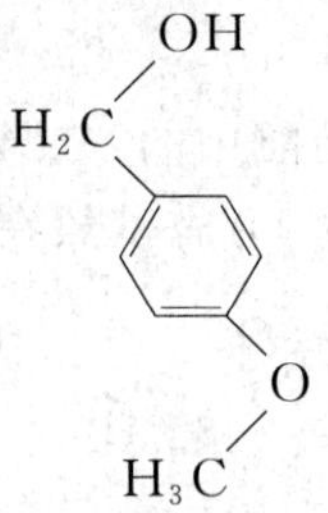

茴香醇

二、醚的性质

（一）物理性质

多数醚在常温下为无色液体，有香味，沸点低，比水轻，性质稳定。醚类一般具有麻醉作用，如乙醚是临床常用的吸入麻醉剂。多数醚是易挥发、易燃的液体。与醇不同，醚分子之间不能形成氢键，所以沸点比同组分醇的沸点低得多，如乙醇的沸点为 78.4 ℃，甲醚的沸点为－24.9 ℃；正丁醇的沸点为 117.8 ℃，乙醚的沸点为 34.6 ℃。常见醚的物理常数如表 11-3 所示。

表 11-3 常见醚的物理常数

名称	结构简式	熔点/℃	沸点/℃	相对密度(d_4^{20})
甲醚	CH_3OCH_3	－141.5	－24.9	0.661
乙醚	$C_2H_5OC_2H_5$	－116.2	34.5	0.713 7
正丙醚	$C_3H_7OC_3H_7$	－112	90.5	0.736
苯甲醚	$C_6H_5OCH_3$	－37.5	155	0.996 1
二苯醚	$C_6H_5OC_6H_5$	26.84	257.9	1.074 8

注：除注明者外，其余均为 20 ℃时的数据。

（二）化学性质

醚键比较稳定，一般不与活泼金属、碱等物质发生反应。但由于醚键的存在，仍可以发生一些特有的反应。例如，醚与浓的氢卤酸（常用 HI）共热时，醚键断裂，生成醇和相应的碘代烷，生成的醇在高温和过量 HI 存在时，可继续作用生成碘代烷和水，但酚则不能继续与之作用。例如：

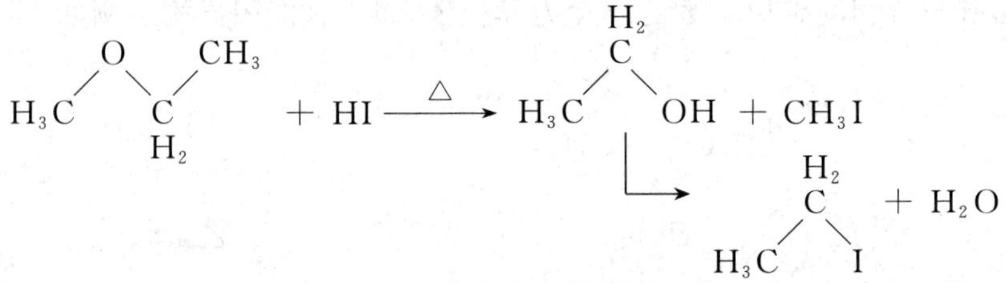

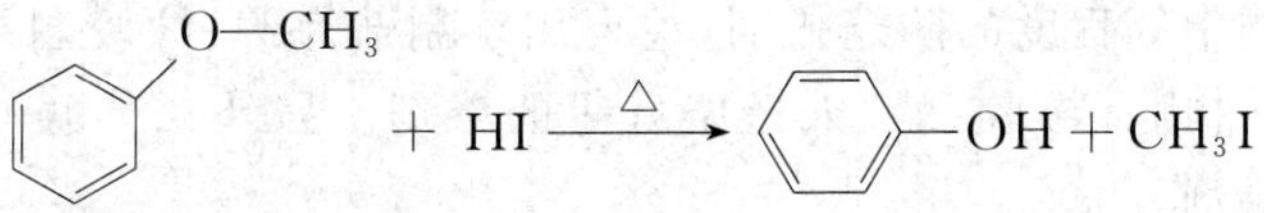

含有 α-H 的醚，在空气中久置会缓慢氧化生成过氧化物。例如：

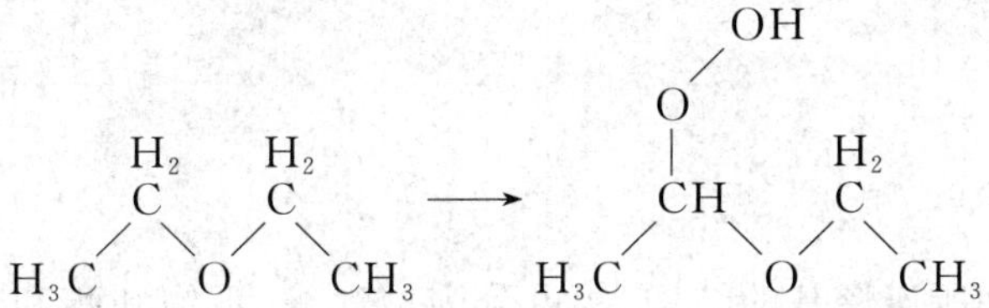

过氧化乙醚

醚的过氧化物不稳定，在受热或受到摩擦时，易分解发生爆炸。所以对于久置的醚在使用前必须检查是否含有过氧化物。常用的检验方法是用碘化钾-淀粉试纸(或溶液)，如有过氧化物，则试纸(或溶液)变为蓝色。去除过氧化物的方法则是在其中加入硫酸亚铁或亚硫酸钠等还原剂。

三、重要的醚

(一)乙醚

乙醚为无色透明液体，有特殊刺激气味，带甜味，极易挥发。其蒸汽重于空气，在空气的作用下能氧化成过氧化物、醛和乙酸，暴露于光线下能促进其氧化。若乙醚中含有过氧化物，在蒸发后所分离残留的过氧化物加热到 100 ℃以上时能引起强烈爆炸；这些过氧化物可加 5%硫酸亚铁水溶液振摇除去。与无水硝酸、浓硫酸和浓硝酸的混合物反应也会发生猛烈爆炸。溶于低碳醇、苯、氯仿、石油醚和油类，微溶于水，易燃、低毒。乙醚主要用作油类、染料、生物碱、脂肪、天然树脂、合成树脂、硝化纤维、碳氢化合物、亚麻油、石油树脂，松香脂、香料、非硫化橡胶等的优良溶剂；在毛纺、棉纺工业中用作油污洁净剂；在火药工业中用于制造无烟火药；在医学上用作麻醉剂。

(二)苯甲醚

苯甲醚，无色液体，发现于龙蒿的油中，具有令人愉快的茴香样香气。用于有机合成，也用作溶剂、香料和驱虫剂。由硫酸二甲酯与苯酚在碱性溶液中反应制得。可作为软饮料、冰激凌、冰制食品、糖果、烘烤食品用香精。

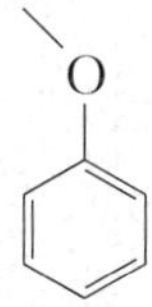

苯甲醚

(三)二苄醚

二苄醚，又称苄醚，无色透明液体，具有杏仁香气及土壤香、蘑菇味道。化学性质不稳定，常温下也可被空气中的水分逐渐分解成苯甲醛。二苄醚可用作硝酸纤维素的增韧剂和配制香精用的溶剂，也可用作中等程度的防老化剂，主要用于制造海绵、橡胶制品；用作硝酸纤维素、醋酸纤维素的增塑剂，树脂、橡胶、蜡、人造麝香等的溶剂。另外二苄醚与氧化锌的混合物是蚊、蝇、蚋、跳蚤的驱避剂。

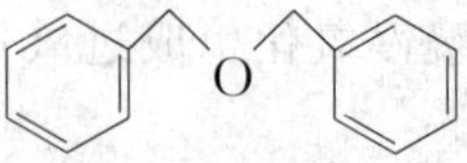

二苄醚

本章小结

1. 根据分子中羟基所连烃基的结构，醇可分为饱和醇、不饱和醇和芳香醇；根据分子中羟基的数目，醇可分为一元醇、多元醇；根据羟基所连碳原子的类不同，醇还可分为伯醇、仲醇和叔醇。

2. 醇的化学性质：似水性、与无机酸作用、酯化反应、脱水反应、氧化反应。

3. 羟基直接连在芳环上的化合物叫作酚。根据分子中所含酚羟基的数目，酚可分为一元酚和多元酚；根据羟基所连芳环的不同，酚又可分为苯酚、萘酚和蒽酚等。

4. 酚的化学性质：弱酸性、显色反应、氧化反应、芳环上的取代反应。

5. 两个烃基相同的叫简单醚，不同的是混合醚。结构比较简单的醚，多习惯按它的烃基命名。

6. 醚键比较稳定，一般不与活泼金属、碱等物质发生反应。但由于醚键的存在，仍可以发生一些特有的反应。

巩固测试

第十一章测试题

第十二章

醛、酮、醌

【学习目标】

[知识目标]

- 熟悉醛、酮、醌的分类和性质
- 了解常见的醛、酮、醌

[能力目标]

- 能够根据反应物和反应条件合理写出产物
- 能够列举醛、酮、醌的应用实例

[素质目标]

- 遵守规范,培养责任意识
- 坚定理想信念,投身民族复兴事业

【知识导图】

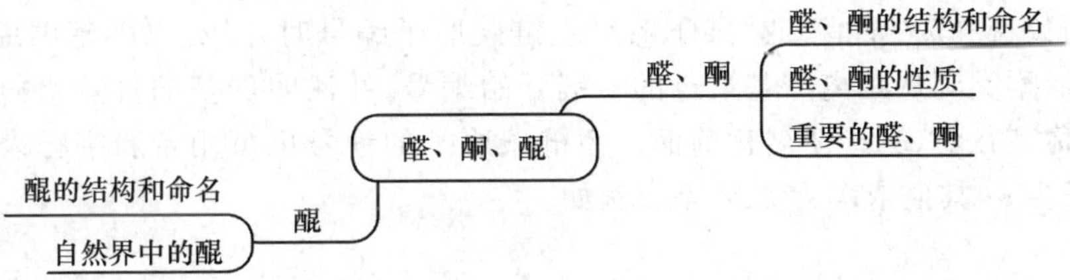

醛、酮、醌都是分子中含有羰基的化合物，它们统称为羰基化合物。羰基碳上连有氢原子的化合物是醛，连有两个烃基的化合物是酮；醌是一类特殊的不饱和环二酮，兼有烯烃和酮的典型性质。具有羰基结构的化合物在自然界广泛存在，有些在生物体内的物质代谢过程中起着重要的作用。

第一节　醛、酮

一、醛、酮的结构与命名

(一)醛、酮的结构

醛、酮分子中都含有羰基(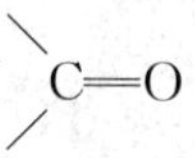)。羰基碳原子与一个氢原子结合构成醛基(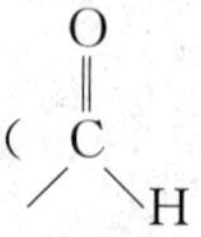 或—CHO)，醛基是醛的官能团。由烃基跟醛基相连(甲醛除外)而构成的化合物叫作醛。醛的通式是 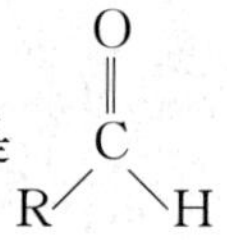 或 RCHO。乙醛是醛类中较重要的化合物之一，它的分子式是 C_2H_4O，结构简式为 CH_3CHO。羰基与两个烃基相连而构成的化合物叫作酮，酮基是酮的官能团，酮的通式是 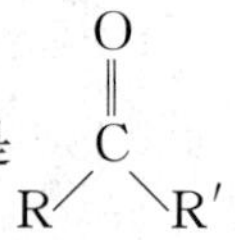 或 RCOR′(R、R′可以相同，也可以不同)，丙酮(CH_3COCH_3)是分子结构最简单的酮。分子组成相同的醛、酮互为同分异构体，如丙醛和丙酮。根据醛、酮分子中所含羰基的数目，可将醛、酮分为一元醛、酮和多元醛、酮；根据分子中烃基的不同，醛、酮又可分为脂肪族醛、酮和芳香族醛、酮。

(二)醛、酮的命名

醛、酮的命名通常采用系统命名法，其命名原则：选择含有羰基的最长碳链作为主链，根据主链碳原子的数目称为“某醛”或“某酮”；给主链碳原子编号时，醛类以醛基碳原子为 1，不必标明其位置；而酮类则从距离羰基最近的一端开始编号，并注明羰基的位置；再把取代基的位置、数目及名称写在醛、酮母体名称前面。主链碳原子的编号也可用希腊字母表示，与羰基相连接的碳原子为 α，其他依次为 β、γ 等。例如：

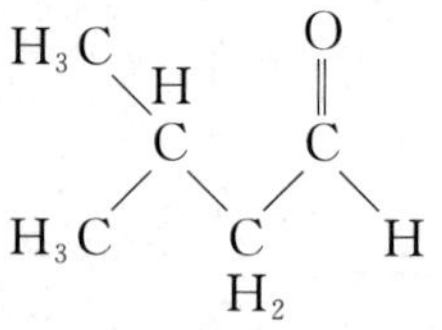

3-甲基丁醛或 β-甲基丁醛

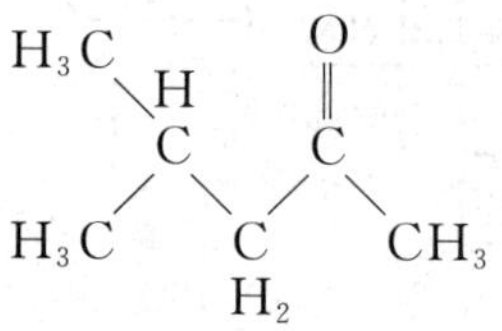

4-甲基-2-戊酮或 β-甲基-2-戊酮

不饱和醛、酮命名时，应选择同时含有羰基和不饱和键的最长碳链作为主链，主链编号时仍从距离羰基最近的一端开始，称为“某烯醛”或“某烯酮”。对于不饱和酮，还需注明羰基的位置。

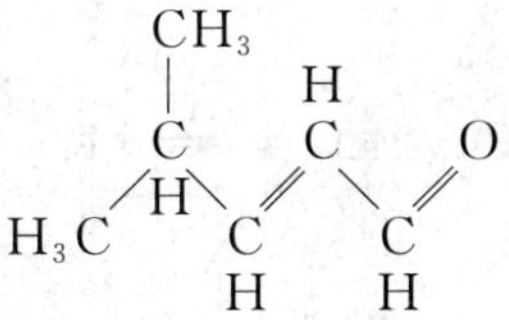

4-甲基-2-戊烯醛

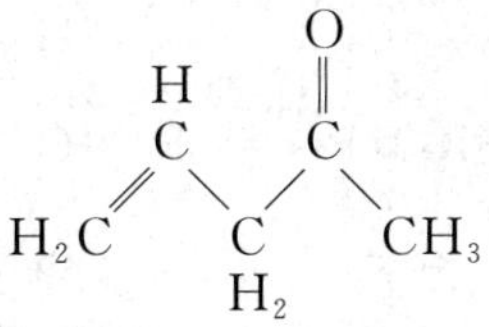

4-戊烯-2-酮

芳香族醛、酮的命名与芳香醛类似，将芳香基作为取代基来命名。例如：

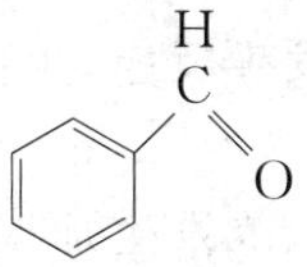

苯甲醛

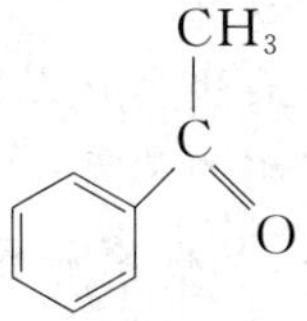

苯乙酮

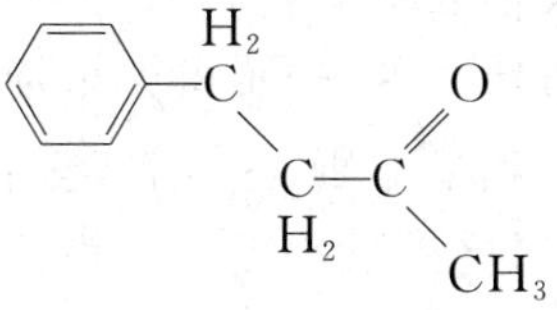

4-苯基-2-丁酮

二、醛、酮的性质

(一)醛、酮的物理性质

甲醛为气体，C_{12} 以下的醛、酮为无色液体，高级醛、酮为固体。C_7 以下醛类有刺激气味，中级(C_8～C_{13})醛、酮及芳香醛有花果香味，经常用于香料工业、食品及化妆品。醛、酮虽不能形成分子间氢键，但分子极性较大，沸点比相对分子质量相当的醇低，但高于相对分子质量相当的烷烃和醚，即醇、酚＞醛、酮＞醚、烷(分子量相近时)。醛、酮的羰基氧能和水分子形成氢键，所以低级醛、酮(C_4 以下)可溶于水。醛、酮都易溶于有机溶剂。

(二)醛、酮的化学性质

1. 加成反应

羰基中的碳氧双键由于电负性 O＞C，因此 π 电子云不是对称地分布在碳和氧之间，而是靠近氧的一端，由于碳正电中心的反应性能大于氧负电中心，因此易于与亲核试剂发生加成反应。

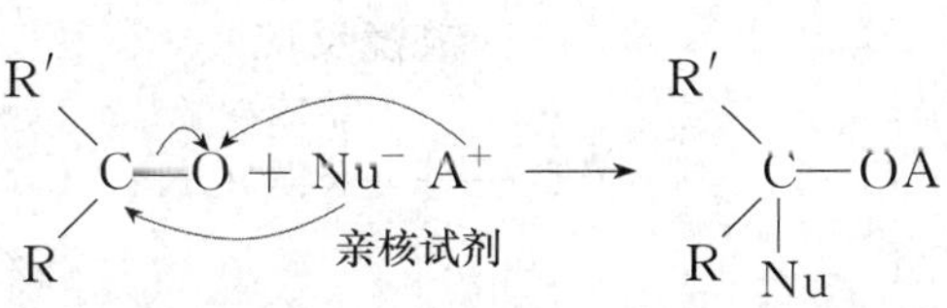

(1)与氢氰酸反应　CN^- 离子为强的亲核试剂，由于氰化氢剧毒，且易挥发，通常由氰化钠和无机酸与醛(酮)溶液反应。由于氢氰酸的解离在碱性溶液中反应加快，在酸性溶液中反应变慢，因此 pH 约为 8 有利于反应进行。

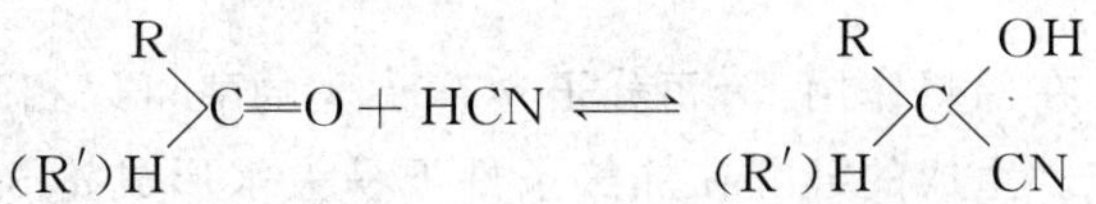

α-羟基腈

(2)与醇反应　在无水氯化氢的催化下，醛与醇发生加成生成半缩醛，后者还可再与一分子醇缩合形成缩醛。

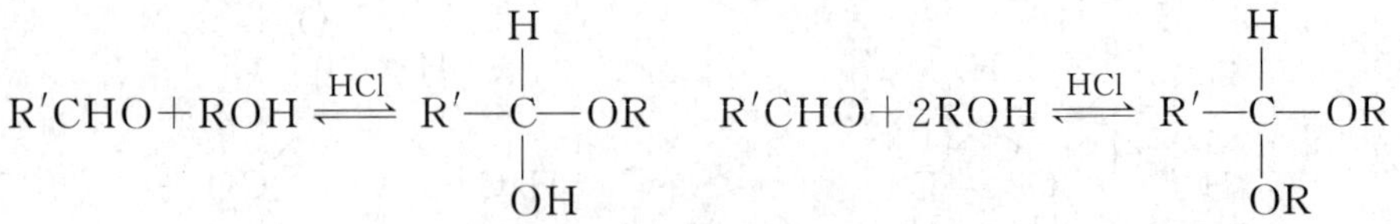

半缩醛　　　　　　　　缩醛

缩醛对碱、氧化剂很稳定，但在稀酸中能水解生成原来的醛。在有机合成中，可利用这一反应来保护醛基。

一般情况下，酮难以发生这类反应。但某些多羟基醛、酮能与醇发生反应，生成稳定的环状半缩醛和半缩酮，这与糖类的结构有着密切的关系。

(3)与格氏试剂反应　格氏试剂 RMgX，又称格利雅试剂，能与醛、酮发生加成反应，生成物经水解可制得醇。

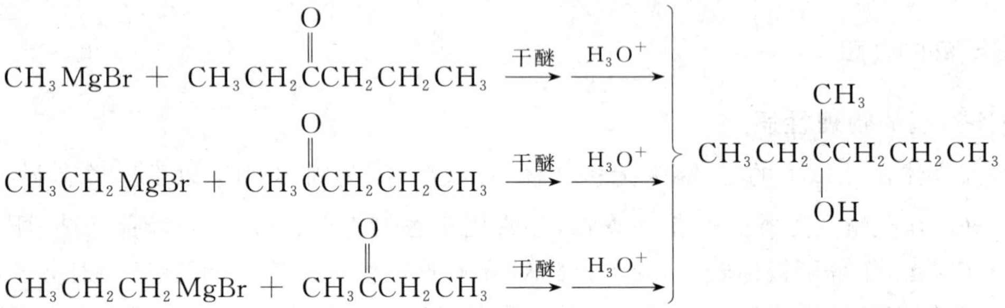

2. 氧化反应

醛、酮的最主要区别是对氧化剂的敏感性，因为醛中羰基碳上的氢很容易被氧化为羧酸，甚至可被空气氧化；酮则要难得多，往往需要更强的氧化剂。醛常用的氧化性试剂有托伦试剂和费林试剂。托伦试剂为硝酸银的氨溶液。费林试剂为硫酸铜溶液和碱性酒石酸钠的混合液。醛易氧化，酮则较困难，需用强氧化剂(过氧酸)氧化。

$$RCHO + 2Ag(NH_3)_2OH \xrightarrow{\triangle} RCOONH_4 + 2Ag\downarrow + 3NH_3 + H_2O$$

(银镜反应)

$$RCHO + 2Cu(OH)_2 + NaOH \xrightarrow{\triangle} RCOONa + Cu_2O\downarrow + 3H_2O$$

蓝色　　　　　　　　砖红色

托伦试剂和费林试剂不能氧化酮，可据此区别醛和酮。

芳香醛能发生银镜反应，但不与费林试剂作用，因此，可用此来鉴别脂肪醛与芳香醛。酮只有在强氧化剂(如浓 HNO_3、$KMnO_4$)存在下，才能被氧化成小分子羧酸。

3. α-氢原子的反应

(1)羟醛缩合反应　在稀碱作用下，两分子含有 α-氢的醛可以相互结合，生成 β-羟基醛的反应，称为羟醛缩合反应。生成的羟醛在加热条件下易失水形成 α,β-不饱和醛。在稀碱或稀酸的作用下，两分子的醛或酮可以互相作用，其中一个醛(或酮)分子中的 α-氢加到另一个醛(或酮)分子的羰基氧原子上，其余部分加到羰基碳原子上，生成一分子 β-羟基醛或一分子 β-羟基酮。这个反应叫作羟醛缩合或醇醛缩合。通过醇醛缩合，可以在分子中形成新的碳碳键，并增长碳链。

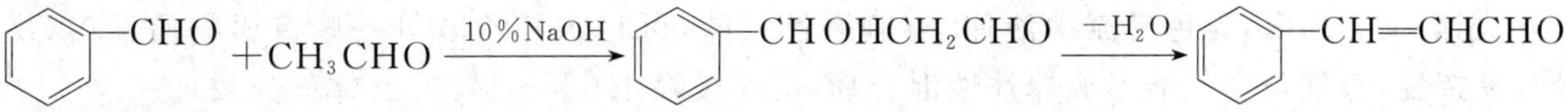

羟醛缩合反应是一个重要的有机化学反应，它在有机合成中有着广泛的应用。缩合脱水产物 α,β-不饱和醛氧化得到相应的可广泛用作精细化工生产原料的羧酸，如2,2-二羟甲基丙酸可用作水性氨脂扩链剂以及制备聚酯、光敏树脂和液晶，2-甲基-2-戊烯酸是具有水果香味的食用香料，可广泛用于食品加工业和其他日化香精产业；此外，α,β-不饱和醛完全氢化时得到饱和伯醛，可用作溶剂或制造洗涤剂、增塑剂。

（2）卤代反应　在碱性溶液中，具有 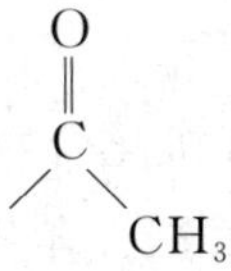 结构的醛（乙醛）、酮（甲基酮）能与卤素的碱溶液或次卤酸钠作用，生成三卤代物。后者在碱性条件下容易分解，形成三卤甲烷（卤仿），因此，该反应又称卤仿反应。卤仿反应中，若所用的是碘的氢氧化钠溶液，则生成物为碘仿（CHI_3），所以称为碘仿反应。CHI_3 是不溶于水的亮黄色结晶，常用此反应鉴别乙醛和甲基酮。

$$RCOCH_3 + 3NaOX \longrightarrow CHX_3 + RCOONa + 2NaOH$$

卤仿反应

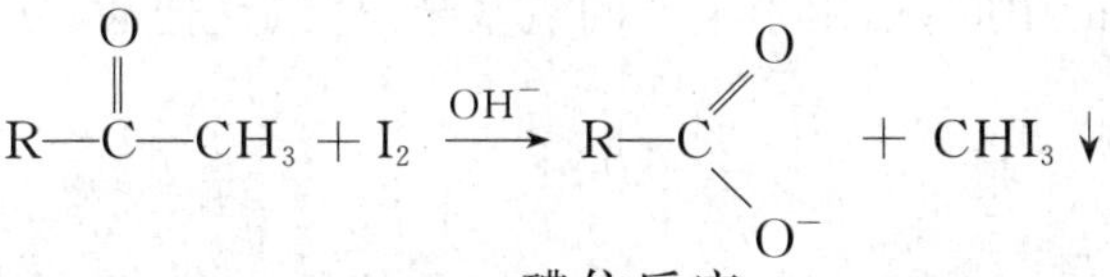

碘仿反应

乙醇和含有 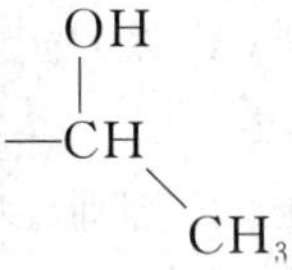 结构的醇也可以被碘的碱溶液氧化，生成乙醛和甲基酮，故也能发生碘仿反应。

三、重要的醛、酮

（一）甲醛

甲醛，无色，有刺激性气味，化学式 HCHO，又称蚁醛；易溶于水和乙醇，水溶液的浓度最高可达55%，一般是35%～40%，通常为37%，称作甲醛水，俗称福尔马林。

甲醛具有还原性，尤其在碱性溶液中，还原能力更强。能燃烧，蒸气与空气形成爆炸性混合物，爆炸极限7%～73%（体积分数），燃点约300 ℃。

甲醛可由甲醇在银、铜等金属催化下脱氢或氧化制得，也可从烃类的氧化产物中分出。可作为酚醛树脂、脲醛树脂、维纶、乌洛托品、季戊四醇、染料、农药和消毒剂等的原料。工业甲醛溶液一般含37%甲醛和15%甲醇，作阻聚剂。

2017年10月27日，世界卫生组织国际癌症研究机构公布的致癌物清单中，将甲醛放在Ⅰ类致癌物列表中。2019年7月23日，甲醛被列入《有毒有害水污染物名录（第一批）》。

(二)乙醛

乙醛又名醋醛，无色易流动液体，有刺激性气味，可与水和乙醇等一些有机物质互溶，易燃，易挥发，蒸气与空气能形成爆炸性混合物，爆炸极限4.0%～57.0%(体积分数)。

2017年10月27日，世界卫生组织国际癌症研究机构公布的致癌物清单初步整理参考，与酒精饮料摄入有关的乙醛在Ⅰ类致癌物清单中，乙醛在二类致癌物清单中。

乙醛可以用来制造乙酸、乙醇、乙酸乙酯。农药DDT就是以乙醛作原料合成的。乙醛经氯化得三氯乙醛。三氯乙醛的水合物是一种安眠药。乙醛可用于调配橘子、橙子、苹果、杏、草莓等水果香精，也可用于葡萄酒、朗姆酒、威士忌等酒用香精。

(三)苯甲醛

苯甲醛为甲醛的氢被苯取代后形成的有机化合物，化学式是C_7H_6O，无色液体。苯甲醛为最简单的，同时也是工业上最常使用的芳香醛。苯甲醛为苦扁桃油提取物中的主要成分，也可从杏、樱桃、月桂树叶、桃核中提取得到。该化合物也在果仁和坚果中以和糖苷结合的形式(扁桃苷)存在。

苯甲醛是重要的化工原料，用于制月桂醛、月桂酸、苯乙醛和苯甲酸苄酯等。也用作香料，其可作为特殊的头香香料，微量用于花香配方，如紫丁香、白兰、茉莉、紫罗兰、金合欢、葵花、甜豆花、梅花、橙花等中；亦可用香皂中；还可作为食用香料，用于杏仁、浆果、奶油、樱桃、椰子、杏、桃、胡桃、李、香荚兰豆、辛香等香精中；可用于酒用香精，如朗姆、白兰地等型中。苯甲醛也可作为医药、染料、香料的中间体，用于生产间氧基苯甲醛、月桂酸、月桂醛、品绿、苯甲酸苄酯、苄叉苯胺、苄叉丙酮等。

(四)丙酮

丙酮分子式为C_3H_6O，又名二甲基酮，为最简单的饱和酮，是一种无色透明液体，有特殊的辛辣气味；易溶于水和甲醇、乙醇、乙醚、氯仿、吡啶等有机溶剂；易燃、易挥发，化学性质较活泼。

丙酮在工业上主要作为溶剂，用于制作炸药、塑料、橡胶、纤维、革、油脂、喷漆等行业中，也可作为合成烯酮、醋酐、碘仿、聚异戊二烯橡胶、甲基丙烯酸甲酯、氯仿、环氧树脂等物质的重要原料。

第二节　醌

一、醌的结构和命名

凡是分子中含有环己二烯二酮结构(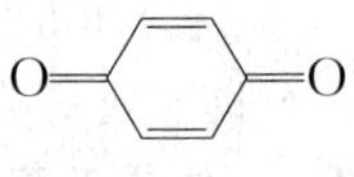 或 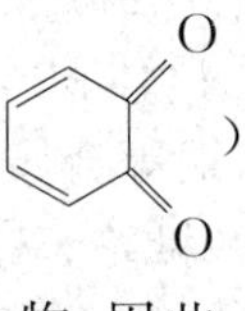)的化合物称为醌。醌是一类特殊的环二酮，是分子中具有较大共轭体系的一类化合物，因此，醌都带有颜色。一般对位醌呈黄色，邻位醌呈红色或橙色。

醌的命名一般是在“醌”字前加上芳基的名称，同时注明羰基的位置。例如：

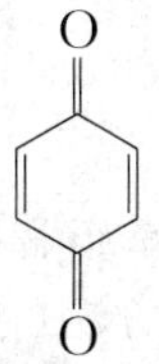

1,4-苯醌(对苯醌)

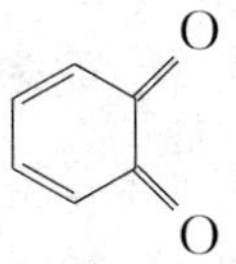

1,2-苯醌(邻苯醌)

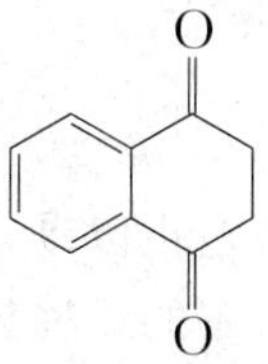

1,4-萘醌

二、自然界的醌

具有醌式结构的物质都是有颜色的,因此,许多醌的衍生物是重要的染料中间体。自然界也存在一些醌类色素。如茜草中的茜红,是最早被使用的天然染料之一。大黄素是广泛分布于霉菌、真菌、地衣、昆及花中的色素,它们都是蒽醌的衍生物。

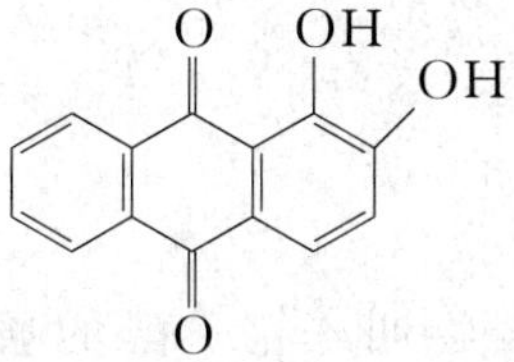

茜红

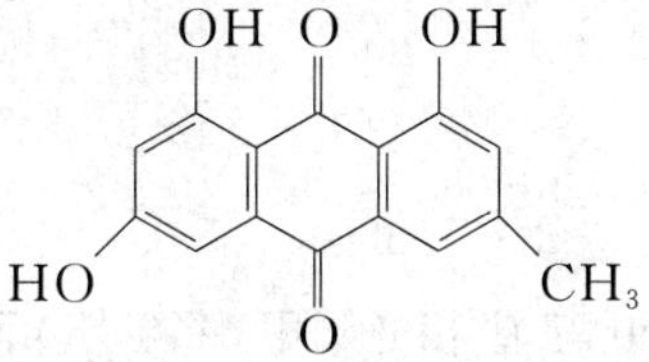

大黄素

(一)维生素 K_1

某些醌的衍生物是对生物体有重要生理作用的物质。如含于多种绿叶蔬菜中维生素 K_1,是醌的衍生物,它有促进凝血酶生成的作用,是动物不可缺少的维生素。

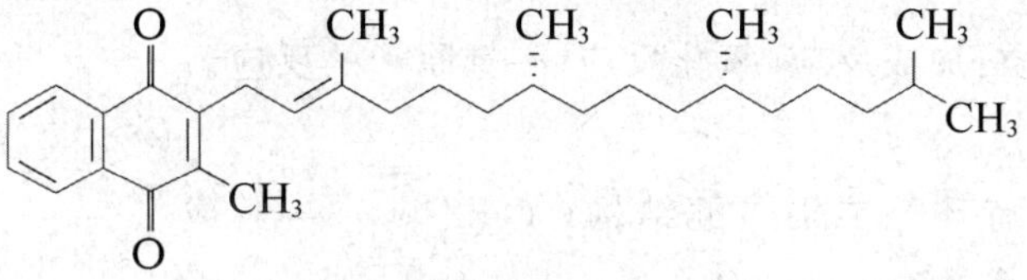

维生素 K_1

(二)辅酶 Q

辅酶 Q 是生物体内广泛存在的脂溶性醌类化合物,不同来源的辅酶 Q 其侧链异戊烯单位的数目不同,人类和哺乳动物是 10 个异戊烯单位,故称辅酶 Q_{10}。辅酶 Q 在体内呼吸链中质子移位及电子传递中起重要作用,它是细胞呼吸和细胞代谢的激活剂,也是重要的抗氧化剂和非特异性免疫增强剂。

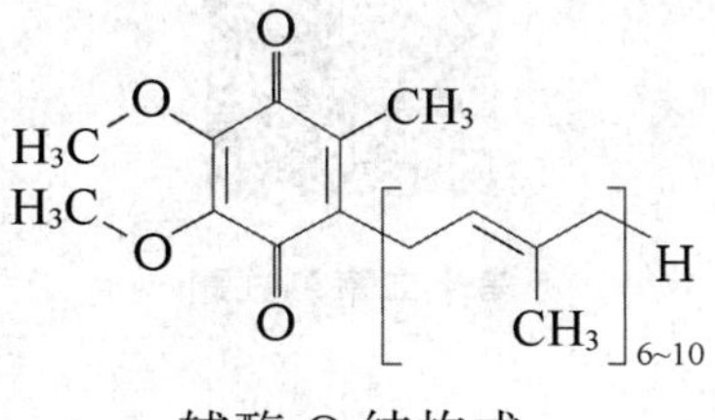

辅酶 Q 结构式

知识拓展

天然香料

天然香料是指以动、植物的芳香部位为原料，经过简单加工制成的原态香材，其形态大多保留了植物固有的一些外观特征，如香木块、香木片等；或者是利用物理方法（蒸馏、浸提、压榨等）从天然原料中分离出来的芳香物质，其形态常为精油、浸膏、净油、香膏、酊剂等，如玫瑰油、茉莉浸膏、香荚兰酊、白兰香脂、吐鲁香树脂、水仙净油等。

自然界中现已发现的香料植物有 3 600 余种，得到有效利用的约 400 余种。植物的根、干、茎、枝、皮、叶、花、果实或树脂等皆可成香。例如，茉莉、薰衣草取自植物的花；豆蔻、小茴香、鸡舌香取自果实部；甘松、木香取自根部，檀香、降真香取自木材；龙脑、乳香取自树脂。动物香料多为动物体分泌物或排泄物，约有十几种，常用的有麝香、灵猫香、海狸香和龙涎香 4 种。天然香料的主要成分有萜烯、芳香烃、醇、酸、酮、醚、酯和酚等。

本章小结

1. 由烃基跟醛基相连（甲醛除外）而构成的化合物叫作醛。醛的通式是 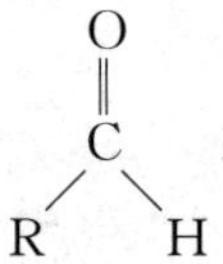 或 RCHO。羰基与两个烃基相连而构成的化合物叫作酮，酮基是酮的官能团，酮的通式是 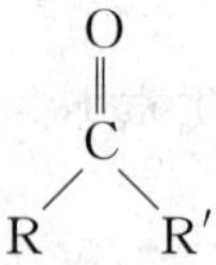 或 RCOR′（R、R′可以相同，也可以不同）。

2. 醛酮的化学性质：加成反应、氧化反应、α-氢原子的反应。

3. 凡是分子中含有环己二烯二酮结构（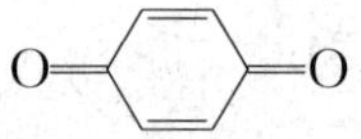 或 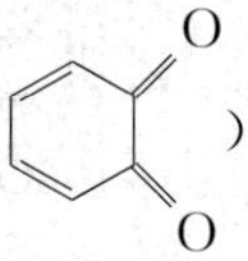）的化合物称为醌。醌是一类特殊的环二酮，是分子中具有较大共轭体系的一类化合物，因此，醌都带有颜色。一般对位醌呈黄色，邻位醌呈红色或橙色。

巩固测试

第十二章测试题

第十三章

羧酸及其衍生物

【学习目标】

［知识目标］

- 熟悉羧酸及其衍生物的性质
- 了解常见的羧酸及其衍生物

［能力目标］

- 能够通过酸性实验辨别不同酸的酸性强弱
- 能够列举羧酸及其衍生物的应用实例

［素质目标］

- 培养笃信好学、勇于探索的精神
- 热爱祖国大好河山，培养节能减排意识

【知识导图】

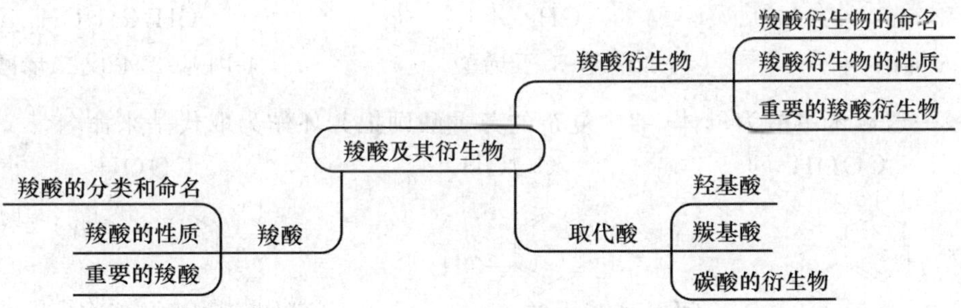

第一节 羧 酸

一、羧酸的分类和命名

(一)羧酸的分类

根据分子中烃基的结构不同,羧酸可分为脂肪族羧酸(饱和脂肪族羧酸和不饱和脂肪族羧酸)、脂环族羧酸(饱和脂环族羧酸和不饱和脂环族羧酸)、芳香族羧酸等;根据分子中羧基的数目不同,羧酸可分为一元羧酸、二元羧酸、多元羧酸等。

(二)羧酸的命名

1. 俗名

根据某些羧酸天然来源而命名,称为俗名。甲酸存在于蚂蚁体内,称为蚁酸;乙酸来自食醋,称为醋酸;丁酸存在于奶油中,被称作酪酸;苯甲酸存在于安息香胶中,称为安息香酸;乙二酸又名草酸,大部分植物中含有草酸盐;丙二酸又名胡萝卜酸;邻羟基苯甲酸称为水杨酸等。

2. 系统命名法

羧酸与醛的命名相同,选择含羧基的最长碳链为主链,若分子中含有双键或三键,则选含羧基和双键(或三键)的最长碳链为主链,靠近羧基一端开始编号;根据主链碳原子的数目称为“某酸”或“某烯(炔)酸”。取代基的位置也可用希腊字母 α-、β-、γ-、δ-等标明(普通命名法)。应注意的是:羧基碳永远作为 C_1,因此 C_2 相当于普通命名中的 α 位,C_3 相当于普通命名中的 β 位,以此类推。

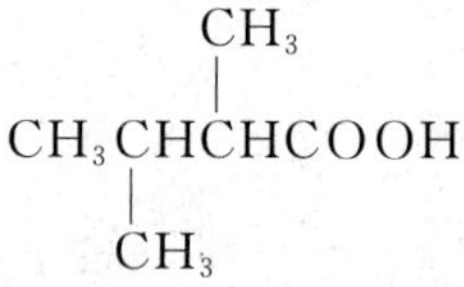

2,3-二甲基丁酸 (α,β-二甲基丁酸)

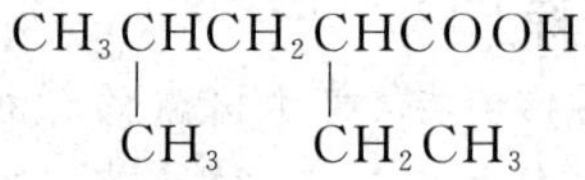

4-甲基-2-乙基戊酸(γ-甲基-α-乙基戊酸)

$CH_2{=}CHCOOH$

丙烯酸

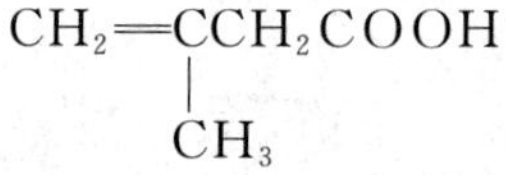

3-甲基-3-丁烯酸

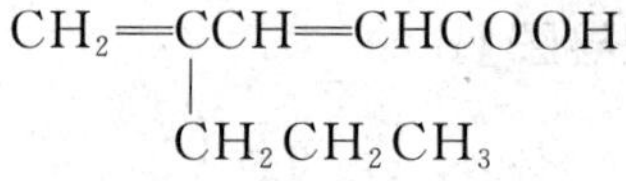

4-丙基-2,4-戊二烯酸

芳香酸一般以苯甲酸为母体,结构复杂的芳香酸则把芳环作为取代基来命名。

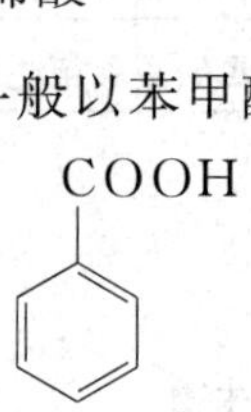

苯甲酸

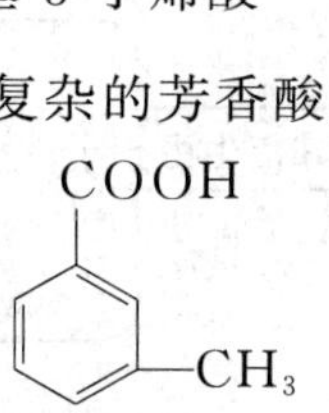

间甲基苯甲酸

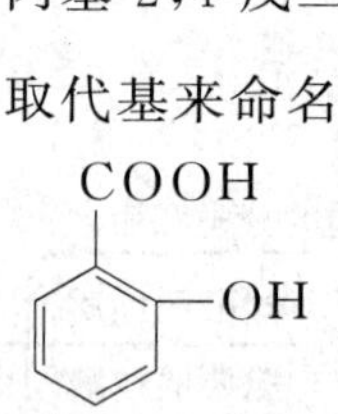

邻羟基苯甲酸(俗名:水杨酸)

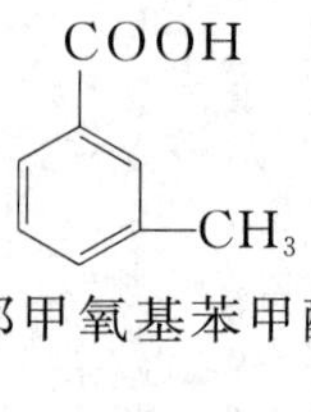

邻甲氧基苯甲酸

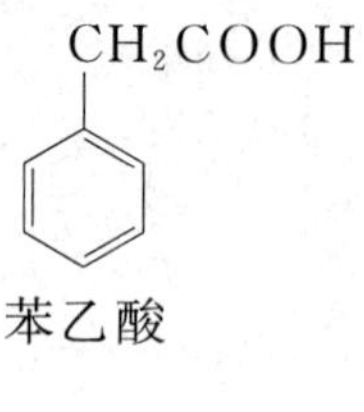

苯乙酸

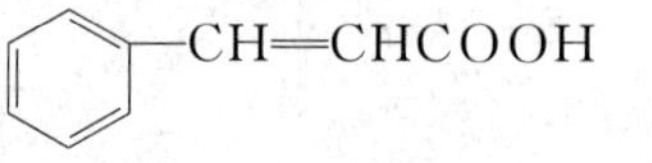

3-苯基丙烯酸(俗名:肉桂酸)

对于二元羧酸，选择含两个羧基的碳链为主链，按碳原子数目称为“某二酸”。若为芳香族二元酸需注明两个羧基的位置。

$HOOCCH_2CH_2CH_2CH_2COOH$

己二酸

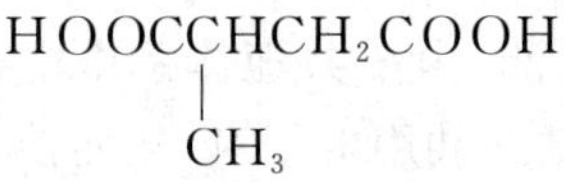

2-甲基丁二酸

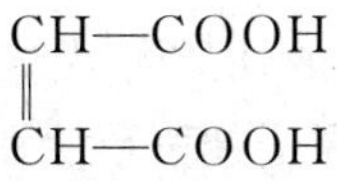

顺丁烯二酸（俗名：马来酸）

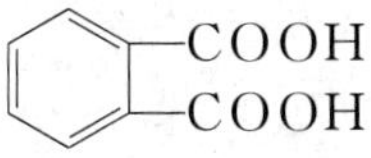

1,2-苯二甲酸
（邻苯二甲酸）

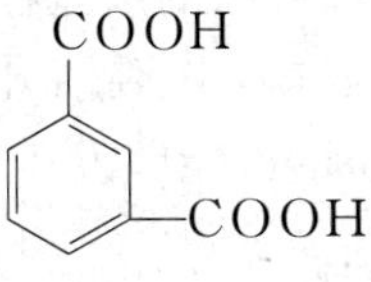

1,3-苯二甲酸
（间苯二甲酸）

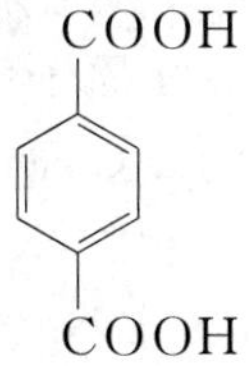

1,4-苯二甲酸
（对苯二甲酸）

常见基团的命名：

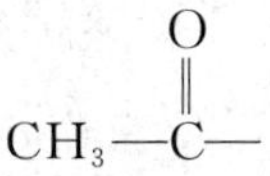

乙酰基

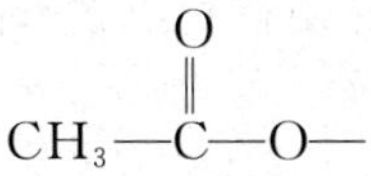

乙酰氧基

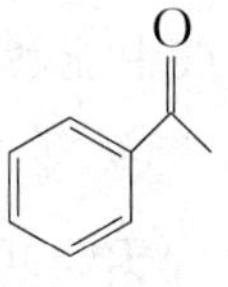

苯甲酰基

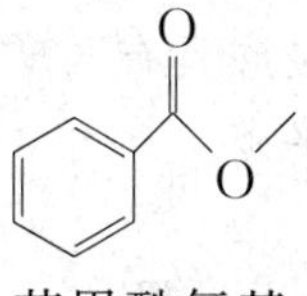

苯甲酰氧基

二、羧酸的性质

（一）羧酸的物理性质

低级的饱和一元羧酸为液体，$C_4 \sim C_{10}$ 的羧酸都具有强烈的刺鼻气味或恶臭，如丁酸就有腐败奶油的臭味。高级的饱和一元羧酸为蜡状固体，挥发性低，没有气味。脂肪族二元羧酸和芳香族羧酸都是结晶固体。

羧酸的沸点比分子量相近的醇还高，主要原因是这些羧酸分子间可以形成氢键，缔合成较稳定的二聚体和多聚体。饱和一元羧酸的沸点随着相对分子质量的增加而升高。羧酸的沸点比相对分子质量相近的醇的沸点要高得多。例如，甲酸的沸点（100.7 ℃）比相同相对分子质量的乙醇的沸点（78.5 ℃）高；乙酸的沸点（118 ℃）比丙醇的沸点（97.4 ℃）高。这是因为羧酸分子间能以两个氢键形成双分子缔合的二聚体，即使在气态时，也是以二聚体形式存在的。

饱和一元羧酸的熔点也随碳原子数的增加而呈锯齿形上升，即偶数碳原子羧酸比相邻两个奇数碳原子羧酸的熔点高。如乙酸的熔点为 16.6 ℃，而相邻的甲酸熔点为 8.4 ℃，丙酸熔点为－22 ℃。

二元羧酸由于分子中碳链两端都有羧基，分子间的引力大，熔点比相对分子质量相近的一元羧酸高得多。

羧酸与水也能形成氢键。在饱和一元羧酸中，甲酸至丁酸可与水混溶；其他羧酸随碳链的增长，憎水的烃基越来越大，水溶性迅速降低。高级一元羧酸不溶于水，而溶于有机溶剂。多元酸的水溶性大于同碳原子数的一元羧酸；而芳香族羧酸水溶性小。

芳香族羧酸一般可以升华，有些能随水蒸气挥发。利用这一特性可以从混合物中分离与提纯芳香族羧酸。

(二)羧酸的化学性质

羧酸的性质可从结构上预测，由于共轭体系中电子的离域，羟基中氧原子上的电子云密度降低，氧原子便强烈吸引氧氢键的共用电子对，从而使氧氢键极性增强，有利于氧氢键的断裂，使其呈现酸性；也由于羟基中氧原子上未共用电子对的偏移，使羧基碳原子上电子云密度比醛、酮中增高，不利于发生亲核加成反应，所以羧酸的羧基没有像醛、酮那样典型的亲核加成反应。

另外，α-H 原子由于受到羧基的影响，其活性升高，容易发生取代反应；羧基的吸电子效应，使羧基与 α-C 原子间的价键容易断裂，能够发生脱羧反应。

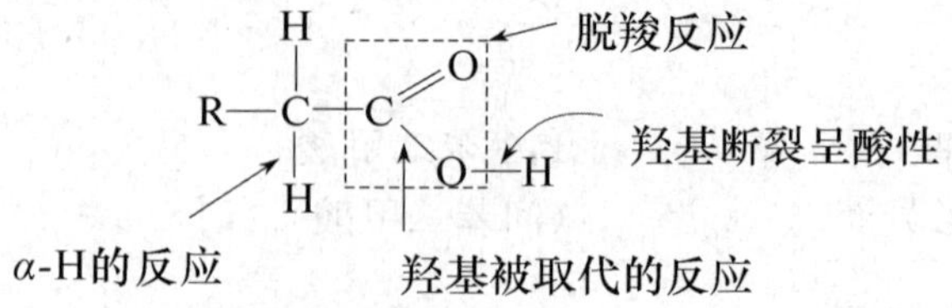

1. 酸性

羧酸具有弱酸性，在水溶液中能解离出 H^+，并使蓝色石蕊试纸变红。在水溶液中存在着如下平衡：

$$RCOOH \rightleftharpoons RCOO^- + H^+$$

乙酸的离解常数 K_a 为 1.75×10^{-5}，$pK_a=4.76$；甲酸的 $K_a=2.1\times10^{-4}$，$pK_a=3.75$；其他一元酸的 K_a 在 $(1.1\sim1.8)\times10^{-5}$，$pK_a$ 在 4.7～5。比碳酸($pK_{a1}=6.73$)和苯酚($pK_a=9.96$)的酸性强，因此羧酸与碱中和生成羧酸盐和水，能分解碳酸盐和碳酸氢盐生成二氧化碳，利用这个性质可以鉴别、分离酚类和羧酸类化合物。

$$RCOOH + NaOH \longrightarrow RCOONa + H_2O$$

$$RCOOH + Na_2CO_3 \longrightarrow RCOONa + CO_2\uparrow + H_2O$$

$$RCOONa \xrightarrow{H^+} RCOOH$$

羧酸的酸性受烃基的影响。如果烃基上连吸电子基团，由于吸电子诱导效应(因某一原子或基团的电负性而引起电子云沿着分子链向某一方向移动的效应称为诱导效应，吸电子诱导效应记作-I，斥电子诱导效应记作+I)，羧基中 O—H 键的极性加大，更易解离出 H^+，酸性增强。基团的电负性愈大，取代基数目愈多，距羧基的位置愈近，吸电子诱导将就愈强，则使羧酸的酸性愈强。羧基是吸电子基团，因此低级二元羧酸的酸性比饱和一元酸强，特别是乙二酸 $pK_{a1}=1.46$，其酸性比磷酸 $pK_{a1}=1.59$ 还要强。相反，烃基上若连斥电子基团，斥电子效应就使酸性减弱。

	FCH_2COOH	$ClCH_2COOH$	$BrCH_2COOH$	ICH_2COOH	CH_3COOH
pK_a 值	2.66	2.86	2.89	3.16	4.76

	Cl_3CH_2COOH	$Cl_2CHCOOH$	$ClCCOOH$
pK_a 值	0.65	1.29	2.86

取代基对芳香酸酸性的影响也有同样的规律。对位上是第一类定位基时，酸性减弱；是第二类定位基时，酸性增强。邻位取代基对酸性的影响因受位阻影响而比较复杂，间位取代基的影响不能在共轭体系内传递，对酸性影响较小。

	对硝苯甲酸	对氯苯甲酸	对甲基苯甲酸	对甲氧基	苯甲酸
pK_a 值	3.42	3.97	4.38	4.47	4.17

2. 羧基中羟基的取代反应

羧酸分子中羧基上的—OH 可被一系列原子或原子团取代生成羧酸的衍生物。

酯　　酰胺　　酰卤　　酸酐

(1)酯化反应　羧酸与醇在酸催化下反应生成酯和水，这个反应称为酯化反应。在同样条件下，酯和水也可作用生成羧酸和醇，称为酯的水解反应。

$$RCOOH + R'OH \xrightleftharpoons{H^+} RCOOR' + H_2O$$

酯化反应是可逆反应，$K_c \approx 4$，一般只有 2/3 的转化率。为了提高酯的产率可增加反应物的浓度（一般是加过量的醇）或及时移走低沸点的酯或水，使平衡向右移动。常用的催化剂有硫酸、苯磺酸等。酯化反应一般较慢，催化剂和温度在加速酯化反应速度的同时，也加速水解反应速度。为提高产率，必须使平衡向酯化方向移动。生产上常加入过量的价廉原料，以改变反应达到平衡时反应物和产物的组成；或加除水剂，除去反应中所产生的水；也可以将酯从反应体系中不断蒸出。

羧酸和醇的结构对酯化反应速度影响很大。一般说来，α-碳上没有侧链的脂肪酸与伯醇的酯化反应最快。这是由于 α-碳上的侧链能在空间阻碍醇对羧基碳原子的进攻，侧链越多阻力越大，反应就越难进行。

酯化反应可按两种方式进行

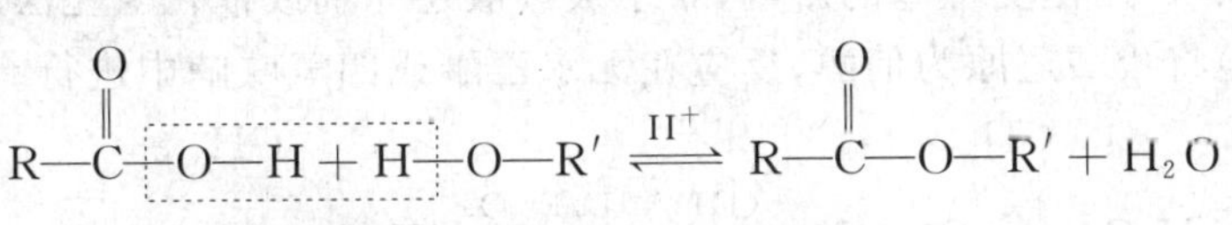

酰氧断裂

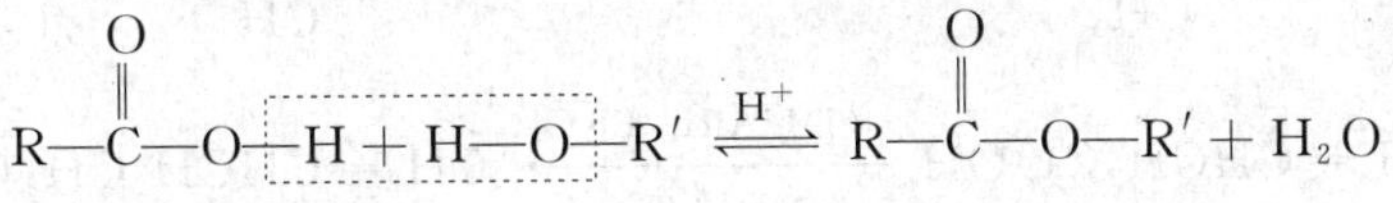

烷氧断裂

验证：

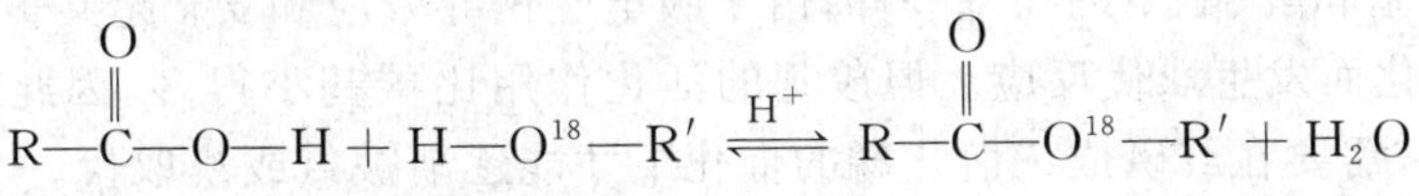

H_2O 中无 O^{18}，说明反应为酰氧断裂。

(2)生成酰胺　羧酸可以与氨（或胺）反应形成酰胺。羧酸与氨（或胺）反应首先形成铵盐，干燥的羧酸铵受热脱水得到酰胺。这是一个可逆反应,但在铵盐分解的温度下,生成的水可通过蒸馏除去,使平衡转移,反应可趋于完全。

(3)生成酰卤　羧基中的羟基被卤素取代的产物称为酰卤,其中最重要的是酰氯。酰氯是由羧酸与亚硫酰氯、三氯化磷或五氯化磷等氯化剂反应制得。酰氯非常活泼,极易水解,所含无机杂质不能水洗除去,只能用蒸馏方法分离。

(4)生成酸酐　羧酸在脱水剂(如乙酰氯、乙酸酐、P_2O_5 等)存在下加热,分子间失去一分子水生成酸酐。

3. 脱羧反应

羧酸在一定条件下受热可发生脱羧反应,无水醋酸钠和碱石灰混合后加强热生成甲烷,是实验室制取甲烷的方法。

$$CH_3COONa + NaOH(CaO) \xrightarrow{\text{热熔}} \underset{99\%}{CH_4} + NaCO_3$$

一元羧酸的 α 碳原子上连有强吸电子基团时,易发生脱羧。乙二酸、丙二酸受热脱羧生成一元酸

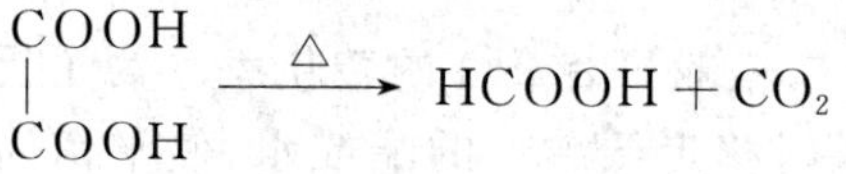

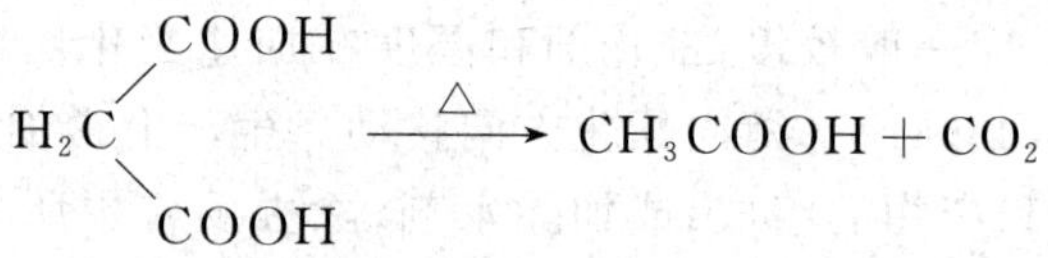

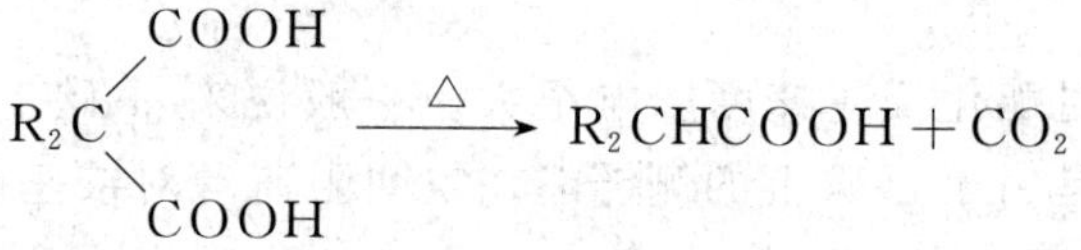

4. 还原反应

羧基含有碳氧双键,但受羟基的影响,难于被一般还原剂或催化氢化法还原。强还原剂四氢铝锂却能顺利地将羧酸还原为伯醇,反应在无水乙醚或四氢呋喃中进行。

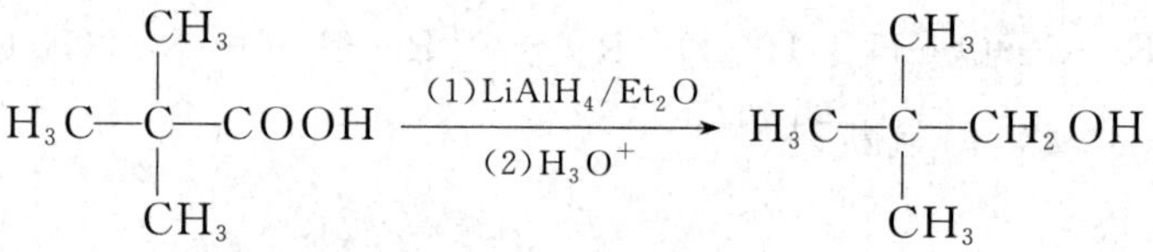

$$CH_2{=}CHCH_2COOH \xrightarrow[(2)H_3O^+]{(1)LiAlH_4/Et_2O} CH_2{=}CHCH_2CH_2OH$$

5. α-氢的反应

羧酸中的羧基和醛、酮中的羰基一样,由于吸电子诱导效应和 σ-π 超共轭效应共同作用使 α-碳上的氢易活化而发生取代反应。但羧基的活化作用比羰基小得多,因此羧酸的 α-卤代反应并不容易进行,需要在红磷或三卤化磷的催化下才能逐渐被氯或溴取代。

$$CH_3COOH \xrightarrow[P]{Cl_2} CH_2ClCOOH \xrightarrow[P]{Cl_2} CHCl_2COOH \xrightarrow[P]{Cl_2} CCl_3COOH$$

三、重要的羧酸

(一)甲酸

甲酸俗名蚁酸，是无色有刺激性的液体，酸性和腐蚀性均较强，易溶于水。甲酸的羧基直接与氢原子相连，因而表现出与其他同系物不同的某些性质，如易脱水，脱羧及有还原性等。

甲酸能使高锰酸钾褪色，也能发生银镜反应，这些反应常用于鉴定甲酸。甲酸在工业可用作还原剂和橡胶的凝聚剂，也可用作消毒剂和防腐剂。

(二)乙酸

乙酸俗名醋酸，是食醋的主要成分，一般食醋中含 6%～8%的乙酸。乙酸广泛存在于自然界，它常以盐的形式存在于植物果实和液汁中。

乙酸无色有刺激性气味的液体，沸点 118 ℃，熔点 16.6 ℃，由于乙酸在 16 ℃以下能结成冰状固体，因此纯乙酸又叫冰醋酸。乙酸能与水按任何比例混溶，也可溶于乙醇、乙醚和其他有机溶剂。

乙酸是人类最早使用的食品调料，同时也是重要的工业原料，它可以用来合成乙酸酐、乙酸酯等，又可用于生产醋酸纤维、胶卷、喷漆、溶剂、香料等。

(三)乙二酸

乙二酸常存在于许多草本植物及藻类中，因而俗称草酸。草酸是无色柱状结晶，常含两分子结晶水，加热到 100 ℃就失去结晶水得无水草酸。草酸易溶于水而不溶于乙醚等有机溶剂。

草酸加热至 150 ℃以上，即分解脱羧生成二氧化碳和甲酸。

$$\text{HOOC—COOH} \xrightarrow[\triangle]{150\ ^\circ\text{C}} \text{HCOOH} + CO_2\uparrow$$

草酸除具有一般羧酸的性质外，还有还原性，易被氧化。例如，能与高锰酸钾反应，在分析中常用草酸钠来标定高锰酸钾溶液的浓度。

$$5\text{HOOC—COOH} + 2KMnO_4 + 3H_2SO_4 = K_2SO_4 + 2MnSO_4 + 10CO_2\uparrow + 8H_2O$$

草酸能把高价铁还原成易溶于水的低价铁盐，因而可用来洗涤铁锈或蓝墨水的污渍。此外，工业上也常用草酸作漂白剂，用以漂白麦草、硬脂酸等。

(四)苯甲酸

苯甲酸别名安息香酸，为无色、无味片状晶体。微溶于水，易溶于乙醇、乙醚等有机溶剂。苯甲酸是弱酸，比脂肪酸强。它们的化学性质相似，都能形成盐、酯 、酰卤、酰胺、酸酐等，都不易被氧化。苯甲酸的苯环上可发生亲电取代反应，主要得到间位取代产物。

最初苯甲酸是由安息香胶干馏或碱水水解制得，也可由马尿酸水解制得。工业上苯甲酸是在钴、锰等催化剂存在下用空气氧化甲苯制得；或由邻苯二甲酸酐水解脱羧制得。苯甲酸及其钠盐可用作乳胶、牙膏、果酱或其他食品的抑菌剂，也可作染色和印色的媒染剂。

(五)山梨酸

山梨酸为无色至白色鳞片状结晶或结晶性粉末，无臭或稍有臭味。在空气中不稳定。能被氧化着色，有吸湿性，易溶于水、乙醇。

山梨酸目前已广泛地用于食品、饮料、烟草、医药、化妆品、农产品、饲料等行业中，从发展趋势看，其应用范围还在不断扩大。

山梨酸（钾）属酸性防腐剂，在接近中性（pH 6.0～6.5）的食品中仍有较好的防腐作用，而苯甲酸（钠）的防腐效果在 pH＞4 时，效果已明显下降，且有不良味道。

第二节 羧酸衍生物

一、羧酸衍生物的命名

（一）酰卤的命名

根据酰基（—COR）和卤原子的名称来命名，称为“某酰卤”。

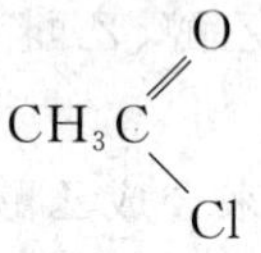
乙酰氯

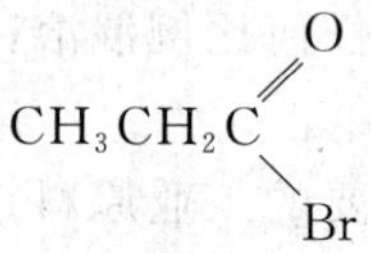
丙酰溴

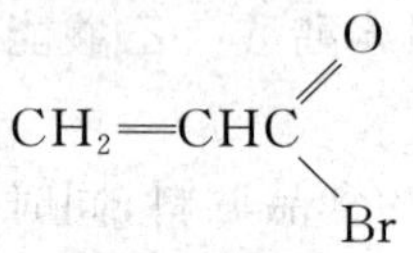
丙烯酰溴

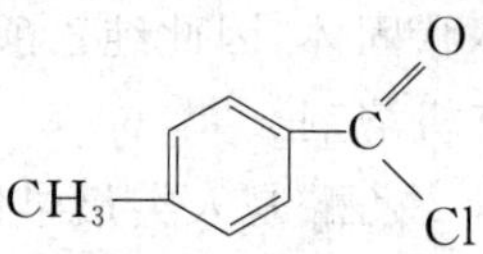
对甲基苯甲酰氯

（二）酸酐的命名

根据相应的羧酸来命名。两个相同羧酸形成的酸酐为简单酸酐，称为“某酸酐”，简称“某酐”；两个不同羧酸形成的酸酐为混合酸酐，称为“某酸某酸酐”，简称“某某酐”。

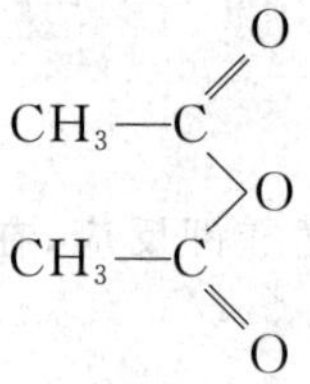
乙酸酐（乙酐）

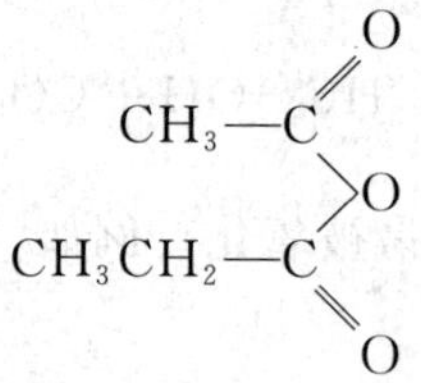
乙酸丙酸酐（乙丙酐）

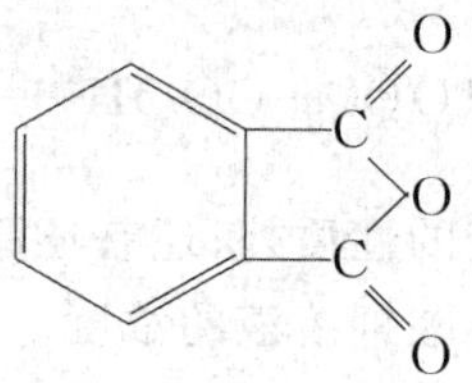
邻苯二甲酸酐

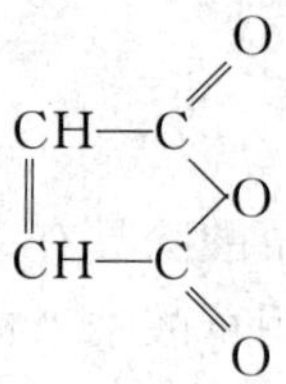
顺丁烯二酸酐

（三）酯的命名

由酸和醇脱水后生成的化合物称为酯，根据相应酸和醇的名称称为“某酸某酯”。

$HCOOCH_2CH_3$
甲酸乙酯

CH_3COOCH_3
乙酸甲酯

$CH_3CH_2OOCCOOCH_2CH_3$
乙二酸二乙酯

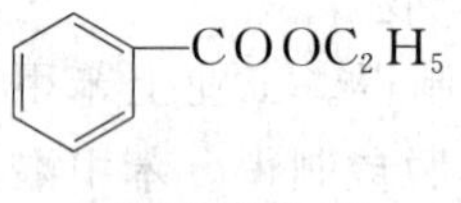
苯甲酸乙酯

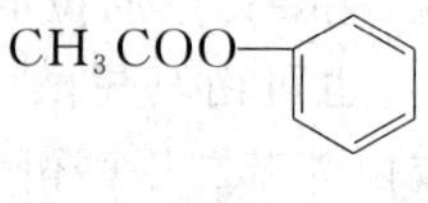
乙酸苯酯

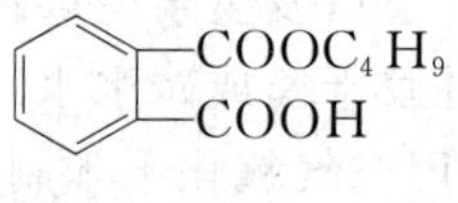
邻苯二甲酸一丁酯

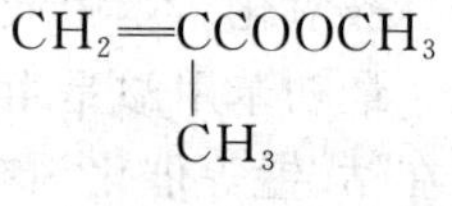
α-甲基丙烯酸甲酯

(四)酰胺的命名

根据酰基的名称称为“某酰胺”。

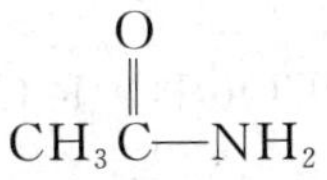

乙酰胺

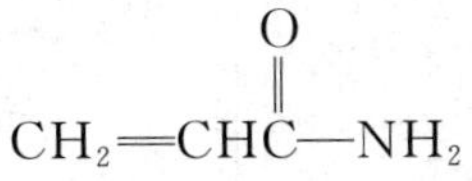

丙烯酰胺

若酰胺分子中含有取代氨基，命名时将氮原子所连烃基作为取代基，写名称时用“*N*”表示其位次。

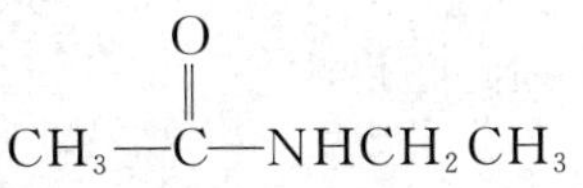

N-乙基乙酰胺

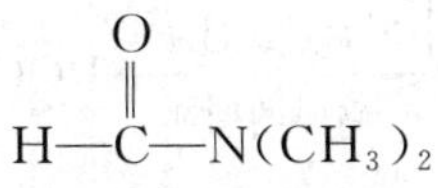

N,*N*-二甲基甲酰胺

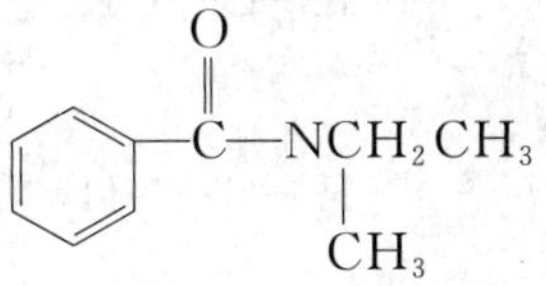

N-甲基-*N*-乙基甲酰胺

二、羧酸衍生物的性质

(一)羧酸衍生物的物理性质

酰卤中最常用的是酰氯。甲酰氯不存在，低级酰氯是具有强烈刺激性气味的液体，高级酰氯是白色低熔点固体。酰氯不溶于水，低级酰氯遇水容易水解放出氯化氢。酰氯沸点比相应羧酸低，这是因为酰氯分子中没有羟基，分子间不能氢键相互缔合的缘故。

甲酸酐不存在，低级酸酐是有刺激性气味的液体，高级酸酐为固体。大多数酸酐不溶于水，而溶于有机溶剂。饱和一元羧酸的酸酐沸点比相应的羧酸稍高，如乙酸酐沸点 139.6 ℃，乙酸沸点 118 ℃。

低级酯是具有水果香味的无色液体，存在于植物的花果中。高级酯为蜡状固体。酯在水中溶解度很小，易溶于乙醇、乙醚等有机溶剂。酯的沸点比相对分子质量相近的醇和羧酸都低。

甲酰胺是液体，脂肪族 *N*-取代酰胺多数为液体，其余都是白色固体。酰胺的熔、沸点高于相对分子质量相近的羧酸，如乙酰胺的熔点为 82 ℃、沸点为 221 ℃，而乙酸的熔点为 16.6 ℃、沸点为 118 ℃；苯甲酰胺的熔点为 130 ℃、沸点为 290 ℃，而苯甲酸的熔点为 122.4 ℃、沸点为 249 ℃。低级酰胺溶于水，随着相对分子质量增大，溶解度降低。液态酰胺是有机物和无机物的优良溶剂，例如，*N*,*N*-二甲基甲酰胺能与水及多数有机溶剂混溶，是一个重要的溶剂。

(二)羧酸衍生物的化学性质

羧酸衍生物的结构中含有相同的官能团酰基，所以它们的性质很相似，都可发生酰基上的亲核取代反应，如与水、醇、氨(胺)等发生水解、醇解、氨解反应，只是在反应活性上有较大的差异。化学反应的活性次序为：酰卤＞酸酐＞酯＞酰胺。

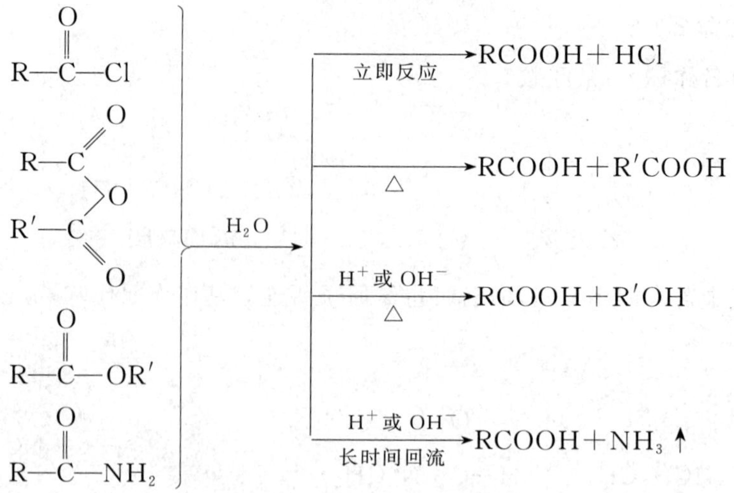

1. 水解

酰氯、酸酐、酯和酰胺都可以和水反应，生成相应的羧酸。酰氯遇冷水即能迅速水解，酸酐需与热水作用，酯的水解需加热并使用酸或碱催化剂，而酰胺的水解则在酸或碱的催化下经长时间的回流才能完成。因此，羧酸衍生物水解反应的活性次序是：酰卤＞酸酐＞酯＞酰胺。乙酰氯暴露在空气中，即吸湿分解，放出氯化氢气体立即形成白雾。因此，酰氯必须密封贮存。

酯的水解在理论上和生产上都有重要意义。酸催化下的水解是酯化反应的逆反应，水解不能进行完全。碱催化下的水解生成的羧酸可与碱生成盐而从平衡体系中除去，所以水解反应可以进行到底。酯的碱性水解反应也称为皂化。

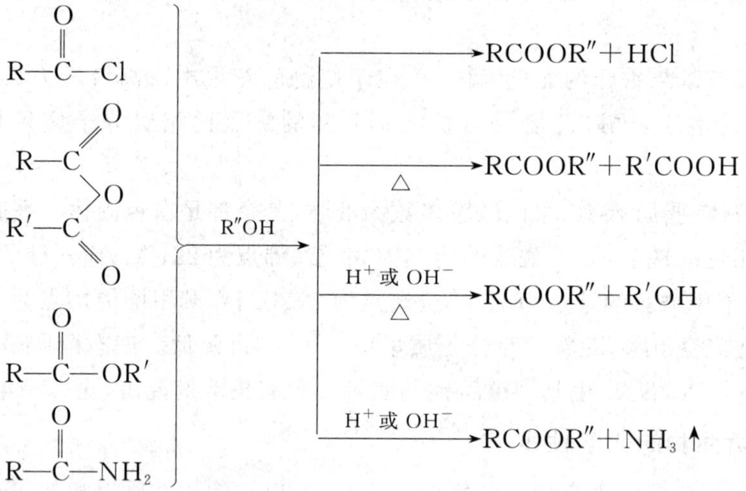

2. 醇解

酰氯、酸酐、酯和酰胺与醇反应，生成相应的酯。醇解反应速度顺序与水解相同。

酰卤、酸酐可直接和醇作用生成酯，酯和醇需要在酸或碱催化下发生反应，酰胺的醇解反应需用过量的醇才能生成酯并放出氨。酰胺的醇解反应难以进行。

酯与醇反应，生成另外的酯和醇，称为酯交换反应。酯交换反应是可逆反应。酯交换反应广泛应用于有机合成中。例如，工业上涤纶树脂的单体——对苯二甲酸二乙二醇酯就是采用酯交换反应合成的。

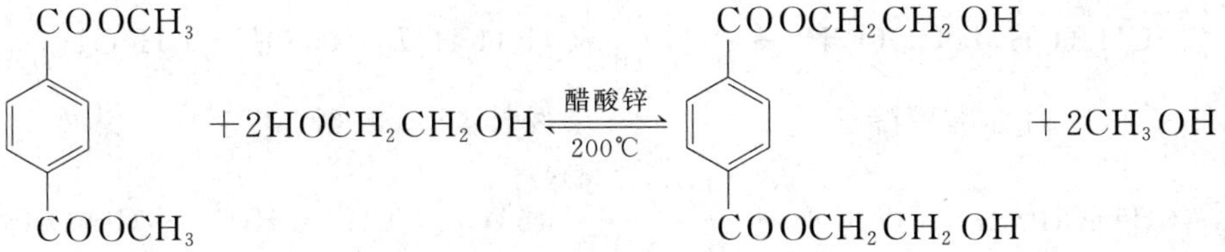

3. 氨解

酰卤、酸酐和酯与氨或胺作用生成酰胺的反应，称为氨解。

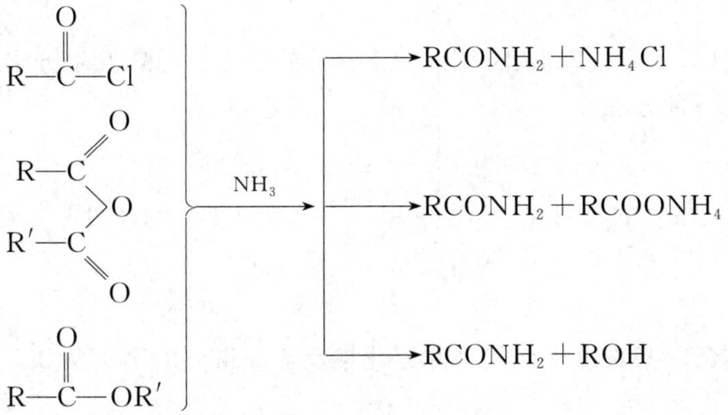

由于氨本身是碱，所以氨解反应比水解反应更易进行。酰氯的氨解过于剧烈，并放出大量的热，操作难以控制，故工业上常用酸酐的氨解来制取酰胺。酰胺与胺的反应是可逆的，必须用过量的胺才能得到 N-烷基酰胺。

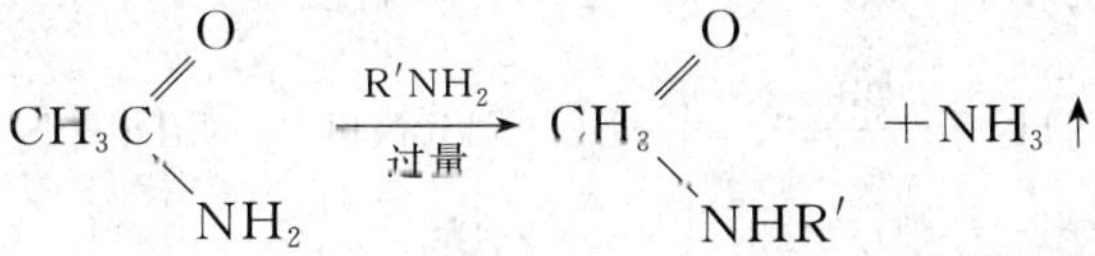

羧酸衍生物的水解、醇解和氨解反应相当于在水、醇、氨分子中引入酰基。凡是向其他分子中引入酰基的反应都叫酰基化反应。提供酰基的试剂叫酰基化试剂。酰氯、酸酐是常用的酰基化试剂。

4. 还原反应

酰卤、酸酐、酯和酰胺都比羧酸容易还原，除酰胺被还原成相应的胺外，酰卤、酸酐和酯均被还原成相应的伯醇。

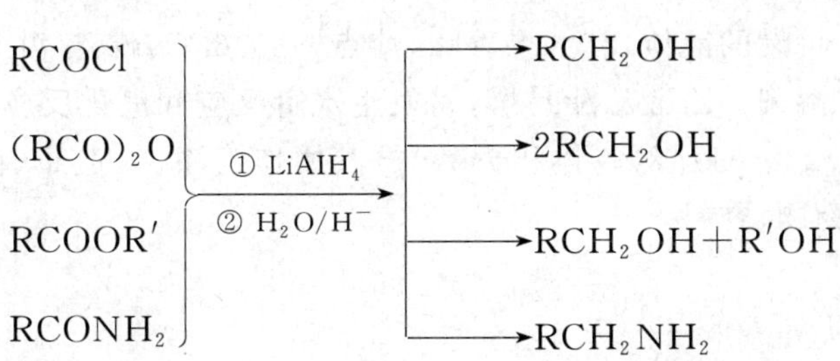

酯最易被还原，除氰化铝锂外，酯还能被醇和金属钠还原而不影响分子中的不饱和键，这在工业合成中具有实际意义。

$$CH_3(CH_2)_{10}COOCH_3 \xrightarrow[CH_2CH_2OH]{Na} CH_3(CH_2)_{10}CH_2OH + CH_3OH$$

月桂酸甲酯　　　　　　　月桂醇（十二醇）

$$CH_3(CH_2)_7CH{=}CH(CH_2)_7COOC_4H_9 \xrightarrow[CH_3CH_2OH]{Na} CH_3(CH_2)_7CH{=}CH(CH_2)_7CH_2OH + C_4H_9OH$$

油酸丁酯　　　　　　　　　　　　油醇

此反应可以得到长碳链的醇，月桂酸等高级醇是合成增塑剂、润湿剂、洗涤剂的重要原料。

5. 酰胺的特性

酰胺与脱水剂（如 P_2O_5、PCl_5、$SOCl_2$、$(CH_3CO)_2O$ 等）共热，发生分子内脱水生成腈。这是实验室制备腈的一种方法。

$$CH_3CH_2CH_2C(=O)NH_2 \xrightarrow[\triangle]{P_2O_5} CH_3CH_2CH_2CN + H_2O$$

丁腈

利用该法可制备一些难以用卤代烃和氰化钠反应而得到的腈。例如：

$$(CH_3)_3CC(=O)NH_2 \xrightarrow[\triangle]{P_2O_5} (CH_3)_3CCN + H_2O$$

制备少一个碳原子的伯胺，该反应称为霍夫曼降解反应。

$$CH_3CH_2CONH_2 \xrightarrow[\triangle]{NaOBr+NaOH} CH_3CH_2NH_2 + NaBr + Na_2CO_3 + H_2O$$

乙胺

$$(CH_3)_2CHCONH_2 \xrightarrow[\triangle]{NaOCl+NaOH} (CH_3)_2CHNH_2 + NaCl + Na_2CO_3 + H_2O$$

2-甲基-3-苯基丙酰胺　　　　　　苯异丙胺

三、重要的羧酸衍生物

(一)乙酸乙酯

乙酸乙酯为无色、可燃的液体，有水果香味，熔点 −83.6 ℃，沸点 71 ℃，微溶于水，溶于乙醇、乙醚和氯仿等有机溶剂。乙酸乙酯易燃，易发生水解反应和皂化反应。其蒸气形成爆炸性混合物，爆炸极限为 2.2%～11.2%（体积分数）。其用作清漆、人造革、硝酸纤维素塑料等的溶剂，也用于制染料、药物、香料。

(二)乙酰乙酸乙酯

乙酰乙酸乙酯为无色液体，有令人愉快的香味，稍溶于水，易溶于有机溶剂。乙酰乙酸乙酯是由酮式和烯醇式互变异构体的混合物组成的平衡体系，其中酮式占 93%，烯醇式占 7%。

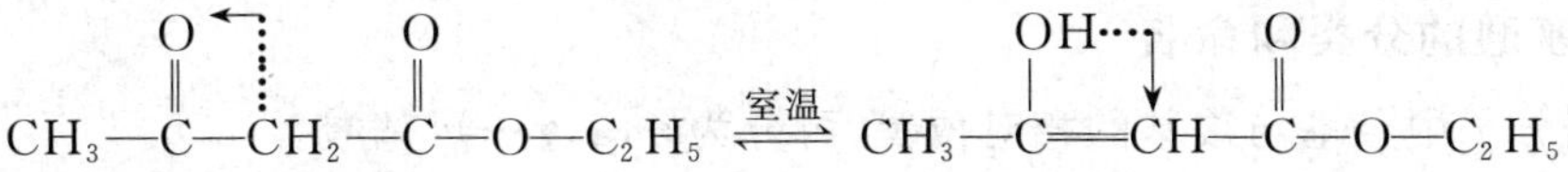

93%酮式　　　　　　　　7%烯醇式

乙酰乙酸乙酯与三氯化铁反应显紫色，说明分子中具有烯醇型结构；可使溴水褪色，说明分子中含有碳碳双键。向刚刚滴过溴水的乙酰乙酸乙酯中，再接着加三氯化铁试液不会显色。但片刻后会出现紫色，证明有一部分酮式转变为烯醇式，二者之间存在动态平衡。

互变异构现象是指两种或两种以上异构体之间相互转变，并以动态平衡而同时存在的现象。具有这种关系的异构体叫互变异构体。

(三)脲

脲也叫尿素，最初由尿中取得。它是哺乳动物内蛋白质代谢的取终产物。成人每天可随尿排出约 30 g 脲。尿素是白色结晶，熔点 152 ℃，易溶于水和乙醇，强热时分解成氨和二氧化碳。它除可用作肥料外，还用于合成药物、农药、塑料等。

尿素是碳酸的二酰胺，由于含两个氨基，所以显碱性，但碱性很弱，不能用石蕊试纸检验。尿素能与硝酸或草酸生成不溶性盐，利用这种性质可从尿液中分离尿素。

尿素在化学性质上与酰胺相似，如在酸、碱或脲酶作用下，可水解为氨和二氧化碳。

$$H_2N-\overset{\overset{\large O}{\|}}{C}-NH_2+H_2O \longrightarrow 2NH_3+CO_2$$

尿素与亚硝酸作用定量放出氮气，可从氮气体积测定尿素含量。

$$H_2N-\overset{\overset{\large O}{\|}}{C}-NH_2+2HNO_2 \longrightarrow H_2CO_3+2N_2\uparrow+2H_2O$$

将尿素缓慢加热至熔点以上，则两分子尿素间失去一分子氨，生成缩二脲。

$$H_2N-\overset{\overset{\large O}{\|}}{C}-NH_2+H_2N-\overset{\overset{\large O}{\|}}{C}-NH_2 \xrightarrow{150\sim160\ ℃} H_2N-\overset{\overset{\large O}{\|}}{C}-NH-\overset{\overset{\large O}{\|}}{C}-NH_2+NH_3$$

缩二脲在碱性溶液中与稀硫酸铜溶液作用，呈现紫红色，这种颜色反应叫作缩二脲反应。凡分子中含有两个以上肽键的化合物，如多肽、蛋白质等都有缩二脲反应。

第三节　取　代　酸

一、羟基酸

(一)羟基酸的分类和命名

(1)根据分子中羟基与羧基的相对位置,可分为α,β,γ…羟基酸。

(2)按系统命名法命名时,选择含有羧基和羟基的最长碳链为主链,编号由距离羟基最近的羧基开始。

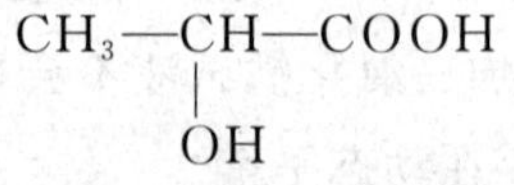
2-羟基丙酸(乳酸)

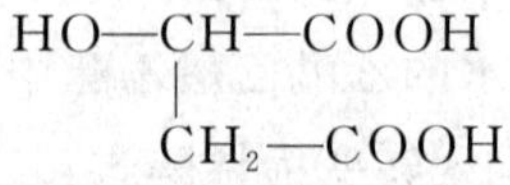
羟基丁二酸(苹果酸)

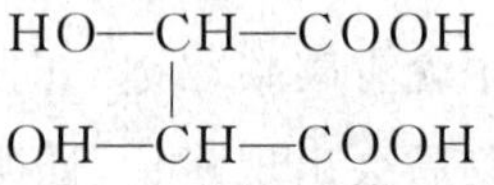
2,3-二羟基丁二酸(酒石酸)

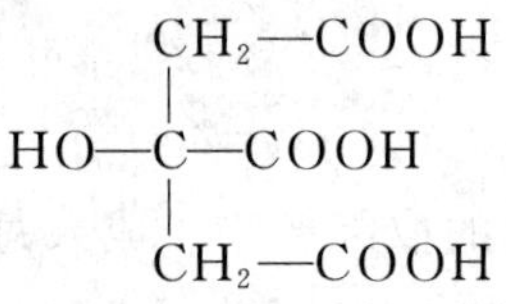
3-羟基-3 羧基-戊二酸(柠檬酸)

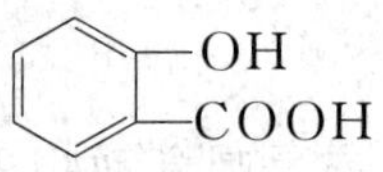
邻羟基苯甲酸(水杨酸)

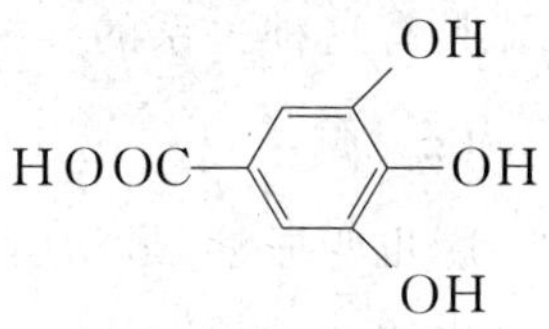
3,4,5-三羟基苯甲酸

(二)羟基酸的物理性质

(1)醇酸多为结晶或糖浆状的液体,酚酸都是固体。

(2)由于分子中含有羟基和羧基两个极性基团,它们都能与水形成氢键,所以羟基酸一般能溶于水,水溶性大于相应的羧酸。

(三)羟基酸的化学性质

(1)酸性　由于羟基的吸电子诱导效应,醇酸的酸性比相应的羧酸强。羟基离羧基越近,其酸性越强。

(2)α-醇酸的氧化反应

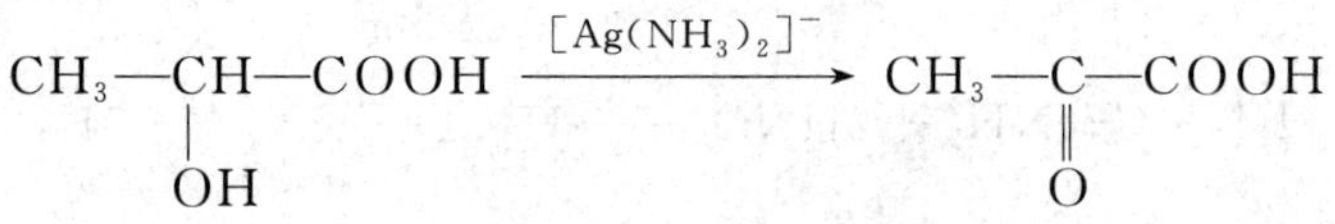
乳酸　丙酮酸

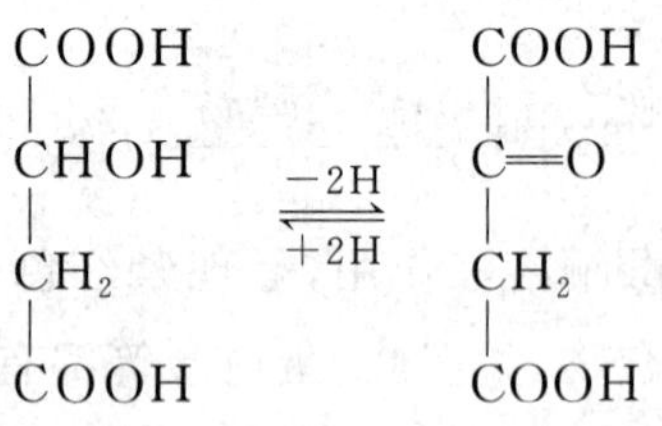
苹果酸　草酰乙酸

(3)α-醇酸的分解反应

$$CH_3—\underset{\mathrm{OH}}{\underset{|}{CH}}—COOH \xrightarrow{\text{稀 } H_2SO_4} CH_3CHO + HCOOH$$

(4)醇酸的脱水反应

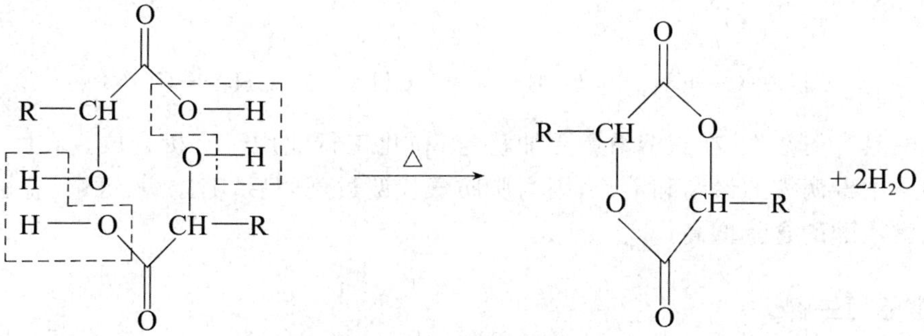

$$CH_3—\underset{\mathrm{OH}}{\underset{|}{CH}}—CH_2—COOH \xrightarrow{\triangle} CH_3—CH{=}CH—COOH + H_2O$$

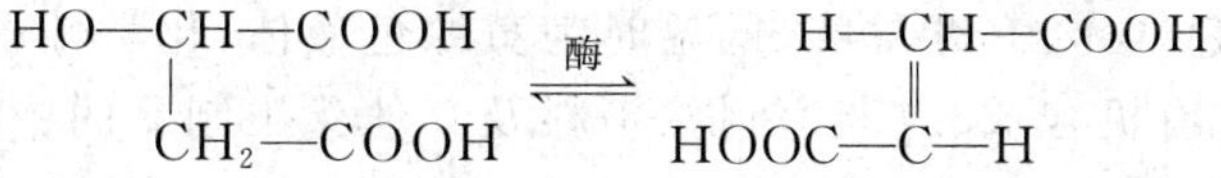

(5)酚酸的脱羧反应

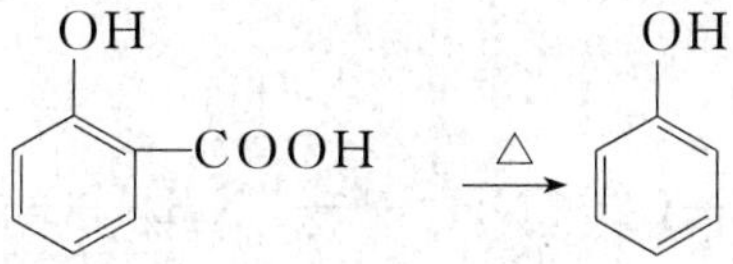

二、羰基酸

选择含羰基和羧基的最长碳链为主链，叫作某醛酸或某酮酸，命名酮酸时需注明羰基的位次，也可用酰基命名，称为“某酰某酸”。

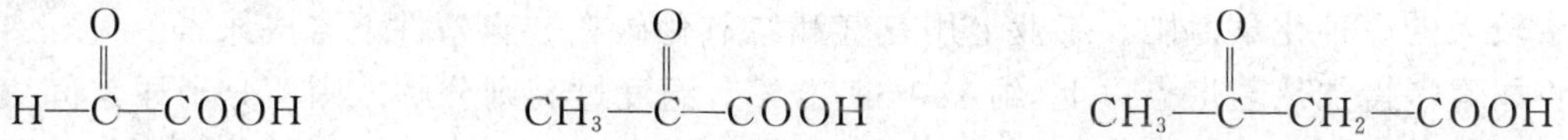

乙醛酸(甲酰甲酸)　　丙酮酸(乙酰甲酸)　　β-丁酮酸(乙酰乙酸)

(一)乙醛酸

乙醛酸是一种白色晶体，有不愉快气味，水溶液为无色或淡黄色透明液体；溶于水，水溶液呈黄色；难溶于乙醚、乙醇和苯等。暴露于空气中短时间即能吸潮变为浆状，有腐蚀性。用作化妆品的调香剂和定香剂，日用化学品香精、食品的赋香，还用作医药、染料、塑料和农药的中间体。

(二)丙酮酸

丙酮酸，又称α-氧代丙酸，是所有生物细胞糖代谢及体内多种物质相互转化的重要中间体，因分子中包含活化酮和羧基基团，所以作为一种基本化工原料广泛应用于化学、制药、食品、农业及环保等各个领域中，可通过化学合成和生物技术多种方法制备。

（三）乙酰乙酸

乙酸乙酯为无色油状液体或结晶，可以与水和醇混溶，不稳定，加热到 100 ℃时便迅速分解为丙酮和二氧化碳。

$$CH_3-\overset{\overset{\large O}{\|}}{C}-CH_2-COOH \xrightarrow{\triangle} CH_3-\overset{\overset{\large O}{\|}}{C}-CH_3 + CO_2\uparrow$$

乙酰乙酸具有弱酸性，在碱溶液中更加稳定，在化工行业用于有机合成。在医学行业，可用于糖尿病酮中毒病人的诊断和治疗，因为脂肪酸代谢过度之后，糖尿病、饥饿、急性乙醇中毒等均会使乙酰乙酸的含量增高。

三、碳酸的衍生物

（一）光气

光气，又称碳酰氯，剧毒，不燃，化学反应活性较高，遇水后有强烈腐蚀性。微溶于水，溶于芳烃、苯、四氯化碳、氯仿、乙酸等多数有机溶剂。由一氧化碳和氯气的混合物通过活性炭制得。光气常温下为无色气体，有腐草味，低温时为黄绿色液体，化学性质不稳定，遇水迅速水解，生成氯化氢。用作有机合成、农药、药物、染料及其他化工制品的中间体。脂肪族氯烃类（如氯仿、三氯乙烯等）燃烧时可产生光气。环境中的光气主要来自染料、农药、制药等生产工艺。光气经氨解即得尿素。

$$Cl-\overset{\overset{\large O}{\|}}{C}-Cl + NH_3 \longrightarrow NH_2-\overset{\overset{\large O}{\|}}{C}-NH_2$$

（二）尿素

尿素，又称碳酰胺，是由碳、氮、氧、氢组成的有机化合物是一种白色晶体。尿素是哺乳动物和某些鱼类体内蛋白质代谢分解的主要含氮终产物，也是目前含氮量最高的氮肥。作为一种中性肥料，尿素适用于各种土壤和植物。它易保存，使用方便，对土壤的破坏作用小，是目前使用量较大的一种化学氮肥。工业上用氨气和二氧化碳在一定条件下合成尿素。

将尿素慢慢加热至熔点以上（约 150～160 ℃ ，温度过高则分解），则两分子尿素间失去一分子氨，生成二缩脲（或称缩二脲）。二缩脲在碱性溶液中与极稀的硫酸铜溶液能产生紫红的颜色反应，这种颜色反应叫作二缩脲反应。除二缩脲外，凡分子中含有两个以上酰胺键的化合物，例如，多肽、蛋白质等，都有这种颜色反应。

（三）胍

胍是一个含氮的有机化合物，也称“亚胺脲”“亚氨脲”“氨基甲脒”，是吸湿性很强的无色结晶，易溶于水。胍是很强的一元碱，碱性与氢氧化钠相近，能吸收空气中的二氧化碳生成碳酸盐。胍水解则生成尿素和氨：

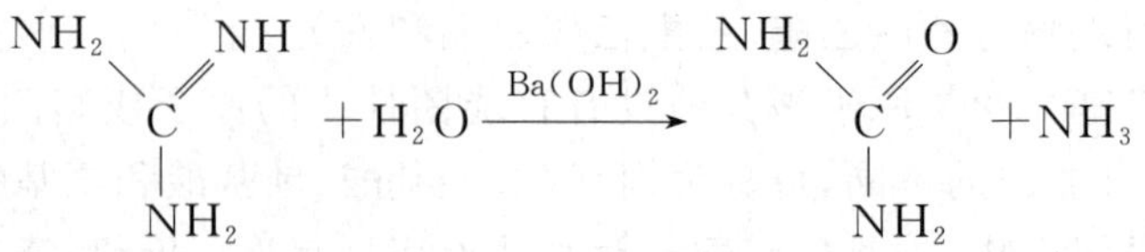

胍存在于萝卜、蘑菇、米壳、某些贝类以及蚯蚓等动、植物体中。胍一般以盐的形式使用，是有机合成(合成杂环化合物)、药物、染料合成的中间体。胍的许多衍生物在生理上具有重要作用，如对氨基苯磺酰胍：

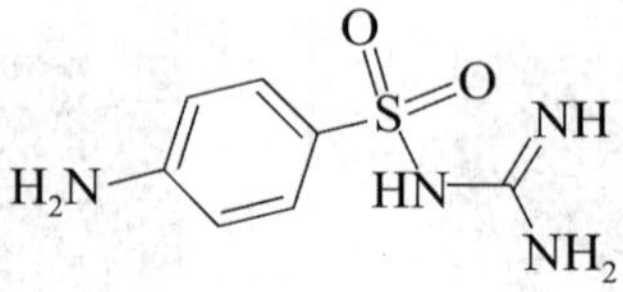

俗称磺胺胍，亦称磺胺脒，是一种肠道消炎药。

知识拓展

被冒充的山梨酸钾

有不法商贩以碳酸钾冒充山梨酸钾而引发食品安全问题。一是碳酸钾不具备防腐作用，起不到山梨酸钾应有的抑菌效果，因为，起抑菌作用的是山梨酸根，而不是钾离子。这种伪劣产品流入市场，会损害经销商、用户和消费者的利益。二是碳酸钾会使产品变色，影响感官指标。按照规定，正常的山梨酸钾的外观呈白色。而掺入了碳酸钾的山梨酸钾产品，在存放大约3个月之后，会发生变色反应，由白色变为黄色或棕色，影响销售。

也有以苯甲酸钾冒充山梨酸钾的，苯甲酸钾虽有防腐作用，但对人体也有一定的毒副作用，而山梨酸钾是世界公认的安全型食品添加剂，在食品生产过程中，以山梨酸钾代替苯甲酸和苯甲酸钠，有利于提高食品的安全性，符合健康消费的潮流。

应对现行的山梨酸钾相关国家标准进行修改和完善，将标准中山梨酸钾纯度的判定指标改为山梨酸根含量(原为钾离子含量)。这样修改标准，可从产品终端来鉴别产品的真假，可将那些山梨酸根含量不达标的产品判为伪劣产品，使掺有碳酸钾或苯甲酸钾的产品无法进入市场。

本章小结

本章主要讲述了羧酸、羧酸衍生物以及取代羧酸。

1. 由烃基和羧基相连构成的有机化合物称为羧酸。其通式为 RCOOH。羧酸的官能团是羧基—COOH。羧酸有明显的酸性，同时羰基的正电性降低，使其不易发生类似醛、酮的加成反应。主要化学性质有：酸性、羧基中羟基的取代反应、脱羧反应、还原反应、α-氢的反应。常见的羧酸有甲酸、乙酸、乙二酸、山梨酸、苯甲酸等。

2. 羧酸分子中羧基上的羟基被其他原子或原子团取代的产物叫作羧酸衍生物。羧酸衍生物包括酰卤、酸酐、酯、酰胺等。羧酸衍生物在结构上的共同特点是都含有酰基，因此化学性质也有相似之处，只是在反应活性上有较大的差异。主要化学性质有：水解、醇解、氨解、还原反

应等。常见的羧酸衍生物有乙酸乙酯、乙酰乙酸乙酯和脲等。

3.羧酸分子中烃基上的氢原子被其他具有官能团性质的原子或基团取代的化合物，称为取代羧酸，根据取代官能团的不同，可分为卤代酸、羟基酸、羰基酸和氨基酸。许多羟基酸和羰基酸是生物代谢的中间产物；一些羟基酸还对某些疾病具有治疗价值；氨基酸则是构成蛋白质的基本结构单元。

巩固测试

第十三章测试题

思政小课堂

从阿司匹林发展史看探究精神

第十四章

含氮和含磷有机化合物

【学习目标】

［知识目标］

- 了解含氮和含磷有机化合物的命名
- 掌握含氮和含磷有机化合物的性质

［能力目标］

- 能够独立完成双缩脲显色反应并给出合理解释
- 能够列举重要的含氮和含磷有机化合物

［素质目标］

- 培养坚定正直的品质
- 增强民族自豪感

【知识导图】

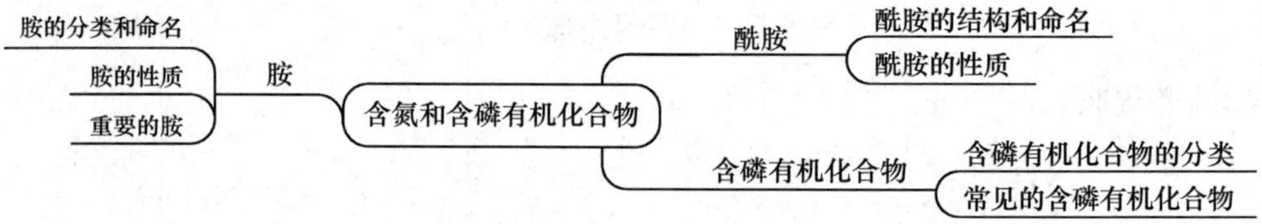

第一节 胺

氨分子中的一个或多个氢原子被烃基取代后的产物，称为胺。胺类广泛存在于生物界，具有极重要的生理活性和生物活性，如蛋白质、核酸及许多激素、抗生素和生物碱等都是胺的复杂衍生物，临床上使用的大多数药物也是胺或者胺的衍生物，因此掌握胺的性质和合成方法是研究这些复杂天然产物及更好地维护人类健康的基础。

一、胺的分类和命名

(一)胺的分类

(1)根据胺分子中与氮原子相连的烃基的数目，可分为伯胺、仲胺和叔胺。

RNH_2	R_2NH	R_3N
伯胺	仲胺	叔胺

伯、仲、叔胺与醇的分类是不同的，如叔丁醇是叔醇而叔丁胺属于伯胺。

$CH_3CH(CH_3)NH_2$ 异丙胺(伯胺)

$CH_3CH(CH_3)OH$ 异丙醇(仲醇)

$CH_3C(CH_3)_2NH_2$ 叔丁胺(伯胺)

$CH_3C(CH_3)_2OH$ 叔丁醇(叔醇)

(2)根据胺分子中氮上连接的烃基不同，分为脂肪胺与芳香胺。氮原子上只连接脂肪烃基的称脂肪胺($R\text{-}NH_2$)，连有芳基的称芳香胺($Ar\text{-}NH_2$)。

例如，脂肪胺：

$CH_3CH(NH_2)CH_2CH_3$

仲丁胺

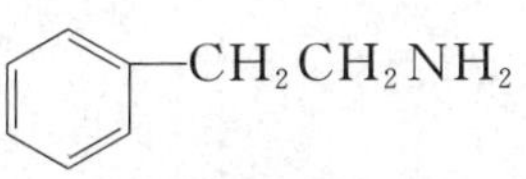

2-苯乙胺

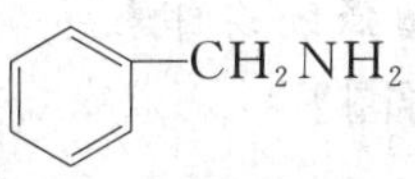

苄胺

又如，芳香胺：

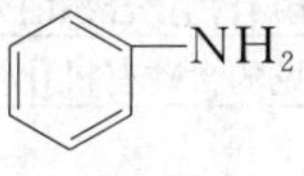

苯胺

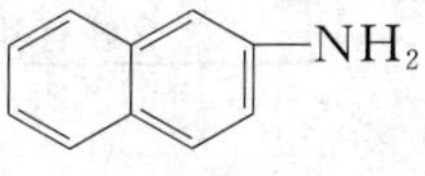

β-萘胺

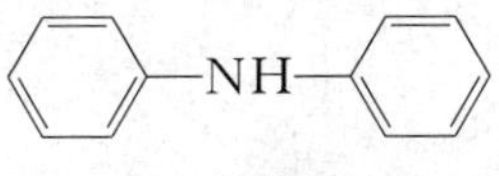

二苯胺

(3)根据胺分子中所含氨基的数目，可以有一元、二元或多元胺。

$NH_2CH_2CH_2NH_2$

乙二胺

$NH_2CH_2CH_2CH_2NH_2$

1,3-丙二胺

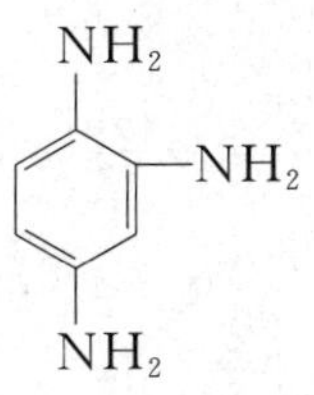

1,2,4-苯三胺

(4)季铵盐及季铵碱　当铵盐(NH_4^+)或氢氧化铵分子中的四个氢原子被烃基取代而生成的化合物，就称为季铵盐和季铵碱。

$[R_4N]^+X^-$　季铵盐

$[R_4N]^+OH^-$　季铵碱

R代表烃基，可以是脂肪烃基也可以是芳香烃基，从而可以分脂肪胺和芳香胺。

$—NH_2$　氨基

$>NH$　亚氨基

$>N—$　次氨基(叔氮原子)

(二)胺的命名

(1)结构简单的胺可以以胺为母体，根据烃基的名称命名，即在烃基的名称后加上“胺”字。“基”字一般可省略。

CH_3NH_2　甲胺

$CH_3CH_2NH_2$　乙胺

$C_6H_5NH_2$　苯胺

$CH_3CH_2CH_2\underset{\underset{CH_3}{|}}{N}CH_2CH_3$　甲乙丙胺

$CH_3NHCH_2CH_3$　甲乙胺

$CH_3CH_2NHCH_2CH_2CH_3$　乙丙胺

(2)若氮原子上所连烃基相同，用二或三表明烃基的数目；若氮原子上所连烃基不同，则按基团的次序规则，“优先基团后列出”写出其名称；“基”字一般可省略。或当仲胺和叔胺分子中烃基不同时，命名时选“优先”基团为母体，其他基团为取代基，并在前面冠以“*N*”，突出它是连在氮原子上。例如：

$CH_3NHC_2H_5$　甲乙胺

$(CH_3)_2NC_2H_5$　二甲乙胺

$CH_3NHCH(CH_3)_2$　甲异丙胺

$C_6H_5NHCH_3$　*N*-甲基苯胺

$C_6H_5N(CH_3)_2$　*N*,*N*-二甲基苯胺

$C_6H_5\underset{\underset{CH_3}{|}}{N}C_2H_5$　*N*-甲基-*N*-乙基苯胺

$(CH_3)_2CH\underset{\underset{CH_3}{|}}{N}C_2H_5$　甲乙异丙胺

(3)含有两个氨基的化合物为二胺。例如：

$H_2NCH_2CH_2CH_2CH_2NH_2$　1,4-丁二胺(尸胺)

$H_2NCH_2CH_2CH_2CH_2CH_2NH_2$　1,5-戊二胺(腐胺)

(4)季铵盐或季铵碱则与氢氧化铵或铵盐的命名相似。当四个烃基不同时，按“优先基团后列出”原则排序。例如：

$[(CH_3)_4N]^+Cl^-$　氯化四甲铵

$[(CH_3)_3NC_2H_5]^+OH^-$　氢氧化三甲乙铵

$[HOCH_2CH_2N(CH_3)_3]^+OH^-$ 氢氧化三甲基-2-羟乙基(胆碱)

$[C_6H_5CH_2N(CH_3)_2C_{12}H_{25}]^+Br^-$ 溴化二甲基十二烷基苄基铵(新洁尔灭)

二、胺的性质

(一)胺的物理性质

(1)常温下,甲胺、二甲胺、三甲胺是气体,低级和中级脂肪胺为无色气体或液体,高级脂肪胺为固体,芳香胺为高沸点的液体或低熔点的固体。

(2)低级胺具有氨的气味或鱼腥味,如三甲胺有鱼腥味;高级胺没有气味,芳香胺有特殊气味,并有较大的毒性,无论是吸入其蒸气或是皮肤接触都会引起中毒;某些芳香胺致癌,如联苯胺、β-萘胺有强烈致癌性。某些二胺有恶臭味,如1,4-丁二胺(腐肉胺)、1,5-戊二胺(尸胺)。

(3)由于胺是极性化合物,除叔胺外,其他胺分子间可通过氢键缔合,因此胺的熔点和沸点比相对分子质量相近的非极性化合物高。但由于氮的电负性比氧小,所以胺形成的氢键弱于醇或羧酸形成的氢键,因而胺的熔点和沸点比相对分子质量相近的醇和羧酸低。

(4)伯、仲、叔胺的沸点为伯胺>仲胺>叔胺。显然,叔胺没有N—H键,因此不能形成氢键,沸点较低。

(5)由于所有的三类胺都能与水形成氢键,低级胺易溶于水。随着烃基在分子中的比例增大,溶解度迅速下降,所以中级胺、高级胺及芳香胺微溶或难溶于水。胺大都可溶于有机溶剂。

(二)胺的化学性质

胺的化学性质主要取决于氨基氮上的未共用电子对,它可以接收质子显碱性;能够作为亲核试剂,与酰基化试剂反应。芳胺还可以与亚硝酸及氧化剂反应。

1. 碱性及成盐反应

胺分子中氮原子上的未共用电子对,溶于水时能接受质子呈碱性,发生离解反应。例如:

$$CH_3-NH_2 + HOH \rightleftharpoons CH_3-\overset{+}{N}H_3 + OH^-$$

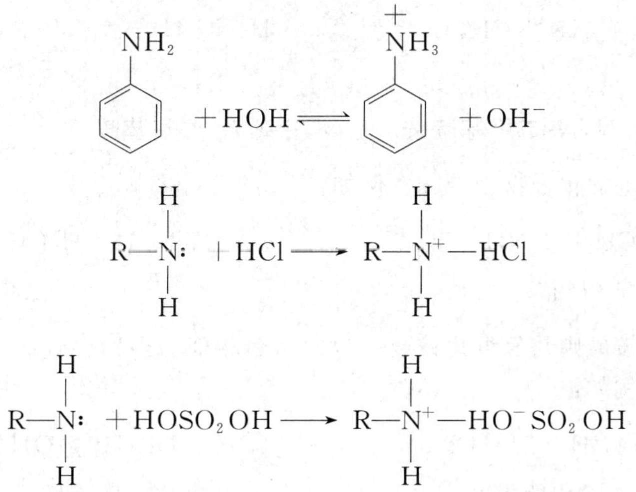

胺的碱性大小受两个方面因素的影响,即电子效应和空间效应。氮原子上的电子云密度

越大，接受质子的能力越强，胺的碱性越强；氮原子周围空间位阻越大，氮原子结合质子越困难，胺的碱性越小。由于胺是弱碱，它们的盐遇到强碱则立即释放出胺。

$$R—NH_3X + NaOH \longrightarrow R—NH_2 + NaX + H_2O$$

脂肪族仲胺碱性最强，伯胺次之，叔胺最弱，但它们的碱性都比氨强。按其碱性大小顺序排列如下：

二甲胺 ＞ 甲胺 ＞ 三甲胺 ＞ 氨

脂肪基是供电子基。供电子诱导效应的结果，使脂肪胺氮原子上的电子云密度增大，接受质子的能力增强，所以脂肪族胺的碱性比氨强。氮原子上所连的脂肪基越多，氮原子上的电子云密度越大，导致脂肪族仲胺碱性大于脂肪族伯胺，这是电子效应起主导作用。当氮原子上连有3个脂肪基时，氮原子上的电子云密度增大，其空间位阻相应增大。而且，此时空间效应比电子效应更加显著，使质子难与氮原子相结合。所以叔胺的碱性比伯胺还要弱。

芳香族胺的碱性比氨弱。由于苯环可与氨基氮原子发生吸电子共轭效应，使氮原子电子云密度降低，同时阻碍氮原子接受质子的空间效应增大。电子效应和空间效应两种作用都使氨基接受质子的能力减弱，而且随着氮原子上所连接的苯基的数目增多，两种效应都在增强，芳香胺的碱性将逐步减弱。因此芳香胺的碱性比氨弱，且苯胺 ＞ 二苯胺 ＞ 三苯胺。

芳脂胺的氨基不与苯环直接相连，氮原子上未共用电子对不能和苯环发生共轭，所以碱性一般比苯胺强些。

季铵碱因在水中可完全电离，因此是强碱，其碱性与氢氧化钾相当。

综上所述，胺类属弱碱，能与酸形成可溶于水的稳定的盐，这些盐遇强碱可被游离出来，利用这些性质，可用于胺的分离。

另外，利用胺盐的水溶性，可将某些不溶性的胺类药物转变为相应的强酸盐，增加其水溶性。例如，局部麻醉药普鲁卡因在水中溶解度较小，影响临床使用，但利用其分子中含有氨基，可将其制成水溶性的盐酸盐，做成针剂，用于临床。

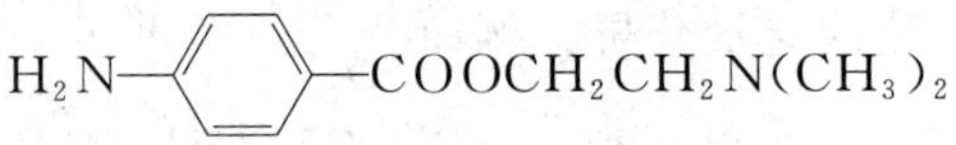

普鲁卡因

2. 酰化反应

伯胺或仲胺氮原子上的氢原子，可被酰基（RCO—）取代生成酰胺，此反应称为酰化反应。叔胺的氮上因无氢原子，不能发生此类反应。常用的酰化剂为酰卤、酸酐等。例如：

$$CH_3—NH_2 + (CH_3CO)_2O \longrightarrow CH_3CONHCH_3 + CH_3COOH$$

$$(CH_3)_2NH + (CH_3CO)_2O \longrightarrow CH_3CON(CH_3)_2 + CH_3COOH$$

酰化反应有许多重要应用。大多数胺是液体，经酰化后生成的酰胺均为固体，有固定熔点，易水解为原来的胺。因此酰化反应可用于胺类的分离、提纯和鉴定。在有机合成上酰化反应还可用于保护芳环上的氨基。待反应结束后再水解释放出氨基。

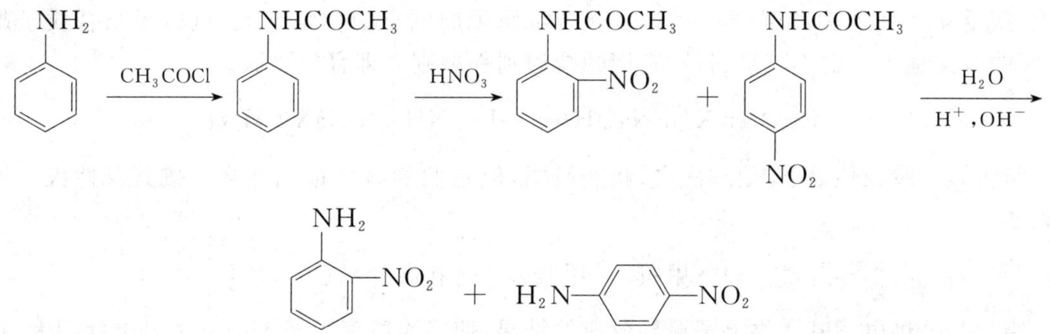

3. 磺酰化反应

苯磺酰氯也可与伯胺、仲胺发生苯磺酰化反应。反应在碱性介质中进行，生成的苯磺酰伯胺的氮原子上还有一个氢原子，受苯磺酰基的强吸电子诱导效应的影响显示弱酸性，可在反应体系的碱性溶液中溶解而生成盐。而苯磺酰仲胺的氮原子上没有氢原子，不能溶于碱性溶液而析出固体。利用这些性质可以鉴别和分离三种胺的混合物，此反应称为兴斯堡实验反应。

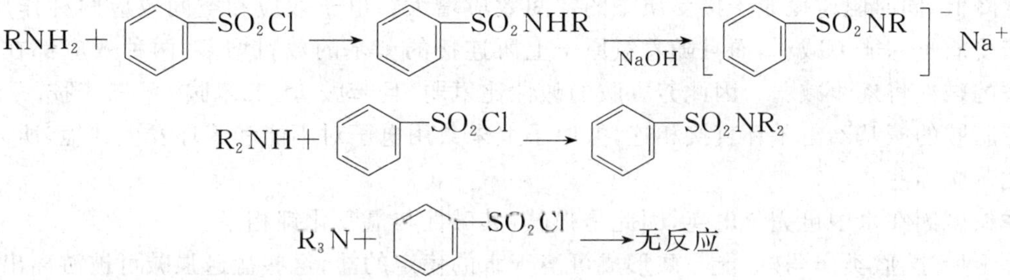

4. 与亚硝酸的反应

胺可以与亚硝酸反应，不同类型的胺与亚硝酸反应，有不同的反应产物和现象。亚硝酸不稳定，HNO_2 在反应中用亚硝酸钠和盐酸或硫酸的混合物作用而代替。

脂肪伯胺与亚硝酸反应生成醇，并定量放出氮气（由生成的不稳定重氮盐自动分解），通过氮气的量可以进行脂肪族伯胺的定量分析。例如：

$$CH_3CH_2NH_2 + HNO_2 \longrightarrow CH_3CH_2OH + N_2\uparrow + H_2O$$

芳香伯胺与亚硝酸在过量无机酸和低温下生成芳香重氮盐，此反应称重氮化反应。

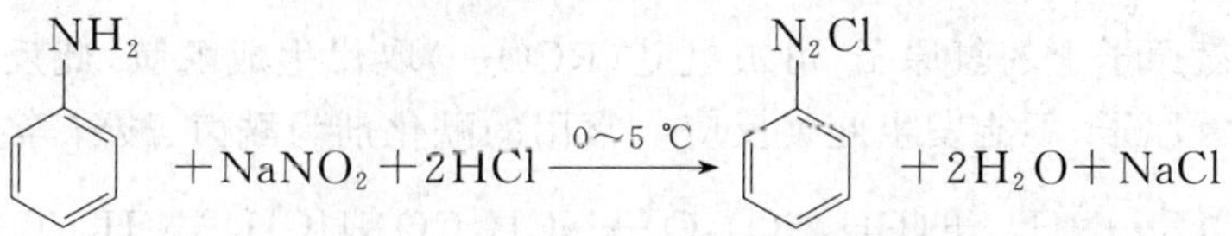

重氮盐不稳定，温度升高（超过 5℃），重氮盐即分解成酚和氮气、干燥的重氮盐受热或撞击则容易爆炸。因此，一般不把重氮盐分离出来，而是保存在水中，在低于 5℃下使用。例如：

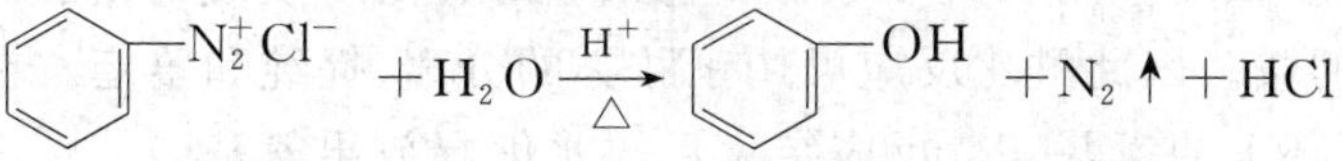

脂肪族或芳香族仲胺与亚硝酸反应生成 *N*-亚硝基胺（有致癌物质），该类物质为不溶于水的黄色油状物或固体物质。例如：

$$(CH_3)_2NH + HO—NO \xrightarrow[-H_2O]{} (CH_3)_2N—NO$$

N-亚硝基仲胺和酸共热，又可分解成原来的仲胺。可以利用这个反应来分离或提纯仲胺。

脂肪叔胺氮原子上没有氢原子，不能亚硝基化，只能形成不稳定的水溶性亚硝酸盐。例如：

$$(CH_3)_3N + HNO_2 \longrightarrow [(CH_3)_3NH]^+NO_2^-$$

此盐用碱中和处理，又重新得到游离的脂肪叔胺。

$$[(CH_3)_3NH]^+NO_2^- + NaOH \longrightarrow (CH_3)_3N + NaNO_2 + H_2O$$

芳香叔胺与亚硝酸作用，不生成盐，而是在芳环上发生亚硝基化反应，生成亚硝基芳香叔胺。例如：

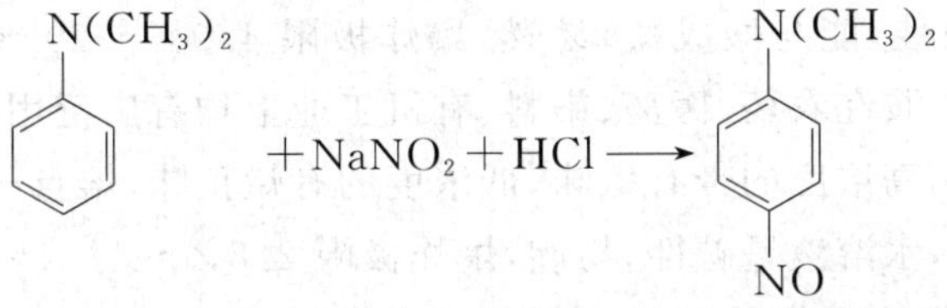

对亚硝基-*N*,*N*-二甲基苯胺(绿色片状晶体)

亚硝基芳香叔胺在碱溶液中呈翠绿色，在酸性溶液中由于互变成醌式盐而呈橘黄色。

根据不同胺类与亚硝基酸反应的不同现象和不同产物，可用来鉴别脂肪族或芳香族伯、仲、叔胺。

5. 氧化反应

胺有还原性，易被氧化，但氧化产物很复杂，实用价值不大。芳香族胺更易被氧化，在储藏过程中就逐渐被空气中的氧所氧化，使颜色变深。如纯苯胺氧化过程的颜色变化和产物：无色液体 → 黄色 → 红棕色 → 氧化生成对苯醌。因此在有机合成中，如果要氧化芳胺环上其他基团，必须首先保护氨基。

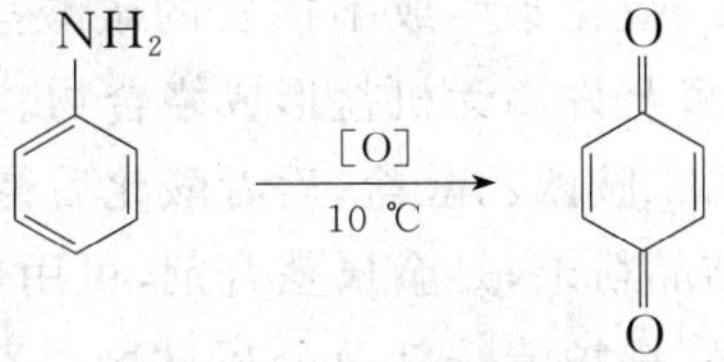

6. 季铵盐和季铵碱

叔胺和卤代烷作用生成季铵盐。

$$R_3N + RX \longrightarrow [R_4\overset{+}{N}]X^-$$

季铵碱一般利用湿氧化银和季铵盐的醇溶液反应，生成的卤化银沉淀，蒸发滤液，即得季铵碱。

$$[R_4\overset{+}{N}]X^- + Ag_2O \longrightarrow [R_4\overset{+}{N}]OH^- + AgX$$

季铵盐是一白色结晶性固体，为离子型化合物，具有盐的性质，易溶于水，属于水溶性盐，不溶于有机溶剂。对热不稳定，加热后易分解成叔胺和卤代烃。

$$[R_4\overset{+}{N}]X^- \xrightarrow{\triangle} R_3N + RX$$

季铵碱在水溶液中可完全电离，这表明季铵碱的碱性与氢氧化钠相当，属于强碱。季铵碱对热不稳定，当加热到 100 ℃时，发生分解，生成叔胺。

$$[R_4\overset{+}{N}]HO^- \xrightarrow[\triangle]{100\sim150\ ℃} R_3N + ROH$$

三、重要的胺

(一)甲胺、二甲胺、三甲胺

甲胺常温下是无色液化气体，有特殊气味，沸点－7.5 ℃，熔点－92 ℃，易溶于水，溶于乙醇、乙醚等，水溶液呈碱性，能与酸成盐，易燃，爆炸极限 4.9%～20.8%(体积分数)，有低毒性、刺激性和腐蚀性。甲胺在农药、医药、染料、有机工业上均有广泛用途。

二甲胺为无色气体，高浓度的带有氨味，低浓度的有烂鱼味，熔点－96 ℃，沸点 7.5 ℃，易溶于水，溶于乙醇、乙醚，水溶液呈碱性，易燃，爆炸极限 2.8%～14.4%，对眼和呼吸道有强烈的刺激作用，主要用作橡胶硫化促进剂、皮革去毛剂、医药(抗生素)、农药、纺织工业溶剂、染料、炸药、推进剂及 *N*,*N*-二甲基甲酰胺等有机中间体的原料。

三甲胺常温下是无色有鱼油臭味的气体，熔点－117 ℃，沸点 3 ℃，溶于水、乙醇、乙醚等，水溶液呈碱性，对人的眼、鼻、咽喉和呼吸道有刺激作用，主要用于制造氯化胆碱、离子交换树脂、橡胶助剂，还用于制造炸药、化纤溶剂、表面活性剂、感光材料、显影剂、植物生长激素、矮壮素，也用于医药、染料的生产。

(二)乙二胺

乙二胺是最简单的二胺，又称 1,2-二氨基乙烷，为无色透明的黏稠液体，有氨的气味，熔点 8.5 ℃，沸点 117 ℃，溶于水和乙醇，微溶于乙醚。乙二胺为强碱，遇酸易成盐；溶于水时生成水合物；能吸收空气中的潮气和二氧化碳生成不挥发的碳酸盐，能随水蒸气挥发，在空气中发烟，贮存时应隔绝空气。乙二胺可与许多无机盐形成络合物。

乙二胺与氯乙酸反应生成乙二胺四乙酸盐，后者酸化后得到乙二胺四乙酸，简称 EDTA。

乙二胺四乙酸是一种白色结晶粉末，是金属螯合剂，可用作水处理剂、洗涤用添加剂、照明化学品、造纸化学品、油田化学品、锅炉清洗剂及分析试剂。乙二胺四乙酸二钠钙盐是重金属解毒剂。

乙二胺是重要的化工原料和试剂，广泛用于制造药物、乳化剂、农药、离子交换树脂等，也是黏合剂环氧树脂的固化剂，以及酪蛋白、白蛋白和虫胶等的良好溶剂。

(三)己二胺

己二胺(1,6-己二胺)是重要的二元胺，为无色片状晶体，有吡啶气味，有刺激性，熔点 42 ℃，沸点 204 ℃，溶于水，易溶于乙醇、乙醚、苯，能吸收空气中的二氧化碳和水分。己二胺是聚酰胺尼龙-66、尼龙-610、尼龙-612 的重要单体。

(四)苯胺

苯胺是无色油状液体，露置在空气中会逐渐变为深棕色，久之则变为棕黑色，有特殊气味，沸点 184 ℃，熔点 −6.3 ℃，微溶于水，能溶于醇及醚，可随水蒸气挥发，可用水蒸气蒸馏方法进行纯化。苯胺有毒，能被皮肤吸收引起中毒，空气中允许浓度 5 $mg \cdot m^{-3}$。

苯胺主要从硝基苯还原制得。苯胺是有机化工原料，由苯胺可制染料和染料中间体，也用于制造橡胶促进剂、磺胺类药物等。

(五)萘胺

萘胺有 α-萘胺(1-萘胺)和 β-萘胺 (2-萘胺)两种同分异构体。α-萘胺为无色针状晶体；熔点 50 ℃，沸点 301 ℃，微溶于水，溶于乙醇、乙醚；具有不愉快的气味；在空气中逐渐氧化成红色。β-萘胺是白色到微粉红色片状，略有芳香气味，熔点 113 ℃，沸点 306 ℃，溶于热水、乙醇、乙醚、苯，随水蒸气挥发。

萘胺主要用作合成染料中间体，可经皮肤吸收，生成高铁血红蛋白，造成血液中毒。两种萘胺均为致癌物质，其中 β-萘胺是烈性致癌物质，主要导致膀胱癌。

第二节　酰　　胺

含有酰胺键的化合物称为酰胺。酰胺既可看作羧酸的含氮衍生物，也可看作氨或胺的衍生物。酰胺可根据其结构分为：酰胺、酰亚胺、内酰胺及 N-取代酰胺。氨分子中的两个氢原子被酰基取代的产物叫作酰亚胺，含有酰胺键的环状结构的酰胺叫作内酰胺；酰胺分子中氮原子上的氢原子被烃基取代的产物叫作 N-取代酰胺。

一、酰胺的结构和命名

(一)酰胺的结构

氨基氮原子与羰基形成 p-π 共轭体系，C—N 单键具有部分双键的性质，在常温下不能自由旋转，酰基的 C、N、O 以及与 C、N 直接相连的其他原子处于同一平面上。

(二)酰胺的命名

酰胺通常根据酰基来命名，称为"某酰胺"，烃基用"N-某基"表示。

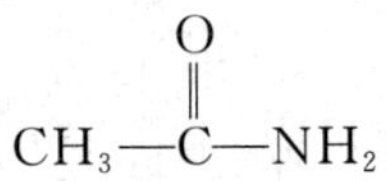
乙酰胺

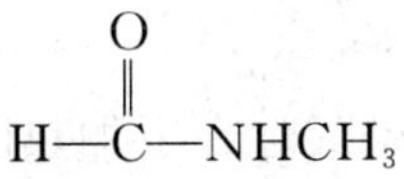
N-甲基甲酰胺

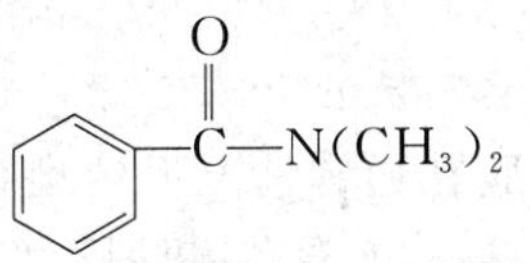
N,N-二甲基苯甲酰胺

二、酰胺的性质

(一)酰胺的物理性质

除甲酰胺是液体外，其他酰胺多为无色晶体，脂肪族 N-烷基取代酰胺常为液体。由于酰胺分子间氢键缔合能力较强，且酰胺分子的极性较大，因此其熔、沸点甚至比相对分子质量相近的羧酸还高。当氨基上的氢原子被烃基取代后，由于其分子间的氢键缔合作用减小，其熔沸点也降低。如乙酸(相对分子质量60)的熔点16.6 ℃，沸点118 ℃；乙酰胺(相对分子质量59)的熔点81 ℃，沸点222 ℃；*N*-甲基乙酰胺的熔点28 ℃，沸点204 ℃。

液体酰胺不但可以溶解有机化合物，而且也可以溶解许多无机化合物，是良好的溶剂。如*N*,*N*-二甲基甲酰胺(DMF)和*N*,*N*-二甲基乙酰胺可与水和大多数有机溶剂以及许多无机液体以任意比例混合，是很好的非质子极性溶剂。

低级的酰胺可溶于水，随着相对分子质量的增大，溶解度逐渐减小。一些常见酰胺的熔、沸点常数见表14-1。

表14-1　常见酰胺的熔、沸点常数

名称	熔点/℃	沸点/℃	名称	熔点/℃	沸点/℃
甲酰胺	2.5	195	*N*,*N*-二甲基甲酰胺	—	153
乙酰胺	82	221	苯甲酰胺	130	290
丙酰胺	79	213	丁二酰亚胺	126	288
己酰胺	101	255	临苯二甲酰亚胺	238	—

(二)酰胺的化学性质

1.酸碱性

酰胺一般是近中性的化合物，但在一定条件下可表现出弱酸或弱碱性。酰胺是氨或胺的酰基衍生物，分子中有氨基或烃氨基，但其碱性比氨或胺要弱得多。酰胺碱性很弱，是由于分子中氨基氮上的未共用电子对与羰基的π电子形成共轭体系，使氮上的电子云密度降低，接受质子的能力减弱。这时C—N键出现一定程度的双键性。然而，氮上的电子云密度降低，却使N—H键的极性增加，从而表现出微弱的酸性。如果氨分子中有两个氢原子被一个二元酸的酰基取代，则生成环状的亚氨基化合物(酰亚胺)。由于两个羰基的吸电子作用，使亚氨基的N—H键极性明显增加，氮上的氢原子较易变为质子，而呈弱酸性。

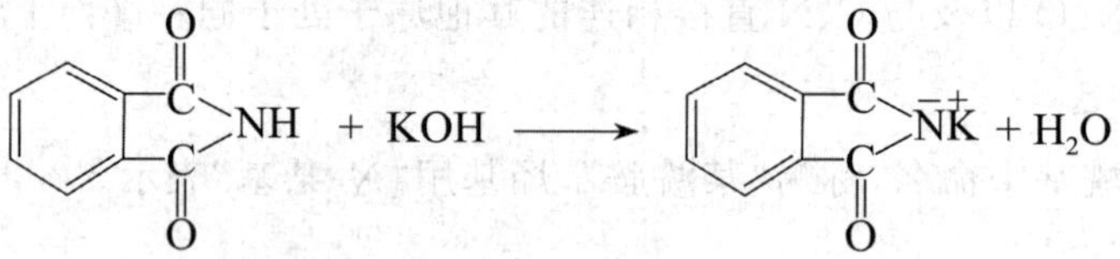

2.水解反应

酰胺在通常情况下较难水解。在酸或碱的存在下加热时，则可加速反应，但比羧酸酯的水解慢得多。*N*-取代酰胺同样可以进行水解，生成羧酸和胺。

$$\mathrm{R{-}\overset{\overset{\displaystyle O}{\|}}{C}{-}NH_2 + H_2O \xrightarrow{H^+} R{-}\overset{\overset{\displaystyle O}{\|}}{C}{-}OH + NH_4^+}$$

$$\mathrm{R{-}\overset{\overset{\displaystyle O}{\|}}{C}{-}NH_2 + H_2O \xrightarrow{OH^-} R{-}\overset{\overset{\displaystyle O}{\|}}{C}{-}O^- + NH_3\uparrow}$$

3. 与亚硝酸反应

酰胺与亚硝酸作用生成相应的羧酸，并放出氮气。

$$RCONH_2 + HNO_2 \longrightarrow RCOOH + N_2\uparrow$$

4. 霍夫曼降解反应

霍夫曼降解又称霍夫曼重排反应，是指一级酰胺在溴(或氯)和碱的作用下转变为少一个碳原子的伯胺的有机化学反应。其过程为溴和氢氧化钠混合后部分生成次溴酸钠，次溴酸钠将一级酰胺转化为中间产物异氰酸酯，异氰酸酯水解，放出二氧化碳，同时生成比反应物少一个碳原子的伯胺。

$$RCONH_2 \xrightarrow[NaOH]{Br_2} RNH_2 + NaBr + Na_2CO_3$$

第三节　含磷有机化合物

一、含磷有机化合物的分类

含磷有机化合物的分类方法较多，一般按磷的化合价和结构特点分类。

(一)膦类

膦是磷的氢化物及其烷基、芳基取代物的统称。其中比较稳定的有三烷基和三芳基取代物，已在工业上广泛应用。膦类的性质像胺类，也有伯膦(如甲膦 CH_3PH_2)、仲膦[如二甲膦 $(CH_3)_2PH$]、叔膦[如三甲膦 $(CH_3)_3P$]和季膦化合物[如四甲膦 $P(CH_3)_4$]四类。除甲膦是气体外，其余都是无色、易挥发、有极不愉快臭气的液体。膦类较胺类易被氧化，有的暴露于空气中会自动燃烧。其碱性比胺小。膦在工业上应用于维生素等原料药的制造。

PH_3	RPH_2	R_2PH	R_3P	$R_4P^+X^-$
磷化氢	伯膦	仲膦	叔膦	季膦盐

(二)亚膦酸类

亚膦酸可以看作亚磷酸分子中羟基被烃基取代的衍生物。其中亚磷酸易溶于水和醇。在空气中缓慢氧化成磷酸，加热到 180 ℃时分解成磷酸和磷化氢(剧毒、易爆)。亚磷酸为二元酸，其酸性比磷酸稍强，它具有强还原性，容易将银离子(Ag^+)还原成金属银(Ag)，能将硫酸还原成二氧化硫。有强吸湿性和潮解性，有腐蚀性。亚磷酸主要用作还原剂、尼龙增白剂，也用作亚磷酸盐原料、农药中间体以及有机磷水处理药剂的原料。

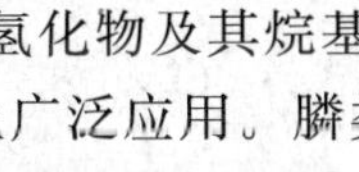
亚磷酸

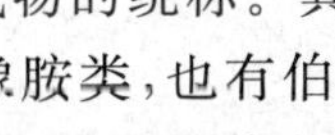
烃基亚膦酸

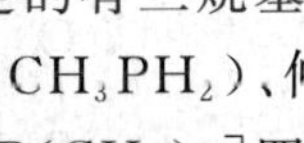
二烃基亚膦酸

(三)膦酸类

膦酸类化合物指磷酸 $(HO)_3PO$ 分子中一个或两个羟基被烷基或芳基置换的化合物。根据置换的烷基数目，可分为烷基膦酸 $RP(O)(OH)_2$ 和二烷基膦酸 $R_2P(O)OH$。磷酸是制备肥皂、洗涤剂、金属表面处理剂、食品添加剂、饲料添加剂和水处理剂等所用的各种磷酸盐、磷酸酯的原料。烷基膦酸和二烷基膦酸分别具有二元酸和一元酸的特性，一般均为结晶固体，热稳定性较高，剧烈加热能形成酸酐。分子中的碳-磷键只有在很高温度下才能断裂。苯基膦酸能进行一般芳香族取代反应，取代基团进入膦酰基的间位。

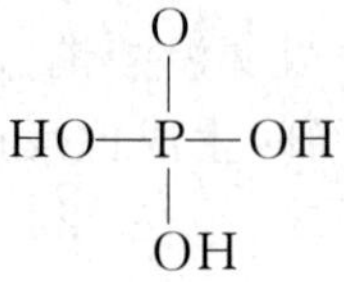
磷酸

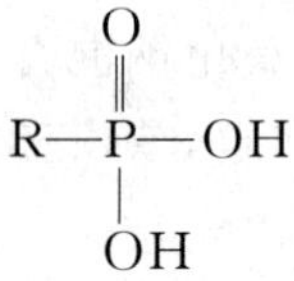
烃基膦酸

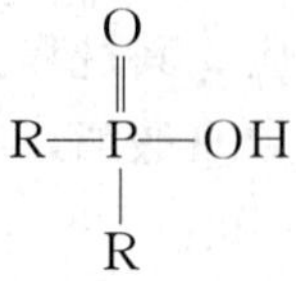
二烃基次膦酸

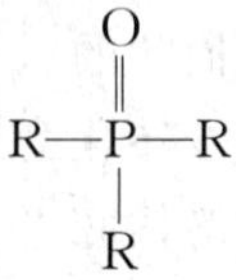
三烃基氧化膦

（四）磷酸酯类

有机磷酸酯类是当今生产和使用最多的农药，品种达上百种，大多属剧毒或高毒类，对人类的毒性较大，包括甲拌磷、内吸磷、对硫磷、特普、敌百虫、乐果、马拉桦、甲基对硫磷、二甲硫吸磷、敌敌畏、甲基内吸磷、氧化乐果、久效磷等。有机磷杀虫药经皮肤、消化道、呼吸道吸收后，很快分布全身各脏器，以肝中浓度最高，肌肉和脑中最少。有机磷酸酯类农药易挥发，酸性环境下稳定，遇碱易分解，通过亲电子性磷与乙酰胆碱酶结合，抑制乙酰胆碱酶活性，使乙酰胆碱酶失去分解乙酰胆碱的能力，于是乙酰胆碱在效应部位蓄积，产生胆碱能神经过度兴奋的表现，出现相应的症状。

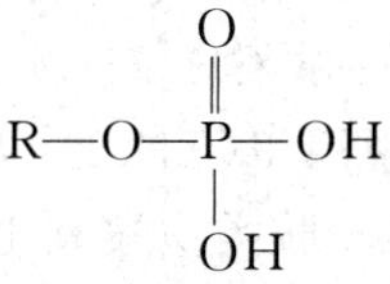
磷酸一烃基酯

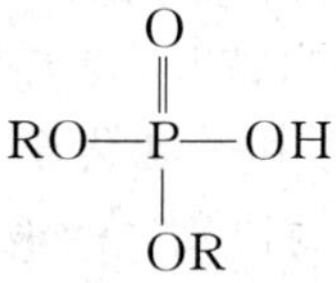
磷酸二烃基酯

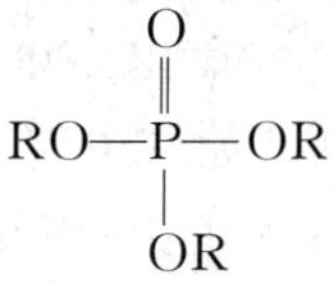
磷酸三烃基酯

（五）硫代磷酸及其酯类

硫代磷酸及其酯类都含有 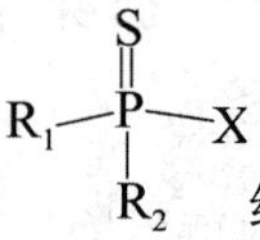 结构，常见的硫代磷酸脂类杀虫剂有：一硫代磷酸酯，如对硫磷、甲基对硫磷、杀螟松、氧化乐果；二硫代磷酸酯，如乐果、马拉硫磷、甲拌磷等。

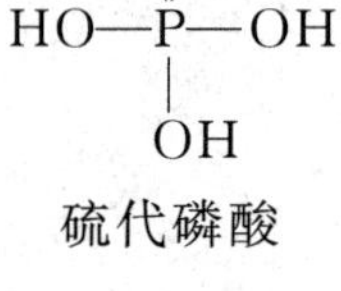
硫代磷酸

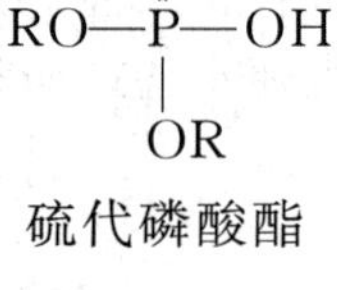
硫代磷酸酯

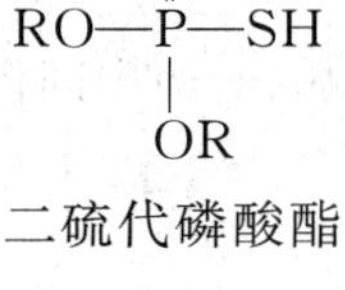
二硫代磷酸酯

二、常见含磷有机化合物

（一）乙烯利

纯品为白色针状结晶，工业品为淡棕色液体，易溶于水、甲醇、丙酮、乙二醇、丙二醇，微溶于甲苯，不溶于石油醚。用作农用植物生长刺激剂。乙烯利是一种优质高效植物生长调节剂，具有促进果实成熟、刺激伤流、调节部分植物性别转化等效应。

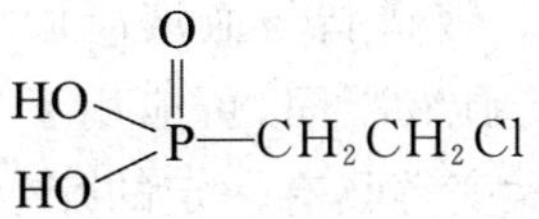

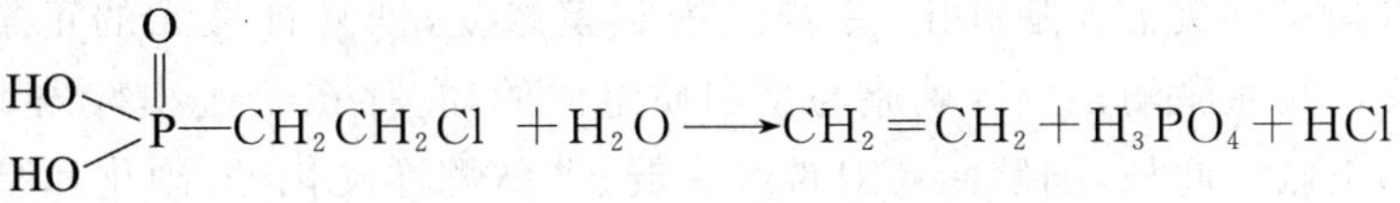

乙烯利(2-氯乙基膦酸)

(二)敌百虫

敌百虫，即 *O*,*O*-二甲基-(2,2,2-三氯-1-羟基乙基)磷酸酯，是一种有机磷杀虫剂。工业产品为白色固体，纯品熔点 83～84 ℃，能溶于水和有机溶剂，性质较稳定，但遇碱则水解成敌敌畏。敌百虫属于有机磷农药磷酸酯类型的一种，属于致癌物。

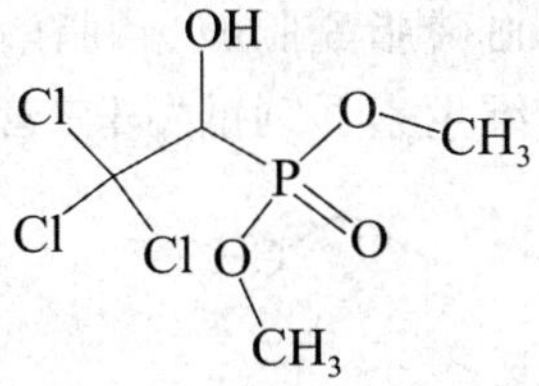

O,*O*-二甲基-(2,2,2-三氯-1-羟基乙基)磷酸酯

(三)敌敌畏

敌敌畏又名 DDVP，即 *O*,*O*-二甲基-*O*-(2,2-二氯乙烯基)磷酸酯，有机磷杀虫剂的一种，是一种有机磷杀虫剂，工业产品均为无色至浅棕色液体，挥发性大，室温下在水中溶解度 1%，煤油中溶解度 2%～3%，能溶于有机溶剂，易水解，遇碱分解更快。

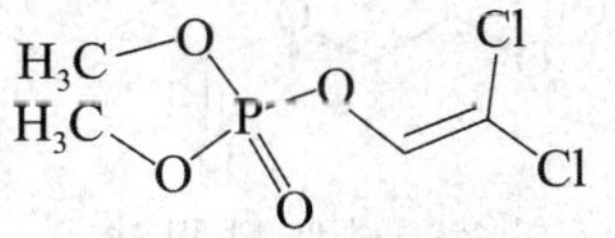

O,*O*-二甲基-*O*-(2,2-二氯乙烯基)磷酸酯

(四)脑磷脂

脑磷脂，又称磷脂酰乙醇胺，其是一种甘油磷脂。由甘油、脂肪酸、磷酸与乙醇胺化合而成，最初在茶叶、茶籽中检出。脑磷脂呈白色固体，在空气中易变为红棕色，有吸湿性。其在细胞中以游离态或与蛋白质成不稳定化合物存在，功能与磷脂酰胆碱相似，可由家畜屠宰后的新鲜脑或大豆榨油后的副产物中提取。

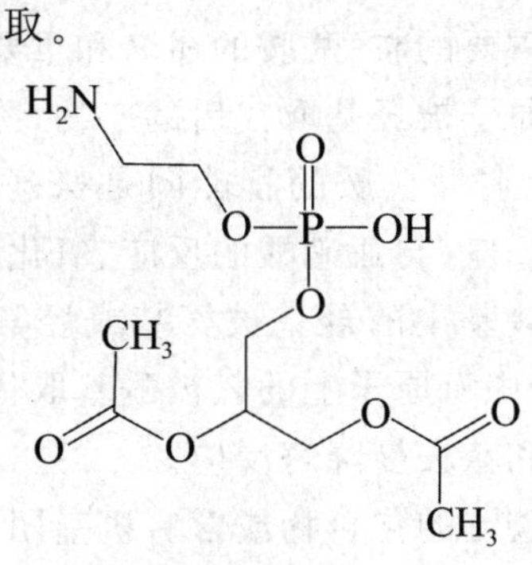

磷脂酰乙醇胺

脑磷脂是神经细胞膜的重要组成部分，调节神经细胞的一切代谢活动，影响着神经组织的一系列最重要功能：细胞渗透性，髓鞘形成，腺粒体运作，氧化加磷氧基作用研究显示，口服脑磷脂能直接为人脑利用，令神经细胞膜修复，恢复神经元的正常代谢。脑磷脂与血液凝固有关。凝血激酶是由脑磷脂与蛋白质组成的，它存在于血小板内，能促使血液凝固，可应用于局部止血。此外，脑磷脂还对神经衰弱、动脉粥样硬化、肝硬化和脂肪性病变等具有一定的疗效。脑磷脂还是一种生物乳化剂，应用于食品业和化妆品业中，不同脑磷脂含量的磷脂，其乳化性能也不同。

（五）卵磷脂

卵磷脂又称为蛋黄素，是存在于动植物组织及卵黄中的一组黄褐色的油脂性物质，包括磷酸、胆碱、脂肪酸、甘油、糖脂、甘油三酸酯及磷脂，是细胞膜、肺泡表面活性物质、脂蛋白和胆汁的重要组成成分，也是脂质信使如溶血磷脂酰胆碱、磷脂酸、甘油二酯、溶血磷脂酸和花生四烯酸的来源。卵磷脂被誉为与蛋白质、维生素并列的“第三营养素”。

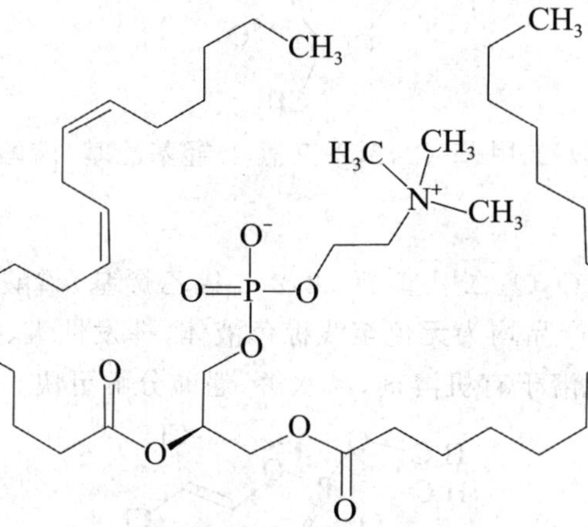

多烯磷脂酰胆碱

蛋黄中含有丰富的卵磷脂，牛奶，动物的脑、骨髓、心脏、肺脏、肝脏、肾脏，以及大豆和酵母中都含有卵磷脂。卵磷脂在体内多与蛋白质结合，以脂肪蛋白质（脂蛋白）的形态存在着。卵磷脂是以丰富的姿态存在于自然界当中，因此人们尽量摄取足够多种类的食物。

本章小结

本章主要讲述了胺的命名和重要的胺、酰胺的命名和重要的酰胺以及含磷有机化合物。

1. 氨分子中的一个或多个氢原子被烃基取代后的产物，称为胺，根据胺分子中氢原子被取代的数目，可将胺分成伯胺、仲胺、叔胺。胺的官能团是氨基（$-NH_2$）。主要化学性质有：碱性及成盐反应、酰化反应、磺酰化反应、与亚硝酸的反应、氧化反应、季铵盐和季铵碱。

2. 酰胺可看作是羧酸分子中羧基中的羟基被氨基或烃氨基（$-NHR$ 或 $-NR_2$）取代而成的化合物；也可看作是氨或胺分子中氮原子上的氢被酰基取代而成的化合物。其化学性质有：酸碱性、水解反应、与亚硝酸反应和霍夫曼降解反应。

3. 含磷有机化合物是指含碳磷键的化合物或含有机基团的磷酸衍生物。含磷有机化合物的主要类型包括膦类、亚膦酸类、膦酸类、磷酸酯类和硫代磷酸及其酯类。

巩固测试

第十四章测试题

思政小课堂

中国农药发展辉历程

第十五章

杂环化合物和生物碱

【学习目标】

[知识目标]

- 了解物质的旋光性与结构的关系
- 掌握杂环化合物的分类、命名、结构与性质
- 熟知生物碱的存在形式、结构特点、理化性质

[能力目标]

- 能够独立完成生物碱的鉴别过程并能进行提取分离
- 能够说出杂环化合物的性质和结构之间的联系

[素质目标]

- 培养锲而不舍、坚持不懈的精神
- 培养笃实好学、善始善终的精神

【知识导图】

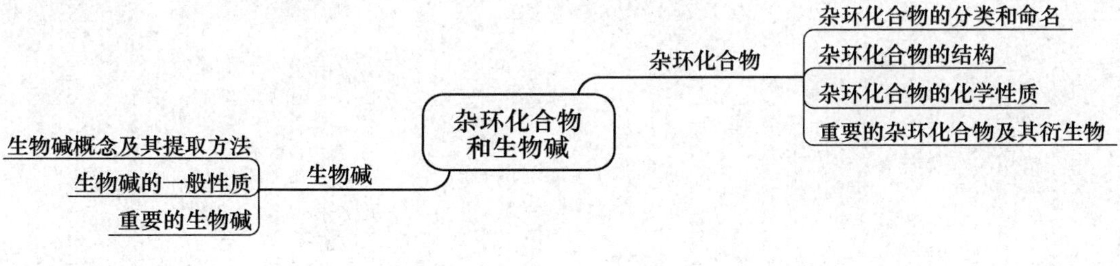

第一节　杂环化合物

一、杂环化合物的分类和命名

杂环化合物是指由碳原子和杂原子共同组成环状骨架结构的一类化合物。常见的杂原子有氮、氧、硫等。

(一)杂环化合物的分类

杂环化合物按照环的大小可分为五元环和六元环两大类；按照杂原子的数目分为含一个、两个和多个杂原子的杂环；按照环的个数还可分为单杂环和稠杂环，其中稠杂环是由苯环与单杂环或由两个以上单杂环并联而成的。

表 15-1　有特定名称的杂环的分类、名称和标位

类别	杂环母环
含一个杂原子的五元单杂环	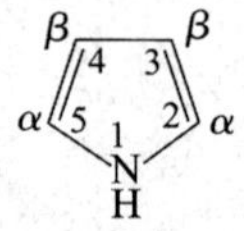 吡咯　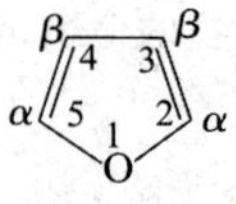 呋喃　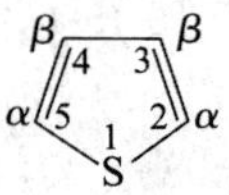 噻吩
含两个杂原子的五元单杂环	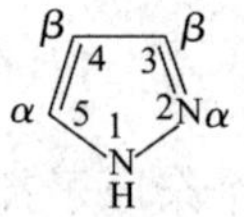 吡唑　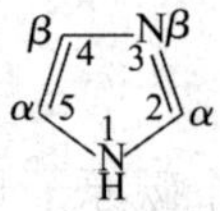 咪唑　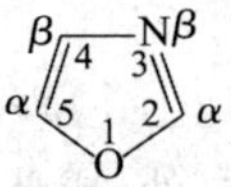 噁唑　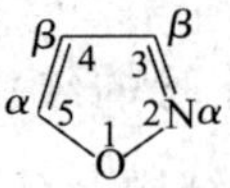 异噁唑　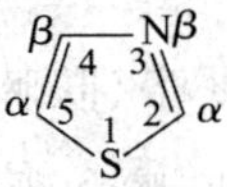 噻唑
五元稠杂环	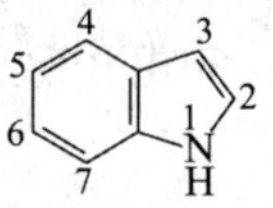 吲哚　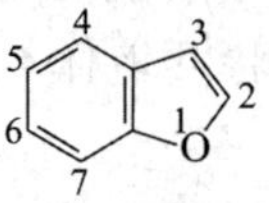 苯并呋喃　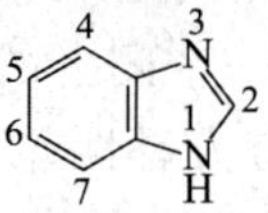 苯并咪唑　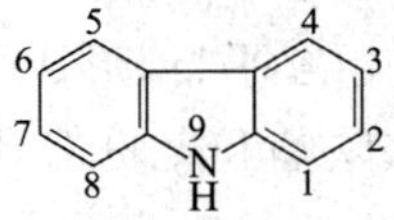 咔唑
含一个杂原子的六元单杂环	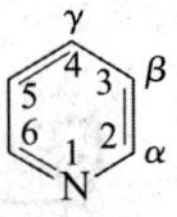 吡啶　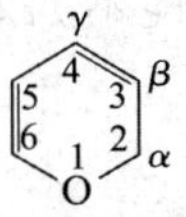 2H-吡喃　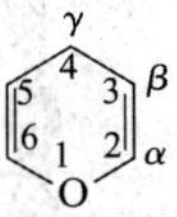 4H-吡喃
含两个杂原子的六元单杂环	 哒嗪　 嘧啶　 吡嗪
六元稠杂环	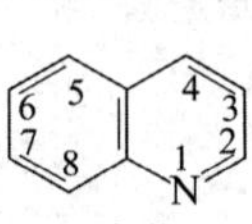 喹啉　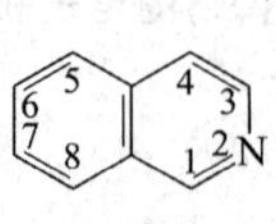 异喹啉　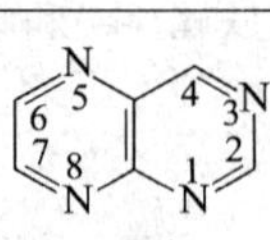 喋啶　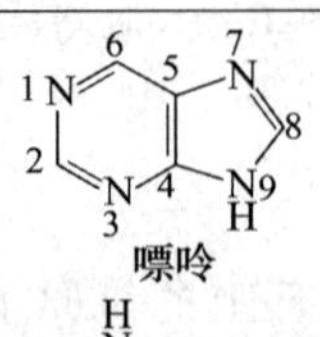 嘌呤 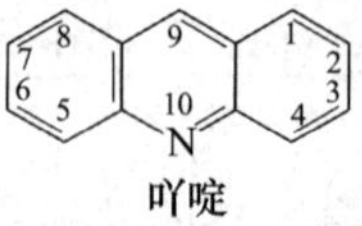 吖啶　 吩嗪　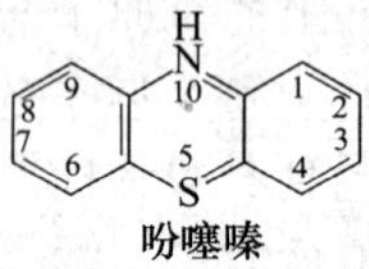 吩噻嗪

(二)杂环化合物的命名

简单杂环化合物的命名一般采用音译法(图 15-1),即按照杂环化合物的外文名称音译,并加以"口"字旁表明是环状化合物,如吡啶、呋喃等;也可把杂环看作杂原子取代了相应碳环中的碳原子,命名时以相应碳环为母体,在碳环名称前加上杂原子的名称,称为"某(杂)某"。如吡啶称为氮(杂)苯,喹啉称为 1-氮(杂)萘。

若环上有取代基,取代基的位次从杂原子算起,用 1,2,3,4,…(或 α,β,γ,δ…)来编号,并将取代基的名称放在杂环名称之前;若环上有两个或以上取代基,则按照最低系列原则编号;若环上有几种不同的杂原子时,则按 O、S、—NH—、—N ═的先后顺序编号,并使杂原子的位次之和最小。

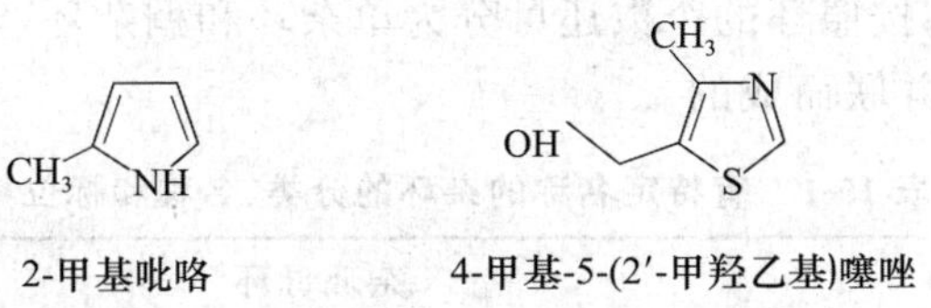

图 15-1 杂环化合物的命名示例

二、杂环化合物的结构

(一)吡咯、呋喃和噻吩的结构

吡咯、呋喃和噻吩在结构上有相似之处:成环的 4 个碳原子和 1 个杂原子都为 sp^2 杂化,5 个原子以 σ 键相连成平面型结构(图 15-2)。杂原子的 1 个 p 轨道(有 2 个电子)与 4 个碳原子的 p 轨道(各含 1 个电子)相互平行,形成了一个闭合的环状共轭体系,且 π 电子数符合休克尔规则($4n+2$),因此,吡咯、呋喃和噻吩都具有芳香性。

吡咯、呋喃和噻吩的共轭体系中,5 个 p 轨道中分布着 6 个电子,电子云密度比苯环高,因此,又称为富电子芳杂环。富电子芳杂环的稳定性不如苯环。

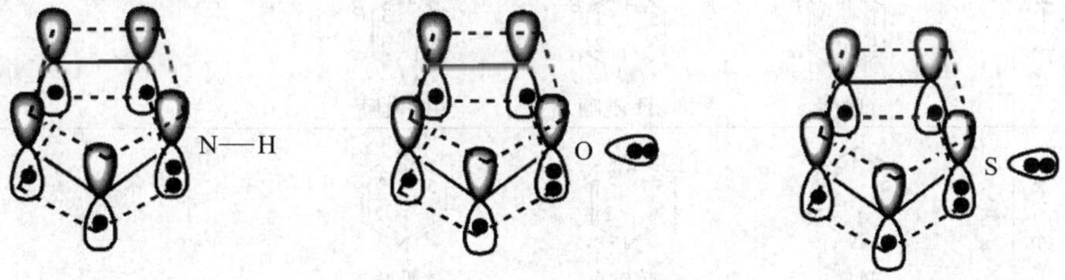

图 15-2 吡咯(左)、呋喃(中)和噻吩(右)的电子轨道示意图

(二)吡啶的结构

与吡咯相似,吡啶环上的氮原子与 5 个碳原子都为 sp^2 杂化,且 6 个原子以 σ 键相连成平面环状结构(图 15-3),环上每个原子的 p 轨道相互平行,形成具有 6 个电子的闭合共轭体系,符合休克尔规则,因此也具有芳香性。

不同的是,吡啶环上氮原子还有一对未共用电子对没有参与环的共轭,氮原子较大的电负

性，使环上 π 电子云向氮原子偏移，从而使吡啶环上碳原子的电子云密度降低，远远小于苯环，又被称为缺电子芳杂环。

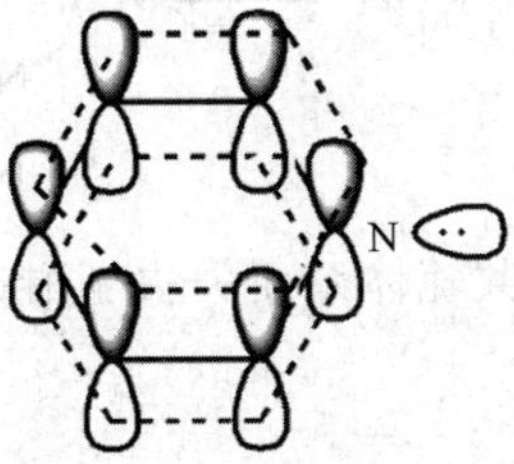

图 15-3　吡啶的电子轨道示意图

三、杂环化合物的化学性质

(一)吡咯、呋喃、噻吩的化学反应

1. 亲电取代反应

吡咯、呋喃、噻吩是富电子芳杂环，与苯环相比，亲电取代反应更容易进行，且主要发生在 α 位上。反应的活性顺序为：吡咯＞呋喃＞噻吩＞苯。亲电取代反应需在较温和的条件下进行。

(1)卤代　不需要催化剂，要在较低温度下进行。

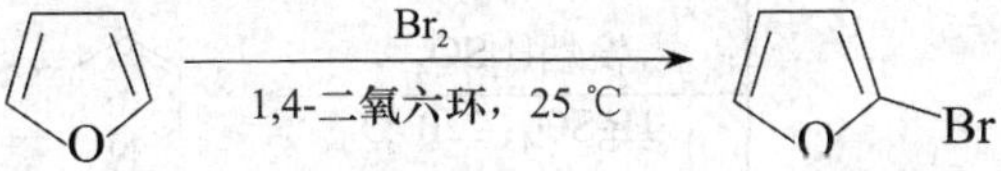

(2)硝化　不能用混酸硝化，一般用较温和的硝酸乙酰酯(CH_3COONO_2)作硝化试剂，在低温下进行。

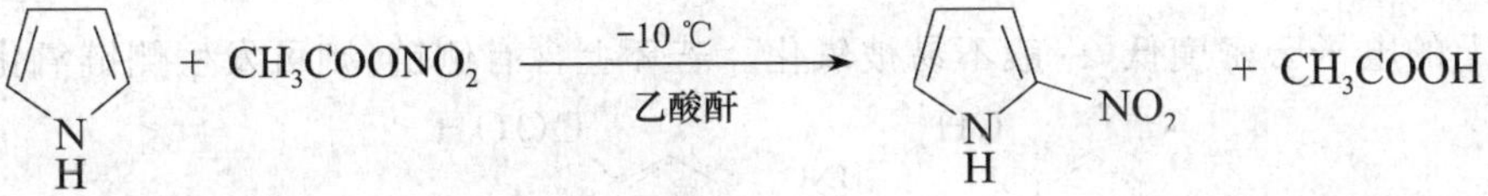

(3)磺化　呋喃、吡咯不能用浓硫酸磺化，一般用温和的非质子磺化剂-(吡啶三氧化硫的络合物)；噻吩可直接用浓硫酸磺化。

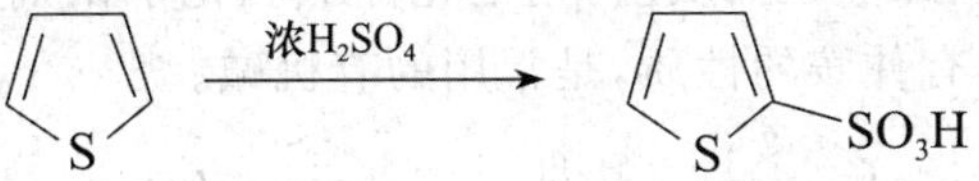

2. 还原反应

呋喃、噻吩和吡咯均可发生催化氢化，得到饱和杂环化合物而失去芳香性。

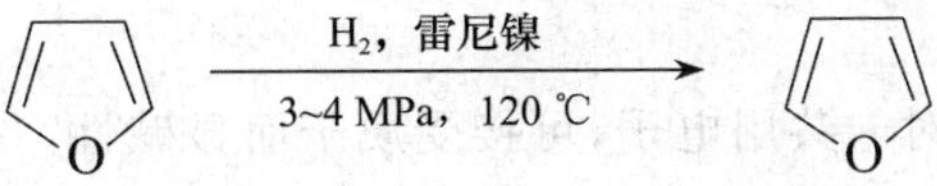

3. 酸碱性

吡咯分子中虽有仲胺结构，但其 N 原子上的未共用电子对参与形成共轭体系，因此不再

具有给电子能力，没有碱性，甚至显示弱酸性。故吡咯能与强碱共热成盐。

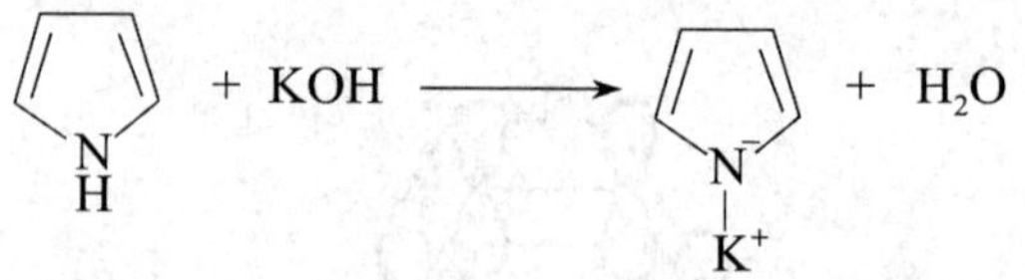

呋喃中的氧原子也因参与形成共轭体系而失去了醚的弱碱性；噻吩中的硫原子不能与质子结合，因此也不显碱性。

（二）吡啶的化学性质

1. 亲电取代反应

吡啶是缺电子芳杂环，比苯难发生亲电取代，取代基主要进入杂原子的 β-位。由于 N 原子的钝化作用，使反应条件比较苛刻，且产率较低。

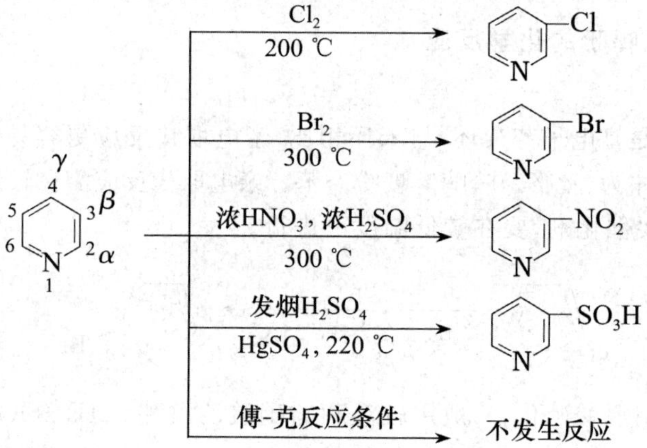

2. 氧化反应

吡啶环上的电子云密度低，一般不易被氧化。若环上含有侧链，则可发生侧链氧化反应。

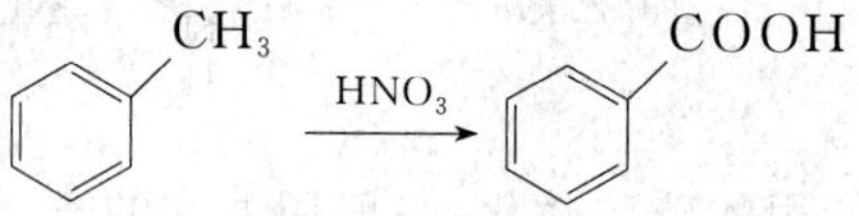

3. 还原反应

吡啶环比苯环容易发生加氢还原反应，用催化加氢和化学试剂都可以还原。吡啶的还原产物为六氢吡啶（哌啶），具有仲胺的性质，是常用的有机碱。

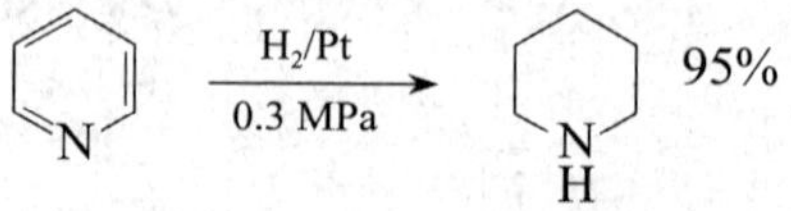

哌啶

4. 碱性和成盐

吡啶环上 N 原子有一对未共用电子，可接受质子而显碱性。因此，吡啶可与强酸反应生成稳定的盐，还可以与路易斯酸成盐。

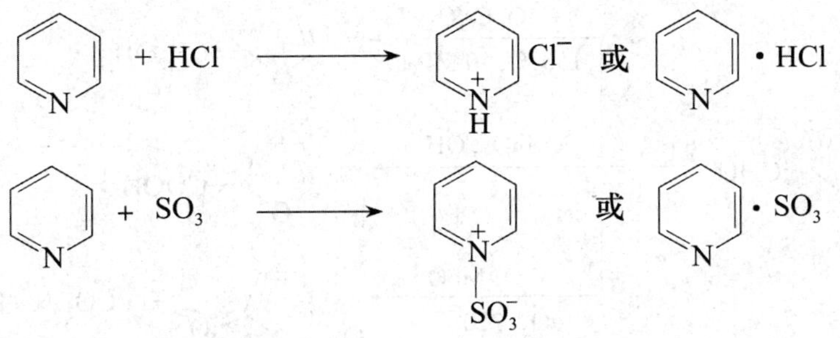

四、重要的杂环化合物及其衍生物

(一)重要的五元杂环化合物及其衍生物

1. 吡咯及其衍生物

吡咯是有机合成重要的原料，广泛应用于医药、农药、香料、橡胶硫化促进剂、环氧树脂固化剂等的制备。

吡咯最重要的衍生物是由四个吡咯环和四个次甲基(—CH ═)交替相连而成的卟吩环，环碳上氢原子被部分或全部取代后形成的化合物叫作卟啉。卟啉族化合物广泛分布于自然界，如动物的血红素和植物的叶绿素。

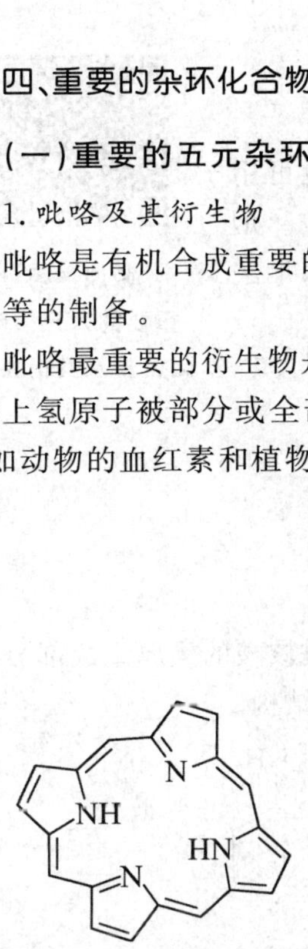

卟吩环

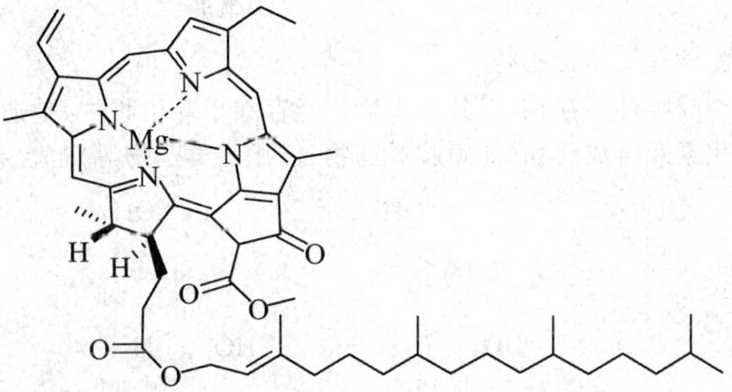

叶绿素 a

2. 呋喃及其衍生物

呋喃是山莨菪碱、阿托品等药物合成的重要原料，其最重要的衍生物是呋喃甲醛，又名糠醛。

糠醛一般是从农副产物(如花生壳、甘蔗渣、高粱秆等)中用稀酸加热蒸煮而得，是良好的溶剂，常用于精炼石油(溶解其中的环烷及含硫物质等)、精制松香，并广泛用于油漆及树脂工业。

糠醛具有一般醛基的性质，其化学性质与苯甲醛或甲醛相似，能够被催化氢化成醇，也能被氧化成羧酸，还可发生歧化反应和安息香缩合反应等。

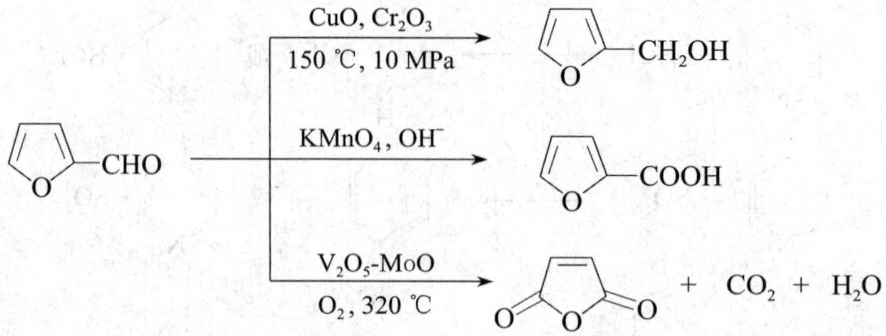

（二）重要的六元杂环化合物及其衍生物

微课学习
重要的六元杂环
化合物及其衍生物

1. 吡啶及其衍生物

吡啶是重要的有机碱溶剂，在工业上可用作变性剂、助染剂，也可用作药品、消毒剂、染料等的合成原料。其重要衍生物为烟酸和烟酰胺。烟酸是B族维生素中的一种，能促进细胞的新陈代谢，并可扩张血管；烟酰胺是辅酶Ⅰ的组分，作用与烟酸相似。

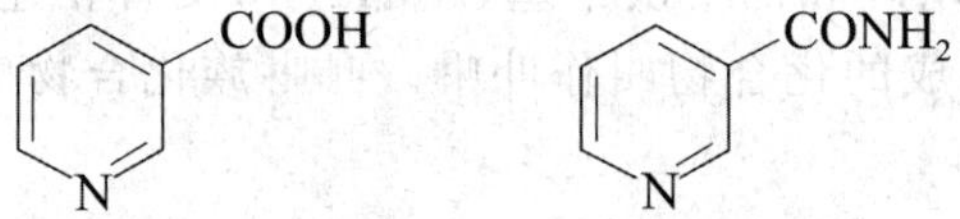

烟酸 烟酰胺

2. 嘧啶及其衍生物

纯嘧啶环不存在，但其衍生物广泛存在于动植物中，是遗传物质核酸的重要组成部分。某些维生素及合成药物（如磺胺类药物、巴比妥类药物等）也含有嘧啶结构。

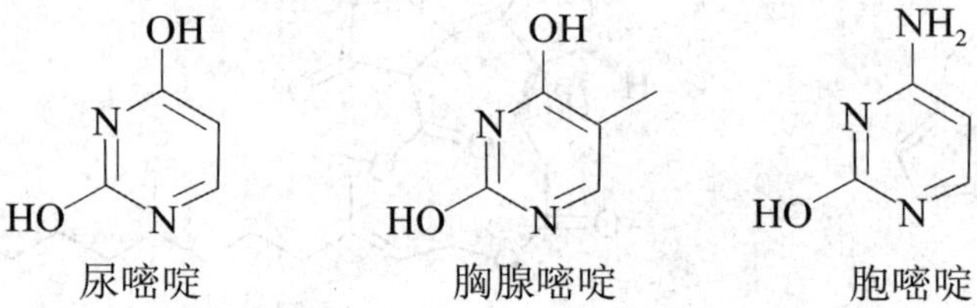

尿嘧啶 胸腺嘧啶 胞嘧啶

（三）重要的稠杂环及其衍生物

1. 喹啉、异喹啉及其衍生物

喹啉和异喹啉都是由一个苯环和一个吡啶环稠合而成的化合物，其衍生物在医药中起着重要作用。许多天然或合成药物都具有喹啉结构，如奎宁、喜树碱等。而天然存在的一些生物碱，如吗啡碱、罂粟碱、小檗碱等，均含有异喹啉结构。

喹啉 异喹啉

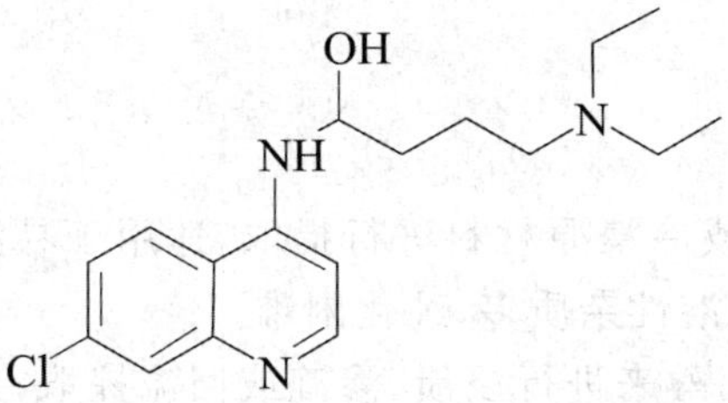

氯喹

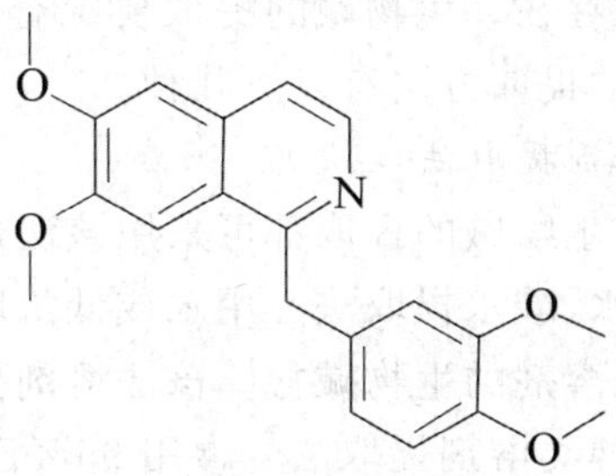

罂粟碱

2. 嘌呤及其衍生物

嘌呤是由一个嘧啶环和一个咪唑环稠合成的化合物，存在互变异构现象。

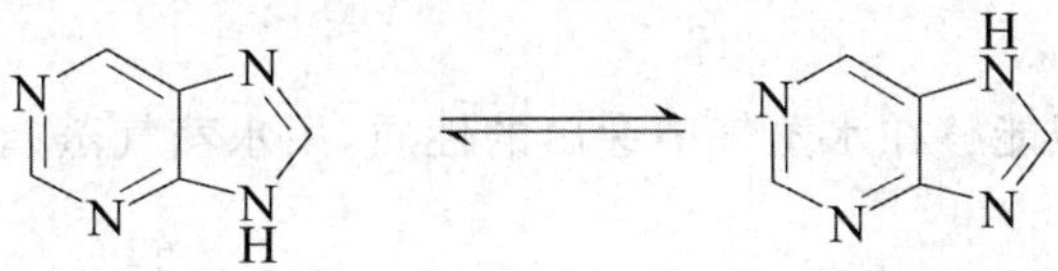

9H-嘌呤　　　　7H-嘌呤

与嘧啶相似，纯嘌呤环在自然界也不存在，但其衍生物广泛存在于动植物体内，是遗传物质核酸的重要组成部分。具有兴奋作用的生物碱如咖啡因、茶碱、可可碱等也都含有嘌呤结构。

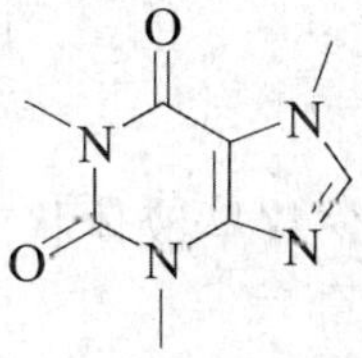

咖啡因

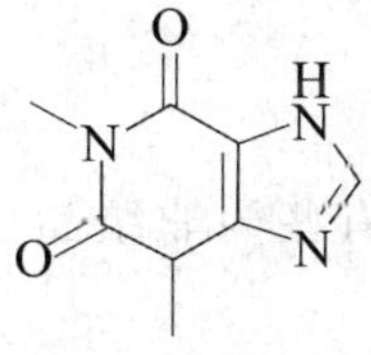

茶碱

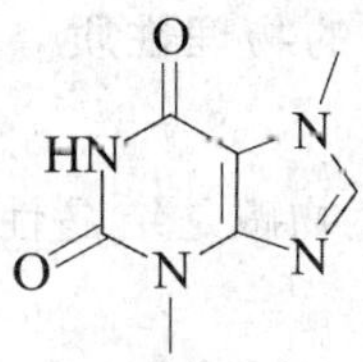

可可碱

第二节　生　物　碱

一、生物碱概念及其提取方法

（一）生物碱的概念

生物碱是指来源于自然界生物体内，含有复杂的氮杂环结构，具有类碱的性质和较强的生物活性的一类有机化合物。广义上，生物界所有含氮有机化合物都可称为生物碱。

绝大多数生物碱分布在高等植物，尤其是双子叶植物中，少数分布在低等植物中，极少数分布于动物及真菌体内，大都是其主要药效成分，如阿片中的镇痛成分吗啡、黄连的抗菌消炎成分黄连素（小檗碱）、麻黄的抗哮喘成分麻黄碱等；同科同属植物可能含相同结构类型的生物碱；一种生物体内可有多种结构类似的生物碱共存。

（二）生物碱的提取

少数生物碱以游离碱的形式存在，多数与各种无机酸或有机酸结合成盐，也有的以苷或酰胺等形式存在。生物碱的提取要综合考虑生物碱自身的理化性质及其在生物体内的存在状态,常用的提取方法有以下几种。

1.溶剂提取法

大多生物碱的提取都可采用该法进行。

(1)水、酸水提取法 用水或低浓度酸水渗漉或冷浸原材料进行提取,适用于易溶于水难溶于有机溶剂的生物碱盐。该法溶剂使用量大、水溶性杂质多,纯化困难。

(2)醇类溶剂提取法 常用95%乙醇或酸性乙醇来进行浸渍、渗漉或回流提取,以得到原材料中的亲脂性强弱不同的游离生物碱以及生物碱盐。该法水溶性杂质较少,但易提取出脂溶性杂质,可结合酸水法进一步处理纯化。

(3)亲脂性溶剂提取法 先用碱水湿润原材料,使生物碱全部游离,再采用氯仿、苯等有机溶剂对亲脂性较强的游离生物碱进行提取。该法选择性高、杂质少,但其操作复杂、成本较高。

2.水蒸气蒸馏法

利用挥发性的生物碱能够在水蒸气中逸出的性质,用水蒸气蒸馏原材料即可。

3.升华法

适用于在常压或减压下有升华性质的生物碱。

以上各种方法得到的生物碱粗品中含有许多亲水或亲脂性杂质,可采用离子交换、沉淀、萃取、层析和重结晶等方法进一步精制,以获取较高纯度的生物碱。

二、生物碱的一般性质

(一)生物碱的物理性质

1.一般性状

(1)大多数生物碱是结晶性固体,有些为非结晶性粉末;少数呈液体状态,如烟碱、槟榔碱等。

(2)一般为无色或白色,少数因具有较长的共轭结构而有颜色,如小檗碱、木兰花碱等为黄色。

(3)多具有苦味,有些味极苦而辛辣,少数有其他味道,如甜菜碱有甜味。

(4)个别生物碱具有挥发性,如麻黄碱;还有的具有升华性,如咖啡因。

2.旋光性

大多数生物碱含有手性碳原子,具有旋光性,只有少数如小檗碱、胡椒碱等没有旋光性。生物碱的旋光性受溶剂、pH 等因素的影响。如烟碱在中性条件下呈左旋,在酸性条件下则呈右旋。

3.溶解性

生物碱的溶解性与其分子中氮原子的存在形式、极性基团的数目以及溶剂的性质等密切相关。绝大多数叔胺碱和仲胺碱为亲脂性生物碱,不溶或难溶于水,易溶于乙醇、氯仿等有机溶剂;季胺碱型生物碱属于亲水性生物碱,易溶于水,可溶于甲醇、乙醇等,不溶或难溶于低极性的有机溶剂。一些小分子叔胺或仲胺碱生物碱既可溶于水,也可溶于氯仿,如麻黄碱、苦参碱、秋水仙碱等。

(二)生物碱的化学性质

1. 碱性

生物碱的分子中具有含孤对电子的氮原子,对质子有一定的亲和力,因而呈碱性。

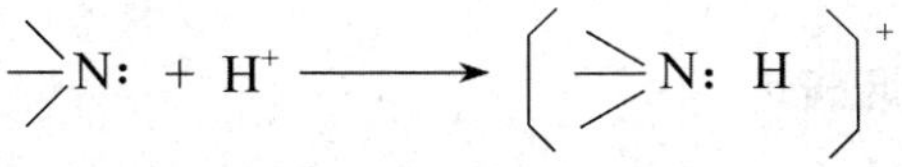

生物碱　　　　生物碱盐

生物碱的碱性强弱与分子中氮原子的存在形式有关:胍类、季胺碱类>脂胺类、脂氮杂环类>芳胺类、芳氮杂环类>两个以上的氮杂环类>酰胺类(中性)。

有的生物碱分子中还含有酚性羟基或羧基,呈现酸碱两性,如吗啡。

2. 沉淀反应

大多数生物碱在酸性条件下能和某些酸类、重金属盐类以及一些分子量较大的复盐发生反应,生成不溶于水的盐或复盐。这些能与生物碱产生沉淀的试剂称为生物碱沉淀试剂,可用于生物碱的鉴定或分离纯化(表 15-2)。

表 15-2　常用生物碱沉淀试剂

试剂类型	试剂名称	组成	反应特征
碘化物复盐类	碘-碘化钾试剂	$KI \cdot I_2$	红棕色沉淀
	碘化汞钾试剂	K_2HgI_4	类白色沉淀
	碘化铋钾试剂	$KBiI_4$	黄至橘红色沉淀
重金属盐类	硅钨酸试剂	$SiO_2 \cdot 12WO_3 \cdot nH_2O$	淡黄或灰白色沉淀
	磷钼酸试剂	$H_3PO_4 \cdot 12MO_3 \cdot 2H_2O$	白色或黄褐色沉淀
	磷钨酸试剂	$H_3PO_4 \cdot 12WO_3 \cdot 2H_2O$	白色或黄褐色沉淀
大分子酸类	苦味酸试剂	苦味酸	黄色结晶
	苦酮酸试剂	苦酮酸	黄色结晶
其他	雷氏铵盐试剂	$NH_4[Cr(NH_3)_2(SCN)_4]$	红色沉淀或结晶

3. 显色反应

有些生物碱能和某些试剂反应生成具有特殊颜色的产物,叫作生物碱的显色反应。这些试剂称为生物碱的显色试剂(表 15-3)。

表 15-3　常用生物碱显色试剂

试剂名称	组成	显色特征
Mandelin 试剂(矾酸铵-浓硫酸溶液)	1%矾酸铵的浓硫酸溶液	阿托品显红色;可待因显蓝色;士的宁显紫红色
Frohde 试剂(钼酸铵-浓硫酸溶液)	1%钼酸钠或钼酸铵的浓硫酸溶液	乌头碱显黄棕色;小檗碱显棕绿色
Marquis 试剂(甲醛-浓硫酸溶液)	30%甲醛溶液 0.2 mL 与 10 mL 浓硫酸的混合溶液	吗啡显橙色至紫色;可待因显红色至黄棕色
浓硫酸	浓硫酸	乌头碱显紫色;小檗碱显绿色
浓硝酸	浓硝酸	小檗碱显棕红色;秋水仙碱显蓝色

生物碱的显色反应可用于鉴别生物碱，但显色受生物碱纯度的影响很大，生物碱越纯，颜色越明显。

微课学习 重要的生物碱

三、重要的生物碱

（一）烟碱

又名尼古丁，是一种存在于茄科植物中的吡啶类生物碱，也是烟草的重要成分，为无色透明的油状液态，味苦，有特臭，可溶于水、乙醇、氯仿等；可渗入皮肤。

少量烟碱对中枢神经有兴奋作用，能升高血压，但会使人上瘾或产生依赖性；大量则抑制中枢神经系统，严重时会致人死亡。几毫克的烟碱就能引起恶心、头痛、意识模糊等中毒症状。

烟碱在农业上用作植物杀虫剂，是最好的无残留农药；在医药工业上用作合成烟酸、烟酰胺、烟酸肌醇酯等化合物的医药原料。

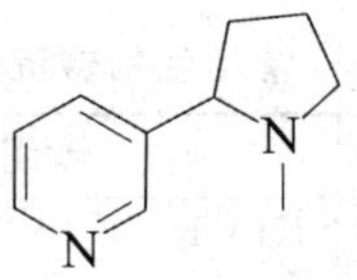

烟碱

（二）麻黄碱

又称麻黄素，为中草药麻黄的主要成分，分子中无杂环结构，为有机胺类生物碱；含有两个手性碳原子，有四个旋光异构体，麻黄中只有左旋麻黄碱和右旋伪麻黄碱。

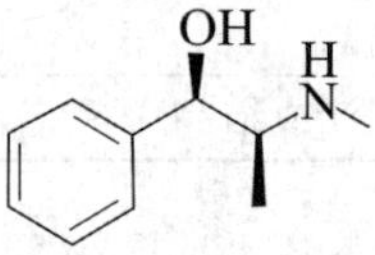

(1*R*, 2*S*)-(−)-麻黄碱

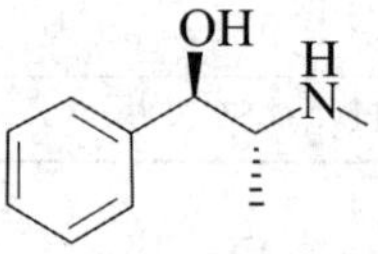

(1*R*, 2*S*)-(−)-伪麻黄碱

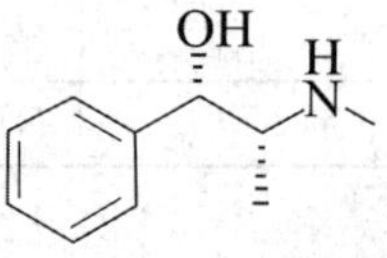

(1*R*, 2*S*)-(+)-麻黄碱

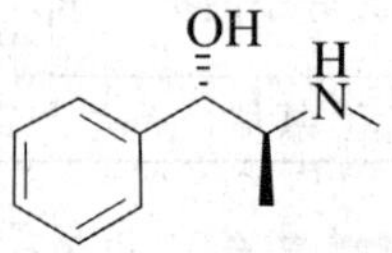

(1*R*, 2*S*)-(+)-伪麻黄碱

麻黄碱为无色结晶，有挥发性，可随水蒸气蒸馏而不分解；易溶于水和乙醇，可溶于氯仿、乙醚、苯等。具有较强的碱性，能与酸生成稳定的盐；与大多数生物碱沉淀试剂反应不产生沉淀。

麻黄碱具有拟肾上腺素作用，可松弛支气管平滑肌、收缩血管、兴奋心脏等，还可兴奋中枢神经。临床上用于治疗支气管哮喘、过敏、低血压及鼻黏膜出血肿胀等引起的鼻塞。

麻黄碱和伪麻黄碱是制备冰毒和摇头丸等毒品的合成中间体，因此麻黄碱类化合物及其单方制剂被列为国家第一类易制毒化学品，其生产和处方剂量均有特殊管理要求。

（三）小檗碱

亦称黄连素，从中药黄连中分离而得的一种季铵生物碱，是黄连抗菌的主要有效成分。为黄色针状结晶，无臭，味极苦，溶于热水、微溶于水或乙醇、极微溶解于氯仿，不溶于乙醚。

小檗碱在低浓度时抑菌，高浓度时杀菌，对多种革兰阳性及阴性菌均具作用，抗菌谱广。临床主要用其盐酸盐和硫酸盐来治疗胃肠炎、细菌性痢疾等，对眼结膜炎、化脓性中耳炎、急性扁桃腺炎和呼吸道感染也有一定疗效。

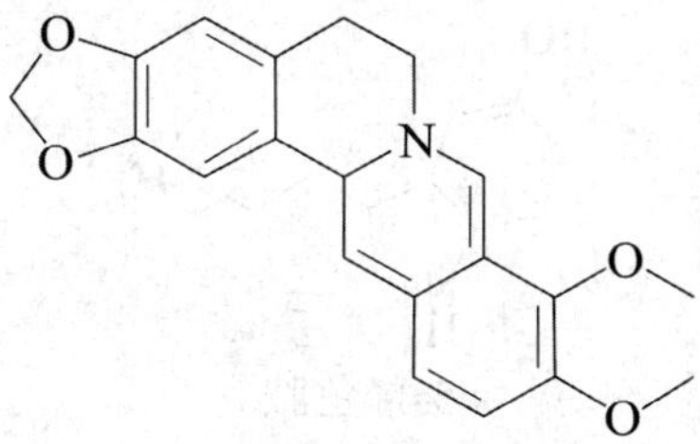

小檗碱（黄连素）

知识拓展

重要的稠杂环化合物——吲哚

吲哚由苯与吡咯并联而成，又称苯并吡咯，主要存在于煤焦油和茉莉花、水仙花等天然花油中。为无色或白色片状晶体，熔点 52.5 ℃，溶于乙醇、丙二醇及油类，几乎不溶于水。浓吲哚有强而持久的粪便气味，其极稀溶液却有花香味，可用于制造茉莉、紫丁香、栀子、水仙、草兰等花香型香精；为允许使用的食用香精。

吲哚也是一个很重要的杂环化合物，其衍生物在自然界分布很广，许多天然产物的结构中含有吲哚环，有些吲哚的衍生物与生命活动密切相关。

1. 3-吲哚乙酸

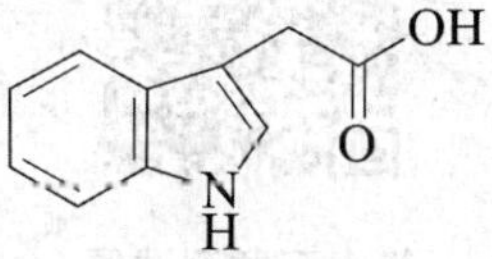

3-吲哚乙酸

简称 IAA，存在于人、畜尿以及酵母和植物中，具有生长素活性，能促进植物插枝生根，并能促进果实的成熟，对无籽果实的形成有良效，农业上用作植物生长刺激剂。

2. 色氨酸

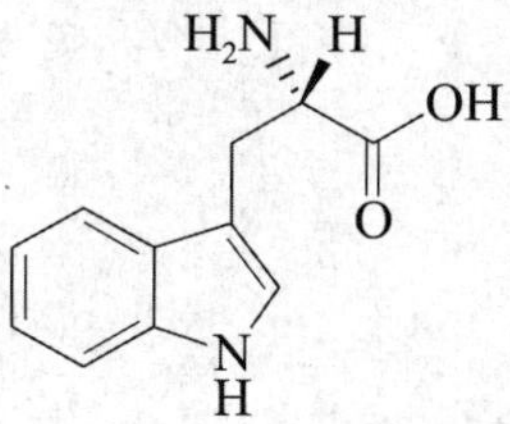

L-色氨酸

色氨酸有 *D* 型和 *L* 型两种同分异构体。其中 *D*-色氨酸主要存在于微生物和绿色植物中，是植物体内生长素合成的重要前体物质；*L*-色氨酸是人体的一种必需氨基酸，参与人体蛋白质合成和代谢，并能促进骨髓 T 淋巴细胞前体分化为成熟的 T 细胞，维持人体正常的体液免疫功能。医学上用作营养增补剂、烟酸缺乏症（癞皮病）的防治药、安神药等。

3. 5-羟色胺

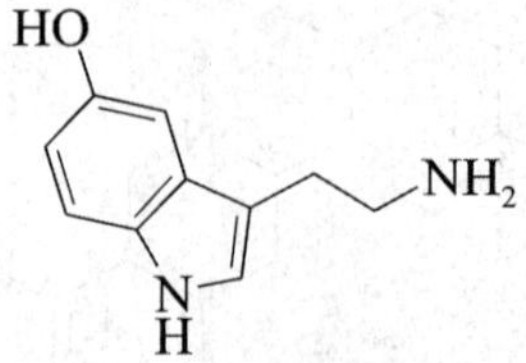

5-羟色胺

又名血清素，简称 5-HT，广泛存在于哺乳动物组织中，主要由色氨酸氧化脱羧生成。

5-羟色胺是一种重要的神经介质，在大脑皮层质及神经突触内含量很高，是维持人体精神和思维正常活动必不可少的物质，若人脑中 5-HT 的含量突然改变，则会出现精神失常症状。

本章小结

本章主要讲述了杂环化合物以及生物碱类化合物。

1. 杂环化合物主要包括五元环、六元环和稠杂环化合物，重点学习吡咯、吡啶及其衍生物。

2. 生物碱：结构特点、理化性质、提取分离方法和研究实例。

巩固测试

第十五章测试题

第十六章

大分子有机化合物

【学习目标】

［知识目标］

- 掌握糖类、氨基酸、蛋白质、脂类的分类、组成、结构等
- 掌握各类大分子有机化合物的化学性质

［能力目标］

- 能鉴别糖类、氨基酸和蛋白质等大分子有机化合物

［素质目标］

- 培养有始有终、认真踏实的好习惯
- 培养做好学习计划并认真实施的能力

【知识导图】

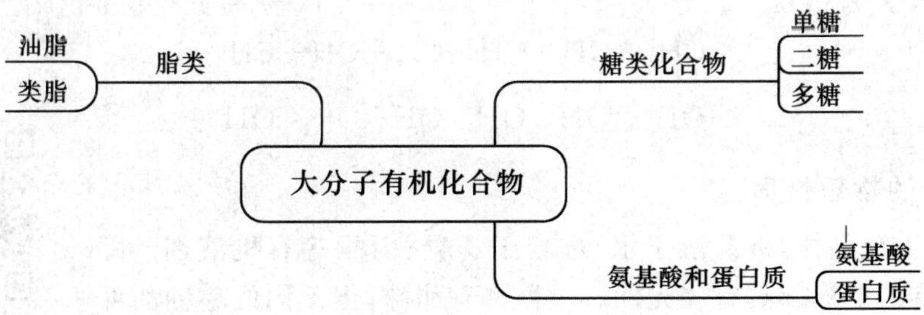

第一节　糖类化合物

糖类化合物在自然界分布很广，日常食用的蔗糖、粮食中的淀粉、植物体中的纤维素、人体血液中的葡萄糖等均属糖类。糖类在生命活动过程中起着重要的作用，是一切生命体维持生命活动所需能量的主要来源。它不仅是营养物质，而且有些还具有特殊的生理活性。

一、单糖

单糖是含有 3～6 个碳原子、不能水解的多羟基醛或多羟基酮。按碳原子数目，单糖可分为丙糖、丁糖、戊糖、己糖等。自然界的单糖主要是戊糖和己糖。根据结构，单糖又可分为醛糖和酮糖。羰基在一端的单糖称为醛糖，羰基在中间的称为酮糖。例如，葡萄糖为己醛糖，果糖为己酮糖。

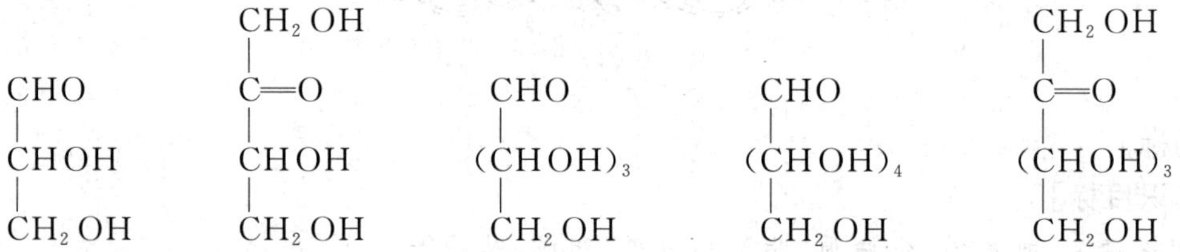

丙醛糖　丁酮糖　戊醛糖　己醛糖　己酮糖

(一)单糖的分子结构

大量实验事实证明，单糖分子都有链状结构，分子中所有碳原子构成一个直链。例如，葡萄糖的分子式为 $C_6H_{12}O_6$，分子中含五个羟基和一个醛基，是五羟基己醛糖。其结构式为：

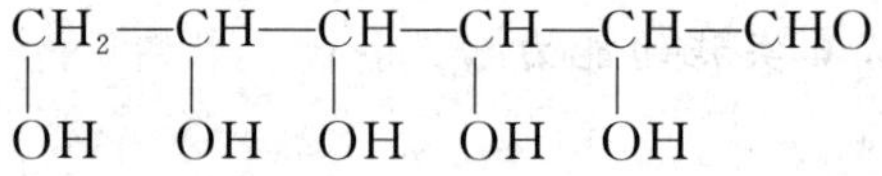

果糖的分子式为 $C_6H_{12}O_6$，分子中含有五个羟基和一个羰基，是五羟基-2-己酮。其结构式为：

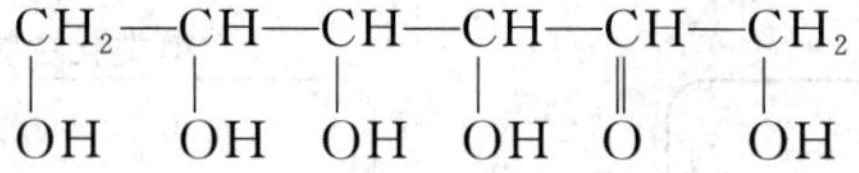

(二)单糖的物理性质

单糖都是无色晶体，极易溶于水，难溶于乙醚、丙酮等有机溶剂。除丙酮糖外，所有的单糖都具有旋光性。单糖都有甜味，但不同的单糖甜度相差很大，如以蔗糖的甜度为 100，其他糖的甜度与之相比较，则葡萄糖的甜度为 74，果糖的甜度为 173。果糖是已知单糖和二糖中甜度最大的糖，是蜂蜜的主要成分。

微课学习
单糖的物理性质

(三)单糖的化学性质

1. 氧化反应

单糖都能被氧化剂氧化，其氧化过程比较复杂，氧化产物与试剂的种类、溶液的酸碱性等因素有关。

(1)与碱性试剂作用　单糖都能与碱性试剂如托伦试剂、费林试剂和本尼迪克特试剂发生氧化作用，将它们分别还原成单质银或氧化亚铜沉淀，而糖分子本身则被氧化成糖酸或发生碳链断裂生成小分子的羧酸混合物。

在糖类化学中，把糖能还原托伦试剂、费林试剂等弱氧化剂的性质称为还原性；把具有还原性的糖统称为还原糖。还原糖与本尼迪克特试剂的反应常用于糖类的定性或定量测定。

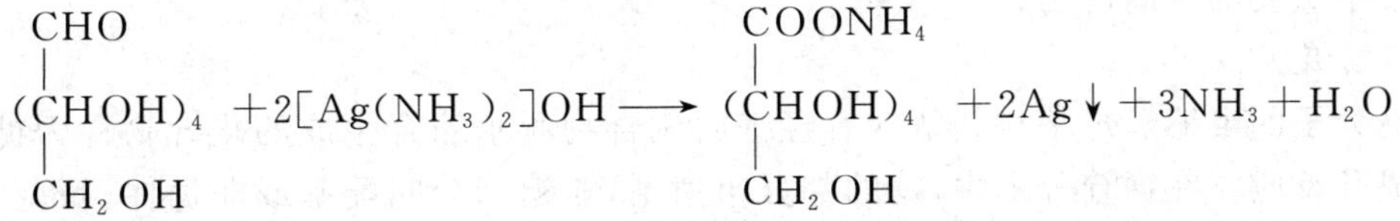

葡萄糖　　葡萄糖酸铵

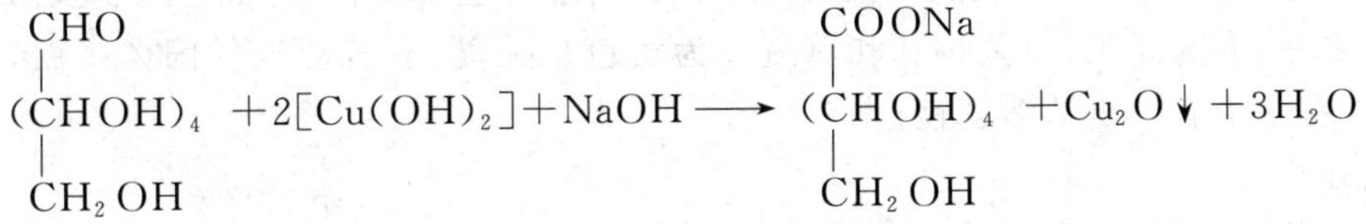

葡萄糖　　葡萄糖酸钠

(2)与酸性试剂作用　醛糖能与溴水作用，当醛糖中加入溴水，稍加热后，醛糖被氧化成糖酸，溴水的棕色即可褪去；酮糖则不能被溴水氧化，因此可用溴水来区别醛糖和酮糖。例如，葡萄糖被溴水氧化时，生成葡萄糖酸。

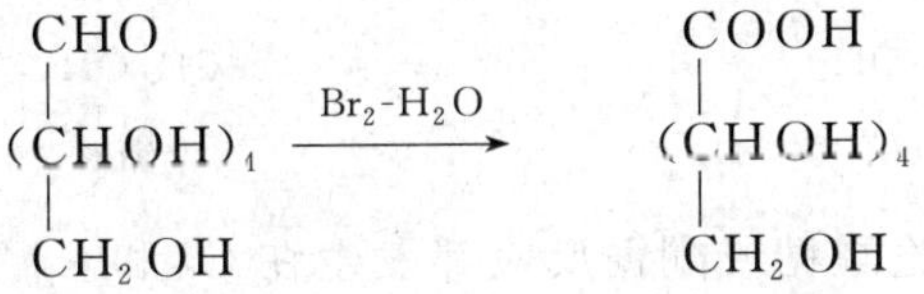

葡萄糖　　葡萄糖酸

2.还原反应

单糖在催化剂或生物体内酶的催化下可被氢化，生成相应的糖醇。例如，葡萄糖或果糖在碱性与加压条件下，均可被活性镍催化氢化生成山梨醇与甘露醇。

微课学习
糖的还原反应

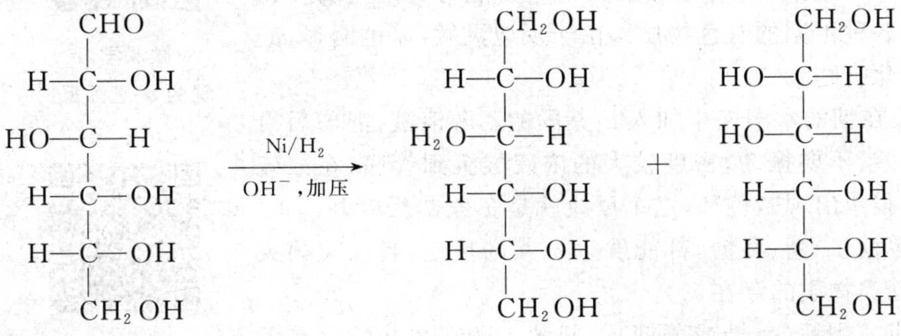

D-葡萄糖　　山梨醇　　甘露醇(少量)

山梨醇和甘露醇广泛存在于植物体内，在桃、李、苹果、樱桃和梨等果实中，山梨醇含量较多;甘露醇则较多地存在于甘露蜜、柿子、胡萝卜和葱中。甘露醇山梨醇有降低颅内压、治疗脑水肿及利尿等作用。此外,山梨醇还常用作细菌的培养基及合成维生素 C 的原料。

3. 成酯反应

单糖环状结构中所有羟基均可以酯化。生物体内常见的糖酯为糖的磷酸酯,如 1-磷酸葡萄糖和 6-磷酸葡萄糖等。单糖的磷酸酯在生命过程中具有重要意义,是生物体内糖的分解或合成过程中重要的中间产物。

4. 成苷反应

单糖分子的半缩醛羟基与其他含有羟基的化合物脱水缩合生成的化合物称为糖苷,该反应称为成苷反应。在糖苷分子中,糖的部分叫糖基,非糖部分叫配基或非糖体,糖基与配基的连接键称为糖苷键(C—O—C)。单糖的成苷反应是形成二糖、多糖的基础。糖苷在中性或碱性环境中较稳定,但在酸性溶液中或在酶作用下,则水解生成糖和非糖部分。糖苷是中草药的有效成分之一,多为无色(但黄酮苷和蒽醌苷为黄色)、无臭、有苦涩味的固体。糖苷中含有糖部分,所以在水中有一定的溶解性。

5. 成脎反应

单糖与苯肼作用,首先羰基与苯肼生成苯腙,但在过量苯肼的存在下,α-羟基能继续与苯肼反应,产物叫作脎。

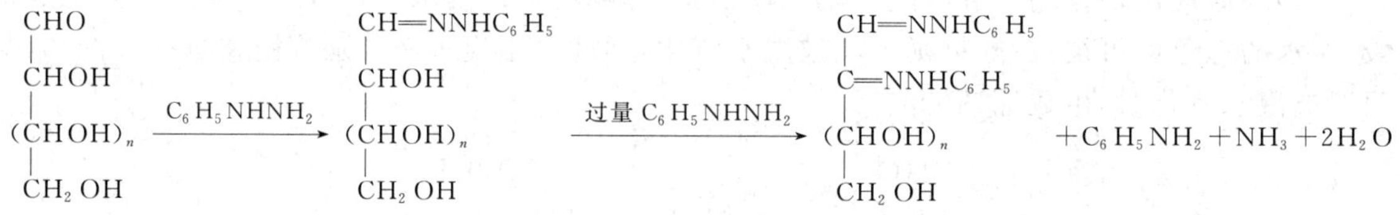

醛糖　　醛糖苯腙　　糖脎

从上面反应可看出,无论醛糖或酮糖反应都发生在 C_1 和 C_2 上,其他碳原子不参与反应。因此除了 C_1 和 C_2 以外碳原子构型相同的糖,都可以生成相同的糖脎。糖脎都是黄色晶体,不同的糖脎结晶形状不同,成脎所需时间不同,并各有一定的熔点,所以成脎反应可用来做糖的定性鉴定。

6. 显色反应

单糖在浓无机酸(硫酸或盐酸)作用下脱水,戊醛糖生成糠醛,己醛糖生成 α-羟甲基糠醛。在一定条件下,糠醛及其衍生物能与其某些酶类物质、蒽酮等作用,生成各种不同的有色物质。由于反应灵敏,显色明显,故常用来定性鉴定碳水化合物。

(1)α-萘酚反应　在糖的水溶液中加入 α-萘酚的乙醇溶液,混匀后沿试管壁慢慢加入浓硫酸,不要振动,密度较大的浓硫酸沉到管底,在浓硫酸与糖溶液的交界面很快出现紫色环,这个反应就是 α-萘酚反应。

所有的糖(包括单糖、二糖、多糖)都能发生 α-萘酚反应,且反应很灵敏、常用此反应鉴定糖类物质的存在。

(2)间苯二酚反应　酮糖(果糖或蔗糖)与间苯二酚在浓盐酸存在下加热,2 min 内生成有色物质;果糖显红色;戊酮糖显蓝至绿色;醛糖无色,这是因为醛糖脱水速率较慢,在 2 min 内不呈阳性反应,可以用这一

微课学习
糖的 α-萘酚反应

微课学习
糖的间苯二酚反应

反应鉴别酮糖和醛糖。

(3)蒽酮反应　糖类物质与蒽酮的浓硫酸溶液作用生成绿色物质，这个反应可以用来定量测定糖。

(四)重要的单糖

1. *D*-核糖及 *D*-2-脱氧核糖

它们是极为重要的戊糖，核糖以糖苷的形式存在于酵母和细胞中，是核酸以及某些酶和维生素的组成部分。核酸中除核糖外，还有2-脱氧核糖(简称脱氧核糖)。天然的核糖和脱氧核糖构型是 *D*-型，旋光方向是左旋。

2. *D*-葡萄糖

D-葡萄糖是自然界分布最广且最为重要的一种单糖，它是一种多羟基醛。纯净的葡萄糖为无色晶体，有甜味，易溶于水，微溶于乙醇，不溶于乙醚。天然葡萄糖水溶液旋光向右，故叫右旋糖。*D*-葡萄糖多结合成二糖、多糖或糖苷存在于生物体内。游离的 *D*-葡萄糖既存在于植物体的组织中，又存在中存在于动物体的血液、淋巴液、脊髓液中。

在食品工业中，葡萄糖用于制造糖浆、糖果等；在医疗上，葡萄糖用作营养剂，并有强心、利尿、解毒等作用；在印染工业中作还原剂。

3. *D*-果糖

果糖是最甜的糖，以游离态存在于水果和蜂蜜中，是蔗糖的组分；因为它是左旋的，常叫左旋糖；为无色晶体，易溶于水，可溶于乙醇及乙醚中。果糖也是营养剂和食品添加剂，它在人体内迅速转化为葡萄糖。一般人摄入的果糖约占食物中糖总量的1/6。工业上由蔗糖水解可制得果糖。

4. *D*-半乳糖

半乳糖是己醛糖，是许多低聚糖如乳糖、棉籽糖等的组分，也是组成脑髓的重要物质之一，以多糖的形式存在于许多植物的种子或树胶中。它是无色晶体，能溶于水及乙醇，半乳糖有还原性，也有变旋现象，用于有机合成及医药上。

二、二糖

二糖是由两分子单糖以糖苷键相结合的化合物，所有的二糖都能在酸或酶的催化下水解成两分子单糖。二糖的物理性质与单糖相似，有甜味，易溶于水，能形成结晶。根据能否被费林试剂等弱氧化剂氧化，二糖可以分为还原性二糖和非还原性二糖。

(一)还原性二糖

还原性二糖是一分子单糖的半缩醛羟基与另一单糖的醇羟基缩合而成的二糖(保留有游离半缩醛羟基的二糖)。这样形成的二糖分子中，有一个单糖单元形成苷，而另一个单糖单元仍保留有半缩醛羟基，可以开环形成链式。所以这类二糖具有变旋现象、还原性及成脎反应等单糖的一般性质。比较重要的还原性二糖有以下几种。

1. 麦芽糖

麦芽糖最初是从麦芽中发现的，是经麦芽发酵而成的糖，故名麦芽糖。常见食品如高粱饴、软糖、酥糖、芝麻糖等，都是以麦芽糖为主要糖成分。麦芽糖是白色粉末，易溶于水，甜度约为蔗糖的40%。化学性质与葡萄糖相似，有变旋现象，具有还原性，能发生银镜反应、费林反应，也能与苯肼作用生成糖脎。

在淀粉酶催化下由淀粉水解可得麦芽糖，麦芽糖再经麦芽酶水解可生成葡萄糖。所以，麦芽糖是淀粉水解的中间产物。

$$\underset{\text{淀粉}}{(C_6H_{12}O_5)_n} + nH_2O \xrightarrow{\text{淀粉酶}} \underset{\text{麦芽糖}}{nC_{12}H_{22}O_{11}}$$

$$\underset{\text{麦芽糖}}{C_{12}H_{22}O_{11}} + H_2O \xrightarrow{\text{麦芽糖酶或酸}} \underset{D\text{-葡萄糖}}{2C_6H_{12}O_6}$$

2. 纤维二糖

纤维二糖是无色晶体，可溶于水，是右旋糖，有变旋现象。纤维二糖在苦杏仁酶的作用下，能水解生成两分子 *D*-葡萄糖，但不被麦芽糖酶水解，因此可以证明纤维二糖属于 *β*-葡萄糖苷，由两分子 *D*-葡萄糖通过 *β*-1，4 糖苷键连结而成。纤维二糖化学性质与麦芽糖相似，与麦芽糖的唯一区别是糖苷键的构型不同，麦芽糖为 *α*-1，4-糖苷键，而纤维二糖为 *β*-1，4-糖苷键。纤维二糖也能发生银镜反应、费林反应，能与苯肼作用生成糖脎。纤维二糖是纤维素的基本结构单元，在自然界并不以游离状态存在。

3. 乳糖

乳糖是由是由 *β*-*D*-半乳糖的半缩醛羟基与 *α*-*D*-葡萄糖 C_4 上的醇羟基脱水缩合，通过 *β*-1，4-糖苷键结合而成。乳糖一般为含一结晶水的白色结晶性粉末，易溶于水，由于乳糖分子结构中有一个半缩醛羟基，所以乳糖也具有还原性，具有变旋现象，能还原费林试剂，能生成糖脎。乳糖存在于哺乳动物的乳汁中，人乳中含乳糖 5%～8%，牛乳中含乳糖 4%～6%。乳糖的甜味只有蔗糖的 70%。有些水果中也含有乳糖。乳糖是二糖中水溶性最小且没有吸湿性的糖，可用于食品及医药工业。

（二）非还原性二糖

非还原性二糖是由两分子单糖的半缩醛羟基脱水缩合而成的，由于分子中没有半缩醛羟基，所以不具有还原性，不能被费林试剂等弱氧化剂氧化。

蔗糖是自然界中存在最广的非还原性二糖，它由一分子 *α*-*D*-葡萄糖和一分子 *β*-*D*-果糖以 *α*-1，2-糖苷键连接而成的二糖。

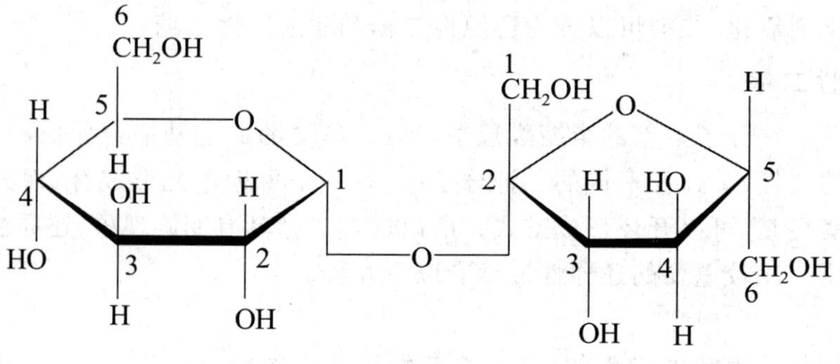

蔗糖结构

蔗糖是白色晶体，甜味仅次于果糖，溶于水而难溶于乙醇，具有旋光性，天然蔗糖是右旋糖。蔗糖分子中没有半缩醛羟基，在水溶液中无变旋现象，无还原性。

蔗糖为右旋性，水解后生成的葡萄糖和果糖的混合物为左旋性，因其旋光性发生了转化，所以把蔗糖的水解过程叫蔗糖的转化，水解的产物叫转化糖，使它水解的酶叫转化酶，因混合物中含有甜度大的果糖，所以甜度比蔗糖高。

$$\underset{\text{蔗糖}}{C_{12}H_{22}O_{11}} + H_2O \xrightarrow{H^+\text{或转化酶}} \underset{\text{葡萄糖}}{C_6H_{12}O_6} + \underset{\text{果糖}}{C_6H_{12}O_6}$$

日常食用的白糖即蔗糖，由甘蔗或甜菜提取而来。蔗糖是植物体内碳水化合物运输的主要形式，同时也是碳水化合物的一种贮存形式。光合作用产生的葡萄糖转变为蔗糖后再向植物各部分运输，蔗糖转运到达植物的各部位后，又迅速地转变成葡萄糖供植物利用，或变成淀粉贮存起来。

蔗糖是食品中有营养的甜味剂，它有化学合成甜味剂所不具备的特性，是食品中重要的添加剂，有利于食品的加工和品质的提高。

三、多糖

多糖是由成千上万的单糖分子相互脱水，通过糖苷键相连接的高分子化合物。可用通式$(C_6H_{10}O_5)_n$表示。多糖在自然界分布极广，亦很重要。有的多糖是构成植物体骨架的物质，如纤维素、甲壳质等；有的作为动植物储能物质，如糖原和淀粉；有的具有特殊的生物活性，像人体中的肝素有抗凝血作用，肺炎球菌细胞壁中的多糖有抗原作用。

多糖的性质与单糖、二糖差别很大，没有甜味，大多数不溶于水，没有还原性和变旋现象，可水解，最终完全水解得到单糖。

(一)淀粉

淀粉是植物体内贮存的营养物质，广泛存在于许多植物的种子、块茎和根中，如稻米中含62%～82%，玉米中含65%～72%，小麦中含57%～75%，马铃薯中含12%～14%。淀粉是绿色植物光合作用的产物，使太阳能转变为化学能贮存于分子内。人与动物以淀粉为食物时，淀粉在体内经过一系列复杂的代谢过程，最后氧化成二氧化碳和水，并释放出生命活动所需的能量。

淀粉是白色无定形粉末，没有还原性，不溶于一般有机溶剂。淀粉是葡聚糖，*D*-葡萄糖单元通过糖苷键结合而成，可分为直链淀粉(又称糖淀粉)和支链淀粉(又称胶淀粉)。直链淀粉和支链淀粉在结构和性质上有一定区别，它们在淀粉中所占比例随植物品种而不同，一般支链淀粉的含量为20%～30%，支链淀粉含量为70%～80%。两者经酸水解后最终产物都是*D*-葡萄糖。

纯的直链淀粉不易溶于冷水，溶于热水中成溶胶。直链淀粉的相对分子质量为15万～60万，它是由许多*D*-葡萄糖单位通过α-1,4-苷键连接而成的链状化合物。

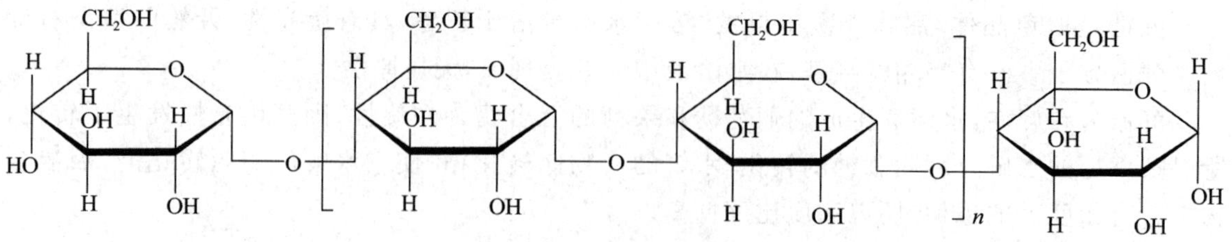

直链淀粉结构

由于直链淀粉分子链很长，因此不可能以线性分子存在，而是在分子内氢键的作用下，卷曲盘旋成螺旋状，每个螺圈约含 6 个 *D*-葡萄糖单位。此外，在主链上还有少数短分支(图 16-1)。

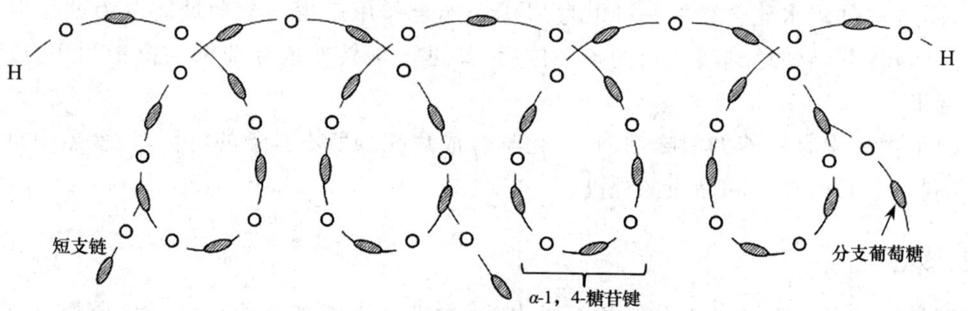

图 16-1　直链淀粉分子的基间状态

直链淀粉遇碘呈蓝色，并不是碘与淀粉之间形成了化学键，而是由于直链淀粉螺旋状结构的中空穴部分恰好能容纳碘分子，二者借助分子间作用力形成一种蓝色的物质(图 16-2)，此显色反应常用来检验淀粉或碘的存在。

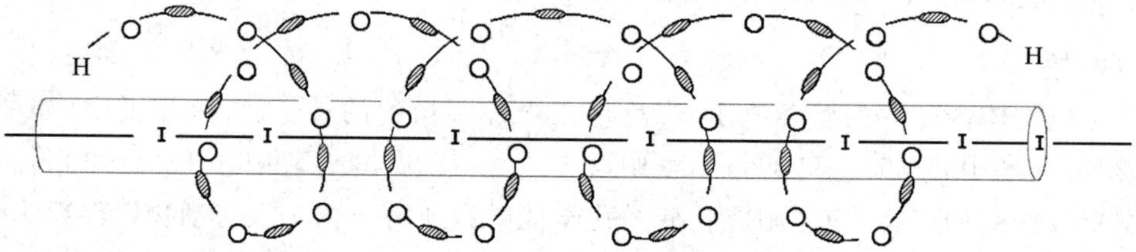

图 16-2　淀粉与碘形成络合物示意图

支链淀粉与直链淀粉相比，具有高度分支，且所含葡萄糖单位要多得多，支链淀粉相对分子质量可高达 100 万～600 万。纯的支链淀粉不溶于冷水，在热水中膨胀而成糊状。它的主链同样是由 *D*-葡萄糖以 *α*-1,4-苷键相连，此外每隔 20～25 个葡萄糖单位，还有一个以 *α*-1,6 苷键相连的支链(图 16-3)。

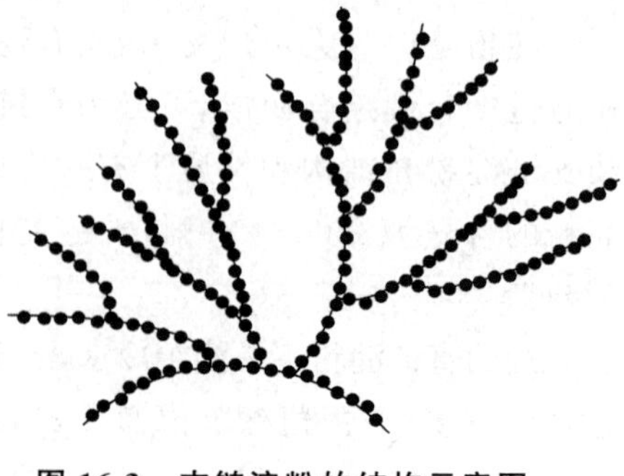

图 16-3　支链淀粉的结构示意图

(●代表葡萄糖单体)

淀粉在水解过程中可生成各种糊精和麦芽糖等一系列中间产物，最终产物是 *D*-葡萄糖。糊精是相对分子质量较小的多糖，包括紫糊精、红糊精和无色糊精等。淀粉和糊精与碘溶液作用可得不同颜色产物，此种颜色煮沸时消失，放冷又重现。淀粉水解可用酶或酸来催化，水解进程可用碘液与其作用的颜色变化来判断。

	$(C_6H_{10}O_5)_n$	$\longrightarrow (C_6H_{10}O_5)_m$		$\longrightarrow C_{12}H_{22}O_{11}$		$\longrightarrow C_6H_{12}O_6)$
	淀粉	⟶紫糊精	⟶红糊精	⟶无色糊精	⟶麦芽糖	⟶葡萄糖
与碘的颜色	蓝色	紫色	红色	无色	无色	无色

微课学习　淀粉水解程度检验　　　　**微课学习　美拉德反应影响因素**

(二)纤维素

纤维素是自然界分布最广的多糖，它是植物细胞壁的主要成分，在植物体内起支撑作用。不同植物的纤维素含量不同，棉花几乎全部是由纤维素所组成(占 98%)，亚麻中含 60%～70%，木材含 40%～50%，作物秸秆含纤维素 34%～36%。

纤维素的结构单位也是 *D*-葡萄糖，和直链淀粉相似，也是无分支的链状分子，但结构单位之间以 *β*-1，4-苷键结合而成长链。纤维素分子的链和链之间借助于分子间的氢键拧成绳索状的结构，具有一定的机械强度和韧性，故在植物体内起着支撑的作用。

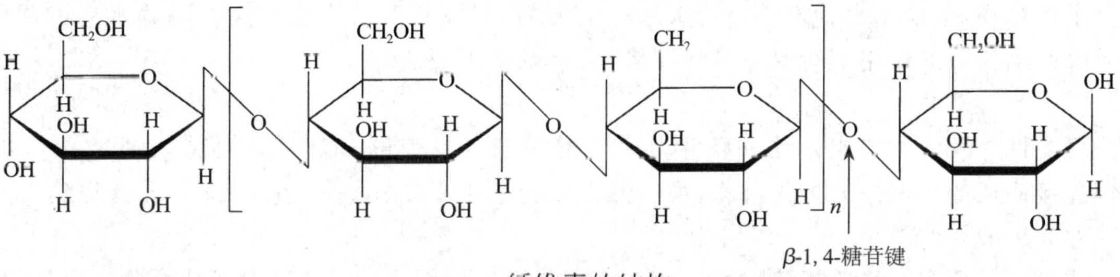

纤维素的结构

纤维素是白色纤维状固体，不溶于水，仅能吸水膨胀，也不溶于稀酸、稀碱和一般的有机溶剂，无还原性。纤维素在浓酸中或用稀酸在加压下可水解，最终产物是 *D*-葡萄糖。

人的消化道中水解淀粉酶只能水解 *α*-1，4-糖苷键，而不能水解 *β*-1，4-糖苷键，所以纤维素不能作为人的营养物质，但食物中的纤维素能促进肠蠕动，具有通便作用。而草食动物如马、牛、羊等消化道中存在一些微生物，这些微生物能分泌出可以水解 *β*-1，4-糖苷键的酶，使纤维素水解生成 *D*-葡萄糖，供给食草动物所需要的营养。

纤维素是重要的工业原料，经过加工可以支撑人造纤维、胶片、离子交换剂、纸张、无烟火药等。

(三)半纤维素

半纤维素与纤维素、木质素共存于植物的细胞壁中，其组成比较复杂。不同来源的半纤维素，其成分也各异。组成半纤维素的单糖有 *D*-木糖、*D*-葡萄糖、*D*-半乳糖、*D*-甘露糖、*D*-阿拉伯糖、L-鼠李糖、L-岩藻糖以及 D-葡萄糖醛酸、D-半乳糖醛酸等。分布最广的是木聚糖，它是由许多吡喃型木糖以 β-1,4-糖苷键形成的直链或带有支链的多糖。

（四）糖原

糖原又称为动物淀粉，是存在于动物体内的一种多糖，它主要存在于动物的肝脏和肌肉中。通常把存在于肝脏内的称为肝糖原，存在于肌肉中的称为肌糖原。糖原是由多个葡萄糖分子结合成的，在结构上与支链淀粉相似，相对分子量比支链淀粉大，分支更多更短，每个分支平均含有 12～18 个葡萄糖单位，因此糖原分子结构比较紧密。

糖原是无定形粉末，溶于热水，溶解后呈胶体溶液。糖原溶液遇碘呈紫红色。糖原水解的最终产物是 D-葡萄糖。

糖原在动物体内的功能是调节血液中的含糖量，当血液中含糖量低于常态时，糖原就转化为葡萄糖；当血液中含糖量高于常态时，葡萄糖又会转化为糖原。在动物体内，糖原在酶的催化下合成和分解，对于维持血糖的稳定有着重要意义。

（五）果胶质

果胶质是植物细胞壁的组成成分，存在于相邻细胞之间的中胶层中，使细胞黏合在一起。在植物的果实、种子、根、茎和叶子里都有分布，以水果及蔬菜中含量最多。

果胶质是一类成分比较复杂的多糖，其化学组成常因来源不同而有差别。根据其结合状况和理化性质可把果胶质分为原果胶、可溶性果胶及果胶酸三种形态。

1. 原果胶

原果胶存在于未成熟的水果和植物的茎、叶子里。它是可溶性果胶与纤维素缩合而成的高分子化合物，不溶于水。未成熟的水果是坚硬的，与原果胶的存在有关。随着水果的成熟，原果胶在果胶酶的作用下转变成可溶性果胶，水果将由硬变软。

2. 可溶性果胶

可溶性果胶的主要成分是 α-D-半乳糖醛酸甲酯以及少量 α-D-半乳糖醛酸通过 α-1,4-糖苷键连接而成的长链高分子化合物，可溶性果胶能溶于水，水解后产生 α-D-半乳糖醛酸。

3. 果胶酸

果胶酸是由多个半乳糖醛酸通过 α-1,4-糖苷键连接而成的长链高分子化合物。果胶酸有黏性，稍溶于水。其分子结构中含有游离的羧酸，因此能与 Ca^{2+} 或 Mg^{2+} 生成不溶性的果胶酸钙或果胶酸镁沉淀，这个反应可用来测定果胶质的含量。

植物落叶、落花、落果、落铃是中胶层内果胶质的变化有关，以至细胞之间分离，即发生离层，花、果或蕾铃就脱落。中胶层细胞之间的原果胶转变为可溶性果胶，并进一步变成小分子糖。此外，某些病原微生物的菌丝分泌果胶酶，使植物组织中原果胶发生分解，致使植物组织破坏。

果胶一般从水果中提取，在食品中主要作为果冻和果酱的胶凝剂，食品的增稠剂和稳定剂，也可用于制造各种果酱和果味酸奶。

第二节　氨基酸和蛋白质

蛋白质是天然高分子化合物，存在于一切生物体中，是组成生物体细胞的基础物质，是生命现象的物质基础，是参与生物体内各种生物变化最重要的组分；生命活动的基本特征就是蛋白质的不断自我更新。蛋白质也是酶、抗体和许多激素中的主要物质。蛋白质在有机体中承担不同的生理功能，它能供给肌体营养、输送氧气、防御疾病、控制代谢过程、传递遗传信息、负责机械运动等。可以说，没有蛋白质就没有生命。

蛋白质是由许多氨基酸组成的复杂的高分子化合物，氨基酸是组成蛋白质的基石，因此在研究蛋白质之前，必须掌握有关氨基酸的基础知识。

一、氨基酸

氨基酸是羧酸分子中烃基上的氢原子被氨基（—NH_2）取代后的衍生物。目前发现的天然氨基酸有 300 多种，构成蛋白质的氨基酸有 20 余种，人们把构成蛋白质的氨基酸称为蛋白氨基酸。其他不参与蛋白质组成的氨基酸称为非蛋白氨基酸。组成蛋白质的氨基酸（除脯氨酸外）都是 α-氨基酸，即在 α-碳原子上有一个氨基。其结构可用通式表示：

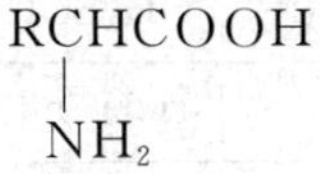

（一）氨基酸的分类和命名

氨基酸可按氨基连在烃基的位置不同而分为 α-氨基酸、β-氨基酸、γ-氨基酸等，例如：

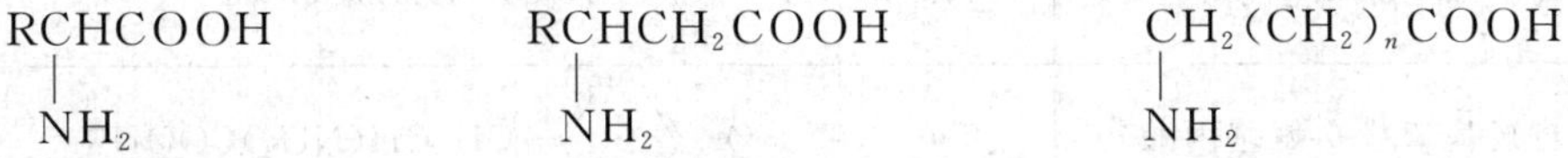

α-氨基酸　　β-氨基酸　　γ-氨基酸

氨基酸又可根据分子中氨基与羧基的数目进行分类。氨基和羧基数目相等的氨基酸为中性氨基酸；氨基数目多于羧基的氨基酸，叫作碱性氨基酸；氨基数目少于羧基的氨基酸，叫作酸性氨基酸，例如：

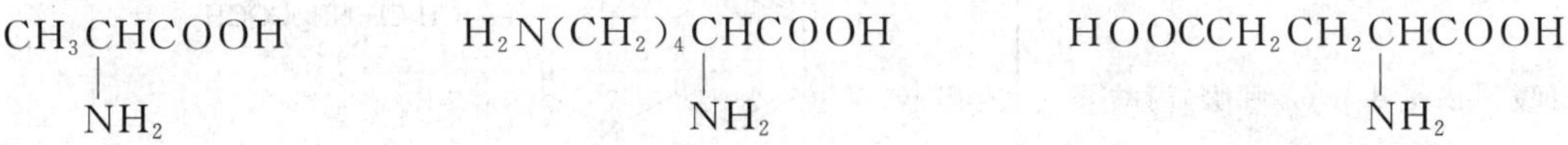

丙氨酸（中性氨基酸）　　赖氨酸（碱性氨基酸）　　谷氨酸（酸性氨基酸）

氨基酸的系统命名法，是把氨基作为取代基，羧酸作为母体来命名，例如：

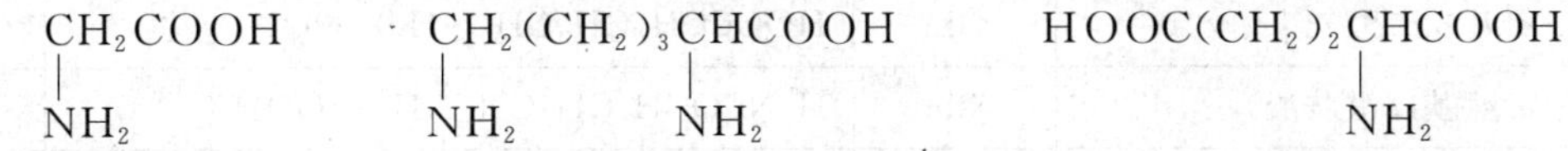

氨基乙酸（甘氨酸）　　2,6-二氨基己酸（赖氨酸）　　2-氨基戊二酸（谷氨酸）

天然氨基酸多用俗名，一般按其来源或性质命名。如 2-氨基丁二酸的俗名为天冬氨酸，因为最初是由天门冬幼苗中发现的；氨基乙酸的俗名为甘氨酸，因给它有甜味。为使用方便，组成蛋白质的氨基酸常用符号来表示。国际通用符号通常由氨基酸英文名的前三个字母组成，表(16-1)列出组成蛋白质的主要氨基酸：

表 16-1　组成蛋白质的氨基酸

名称	代码	结构式	等电点
甘氨酸(氨基乙酸)	Gly	$CH_2(NH_2)COOH$	5.97
丙氨酸(α-氨基丙酸)	Ala	$CH_2CH(NH_2)COOH$	4.00
丝氨酸(α-氨基-β-羟基丙酸)	Ser	$CH_2(OH)CH(NH_2)COOH$	5.68
半胱氨酸(α-氨基-β-巯基丙酸)	Cys	$CH_2(SH)CH(NH_2)COOH$	5.05
胱氨基(β-硫代-α-氨基丙酸)	Cys	$S—CH_2CH(NH_2)COOH$ | $S—CH_2CH(NH_2)COOH$	4.80
苏氨酸*(α-氨基-β-羟基丁酸)	Thr	$CH_3CH(OH)CH(NH_2)COOH$	5.70
蛋氨酸*(α-氨基-γ-甲硫基丁酸)	Met	$CH_3SCH_2CH_2CH(NH_2)COOH$	5.74
缬氨酸*(β-甲基-α-氨基丁酸)	Val	$(CH_3)_2CHCHCH(NH_2)COOH$	5.96
亮氨酸*(γ-甲基-α-氨基戊酸)	Leu	$(CH_3)_2CHCH_2CH(NH_2)COOH$	6.02
异亮氨酸*(β-甲基-α-氨基戊酸)	Ile	$CH_3CH_2CH(CH_3)CH(NH_2)COOH$	5.98
苯丙氨酸*(α-氨基-β-苯基丙酸)	Phe	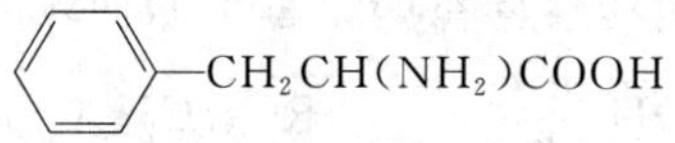	5.48
酪氨酸(β-对羟基苯基-α-氨基丙酸)	Tyr	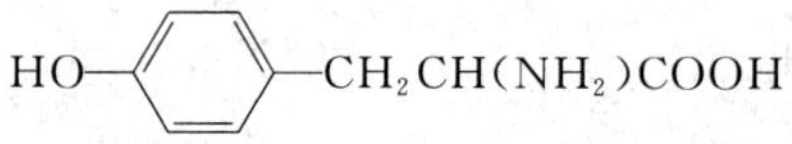	5.66
脯氨酸(α-吡咯烷加酸)	Pro	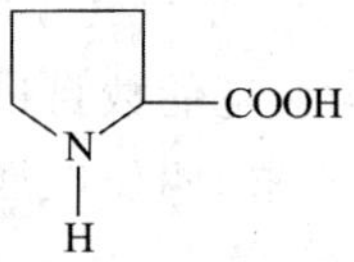	6.30
色氨酸*[α-氨基-β-(3-吲哚)丙酸]	Try	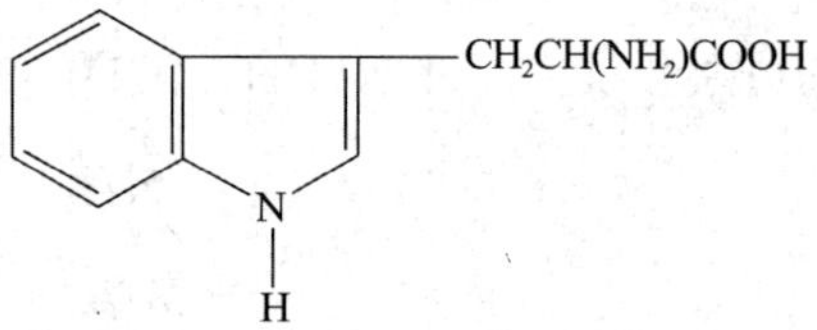	
天冬氨酸(α-氨基丁二酸)	Asp	$HOOCCH_2CH(NH_2)COOH$	2.77
天冬酰胺(α-氨基丁酰胺酸)	Asn	$H_2NCOCH_2CH(NH_2)COOH$	5.41
谷氨酸(α-氨基戊二酸)	Glu	$HOOCCH_2CH_2CH(NH_2)COOH$	3.22
谷氨酰胺(α-氨基戊酰胺酸)	Gln	$H_2NCOCH_2CH_2CH(NH_2)COOH$	5.63
精氨酸(α-氨基-δ-胍基戊酸)	Arg	$H_2NCNH(CH_2)CH(NH_2)COOH$ ‖ NH	10.6
赖氨酸*(α,ω-二氨基乙酸)	Lys	$H_2N(CH_2)_4CH(NH_2)COOH$	9.74

注：* 为人体必需氨基酸

组成蛋白质的氨基酸中，有 8 种动物自身不能合成，必须从食物中获取，缺乏时会引起疾病，它们被称为必需氨基酸。

(二)氨基酸的性质

1. 物理性质

α-氨基酸一般为无色晶体，除了胱氨酸和酪氨酸外，都能溶于水；除了脯氨酸和半胱氨酸外，一般都难溶于苯、乙醚等有机溶剂，其熔点比相应的羧酸或胺类要高，一般在 200～300 ℃，且加热至熔点时常易分解。除甘氨酸外，其他的 α-氨基酸都有旋光性。有些氨基酸如酪氨酸、苯丙氨酸在紫外光区还有强烈吸收峰。

2. 化学性质

氨基酸分子中含有氨基和羧基，因此它具有羧酸和胺类化合物的性质；同时，由于氨基与羧基之间相互影响及分子中烃基的某些特殊结构，氨基酸又具有一些特殊的性质。

(1)氨基酸的两性性质和等电点　氨基酸分子中既有酸性的羧基(—COOH)，又有碱性的氨基($—NH_2$)，可以与强碱反应生成羧酸盐，可以与强酸反应生成铵盐。所以氨基酸具有两性，是两性化合物。

当氨基酸溶于水时，由于羧基电离出质子的能力与氨基酸接受质子的能力并不相等，因此，氨基酸水溶液不一定呈中性。调节溶液的酸碱度至一定数值时，氨基酸以偶极离子形式存在，其所带正、负电荷相等，在电场中既不向阴极移动，也不向阳极移动，此时溶液的 pH 称为该氨基酸的等电点，以 pI 表示。由于各种氨基酸的结构不同，因而都有其特定的等电点。通常，中性氨基酸的等电点在 5～6.3，酸性氨基酸的等电点在 2.8～3.2，碱性氨基酸的等电点在 7.6～10.8。常见氨基酸的等电点见表 16-1。

氨基酸的等电点不是中性点。当溶液的 pH 小于 pI 时，氨基酸主要以正离子形式存在；当溶液的 pH 大于 pI 时，它主要以负离了形式存在；当溶液 pH 等丁 pI 时，主要以偶极离子形式存在。在等电点时，氨基酸的溶解度最小，最易从溶液中析出沉淀。因此可以利用各种氨基酸等电点不同的特性，对含有多种氨基酸的混合液，分步调节溶液的 pH，使不同氨基酸分步达到等电点而析出沉淀，达到分离的目的。

(2)脱羧反应　将氨基酸缓缓加热或在高沸点溶剂中回流，可以发生脱羧反应生成胺。例如，赖氨酸脱羧后生成戊二胺。

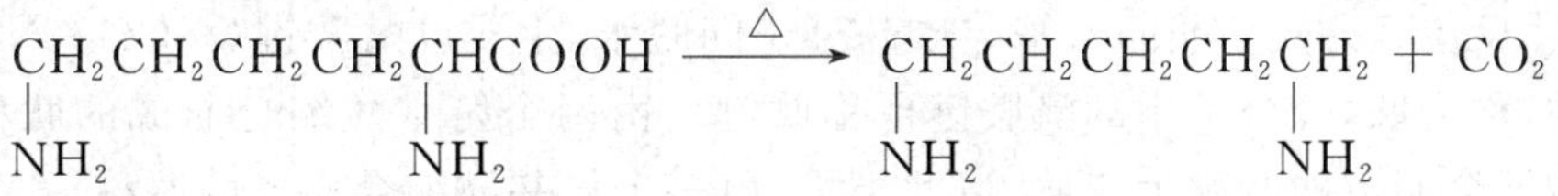

戊二胺(尸胺)

在生物体内，氨基酸在脱羧酶的作用下，也能发生脱羧反应，这是蛋白质腐败发臭的主要原因。

(3)氧化脱氨反应　氨基酸分子中的氨基被氧化剂(如过氧化氢、高锰酸钾)氧化成亚氨基，再经水解，生成 α-酮酸，同时还脱去一分子氨气。

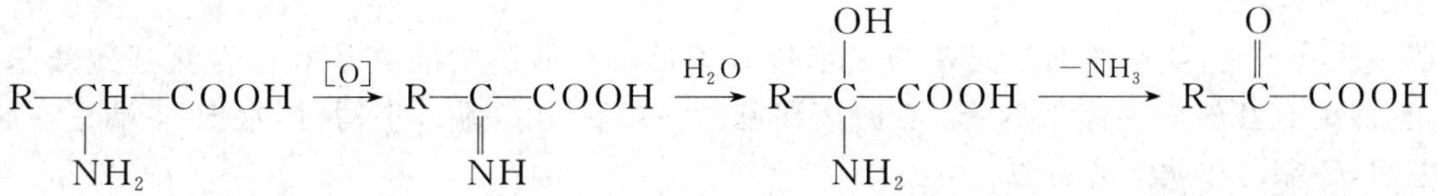

α-亚氨基酸　α-羟基-α-氨基酸　α-酮酸

生物体内的酶催化下，氨基酸也可发生氧化脱氨反应，这是生物体内蛋白质分解代谢的重要反应之一。

(4)与亚硝酸的反应　大多数氨基酸中含有伯胺基，可以定量与亚硝酸反应，生成α-羟基酸，并放出氮气。

$$R-\underset{NH_2}{\underset{|}{CH}}-COOH + HNO_2 \xrightarrow{\triangle} R\underset{OH}{\underset{|}{CH}}-CHOOH + N_2 + H_2O$$

该反应定量进行，从释放出的氮气的体积可计算氨基酸和蛋白质分子中氨基的含量。这个方法称为范斯莱克法。

(5)与水合茚三酮的反应　α-氨基酸（脯氨酸、羟脯氨酸除外）与茚三酮的水溶液一起加热，能生成蓝紫色化合物。该反应是α-氨基酸的特有反应，非常灵敏，也是鉴别α-氨基酸最迅速、最简便的方法。

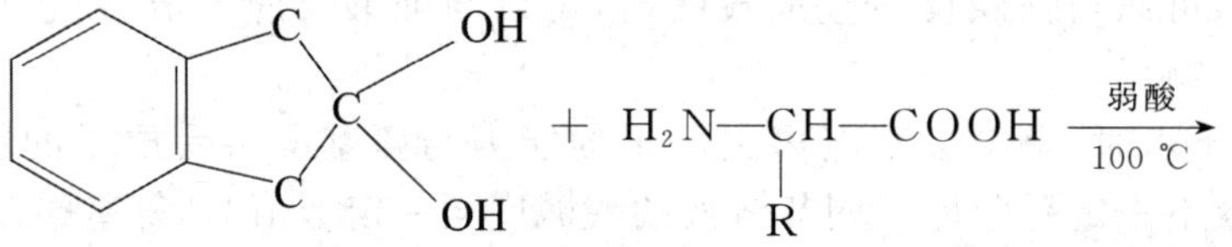

水合茚三酮

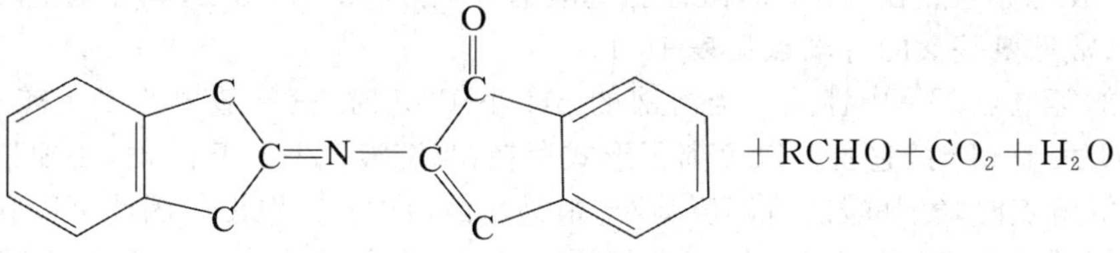

蓝紫色化合物

凡是有游离氨基的氨基酸都能和水合茚三酮试剂发生显色反应，多肽和蛋白质也有此反应。

(6)成肽反应　α-氨基酸的氨基与羧基分子间脱水，生成以酰胺键（—CO—NH—）相连接的缩合产物，称为肽，肽分子中的酰胺键也称肽键。由两个氨基酸缩合而成的肽称为二肽，由三个氨基酸缩合而成的肽称为三肽，以此类推，由多个氨基酸缩合而成的肽称为多肽。

$$NH_2-\underset{R}{\underset{|}{CH}}-\overset{O}{\overset{\|}{C}}-OH + H-\overset{H}{\overset{|}{N}}-\underset{R'}{\underset{|}{CH}}-\overset{O}{\overset{\|}{C}}-OH \xrightarrow{-H_2O} NH_2-\underset{R}{\underset{|}{CH}}-\overset{O}{\overset{\|}{C}}-\overset{H}{\overset{|}{N}}-\underset{R'}{\underset{|}{CH}}-\overset{O}{\overset{\|}{C}}-OH$$

二肽

在多肽分子中，氨基酸不是完整的氨基酸分子，因此，肽链中的氨基酸称为氨基酸残基。其中，有游离氨基的一端称为 N-端，有游离羧基的一端称为 C-端。书写时，常把 N-端写在肽链的左边，C-端写在肽链的右边。

肽广泛存在于动植物组织中，有些肽在生物体内具有特殊的功能。例如，催产素是九肽化合物；脑中的脑啡肽为五肽，具有镇痛作用；细胞中的谷胱甘肽是三肽化合物，参与细胞的氧化还原过程。

二、蛋白质

（一）蛋白质的元素组成

蛋白质的来源和种类虽然不同，但它们的元素组成却很相似，除了都含有碳、氢、氧、氮之外，多数蛋白质还含有少量的硫，有些蛋白质还含有少量的磷，许多特殊的蛋白质还含有铁、铜、锌、锰、钴、碘等。各元素的含量也比较恒定，经元素分析，蛋白质一般含碳 50%～55%，含氢 6%～7%，含氧 20%～23%，含氮 13%～19%，含硫 0%～4%。

大多数蛋白质的含氮量很接近，平均约为 16%，即每克氮相当于 6.25g 蛋白质，6.25 称为蛋白质系数。生物体中的氮元素绝大部分都是以蛋白质形式存在的，因此，常用定氮法先测出农副产品样品的含氮量，然后计算成蛋白质的近似含量，称为粗蛋白含量。

$$粗蛋白含量=样品的含氮量\times 6.25$$

（二）蛋白质的分类

蛋白质可按其分子形状、分子组成及其功能等分类。根据分子形状，蛋白质可分为球状蛋白质和纤维状蛋白质；根据分子组成，蛋白质可分为单纯蛋白质和结合蛋白质两大类。只有氨基酸组成的蛋白质称为单纯蛋白质，如清蛋白、球蛋白、谷蛋白、精蛋白、组蛋白等。由单纯蛋白质与非蛋白质成分（称为辅基）结合而成的复杂蛋白质，称为结合蛋白质。此外根据蛋白质的功能不同，蛋白质可分为活性蛋白和非活性蛋白。

（三）蛋白质的结构

1. 蛋白质的一级结构——多肽链

天然蛋白质是由 α-氨基酸组成的。α-氨基酸分子间可以发生脱水生成肽。在生成的肽分子中两端仍含有 α-NH_2 及—COOH，因此仍然可以与其他 α-氨基酸继续缩合脱水形成长链大分子多肽。多肽是蛋白质的基本结构，而肽键则是主要的连接方式。有些蛋白质就是一条多肽链，有些蛋白质则是由两条或多条多肽链构成。多肽与蛋白质之间没有严格的区别，一般是将相对分子质量 1 万以上的多肽称为蛋白质。

由各氨基酸残基按一定的排列顺序结合而成的多肽链称为蛋白质的一级结构。蛋白质的一级结构与蛋白质的功能有密切的关系。目前已弄清了一些较简单的蛋白质分子多肽链的氨基酸残基的排列次序，例如，牛胰岛素由 A 和 B 两条多肽链的 51 个氨基酸以一定的顺序排列而成，A 链含有 11 种共 21 个氨基酸残基，B 链含有 16 种共 30 个氨基酸残基。

2. 蛋白质的二级结构

蛋白质的二级结构是指蛋白质多肽链本身的折叠和盘绕方式，主要有 α-螺旋结构和 β-折叠结构两种空间构象。在一条肽键中，可以通过一个肽键中羰基上的氧与另一个适当位置肽键中亚氨基上的氢形成氢键而绕成的螺旋，叫作 α-螺旋，它是蛋白质二级结构的主要形式（图 16-4）。β-折叠结构是由两条或若干条几乎完全伸展的多肽链侧向聚集在一起，靠肽键间氢键形成的折叠片状结构。每个肽键所在的平面都有规则地进行折叠，相邻肽键通过氢键又连成一个大折叠平面（图 16-5）。

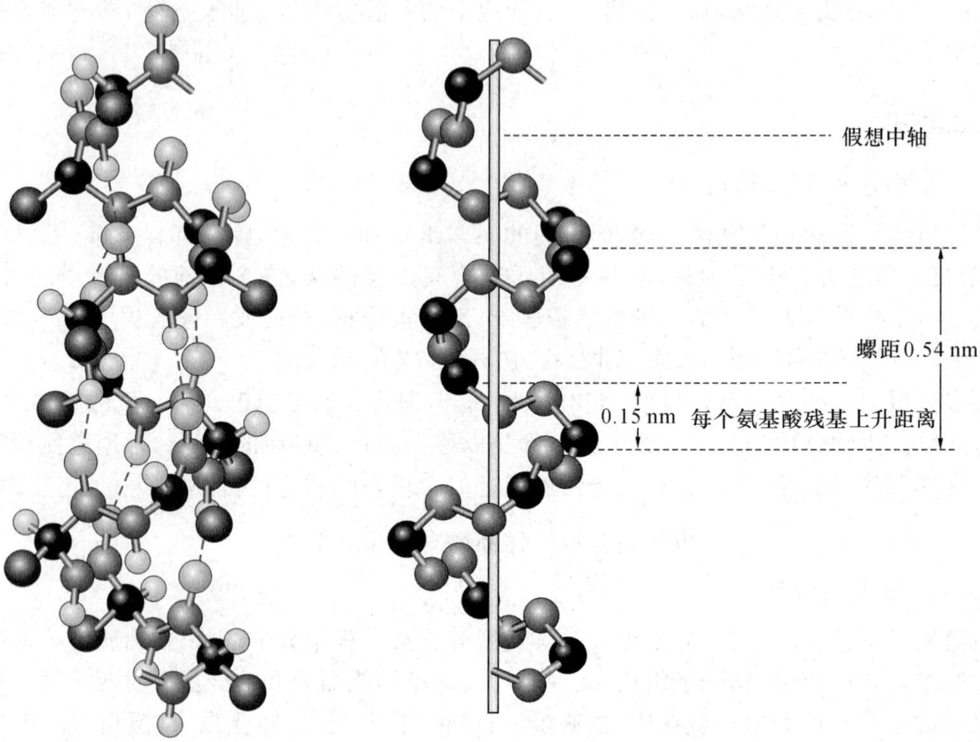

图 16-4 **α-螺旋结构示意图**

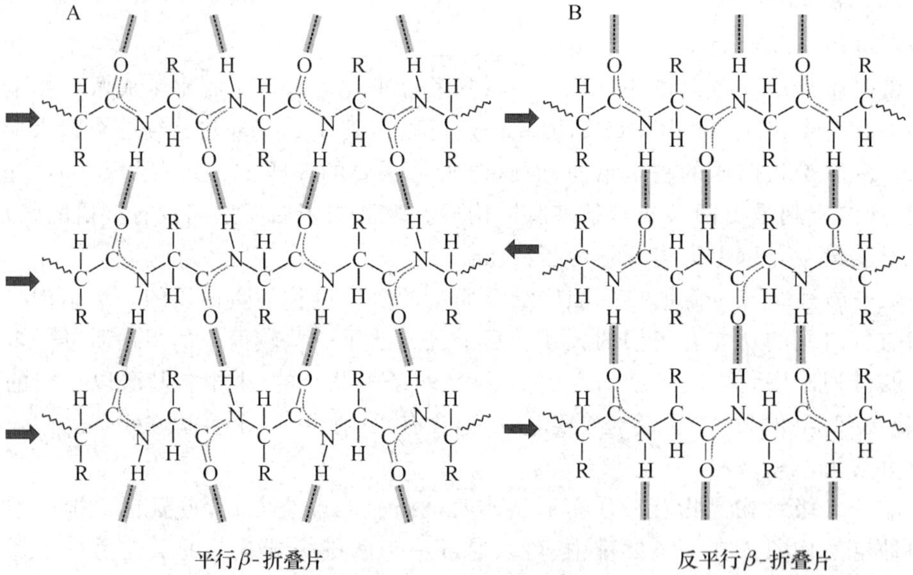

图 16-5 **β-折叠结构示意图**

3. 蛋白质三级结构

由一条多肽链在空间盘绕、折叠、卷曲而形成的更为复杂的空间构象称为蛋白质的三级结构。维持三级结构稳定的因素除了主键肽键外，还有副键，如氢键、盐键、疏水键和二硫键以及范德瓦尔斯力的作用。大多数蛋白质都具有纤维状或球的三级结构。形成三级结构后，亲水基团在结构外，憎水基团在结构内，故球状蛋白溶于水。

4.蛋白质的四级结构

由两条或两条以上具有三级结构的多肽键聚合而成的具有特定空间结构的蛋白质分子叫作蛋白质的四级结构。这些肽键之间具有可逆的缔合性能，参加缔合的最小单位称为亚基，如血红蛋白就是一个含有两种不同亚基的四聚体。

(四)蛋白质的性质

由于蛋白质是由氨基酸组成的，因此，蛋白质的性质与氨基酸相似。但由于蛋白质的相对分子质量比氨基酸大得多，结构也较之复杂，因此，与氨基酸相比，性质上也存在很大的差别。

1.蛋白质的胶体性质

蛋白质是高分子化合物，分子大小一般在 1～100 nm，属胶体颗粒度范围，所以蛋白质水溶液是胶体溶液，具有胶体溶液的一切性质。如不能透过半透膜、吸附能力大、做布朗运动、产生丁铎尔现象等。

蛋白质分子表面有很多亲水基团，如氨基、羟基、羧基及—CONH—等，在水溶液中都能与水分子起水化作用。每 1 g 蛋白质可以结合 0.3～0.5 g 水。因此蛋白质在水溶液中，每一分子表面有一水化膜包围着，各个分子之间由水化膜互相分隔开来。同时蛋白质分子具有可离解的极性基团，所以在一定 pH 的溶液中，蛋白质分子表面一般都带有相同的电荷，和它周围电荷相反的离子构成稳定的双电层。所以蛋白质作为胶态系统是很稳定的。

自然界中，具有生理活性和参与生理活动的蛋白质，几乎都处于溶胶或凝胶状态。一旦胶体体系被破坏，蛋白质的生理活性就大受妨碍，甚至完全丧失。

2.蛋白质的两性和等电点

蛋白质多肽链的 N-端有氨基、C-端有羧基，其侧链上也常含有碱性基团和酸性基团。因此，蛋白质与氨基酸相似，也具有两性性质和等电点。

微课学习
蛋白质的两性解离和等电点的测定

蛋白质分子中含有很多可解离基团，可以把蛋白质分子看作一个多价离子，所带电荷的性质和数量是由蛋白质分子中的可解离基团的种类和数目及溶液的 pH 所决定的。对某一蛋白质来说，在某一 pH 时，它所带的正电荷与负电荷恰好相等，即净电荷是零。此时在电场中，蛋白质分子既不向阳极移动，也不向阴极移动，这一 pH 称为蛋白质的等电点。在 pH 小于等电点的溶液中，蛋白质分子作为阳离子可向阴极移动。相反，在 pH 大于等电点的溶液中，蛋白质分子作为阴离子可向阳极移动。

蛋白质在等电点时由于所带正负电荷相等，净电荷为零，因而蛋白质分子之间的静电斥力减弱。同时，蛋白质分子的水化能力也减弱，导致水化膜的厚度变小，甚至丧失，故易沉淀析出。因此，在等电点时，蛋白质的溶解度最小。利用此性质，可以把蛋白质混合物分开。

各种蛋白质由于氨基酸的组成不同，各有其自己的等电点。如含有较多酸性氨基酸的蛋白质，其等电点较低；含较多碱性氨基酸的蛋白质，其等电点较高。多数蛋白质的等电点在 5 左右，故在动、植物组织中(pH 近于 7)，蛋白质大都为阴离子。

3.蛋白质的沉淀

如果在蛋白质溶液中加入适当的试剂，破坏了蛋白质的水膜或中和了蛋白质的电荷，则蛋白质就会沉淀析出，这种现象称为蛋白质的沉淀。蛋白质的沉淀分为可逆性沉淀和不可逆性沉淀两种。前者是指沉淀出来的蛋白质分子结构基本没有变化，仍保持原来的生物活性，只要除去沉淀因素，沉淀会重新溶解。后者则是指沉淀后的蛋白质分子结构发生了变化，即使沉淀因素除去以后，也不能够重新溶解蛋白质，丧失了原来的生物活性。

常用的沉淀方法有以下几种：

(1)盐析法　在蛋白质溶液中，加入某些无机盐类，使蛋白质凝聚，从溶液中析出，这种现象叫盐析。盐析法常用的盐有硫酸铵、氯化钠、氯化铵、硫酸钠等。盐析析出的蛋白质一般结构未被破坏，仍可以溶解在水里而不影响蛋白质的性质，所以盐析是可逆的。因此，盐析法常用来分离和提纯蛋白质。

(2)有机溶剂沉淀法　某些水溶性有机溶剂如乙醇、丙酮等，由于它们的亲水能力较强，能夺去蛋白质分子表面的水化层，破坏水膜，并可进入蛋白质分子内部，使蛋白质沉淀。这种沉淀作用，低温且短时间内是可逆的，若高温或经过长时间后，就会导致蛋白质分子结构改变，沉淀就变成不可逆了。

(3)生物碱沉淀剂沉淀法　向蛋白质溶液中，加入苦味酸、三氯乙酸或鞣酸等生物碱沉淀剂，蛋白质会与之作用生成不溶性的蛋白质盐沉淀。

(4)重金属盐沉淀法　蛋白质溶液遇重金属离子(如 Cu^{2+}、Hg^{2+}、Pb^{2+}、Ag^{+} 等)，可结合生成不溶性的盐而沉淀。该反应在碱性环境下更有利。

4.蛋白质的变性

蛋白质分子具有严密的结构，表现为一定的性质与功能，而某些物理或化学因素的影响，能够破坏蛋白质分子的内部结构，引起蛋白质理化性质的改变，导致其生理活性丧失，这种现象称作蛋白质的变性。变性后的蛋白质称为变性蛋白质。

微课学习
蛋白质的变性

引起蛋白质变性的因素很多，物理因素有加热、高压、剧烈振荡、超声波、紫外线或 X 射线照射等。化学因素有强酸、强碱、重金属离子、生物碱试剂和有机溶剂等。蛋白质的变性一方面是维持空间结构的蛋白质的副键被破坏，原有的空间结构被改变，疏水基外露；另一方面是蛋白质分子中某些活泼基团如—NH_2、—COOH、—OH 等与化学试剂发生了反应。

蛋白质的变性分为可逆变性和不可逆变性，若仅改变了蛋白质的三级结构，可能只引起可逆变性；若破坏了二级结构，则会引起不可逆变性。但是蛋白质的变性不会引起它的一级结构改变。蛋白质变性一般产生不可逆沉淀，但蛋白质的沉淀不一定变性(如蛋白质的盐析)；反之，变性也不一定沉淀，例如有时蛋白质受强酸或强碱的作用变性后，常由于带同性电荷而不会产生沉淀现象。然而不可逆沉淀一定会使蛋白质变性。

蛋白质的变性作用对工农业生产、科学研究都具有十分广泛的意义。例如，通常采用加热、紫外线照射、利用酒精、杀菌剂等杀菌消毒，其结果就是使细菌体内的蛋白质变性。菌种、生物制剂失效，种子失去发芽能力等均与蛋白质的变性有关。

5.蛋白质水解作用

在酸、碱或酶的催化下，蛋白质可以水解。水解经过一系列中间产物后，最终生成 α-氨基酸。其水解过程如下：

$$\text{蛋白质}\rightarrow\text{蛋白胨}\rightarrow\text{多肽}\rightarrow\text{二肽}\rightarrow\alpha\text{-氨基酸}$$

蛋白质水解可以得到一系列的中间产物，其中最重要的中间产物是蛋白胨。它是一种分子量比蛋白质小得多的多肽，可溶于水，遇热不凝固。容易消化，对蛋白质消化能力弱的病人，可作营养的补充，实验室常用作配制微生物的培养基。

6.蛋白质的颜色反应

(1)双缩脲反应　在蛋白质分子或多肽溶液中加入几滴硫酸铜的碱性溶液，发生双缩脲反应，生成紫红色化合物(肽键数目越多，颜色越深)。常利用此法定量地测定蛋白质的含量。

微课学习
蛋白质与氨基酸
颜色反应

(2)与水合茚三酮反应　凡含有 α-氨基酸的蛋白质都能与水合茚三酮反应，生成蓝紫色物质。此法可用于鉴别蛋白质和氨基酸。

(3)黄蛋白反应　含有芳烃的蛋白质与浓硝酸共热生成黄色，再加碱时颜色转深而显橙色，这个反应过程叫黄蛋白反应。此反应可用来检测蛋白质或多肽分子中是否存在苯丙氨酸和酪氨酸。皮肤、指甲遇浓硝酸后变为黄色，就是这个原因。

第三节　脂　　类

脂类是广泛存在于生物体中的重要天然有机物，具有重要的生理功能，也是维持生命活动不可缺少的物质。它包括油脂和类脂两大类，油脂是各种高级脂肪酸与甘油形成的酯，是指猪油、牛油、花生油、豆油等动、植物油；而类脂则包括蜡、磷脂及甾族化合物等，虽然它们在化学组成上属于不同类的物质，但由于其在物态及物理性质方面与油脂类似，因此把它们叫作类脂化合物。

一、油脂

(一)油脂的存在和用途

油脂是油和脂肪的总称，它们都是中性甘油酯。通常把常温下是固态或半固态的称为脂肪，如猪油、牛油、羊油等；液态的称油，如豆油、菜油、花生油等。

油脂广泛存在于动、植物体内，是动、植物贮藏能量的主要物质之一。植物的油脂多存在于植物的果实和种子内，根、茎、叶中含量较少。油料作物种子的含油量高达 50%以上，许多野生植物的种子含油量在 15%～60%。动物体内的油脂主要存在于内脏的脂肪组织、大网膜、肠柔膜和骨髓中。油脂是动、植物体生命活动所需的能源之一。1 g 油脂在体内完全氧化时可产生 38.9 kJ 的热量，比 1 g 糖(17.6 kJ)和 1 g 蛋白质(16.7 kJ)的总和还要多。动物体内的油脂还是许多活性物质(如维生素 A、维生素 D、维生素 E、维生素 K 等)的良好溶剂。体表的油脂能防止体温散失和内脏器官遭受振动或撞击。油脂还提供人体内不能合成的必需脂肪酸，如亚油酸，亚麻酸和花生四烯酸等，它们是构成细胞膜的重要成分。植物种子和果实中所贮存的油脂可提供种子发芽所需要的养料。油脂还广泛应用于肥皂、油漆、涂料及医药、化妆品的生产。

(二)油脂的组成和结构

油脂的主要成分是高级脂肪酸甘油酯，其通式如下：

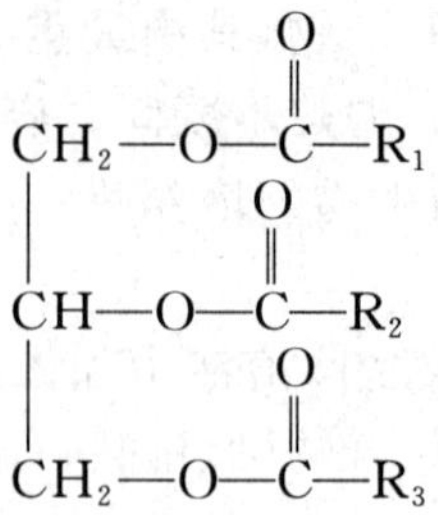

式中，R_1、R_2、R_3 代表脂肪酸中的烃基。当 $R_1=R_2=R_3$ 时，高级脂肪酸形成的甘油酯叫作单纯甘油酯；R_1、R_2、R_3 三者中有 2 个或 3 个不相同时，称为混合甘油酯。天然油脂大多数是混合甘油酯。油脂中存在的高级脂肪酸大多是含偶数碳原子数的直链酸。常见油脂中重要的脂肪酸见表 16-2。

表 16-2　油脂中重要的脂肪酸

类别	俗名	系统命名	结构简式
饱和脂肪酸	月桂酸	十二酸	$CH_3(CH_2)_{10}COOH$
	软脂酸	十六酸	$CH_3(CH_2)_{14}COOH$
	硬脂酸	十八酸	$CH_3(CH_2)_{18}COOH$
不饱和脂肪酸	油酸	9-十八碳烯酸	$CH_3(CH_2)_7CH=CH(CH_2)_7COOH$
	亚油酸	9,12-十八碳二烯酸	$CH_3(CH_2)_4CH=CHCH_2CH=CH(CH_2)_7COOH$
	亚麻酸	9,12,15-十八碳三烯酸	$CH_3(CH_2CH=CH)_3(CH_2)_7COOH$
	桐油酸	9,11,13-十八碳三烯酸	$CH_3(CH_2)_3(CH=CH)_3(CH_2)_7COOH$
	花生四烯酸	5,8,11,14-二十碳四烯酸	$CH_3(CH_2)_4(CH=CHCH_2)_4(CH_2)_2COOH$

组成油脂的饱和脂肪酸最普遍的是软脂酸和硬脂酸，其次是月桂酸。组成油脂的不饱和脂肪酸最普遍的是油酸，其次是亚油酸和亚麻酸。在上述脂肪酸中，亚油酸和亚麻酸是哺乳动物必需的脂肪酸，哺乳动物自身不能合成这些脂肪酸，必须从植物油中摄取，所以称为必需脂肪酸。

（三）油脂的物理性质

纯净的油脂是无色、无味、无臭的，天然油脂常因含有杂质或色素而呈现黄褐色或者有某种气味。油脂比水轻，相对密度都小于 1，一般在 0.86～0.95。油脂都不溶于水，而易溶于乙醚、石油醚、汽油、苯、丙酮、氯仿、四氯化碳等有机溶剂。天然油脂是混合物，没有固定的熔点和沸点，但各种油脂都有一定的熔点范围，例如，花生油为 28～32 ℃、牛油为 19～42 ℃、猪油为 36～46 ℃。

（四）油脂的化学性质

油脂属酯类化合物，官能团是酯键，因此油脂能水解。如果形成油脂的脂肪酸是不饱和的，因分子结构中存在碳碳双键，还可以发生加成、氧化、聚合等反应。

1. 水解反应

油脂在酸、碱或酶的催化下可以发生水解反应，其产物是甘油和高级脂肪酸。酸催化的反应是可逆的，酶催化的反应是不可逆的。在碱性条件（如 NaOH 或 KOH）下，水解生成甘油和高级脂肪酸钠盐或钾盐，高级脂肪酸的钠盐俗称肥皂，因此油脂在碱性条件下的水解反应又称为皂化反应。

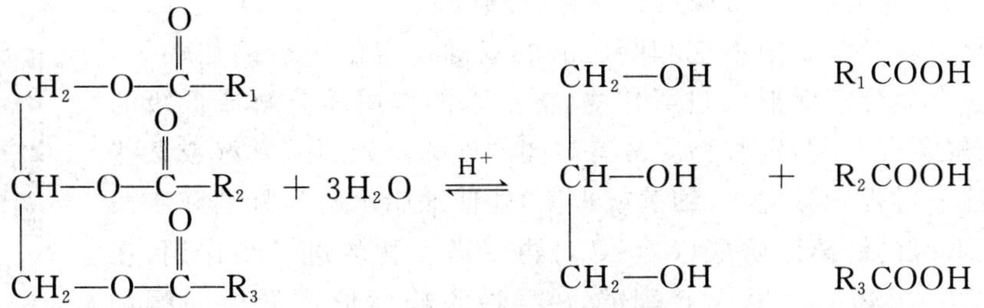

油脂　　　　甘油　　　　脂肪酸

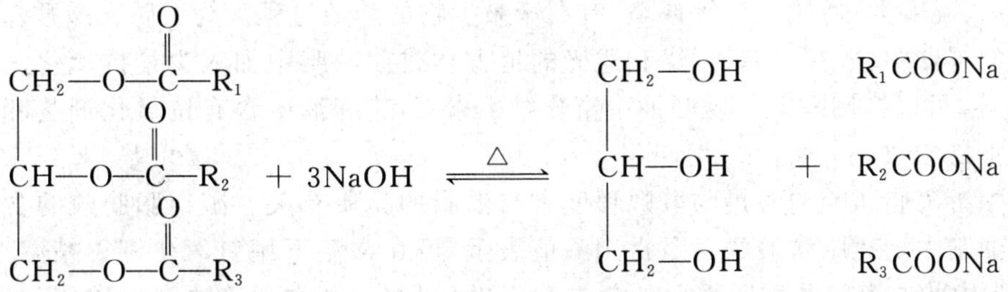

油脂　　　　甘油　　　　脂肪酸钠

在油脂分析中，把皂化 1 g 油脂所需要的氢氧化钾的质量（mg）叫作该油脂的皂化值。每种油脂都有一定的皂化值。根据皂化值，可以计算出油脂的平均分子量。

$$\text{平均相对分子质量}=\frac{3\times 56\times 1\,000}{\text{皂化值}}$$

由上式可知，皂化值越大，油脂的平均分子量就越小。这是因为油脂的平均分子量越小，则一定质量的油脂中分子数目就越多，水解生成的脂肪酸也就越多，因此皂化时所需氢氧化钾的量较多。如果测得的某油脂的皂化值低于、高于正常范围，则表明该油脂中含有不能被皂化或者可以与氢氧化钾作用的杂质。所以皂化值是检验油脂质量的重要常数之一。

2. 加成反应

（1）加氢　不饱和脂肪酸甘油酯在催化加氢后，可以转化为含较多饱和脂肪酸的油脂，这个过程称为油脂的氢化或硬化。这种加氢后的油脂称为氢化油或硬化油。通过硬化，可以扩大油脂的应用范围，例如一些廉价的、不能食用的动、植物油经过催化加氢，可制得适用于制皂的硬化油；经过有控制地部分加氢，可将棉籽油制得奶油或猪油的代用品（人造猪油）等；鱼油氢化后可消除腥味，改善品质。并且氢化油脂饱和程度大，且为固态，因而不易酸败变质，便于贮存和运输。

微课学习
食用油脂氧化的影响因素

（2）加碘　不饱和脂肪酸甘油酯中的碳碳双键也可以和碘起加成反应。每 100g 油脂与碘起加成反应时所需的碘量（g）称为该油脂的碘值。碘值越大，表示油脂的不饱和程度越大。工业上常用油脂与碘的加成反应来测定油脂的不饱和程度。碘值是油脂性质的重要参数，也是油脂分析的重要指标。

3. 油脂的酸败

油脂在贮存期间，受湿、热、光和空气中氧或霉菌等的作用逐渐变质，产生一种不愉快的臭味，这种变化称为油脂的酸败。油脂产生酸败的原因很复杂，一般来说，引起酸败原因有两个方面：一是空气氧化分解；二是微生物氧化分解。

空气氧化分解是油脂中不饱和脂肪酸的双键在空气中氧的作用下，双键处吸收一个氧分子而形成过氧化物，再由水的作用而分解成低级的醛、酮和酸的复杂混合物，这些物质常有难闻的气味。光、热、潮湿或某些金属能加速这一过程。微生物（细菌或霉菌）能使油脂水解为甘油和游离脂肪酸，某些低级的游离脂肪酸（$C_5 \sim C_{12}$）再受微生物的进一步作用，在β-碳原子上发生β-氧化而生成β-酮酸，β-酮酸脱羧后形成低级的酮和CO_2。含低级脂肪酸甘油酯较多的油脂，如奶油、猪油等容易被微生物酸败。气温高、湿度大、通风不良等环境，有利于微生物的酸败过程。为了防止酸败，常将油脂保存在密闭的容器中，放在阴凉、干燥和避光的地方。或在油脂中加入少量抗氧化剂，如维生素E、卵磷脂等，可以抑制酸败。麦胚油中富含维生素E，芝麻油中含有抗氧化剂芝麻酚，这两种油脂久贮不易酸败。

微课学习
油脂酸价的测定

油脂中游离脂肪酸的含量与酸败程度常与油脂的品质有关。游离脂肪酸的含量越高，质量越差。油脂中游离脂肪酸的含量常用酸值表示，可在常温下用氢氧化钾酒精溶液滴定。中和1 g油脂中的游离脂肪酸所需要的氢氧化钾的质量（mg）称为该油脂的酸值。一般油脂的酸值都很低，但油脂酸败后，游离脂肪酸就增多，酸值便明显升高。所以一般来说，酸值低的油脂品质较好。酸值大于6 $mg \cdot g^{-1}$的油脂不宜食用。用氢氧化钾测定油脂的皂化值时实际上包括了它的酸值。将测得的皂化值减去酸值才是“真正的”皂化值，通常称为酯值。

4. 干化作用

有些植物油，在空气中放置能形成一层干燥而带有光泽并具有韧性的薄膜，这种现象叫油脂的干化作用或干性作用。在干性油中加入颜料等物质，就可制成油漆。油的干化是一个很复杂的化学变化过程，其变化的本质至今尚未清楚，一般认为与双键的氧化和聚合有关，具有共轭双键的油干性作用就较好，反之则较差。例如，桐油组分中的桐油酸和亚麻油中的亚麻酸，都是十八碳三烯酸，但亚麻油的干性作用就比桐油差，因为亚麻酸中的3个双键是非共轭的。

油脂的干性化性能与其不饱和程度有关，即与碘值有关，通常按碘值的大小将油脂分为三类，即碘值在1.3以上为干性油，如桐油；碘值在1.0～1.3为半干性油，如棉籽油；碘值在1.0以下为非干性油，如花生油。

二、类脂

类脂是广泛存在于生物组织中的天然大分子有机化合物，这些化合物的共同特点是都具有很长的碳链，但结构中其他部分的差异却相当大。它们均可溶于乙醚、氯仿、石油醚、苯等非极性溶剂，不溶于水。常见的类脂化合物有磷脂、蜡、萜类、甾族化合物及一些维生素等。

（一）磷脂

磷脂是一类含有磷、氮元素的类脂化合物，是生物体所有细胞组成成分之一，广泛存在于植物的种子，动物的心、肝、脑、卵及微生物体中。根据磷脂的组成和结构可把它分为磷酸甘油酯和神经鞘磷脂两大类。

1. 磷酸甘油酯

磷酸甘油酯是高级脂肪酸和磷酸共同与甘油组成的酯。高级脂肪酸主要是亚油酸和亚麻酸等不饱和酸，也有一些软脂酸和硬脂酸。磷酸甘油酯种类很多，相互间的差别是含氮碱基不相同。含氮碱基是胆碱的叫作卵磷脂；含氮碱基是胆胺的叫作脑磷脂；含氮碱基是丝氨酸的叫作丝氨酸磷脂；含氮碱基是肌醇的叫作磷脂酰肌醇。

2. 神经鞘磷脂

神经鞘磷脂主要存在于动物的脑和神经组织中，它与蛋白质、多糖构成神经纤维或轴索的保护层。神经鞘磷脂是由磷酸、胆碱、高级脂肪酸和鞘氨醇结合而成的。其结构式如下：

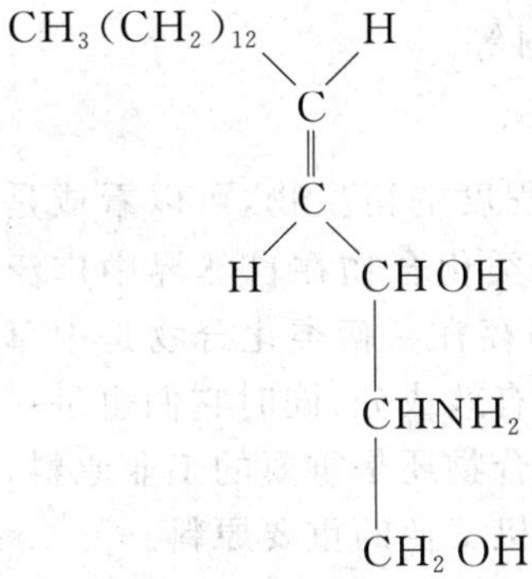

鞘氨醇

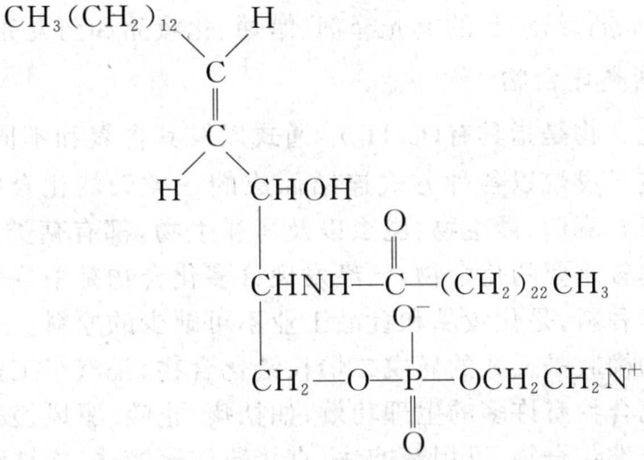

神经鞘磷脂

3. 磷脂的性质

(1)溶解性　天然磷脂分了中既含有极性的亲水基(偶极离子部分)，又含有非极性的疏水基(脂肪烃基部分)，因此磷脂既能溶于水呈胶体溶液，又能溶于某些有机溶剂呈透明溶液，但不溶于丙酮，借此可把它和其他脂类分开。磷脂都是良好的表面活性剂，在生物体内能使油脂乳化，有助于油脂的运输和消化吸收。

(2)水解　磷脂分子中都含有酯键，它们都能水解，彻底水解产物是甘油、脂肪酸、磷脂、胆胺和胆碱。

(3)加成和氧化　如果磷脂分子中含有不饱和脂肪酸，也能发生加成反应和氧化反应。纯的磷脂都是白色蜡状固体，暴露在空气中容易变黑，这是分子中的不饱和脂肪酸在空气中被氧化生成过氧化物，进而生成黑色聚合物所致。

(4)形成双分子层　磷脂溶于水中可排成两列。它的亲水基向着水，疏水基受水分子排斥而聚集在一起，尾尾相连，与水隔开，形成磷脂双分子层。

磷脂与油脂不同，主要不是生物的贮藏物质，常以结合状态，作为一种组成物质而存在于活细胞中。例如，几乎所有生物膜都是由蛋白质和脂类(主要是磷脂)两大类物质组成的。生物膜对各类物质的通透性情况是：脂溶性物质可以通过生物膜的类脂部分扩散到细胞中，极性分子或离子可以通过生物膜的蛋白质部分进入细胞。所以，生物膜对于细胞吸收外界物质和分泌代谢物都起着重要的作用。

(二)蜡

蜡在自然界分布很广，根据来源分为植物蜡和动物蜡。蜡的成分是很复杂的，但其主要成分是高级脂肪酸和高级一元醇所生成的酯。此外还包括少量的高级烷烃、高级醇、高级脂肪酸、高级醛、高级酮等化合物。

植物蜡存在于不同植物的叶、茎、果实的表皮。植物覆盖一层薄蜡可减少水分蒸发,防止微生物和昆虫的侵害。

动物蜡存在于不同动物的表皮、毛皮、羽毛和昆虫的外骨骼上,也能起保护作用。四川等地特产的虫蜡(白蜡)就是寄生在女贞树上的白蜡虫的分泌物。蜂蜡是工蜂腹部的蜡腺分泌物,是造蜂巢的主要物质。鲸蜡是从抹香鲸的脑部提取的。羊毛脂是脂肪酸和羊毛甾醇形成的酯,它是羊毛上存在的油状分泌物,由于它容易吸收水分,并有乳化作用,故用于化妆品中。

常温下蜡是固体,比脂肪硬而脆,不溶于水,可溶于有机溶剂,化学性质稳定,蜡可用于制造蜡纸、防水剂、纺织品的上光泽剂、蜡烛、化妆品和药丸壳的原料等。

(三)萜类化合物

萜类化合物是指具有$(C_5H_8)_n$通式以及其含氧和不同饱和程度的衍生物,可以看成是由异戊二烯或异戊烷以各种方式连结而成的一类天然化合物。萜类化合物在自然界中广泛存在,高等植物、真菌、微生物、昆虫以及海洋生物,都有萜类成分的存在。萜类化合物是中草药中的一类比较重要的化合物,已经发现许多化合物是中草药中的有效成分,同时它们也是一类重要的天然香料,是化妆品和食品工业不可缺少的原料。一些化合物还是重要的工业原料,如多萜化合物橡胶是反式的异戊二烯长链化合物,是汽车工业和飞机工业的重要原料。

萜类化合物有许多的生理功效,如祛痰、止咳、驱风、发汗、驱虫、镇痛等。天然精油原料中的萜烯和萜类化合物,可用精馏法、直接蒸汽蒸馏法、冻结法和萃取法分离。在香料生产中,广泛使用含有萜烯及其衍生物的精油。

(四)甾族化合物

甾族化合物是广泛存在于动、植物组织内的重要天然产物,并在动、植物生命活动中起着重要的作用。

甾类化合物分子中,都含有一个环戊烷并多氢菲的基本骨架(甾核),环上一般带有3个侧链。其通式为:

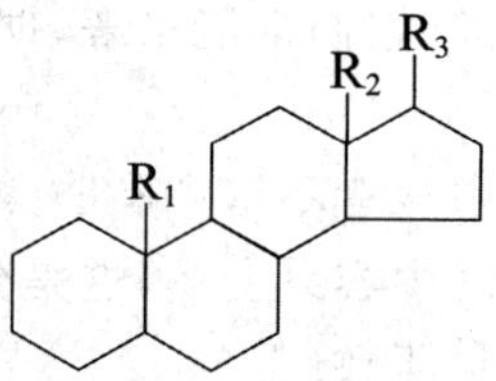

其中R_1、R_2一般为甲基,称为角甲基,R_3为其他含有不同碳原子数的取代基。甾是个象形字,是根据这个结构而来的。许多甾体化合物除这3个侧链外,甾核上还有双键、羟基和其他取代基。

甾核的四个环用A、B、C、D编号,碳原子也按固定顺序用阿拉伯数字编号。

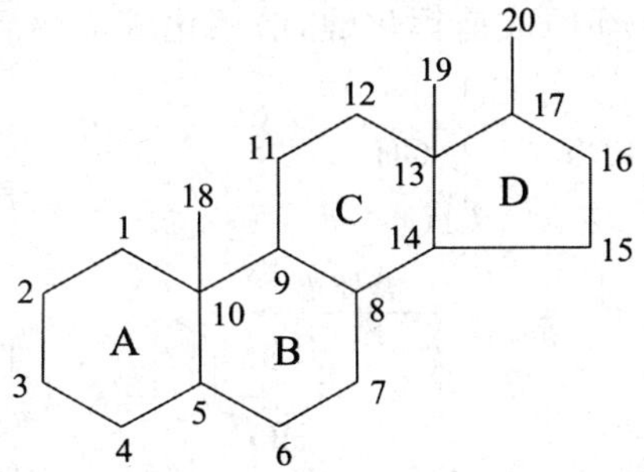

由于甾族化合物的结构比较复杂，一般常用与其来源或生理作用有关的俗名，如胆甾醇、麦角甾醇等。

根据甾族化合物的存在和化学结构可分为：甾醇、胆汁酸、甾族生物碱、甾族激素、甾族皂素等。

1. 甾醇

(1)胆甾醇(胆固醇)　胆固醇是最重要的动物甾醇，是胆结石的主要组成成分。

胆甾醇是最早发现的一个甾体化合物，存在于人及动物的血液、脂肪、脑髓及神经组织中。当人体胆甾醇代谢作用发生障碍会造成血液中胆甾醇含量过高，往往可导致动脉粥样硬化。

胆甾醇为无色或略带黄色的结晶，熔点 148.5 ℃，在高真空度下可升华，微溶于水，溶于乙醇、乙醚、氯仿有机溶剂。人体内发现的胆结石几乎是由胆甾醇所组成的，胆固醇的名称也是由此而来的。

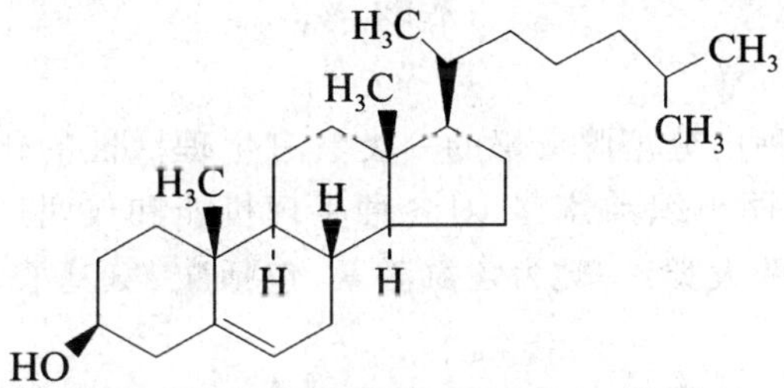

胆甾醇

(2)7-脱氢胆甾醇　胆甾醇在酶催化下氧化成 7-脱氢胆甾醇。7-脱氢胆甾醇存在于皮肤组织中，在日光照射下发生化学反应，转变为维生素 D_3。

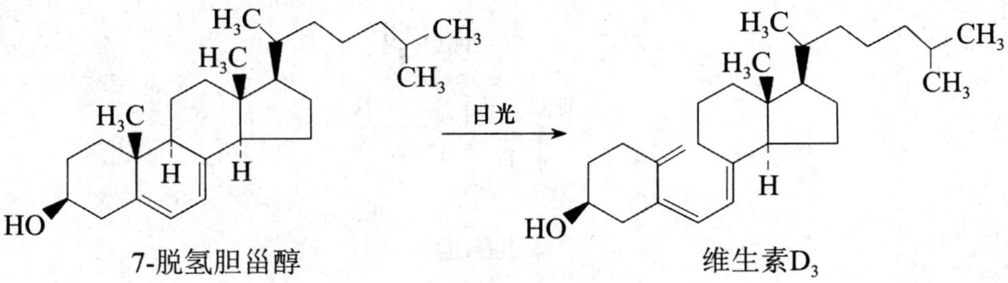

维生素 D_3 是从小肠中吸收 Ca^{2+} 离子过程中的关键化合物。体内维生素 D_3 的浓度太低，会引起 Ca^{2+} 离子缺乏，不足以维持骨骼的正常生成而引起软骨病。

(3)麦角甾醇　麦角甾醇是一种植物甾醇，最初是从麦角中得到的，但在酵母中更易得到。

麦角甾醇经日光照射后，β环开环而成前钙化醇，前钙化醇加热后形成维生素 D_2（钙化醇）。

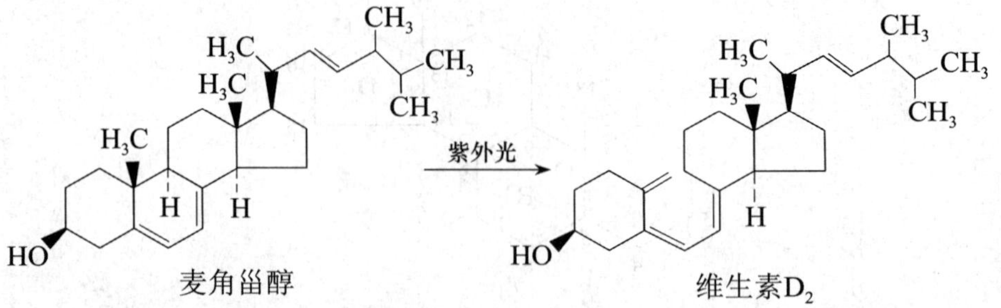

维生素 D_2 同维生素 D_3 一样，也能抗软骨病，因此，可以将麦角甾醇用紫外光照射后加入牛奶和其他食品中，以保证儿童能得到足够的维生素 D。

2. 胆汁酸

胆汁酸存在于动物的胆汁中，从人和牛的胆汁中所分离出来的胆汁酸主要为胆酸。胆酸是油脂的乳化剂，其生理作用是使脂肪乳化，促进它在肠的水解和吸收。胆酸被称为“动物肥皂”。

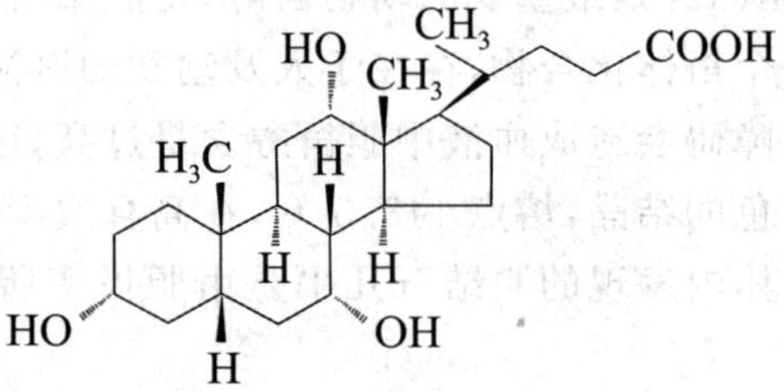

胆酸

3. 甾族激素

激素是由动物体内各种内分泌腺分泌的一类具有生理活性的化合物，它们直接进入血液或淋巴液中循环至体内不同组织和器官，对各种生理机能和代谢过程起着重要的协调作用。激素可根据化学结构分为两大类：一类为含氮激素，包括胺、氨基酸、多肽和蛋白质；另一类为甾族化合物。

甾族激素根据来源分为性激素和肾上腺皮质激素两类，它们的结构特点是在 C_{17}（R_3）上没有长的碳链。

(1)性激素　性激素是高等动物性腺的分泌物，有控制性生理、促进动物发育、维持第二性征（如声音、体形等）的作用。它们的生理作用很强，很少量就能产生极大的影响。

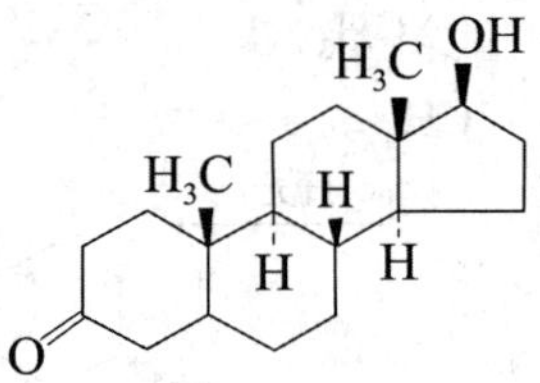

睾丸酮素

(2)肾上腺皮质激素　肾上腺皮质激素是哺乳动物肾上腺皮质分泌的激素，皮质激素的重要功能是维持体液的电解质平衡和控制碳水化合物的代谢。动物缺乏它会引起机能失常以至死亡。皮质醇、可的松、皮质酮等皆此类中重要的激素。

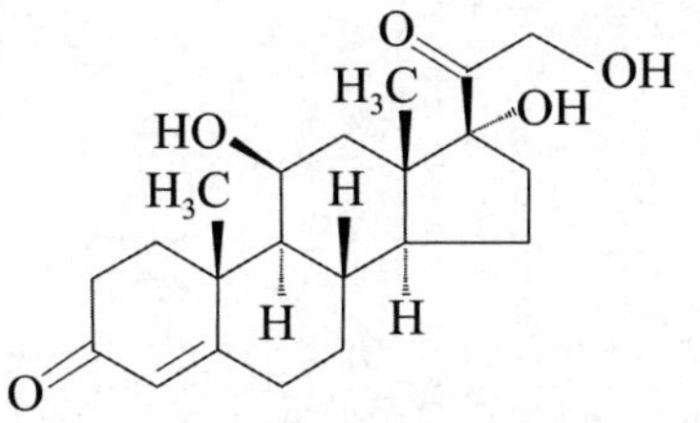

皮质醇

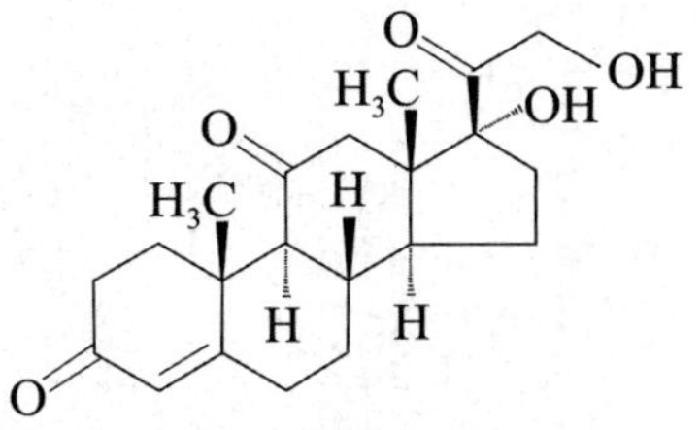

可的松

(3)蜕皮激素　昆虫变态激素“蜕皮激素”就是甾类，也存在于植物中，有一个完整的胆甾醇边链。它与高等动物的激素一样，也是一个 α，β-不饱和酮。从蚕、蝗虫中等分离的一些蜕皮激素的结构如下：

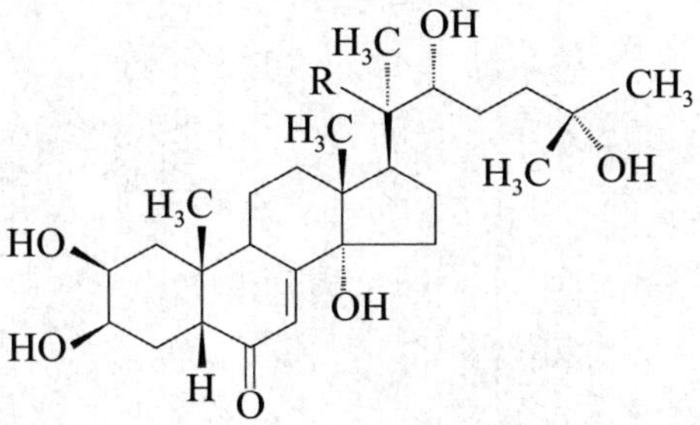

4. 甾族皂素

甾类中还有其他类化合物，如皂素。皂素是一种糖苷，溶于水即成胶状溶液，经过强烈摇动会发生持久性泡沫，类似肥皂，故称皂素。皂素是乳化剂，用于油脂的乳化。如强心苷在水溶液中也产生泡沫，但是它有特殊的强心作用，主要用于心脏病治疗。

巩固测试

第十六章测试题

模块三　基础实验

第十七章

化学实验的基本常识

【学习目标】

[知识目标]

- 掌握基础化学实验的实验原理
- 掌握基础化学实验玻璃仪器和试剂的应用
- 掌握实验安全守则

[能力目标]

- 掌握基础化学实验玻璃仪器的使用与维护
- 掌握实验试剂的取用与存放
- 独立完成溶液的配制与浓度的计算
- 独立完成实验操作

[素质目标]

- 能以环保为前提合理利用资源与时间
- 培养实事求是的学习态度和工匠精神

第一节 化学实验安全须知

化学实验室内储存、摆放着大量的化学药品，其中不乏易燃、易爆、有毒性或腐蚀性的危险品，且化学实验经常使用玻璃仪器及水、电、火、气等，潜藏着诸如着火、爆炸、中毒、割伤、灼伤、触电等危险性事故，这些事故一旦发生，会给我们带来严重的人身伤害和财产损失。因此，实验者须牢固树立安全第一的意识，熟悉所用仪器的性能和试剂的性质，掌握足够的化学实验室的安全知识和事故发生的应急处理知识，严格遵守安全守则和实验操作规则，正确、安全地进行化学实验，尽可能地减少或避免实验室安全事故的发生，即使发生紧急事故，也能够有条不紊地采取措施，把伤害和损失减少到最低。

一、化学实验须知

实验前要做好预习和准备工作，明确实验目的和原理，了解仪器的性能和注意事项、药品的物理化学性质及本实验中的安全注意事项。

实验中要积极思考，认真操作，仔细观察，如实记录，禁止随意走动、喧哗打闹。爱护公共财物，注意环保节约。实验室内严禁吸烟、饮食，实验完毕后，必须洗净双手。实验过程中需穿着实验服，必要时需增加安全措施，如佩戴护目镜、面罩、手套等；严禁穿拖鞋，蓄长发的同学应将头发扎于脑后。实验期间请随时保持桌面整洁，个人物品请勿放置于实验桌。

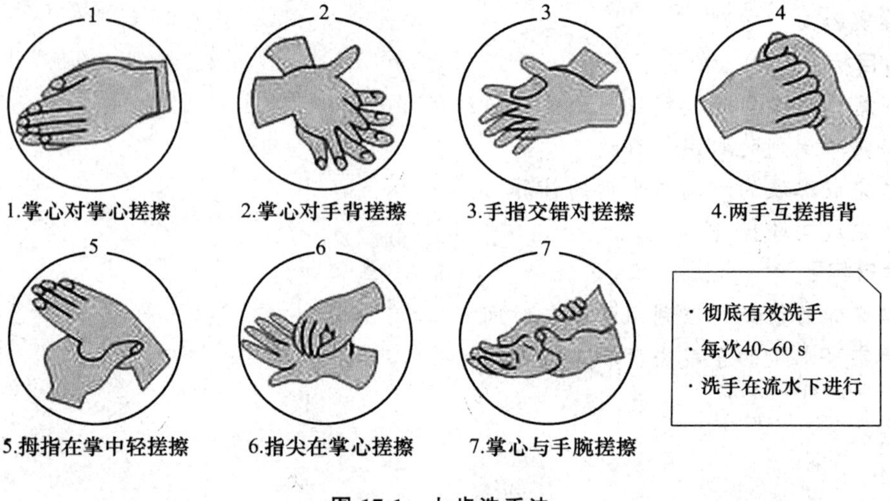

图 17-1 七步洗手法

试剂应严格按规定取用，使用完毕应随手盖上瓶盖；禁止任意混合各种试剂。嗅闻气体时，应用手轻轻扇动气体；产生有刺激性、有毒或有恶臭味气体的实验，务必在通风橱内进行；对反应中产生的有害气体要按规定处理。使用强酸、强碱、有毒性或腐蚀性的化学物质时，务必在通风橱中操作，以减少人体暴露风险。用剩的药品，实验产生的高浓度酸、碱、有机溶剂或含重金属的废液，以及损毁无法使用的玻璃器皿，宜分别回收于特定容器，切勿随意散失、丢弃。

实验室的仪器、药品、用具均应有固定的存放位置，不宜随意挪动或移出室外；进行仪器操作时，应严格按照操作规程进行，不得擅自拆卸。实验室用火时，实验人员不可随意离开，加热结束应立即熄火；易挥发化学品和易燃、易爆品的实验应在离火源较远处进行；加热中的容器口不要对准自己或他人，也不要俯视正在加热的液体，以防液体溅出。熟悉安全用具如医药箱及灭火器材的存放位置及使用方法，熟悉所有逃生和疏散路线。

实验结束后应清洗仪器、清洁实验台和实验室。检查关闭非必要电源、水源和门窗等，以避免危险发生。

二、实验室安全预防和事故的处理

(一)实验室的安全预防

1. 防火防爆

(1)严格地管理化学药品，可燃物与氧化剂必须分开放置，易挥发的可燃物应密封放在阴暗处或棕色瓶中，不得放在敞口容器中加热。

(2)实验室内严禁吸烟，尽量不用明火直接加热，使用一切加热工具均应严格遵守操作规程，离开实验室应检查是否断火断水断电。

(3)使用易燃、易爆气体，如氢气、乙炔等时要保持室内空气畅通，严禁明火，包括静电磨擦、电器开关等所产生的火花。

(4)实验室应备有各类灭火用品，并定期检查，以防万一。

2. 防中毒

(1)严禁在化学实验室内吸烟、饮食；严禁将饮水杯、食物器皿带入实验室；离开实验室时，应洗净双手。

(2)在进行有毒化学品的实验操作时，一定要穿实验服；在粉碎或研磨有毒固体物质时，要佩戴防尘口罩，勿使毒物粉尘进入口鼻。

(3)部分有毒物质能渗入皮肤，并借助血液循环散布全身。在进行此类物质相关操作时，必须佩戴橡胶手套防止物质沾在手上。

(4)有毒气体或有毒有机溶剂的蒸气，易经呼吸道进入人体。因此相关实验一定要在通风良好的通风橱中进行；实验室应经常进行排风，保持室内的空气新鲜。

(5)实验后的有毒残渣废液，必须作妥善处理，不能随意丢弃。

3. 防触电

(1)使用电器时，严格按照操作规程进行实验，人体不能与电器导电部分直接接触，不能用湿手或手握湿物接触电源插头。使用工具时注意绝缘措施。

(2)实验装置和设备的金属外壳等都应连接地线。

(3)实验完后先切断电源，再将插头拔下。

(4)定期检查电器及电路是否完好。

(二)实验室安全事故的处理

1. 火灾

一旦发生了火灾,应保持沉着镇静。如遇酒精及其他易燃有机物小面积失火,应立即用湿布扑盖;钾、钠、磷等失火,应迅速用沙土覆盖;若火势较大,可用灭火器,从火的四周开始向中心扑灭;若火源危及通电线路,应先切断电源再予灭火。实验人员衣服着火,须赶快脱下衣服或用石棉布覆盖着火处,若来不及可就地打滚灭火。若有人烧伤,应立即用自来水冲洗烧伤处,或用3%～5%的 $KMnO_4$ 溶液擦伤处至皮肤变为棕色,再涂凡士林或烫伤药膏,直接涂烫伤药膏也可。

2. 割伤

取出伤口中的异物后立即止血,原则上可直接压迫损伤部位进行止血,然后在伤口处搽红药水或紫药水,必要时可采用消炎粉或消炎膏,并用纱布包扎;大伤口应急送医院治疗。

3. 试剂灼伤

酸灼伤时,用大量清水冲洗,再用饱和碳酸氢钠溶液或稀氨水、肥皂水涂搽浸洗,最后用水洗净;碱灼伤时,用大量清水冲洗,再用1%硼酸或2%醋酸溶液涂搽浸洗,最后水洗;溴灼伤,应用苯或甘油洗涤伤口,再用水洗。

4. 试剂或异物溅入眼内

一旦眼内溅入任何化学药品,立即用大量水缓缓反复彻底冲洗,洗眼时要保持眼皮张开,可借助他人翻开眼睑。切记不要用手揉眼睛。

5. 中毒

一旦发生中毒,一定要沉着冷静,尽快通知医生,同时根据具体情况采取相应的应急措施。最常用的解毒方法是让中毒者先服用牛奶、蛋清、肥皂水,或将5～10 mL稀硫酸铜溶液加一杯温水调服,将毒物冲淡,随后用手刺激喉部引起呕吐;吸入有毒气体,应立即将中毒者移至空气新鲜的地方;呼吸能力减弱时,要进行人工呼吸;若不慎将有毒物质沾到皮肤,应立即用药棉或纱布擦掉,并用自来水冲洗或用相应的解毒剂冲洗。

6. 触电

触电发生时,应把触电者拉离电源。但救护人员一定要注意防止自身触电,应立即切断电源,或者用干燥的布带、皮带将触电者拉离。若触电者呼吸困难或脉搏停跳时,要立即进行人工呼吸或心脏按摩。

三、实验预习、记录和报告

(一)实验的预习

为更好地理解实验内容,保证实验的安全顺利进行,达到实验的预期效果,在进行化学实验前,应认真阅读教科书、实验教材,查阅相关资料,进行实验预习。

(1)预习实验目的　了解本实验的基本原理、需要进行哪些基本操作;进一步巩固已学过的操作。

(2)预习实验原理　即本次试验的理论依据,包括主要的反应方程式以及可能出现的副反应等。

(3)准备实验试剂　主要是所需原料的用量、性质,主、副产物的理化性质,包括化合物的性状、分子量、相对密度、溶解度、熔沸点、折光率等。

(4)准备实验仪器　准备好实验仪器并画出实验装置图，了解本实验所需仪器的名称、规格、性能和各部件之间的连接次序。

(5)制定与完善实验步骤　画出实验操作流程图，且应标明每个步骤的注意事项。

(6)结果计算　掌握实验结果推导过程及计算公式。

(7)记录预习中遇到的问题。

(二)实验过程的记录

实验过程中认真操作、仔细观察、积极思考，边实验边记录是对学生的基本要求之一。实验记录要求准确、简洁、详尽、清楚，应包括以下内容：

(1)实验中的各种数据　药品的称量数据(质量或体积)、规格、浓度、熔沸点、密度、折光率、反应的温度、开始及结束时间、仪器的读数等。

(2)实验过程中的现象　固体的溶解情况、颜色的变化、有无气体或沉淀生成、是否放热、是否分层、产品的色泽和晶形等。与预期不一致的现象更应如实记载。

(三)实验报告的撰写

实验结束后，应及时整理实验记录，科学总结实验结果，完成实验报告。实验报告要求结构完整、内容真实、分析全面、文字简练、书写工整，一般从 8 个方面展开：

(1)实验目的　即本次实验所要达到的目标或目的是什么。

(2)实验日期和实验者　便于将来查找核对。

(3)实验原理　本次实验的理论依据。

(4)实验仪器和试剂　应分类罗列，不能遗漏。

(5)实验步骤　主要的操作步骤及注意事项。

(6)数据处理和结果　包括实验现象的描述、分析和原始数据的处理等，可采用文字叙述、图表和计算公式或曲线图等方式。

(7)实验结论　针对这一实验所能验证的概念、原则或理论做简明总结。

(8)问题和讨论　回顾、反思、总结和拓展知识，可针对实验过程和结果进行讨论，找出实验成功或失败的原因，也可对实验内容和方法提出改进意见。

第二节　化学实验基本操作

一、常用实验仪器及其使用方法

化学实验经常用到各种各样的仪器，每一种仪器都有特定的性能和使用方法。

(一)移液管和吸量管

移液管或吸量管用于准确移取一定体积的溶液，通常有两种形状，其中上部只有一条标线，中间有膨大部分的，称为移液管；直形、带有精细刻度的，称为吸量管。使用时先将液体吸入至液面超过上方刻度线，再用食指按住管口，轻轻转动放气，使液面降至刻度后，食指按住管口，移往指定容器，松开食指，使液体注入；使用时应先用少量待移取液体润洗 3 次。

移液管或吸量管使用注意事项如下：移液管(吸量管)不应在烘箱中烘干；移液管(吸量管)

不能移取太热或太冷的溶液；同一实验中应尽可能使用同一支移液管（吸量管）；移液管（吸量管）在使用完毕后，应立即用自来水及蒸馏水冲洗干净，置于移液管（吸量管）架上；移液管和容量瓶常配合使用，因此在使用前常作两者的相对体积校准；在使用吸量管时，为了减少测量误差，每次都应从最上面刻度（0 刻度）处为起始点，往下放出所需体积的溶液，而不是需要多少体积就吸取多少体积；吸量管分为不完全流出式、完全流出式和吹出式，吹出式需要用吸耳球将最后一滴残留的溶液一次吹出，而其他两种则不能将残留溶液吹出。

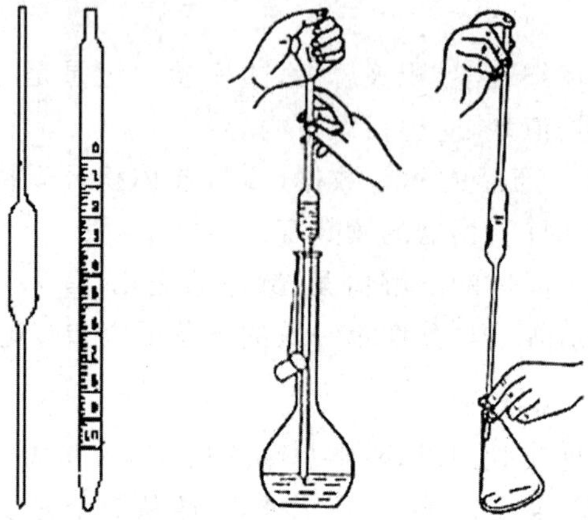

图 17-2　移液管、吸量管

（二）滴定管

滴定管用于滴定或准确量取一定体积的液体，分酸式、碱式两种。酸式滴定管的下端有玻璃活塞，可装入酸性或氧化性滴定液，不能装入碱性滴定液，因为碱性滴定液可使活塞与活塞套黏合，难于转动。碱式滴定管用来盛放碱性溶液，它的下端连接一橡皮管，橡皮管内放有玻璃珠以控制溶液流出，橡皮管下端再接有一尖嘴玻璃管。凡是能与橡皮管起反应的溶液，如高锰酸钾、碘等溶液，都不能装入碱式滴定管中。

滴定管在装液前用预装溶液淋洗 3 次，装液后须排净气泡；使用酸式管时，左手开启旋塞，溶液即可放出；碱式管用左手轻捏橡皮管内玻璃珠。滴定管操作流程为试漏→洗涤→润洗→装液→排气泡→调零→滴定→读数。

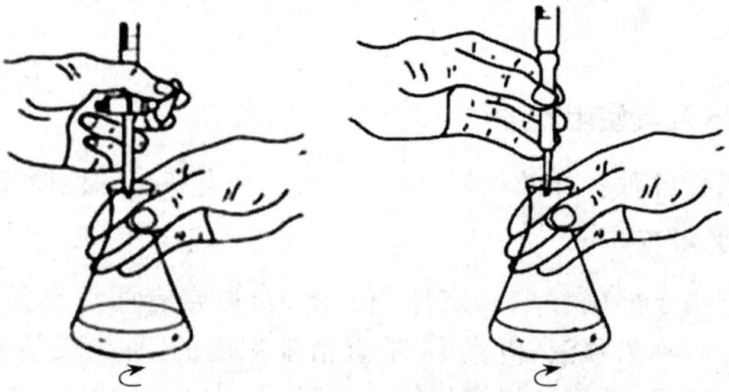

a.酸式滴定管使用方法　　b.碱式滴定管使用方法

图 17-3　滴定管的使用

(三)冷凝管

在蒸馏操作或加热反应中用于蒸汽的冷凝，冷凝时从下面支管进水，上面支管出水。其中直形冷凝管使用时一般要求蒸馏物质的沸点在 140 ℃以下，沸点高于 140 ℃时，则使用空气冷凝管；球形冷凝管的内管冷却面积较大，对蒸气有较好的冷凝效果，适用于加热回流的实验。

(四)容量瓶

用于配制准确浓度的溶液，其容积是在所指温度下(一般为 20 ℃)液体充满至标线时的容积。不能加热，不能用毛刷洗刷；不能用于长期存放溶液。操作步骤：试漏→洗涤→移液→加水稀释→2/3 平摇→定容→混匀→溶液转移至试剂瓶→清洗存放。

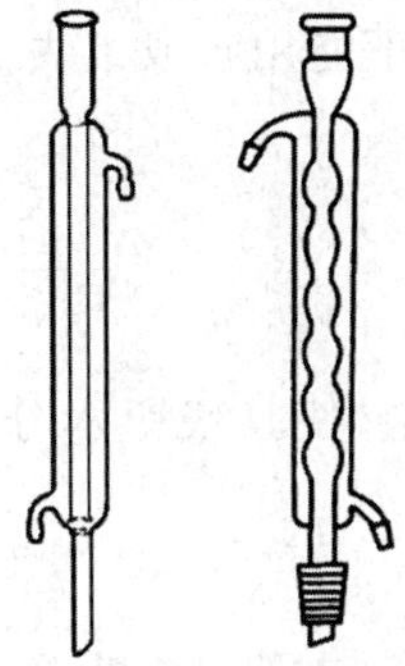

图 17-4 冷凝管

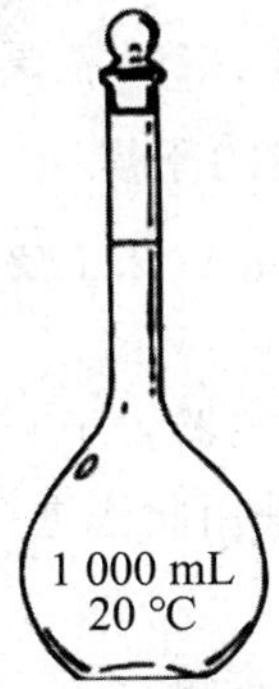

图 17-5 容量瓶

二、玻璃仪器的洗涤干燥

化学实验所用玻璃仪器必须是清洁的，有些还要求无水，否则会对实验结果的准确度和精密度产生影响，甚至关乎实验成败。因此，玻璃仪器的洗涤与干燥是实验前必做的一项准备工作。不同实验对仪器的洁净要求不同，应根据实验的需要、污物的性质和仪器的类型和形状来选择适当的洗涤剂、洗涤方法和干燥方法。

(一) 玻璃仪器的洗涤

1. 用水洗涤

若仪器上只有灰尘，或仪器刚使用完、只沾附有水溶性污物，可只用水洗涤。洗涤时选用合适的毛刷，轻轻转动，将仪器内外全部刷洗一遍，再用自来水冲洗 2～3 遍。自来水洗涤的仪器，往往还残留着 Ca^{2+}、Mg^{2+}、Cl^{-} 等离子，需再用蒸馏水或去离子水淋洗几次。

2. 用合成洗涤剂洗涤

这里的合成洗涤剂是指肥皂、洗衣粉、洗洁精等的水溶液。先将仪器用水润湿，然后用毛刷蘸取少许洗涤剂，将仪器内外刷洗一遍，再用自来水冲洗干净，最后用蒸馏水或去离子水淋洗 2～3 次。

3. 用洗液洗涤

若仪器精密、形状特殊，不宜用毛刷机械地刷洗，或实验对仪器的洁净度要求极高，或者污物实在难以洗刷，就要选用适当的洗液进行洗涤。

用洗涤液浸泡进行洗涤。在进行精确的定量实验时，或因对仪器的洁净程度要求更高；化学实验室中常用的洗液有：铬酸洗液、碱性乙醇洗液、碱性高锰酸钾洗液、硝酸-过氧化氢洗液、有机溶剂等。要根据实验的具体条件，有针对性地选用洗液。

用洗液洗涤仪器时，先往仪器内加少许洗液(其用量约为仪器总容量的 1/5)，倾斜仪器并缓慢转动，使仪器的内壁全部被洗液润湿。反复操作后，用完的洗液倒回原来瓶内，再用水把残留在仪器上的洗液冲洗干净，最后用蒸馏水或去离子水淋洗 2～3 次。仪器用洗液浸泡一段时间或者使用热的洗液，则洗涤效果更佳。

4. 洗涤标准

洗涤仪器时应该合理控制力度、逐一清洗；用蒸馏水或去离子水漂洗时应采用“少量多次”原则。洗涤干净的仪器内壁上的水膜应均匀分布，既不聚成水滴，也不成股流下，若仍有水珠挂壁，说明仪器还未洗净，需要进一步清洗。已洗净的仪器，不能用布或纸去擦干。

(二)玻璃仪器的干燥

玻璃仪器的干燥方法主要有以下几种：

1. 晾干

将洗涤干净的仪器置于干燥架或带有透气孔的玻璃柜中，使其残留水分自然挥发。不急用的仪器，应尽量采用此法进行干燥。

2. 烘干

洗净的仪器把水倒净后，可放入电热干燥箱(也叫烘箱)内烘干，烘箱温度一般保持在 100～120 ℃。放入时仪器口向上，具塞仪器要注意将活塞打开；取出时要做好冷却，切不可让很热的玻璃仪器骤然碰到冷水或冷的金属表面，以免仪器炸裂。厚壁仪器和量筒、吸滤瓶、冷凝管等，不宜在烘箱中烘干。

3. 吹干

利用空气流对玻璃仪器进行干燥，常用的工具是电吹风机或气流干燥器。洗净的仪器控干水分，套到气流干燥器的多孔金属管上。注意调节热空气的温度。此法适用于试管、量筒等小口容器的干燥。

4. 烤干

实验室常用的烤干设备有煤气灯、酒精灯、电炉等。烧杯、蒸发皿等可放置在石棉网上，用小火烤干；试管可用试管夹夹住，在火焰上来回移动直至烤干，但试管口要向下略倾斜。

5. 有机溶剂干燥

酒精和丙酮等有机溶剂可与水互相混溶，并形成沸点较低的共沸溶液，利用这一性质，可用有机溶剂对仪器进行干燥。在洗净的仪器内加入少量酒精或丙酮，倾斜并转动仪器，使器壁上的水与酒精或丙酮混合，然后将溶剂倒出，待仪器内的剩余溶剂挥发干净即可。

以上几种方法可视情况综合使用，但应注意，带有刻度的定量分析仪器如移液管、容量瓶、滴定管等，不宜用加热和加有机溶剂的方法进行干燥。

三、试剂的取用规则

(一)试剂取用的一般原则

一般固体试剂存放在广口瓶中，液体试剂存放在细口瓶中；气体试剂存放在贮气瓶中或需用时临时制备。试剂取用时应注意：

(1)“三不”原则　不用手拿、不直接闻气味、不用嘴品尝。

(2)防污染原则　取用试剂前应仔细核对标签;试剂瓶塞或瓶盖打开后要倒放在实验台上,取用后立即还原塞紧;取用后多余的试剂不能放回原瓶;滴加药品时,胶头滴管不能倒置,也不能将尖嘴伸入仪器口内;用过的药匙、镊子应擦拭干净,不得相互串用;粉末药品应用纸条取用。

(3)节约原则　根据试剂用量取用,若无剂量说明,固体试剂一般以盖满试管底部为宜,液体试剂一般取用 1～2 mL。

(二)固体试剂的取用

微课学习

试剂的取用

(1)粉末状或粒状固体试剂一般用药匙取用,取用时须根据取用量和容器口径选择大小合适的药匙。

(2)尽量将剂送入容器底部:为防止试剂沾附在容器口和内壁,可将容器平卧,然后将盛有药品的药匙(粉末状试剂容易散落,可倒在折叠的“V”形纸槽上)小心送入容器底部,再将容器竖起,使试剂落入器底。

(3)块状固体试剂或金属颗粒一般用镊子夹取,送入容器时,应将容器倾斜,试剂放在容器口后慢慢将容器竖起,使固体沿内壁缓慢滑入容器底部。

(4)固体试剂一般可以放在称量纸上称量,但具有腐蚀性、强氧化性或易潮解的固体试剂应用玻璃容器(如小烧杯、称量瓶、表面皿等)盛装后进行称量。

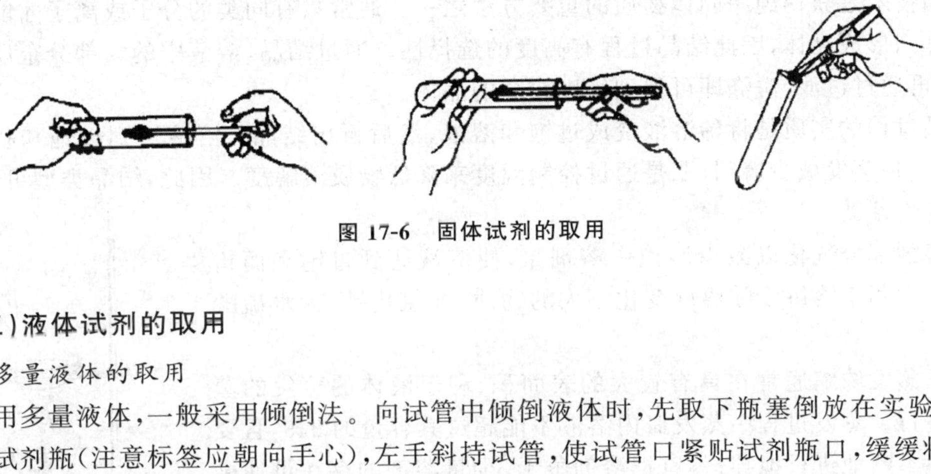

图 17-6　固体试剂的取用

(三)液体试剂的取用

1. 多量液体的取用

取用多量液体,一般采用倾倒法。向试管中倾倒液体时,先取下瓶塞倒放在实验台上,右手握持试剂瓶(注意标签应朝向手心),左手斜持试管,使试管口紧贴试剂瓶口,缓缓将试剂沿管壁倒入。倒出后,将瓶口在试管口上靠一下,再将试剂瓶竖直,试剂瓶轻放桌上,盖上瓶塞,放回原处,注意标签朝外。向烧杯中倾倒液体须用玻棒引流,具体做法是:右手握试剂瓶,左手拿玻璃棒,使玻璃棒下端斜靠在烧杯内壁,瓶口紧贴玻璃棒,使试剂沿玻璃棒流入烧杯中。试剂的量以不超过容器总容积的 1/3 为度。

2. 少量液体的取用

取用少量液体试剂,一般使用胶头滴管。使用时,中指和无名指夹住玻璃管部分,大拇指和食指挤压胶头,吸取液体前须先捏瘪胶帽以排出空气,然后将管口插入液面下,松开手指吸取试剂。向容器中滴加液体时,应将滴管垂直悬空地放在容器口上方,禁止将滴管伸进容器中或触及内壁。使用完的滴管不能平放、斜放或倒持。

图 17-7 液体试剂的取用

3. 定量取用液体

若实验对液体试剂无规定用量，一般取用 1～2 mL。规定用量则须准确量取，应根据要求选用量筒、滴定管或移液管（吸量管）。

四、结晶技术

（一）结晶

结晶，是指物质从溶液或熔融体或蒸汽中形成晶体的过程，可分为溶液结晶、熔融结晶、升华结晶等，本部分内容主要讨论溶液结晶。

结晶技术是获得纯净固体物质的重要方法之一。通常只有同类的分子或离子才能进行有规律的排列形成晶体，因此结晶过程有高度的选择性。通过结晶，溶液中的大部分杂质会留在母液中，再通过过滤、洗涤即可得到纯度较高的晶体。

结晶过程的实质是将稀溶液变成过饱和溶液，然后析出结晶。溶液达到过饱和状态有两种方法：一是蒸发减少溶剂，二是通过控制温度来降低物质溶解度。因此，结晶类型可分为：

1. 蒸发结晶

将溶剂部分气化以减少溶液中溶剂量，使溶液达到过饱和而析出晶体。适用于溶解度随温度变化不大的物质，如氯化钠、无水硫酸钠等。

常压蒸发浓缩通常在具有较大的表面积、利于液体的蒸发的蒸发皿中进行。蒸发过程中蒸发皿内溶液不能超过其容量的 2/3，且要用玻璃棒不断地进行搅拌；不宜把溶剂蒸干，少量溶剂的存在可使微量杂质未达饱和状态而不析出，这样得到的晶体较为纯净。

图 17-8 蒸发浓缩

2. 升温结晶

升高温度使晶体从溶液中析出，适用于溶解度随温度升高而显著降低的物质，如从饱和石灰水析出氢氧化钙固体，其后续操作一般为趁热过滤。

3. 冷却结晶

降低温度使晶体从溶液中析出，适用于溶解度随温度下降而显著降低的物质，如硝酸钾、硝酸钠、硫酸镁等。

向过饱和溶液中加入一小粒晶体（也称“晶种”）或者用玻棒摩擦器壁，可加速晶体的析出。析出晶体的大小与结晶条件有关。如果溶液浓度高、冷却快并加以搅拌，则所得结晶产品小而多；浓度较低、冷却缓慢则有利于大晶体生成。大晶体表面积小、夹带的母液少、易于洗净，因此纯度较高。若为进一步得到纯度更高的物质，可将所得晶体再次溶解后进行结晶操作，即重结晶。

（二）重结晶

重结晶，是指将结晶出来的晶体溶在适当的溶剂里，再重新进行结晶得到晶体的过程，是纯化固体化合物的重要方法之一。重结晶的一般流程是先选择合适的溶剂，将不纯固体样品溶解制成热的近饱和溶液，趁热过滤，以除去不溶性杂质（若含有色杂质，可加活性炭煮沸脱色），然后使溶液冷却再次结晶，过滤、洗涤、干燥，即得纯度更高的晶体。若纯度不符合要求，可重复上述操作。

重结晶只适宜杂质含量小于5%的固体提纯，杂质含量较高的混合物须先采取其他方法初步提纯，然后重结晶进一步提纯。

五、固液分离技术

固液分离技术，即将溶液和沉淀分离的技术，一般有倾析法、过滤法和离心法三种方法。实验时，应根据沉淀的状态、性质和数量，选用合适的分离方法。

（一）倾析法

倾析法适用于大颗粒或相对密度较大、静置后能较快沉降的固体的固液分离。

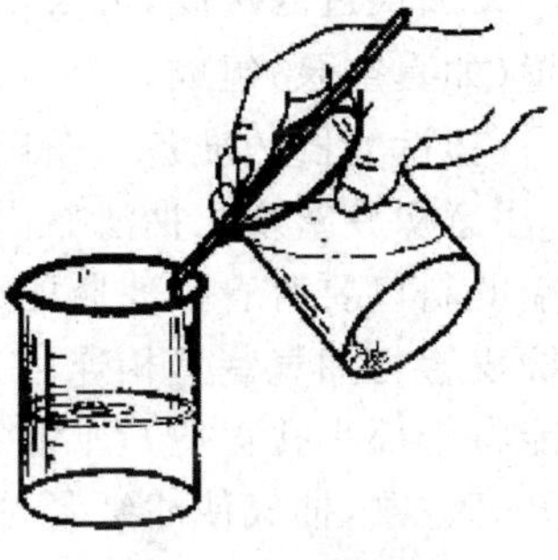

图 17-9　倾析法

操作方法是：先将待分离物置于烧杯中，静置，待固体沉降完全后，将玻璃棒横放在烧杯嘴，将上层清液沿玻璃棒缓慢且尽量完全倾倒至干净容器。残留固体还沾附少量溶液，须对其进行洗涤。洗涤时先洗玻璃棒，再洗烧杯壁，将附着的固体冲至杯底，搅拌均匀后，再重复上述静置沉降再倾析的操作2～3次。洗涤液一般用量不宜过多。

（二）过滤法

过滤法是最常用的固液分离方法之一。过滤时，沉淀和溶液经过过滤器，沉淀留在过滤器上，溶液则通过过滤器而进入接收容器中，所得溶液称为滤液。常用的过滤方法有常压过滤（普通过滤）、减压过滤（抽滤）等。

1. 常压过滤法

较为简单、常用，当沉淀物为胶体或细小晶体时应用此法较好，但过滤速度较慢。所用过滤器为贴有滤纸的漏斗。

微课学习　过滤操作

（1）过滤器的准备　选取一合适大小的圆形滤纸对折两次（注意折痕不要压死），展开后呈圆锥形，适当调整角度，使滤纸恰好能与漏斗内壁密合；过滤前，用食指将滤纸按在漏斗内壁上，用少量溶剂润湿滤纸，并用玻璃棒轻压滤纸以排出滤纸与漏斗内壁间的气泡。一般滤纸边应低于漏斗边3～5 mm（图17-10）。

（2）过滤操作　将准备好的漏斗放在漏斗架或铁圈上，下面放一洁净容器以接受滤液，调整高度使漏斗颈斜口尖端紧靠容器内壁。过滤前不要搅拌待滤液，过滤时先将上层清液用玻璃棒（下端应与3层滤纸处接触）引流，慢慢倾入漏斗中，漏斗中的液面高度应略低于滤纸边缘，然后将沉淀转移到滤纸上。

(3)沉淀的洗涤　为除去沉淀表面吸附的杂质及残留的母液，须对沉淀进行洗涤，用洗瓶挤出少量水流，从滤纸边沿稍下部位开始，螺旋向下移动，淋洗滤纸上的沉淀和玻璃棒，重复数次。洗涤液也须全部滤入接收器中。

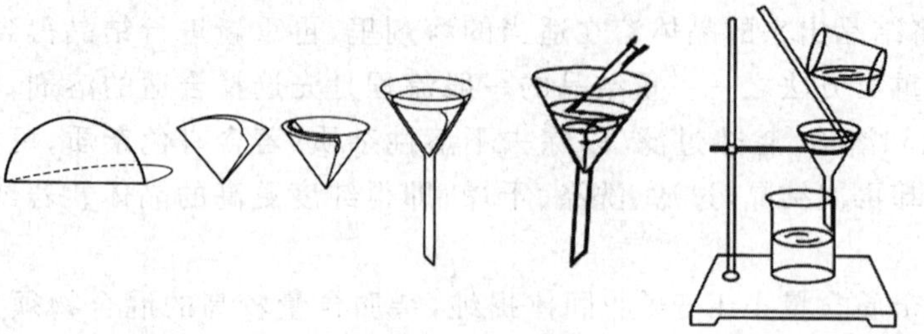
a　b　c

图 17-10　常压过滤要点

(a)滤纸的折叠和安放　(b)沉淀的洗涤　(c)常压过滤

2. 减压过滤法

为加快过滤速度，可采用减压过滤法。减压过滤法的的过滤器由布氏漏斗、抽滤瓶和抽气装置(如真空泵)组成。

(1)过滤器的准备　布氏漏斗的漏斗颈插入单孔橡胶塞，与抽滤瓶相连，注意橡胶塞塞入抽滤瓶内的部分一般不超过塞子高度的 2/3，漏斗颈下端的斜口要对着抽滤瓶的支管口；抽滤瓶用来接收滤液，其支管通过耐压橡皮管与抽气装置相连。选择或裁剪合适的滤纸(略小于漏斗的内径，又能将全部小孔盖住)，平放入布氏漏斗内。用少量蒸馏水润湿滤纸后，打开真空泵，抽气使滤纸紧贴在漏斗瓷板上。

微课学习　抽滤操作

(2)过滤操作　过滤时，小心地将待滤的混合液转移至漏斗中(注意不要超过漏斗容量的 2/3)，使固体均匀分布在整个滤纸面上，抽气至几乎没有液体滤出为止。注意观察抽滤瓶内液面高度，若液面快达到支管口位置，应拔掉抽滤瓶上的橡皮管，取下漏斗，从抽滤瓶上口倒出溶液。

(3)沉淀的洗涤　先拔掉抽滤瓶上的橡皮管，用少量洗涤剂润湿沉淀，再接上橡皮管，继续抽滤，重复数次。抽滤完毕或中间需停止抽滤时，需先拔掉连接抽滤瓶上的橡胶管，然后关闭真空泵，以防倒吸。

图 17-11　减压过滤装置

(三)离心法

离心法适用于少量或微量溶液与沉淀的分离。离心法需使用离心机，操作简单、分离迅速。

微课学习
离心设备常识

离心时，离心机应放置在坚固的平台或地板上，保证机身处于水平位置。打开电源开关和离心机盖，将盛有待分离物的离心管放入离心机的试管套筒内，设置好离心的速度、温度、时间等参数，关闭机盖，开始离心。为减少离心机由于两支管套中质量不均衡而造成的轴磨损，离心前须将对称的两只离心管进行质量平衡。

离心操作完毕后，取出离心管，用一小滴管吸出离心管中的上清液，留下沉淀。若要对沉淀进行洗涤，可由洗瓶挤入少量洗涤试剂，用玻璃棒搅拌后，再进行离心沉降。重复操作 2～3 次。

微课学习　离心技术应用实例——牛乳酪蛋白提取

六、有机化学实验基本操作

（一）加热

为了提高反应速率，往往需要加热。按照加热的方式不同，可分为直接加热和间接加热。

1. 直接加热

对盛有试剂的容器用电炉或火焰进行的加热方式，称为直接加热。当被加热的试剂在较高温度下稳定不分解，又无着火危险时，可采用此法。有机实验中应用较少。

2. 间接加热

间接加热是指先用热源将介质加热，介质再将热量传递给被加热物的一种加热方式，也称热浴。该法加热均匀，升温平稳，并能使被加热物保持较恒定的温度。常用的传热介质有空气、水、有机液体、熔融的盐和金属等。可根据具体受热温度要求，选择合适的热浴进行间接加热。

(1)空气浴　利用热空气间接加热，沸点在 80 ℃以上的液体均可采用此法。

半球形的电热套是比较好的空气浴装置，一般可加热至 400 ℃。电热套主要用于回流加热。蒸馏不宜使用，因为在蒸馏过程中容器内试剂逐渐减少，会使容器壁过热。

(2)水浴　以水为介质的一种间接加热法。当加热的温度不超过 100 ℃时，常用该法进行加热。但金属钠和钾的操作决不能在水浴上进行；使用水浴时，热浴的液面应略高于容器中的液面，且加热容器不能触及水浴器内壁或底部。若加热要求温度稍高于 100 ℃，则可选用适当的无机盐类的饱和水溶液作为热溶液。

(3)油浴　加热温度要求为 100～250 ℃时适用该法。常用的油浴液有植物油、硅油、甘油和真空泵油等。用油浴加热时，应在油浴中挂一支温度计，随时观察油浴的温度及有无过热现象，便于调节控温，若油受热冒烟，应立即停止加热。

(4)砂浴　砂浴一般是在铁盘或铁锅中放入干燥的细砂，再将被加热的容器半埋砂中加热。沸点在 80 ℃以上的液体均可采用，尤其适用于加热温度在 220 ℃以上者。但温度上升慢，传热慢，且不易控制。

此外，热浴中还有金属浴、盐浴等。

（二）冷却

在有机实验中某些反应要在特定的低温条件下才可以进行，有些操作如结晶时加速晶体的析出快速降温，这时须采用一定的冷却剂进行冷却操作。最简单的冷却剂是水和碎冰的混合物，可冷却至 0～5 ℃；若在碎冰中加入适量的盐类，所得冰盐混合冷却剂可冷却至 0 ℃以下。

（三）干燥

除去化合物中存在的少量水分或其他溶剂，即为干燥。固体的干燥可采用自然晾干、加热干燥（烘箱或真空恒温干燥箱）、红外线干燥、干燥器干燥、冷冻干燥等。液态有机物的干燥大致有物理方法(不加干燥剂,如分子筛吸附脱水)和化学方法(加入干燥剂)两种。实验室中常用后者,即在有机物中加入干燥剂,干燥剂与水发生化学反应或同水结合生成水化物,从而除去有机物中的水分,达到干燥的目的。常用干燥剂有无水氯化钙、无水硫酸镁、无水硫酸钠、无水碳酸钾、金属钠、五氧化二磷等。

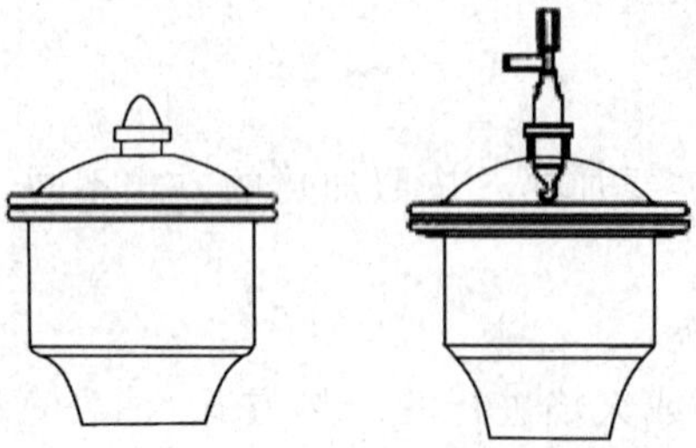

图 17-12 普通干燥器(左)和真空干燥器(右)

(四)蒸馏

蒸馏是将液态有机物加热至沸腾变成蒸汽,又将蒸汽冷凝为液体的过程,是分离和提纯液态物质的一种重要方法,常用于分离沸点相差较大的液态混合物。先将盛有待蒸馏液体的蒸馏烧瓶、蒸馏头、温度计、直型冷凝管、接引管、接收瓶等按照“先下后上、从左到右”的原则安装好。注意调节温度计水银球的上端与蒸馏头支管下沿处于同一水平线上。接通冷凝水,开始加热,使瓶中液体沸腾。调节热源,控制蒸馏速度以每秒 1～2 滴为宜。蒸馏过程中要注意温度计读数的变化,从第一滴馏出液流出时的温度到当无馏分流出的温度,为该馏分的沸程。蒸馏完毕,先撤出热源,后停止通水,最后拆除装置。

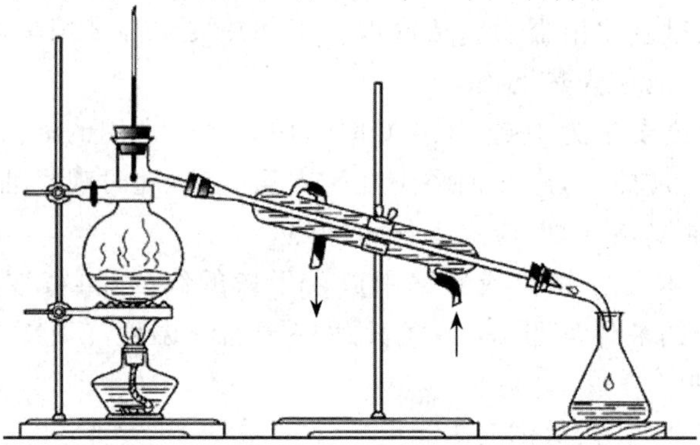

图 17-13 常压蒸馏装置

(五)萃取

利用同一种物质在互不相溶的两种溶剂中溶解度的不同,将其从一种溶剂转移到另一种溶剂的过程,称为萃取。萃取不仅可用于分离或提取有机化合物,而还可以用于洗去混合物中的少量杂质。

微课学习 分液操作

萃取前应先对分液漏斗进行检漏,确认无问题后倒入待萃取混合液和萃取剂(约为待萃取混合液体积的 1/3),小心振荡、放气数次,静置,待液体分成清晰的两层后，旋开活塞，下层液体经活塞孔从漏斗下口慢慢流出，上层液体自上口倒出。分离出的被萃取溶液再按上述方法进行萃取，一般重复3次。合并萃取液，干燥蒸馏，即得到萃取产物。

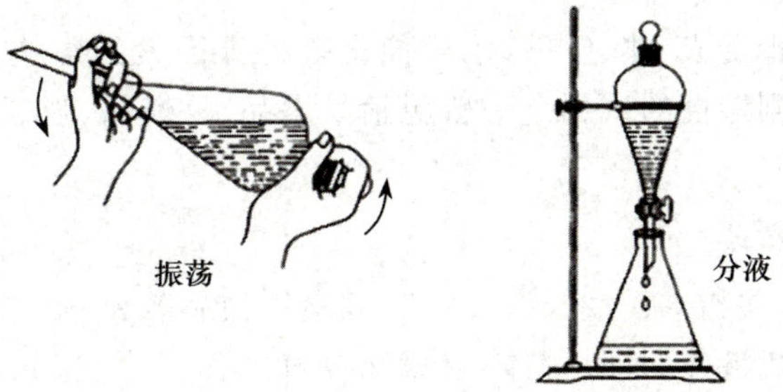

图17-14　萃取-分液漏斗的使用

知识拓展

化学试剂的分类

一、通用化学试剂

GB 15346—2012《化学试剂　包装及标志》把优级纯、分析纯、化学纯级试剂统称为通用试剂。此外还有基准试剂、生物染色剂等。GB 15346—2012将化学试剂分为不同等级，并规定了它们的标志和包装单位，见表17-1。

表17-1　化学试剂的等级及标志

级别		标签颜色
通用试剂	优级纯	深绿色
	分析纯	金光红色
	化学纯	中蓝色
基准试剂		深绿色
生物染色剂		玫红色

二、标准物质

标准物质是具有一种或多种足够均匀和很好地确定了特性值，用以校准设备、评价测量方法或给材料赋值的材料或物质。标准物质是一种计量标准，附有标准物质证书，规定了对其一种或多种特性值可溯源的确定程序，对每个标准值都有给定置信水平的不确定度。标准物质在有效使用期内的特性值可靠。标准物质种类很多，涉及面也很广。我国把标准物质分为两个级别：一级标准物质，代号为GBW，是指采用绝对测量方法或其他准确、可靠的方法测量其特性值，测量准确度达到国内最高水平的有证标准物质，主要用于研究与评价标准方法，对二级标准物质定值；二级标准物质，代号为GBW(E)，是指采用准确可靠的方法或直接与一级标准物质相比较的方法定值的，也称工作标准物质，主要用于评价分析方法以及统一实验室或不同实验室间的质量保证。按照鉴定特性对标准物质进行分类，可分为3类，即化学成分标准物质、物理和物理化学特性标准物质、工程技术特性标准物质。

三、危险性化学试剂

危险性化学试剂是指受光、热、空气、水或撞击等外界因素的影响，可能引起燃烧、爆炸的试剂，或具有强腐蚀性、剧毒性的试剂。一般包括易爆品、易燃品、强氧化剂、强腐蚀性试剂、剧毒品和液体有机试剂等。

（一）易爆易爆化学品

易燃易爆化学物品，是指GB 12268—2012《危险货物品名表》中以燃烧爆炸为主要特性的压缩气体、液化气体、易燃液体、易燃固体、自燃物品和遇湿易燃物品、氧化剂和有机过氧化物以及毒害品、腐蚀品中部分易燃易爆化学物品。

易燃易爆化学物品具有较大的火灾危险性，一旦发生灾害事故，往往危害大、影响大、损失大、扑救困难等。

主要包括以下9类：爆炸品；压缩气体和液化气体；易燃液体；易燃固体、自燃物品和遇湿易燃品；氧化剂和有机过氧化物；毒害品和感染性物品；放射性物品；腐蚀品；杂类。

（二）易制毒化学品

易制毒化学品是指国家规定管制的可用于制造毒品的前体、原料和化学助剂等物质。一类易制毒化学品包括：麻黄素、3,4-亚甲基二氧苯基-2-丙酮、1-苯基-2-丙酮、胡椒醛、黄樟脑、异黄樟脑等。简单来说，易制毒化学品就是指国家规定管制的可用于制造麻醉药品和精神药品的原料和配剂，其既广泛应用于工农业生产和群众日常生活，流入非法渠道又可用于制造毒品。

《易制毒化学品管理条例》列管了3类24个品种：第一类主要是用于制造毒品的原料，第二类、第三类主要是用于制造毒品的配剂。根据2012年8月29日公安部、商务部、卫生部、海关总署、国家安全监管总局关于管制邻氯苯基环戊酮的公告，2012年9月15日起，邻氯苯基环戊酮也被列入第一类易制毒化学品加以管制。

随后于2014、2017年又进行了增补，共列管了3类32种物料；2021年5月，将α-苯乙酰乙酸甲酯等6种物质列入易制毒化学品品种。

（三）有毒化学品

有毒化学品是指进入环境后通过环境蓄积、生物累积、生物转化或化学反应等方式损害健康和环境，或者通过接触对人体具有严重危害和具有潜在危险的化学品。

有毒化学品是有机化学实验接触的化学药品，少数是剧毒药品，使用时必须十分小心。有的药品长期接触或接触过多，会引起急性或慢性中毒。有毒化学品主要包括以下三类：

1. 有毒气体

例如氯、氟、氰氢酸、氟化氢、溴化氢、氯化氢、二氧化硫、硫化氢、光气、氨、一氧化碳等均为窒息性刺激性气体。在使用以上气体或进行产生以上气体的实验时，必须在通风良好的通风橱中进行，并设法装配气体吸收装置以吸收有毒气体，减少环境污染。如遇大量有害气体逸至室内，应立即关闭气体发生装置，迅速停止实验，关闭火源、电源，尽快离开现场。

2.强酸和强碱

硝酸、硫酸、盐酸、氢氧化钠、氢氧化钾、氨水等均刺激皮肤，有腐蚀作用，会造成化学烧伤。吸入强酸烟雾会刺激呼吸道，使用时应倍加小心。

3.无机化学药品

常见的无机有毒化学品如氰化物及氰氢酸，毒性极强，致毒作用极快，若空气中氰化氢含量达0.03%，数分钟内即可致人死亡。再有汞，室温下即能蒸发，毒性极强，能导致急性或慢性中毒。使用时必须在通风橱内进行，注意室内通风。如果不慎泼翻，可用水泵将其尽可能收集完全。无法收集的细粒，可用硫黄粉、锌粉或三氯化铁溶液清除。液溴可致皮肤烧伤，其蒸气刺激黏膜，甚至可使眼睛失明，使用时必须在通风橱中进行；盛溴的玻璃瓶须密塞后放在金属堆中，妥善存放，以免撞倒或打翻。如不慎泼翻或打破，应立即用细砂掩盖；如皮肤灼伤应立即用稀乙醇冲洗或大量甘油按摩，然后涂上硼酸凡士林。黄磷极毒，切不能用手直接取用，否则会引起严重持久烫伤。

四、化学试剂溶液

分析检验工作中常用各种各样的化学试剂溶液，如常用的酸、碱、盐溶液；标准溶液，包括滴定用标准溶液、杂质标准溶液、pH 标准溶液；指示剂溶液、缓冲溶液、特殊试剂和制剂溶液等。由于化学试剂的性质不同，对溶液组成标度的准确度要求不同，所用溶液不同，所以配制方法、操作要求也各不相同。有关滴定分析用标准溶液、杂质测定用标准溶液等的配制和标定，应按 GB/T 601、GB/T 602 及 GB/T 603 标准规定进行。

第十八章

基础化学实验

【学习目标】

[知识目标]

- 掌握实验目的和原理
- 了解实验的应用

[能力目标]

- 独立完成实验过程
- 独立进行实验结果处理
- 能够对实验结果做出合理解释

[素质目标]

- 勤能补拙，水滴石穿
- 节能减排，保护环境

第一节　无机及分析化学基础实验

实验一　分析天平的使用与维护——差减法称量样品

实验目的

1. 了解准确称量的意义。
2. 掌握分析天平的使用与维护。
3. 掌握差减称量法。

微课学习
差减称量法

实验所需仪器药品

1. 所需仪器及耗材：分析天平、滤纸条、三角瓶、称量瓶、干燥器。
2. 所需药品：无水碳酸钠。

实验原理

万分之一分析天平可以精确到 0.000 1 g，如果日常生活或者学习中需要精确称量某些轻质物品，则普通的天平精确度难以达到要求。因此，我们就需要用分析天平来准确称量。减量法一般用来连续称取几个试样。其量允许在一定范围内波动，也用于称取易吸湿、易氧化或易与二氧化碳反应的试样。此法称取固体试样的方法为：将适量试样装入称量瓶中，用纸条缠住称量瓶放于天平托盘上，称得称量瓶及试样质量为 m_1，然后用纸条缠住称量瓶，从天平盘上取出，举放于容器上方，瓶口向上稍倾，用纸捏住称量瓶盖，轻敲瓶口上部，使试样慢慢落入容器中，当倾出的试样已接近所需要的质量时，慢慢地将称量瓶竖起，再用称量瓶盖轻敲瓶口下部，使瓶口的试样集中到一起，盖好瓶盖，放回到天平盘上称量，得 m_2，两次称量之差就是试样的质量。如此继续进行，可称取多份试样。

第一份：试样质量 $= m_1 - m_2$（g）

第二份：试样质量 $= m_2 - m_3$（g）

实验实施

1. 用一张适当宽度的纸条套住烘干至恒重的称量瓶，将之从干燥器中取出。

2. 用纸条套住上述盛有试样的称量瓶，置于分析天平上，称出称量瓶加试样的准确质量。

3. 左手拿纸条套住称量瓶从天平中取出，并移至接收容器上方，右手拿小纸片夹住瓶盖，向下稍倾称量瓶口，用瓶盖轻轻敲击瓶口上部，使试样慢慢落入容器中，瓶盖始终不要离开接收容器上方。

4. 估计敲出的试样差不多时，一边轻敲瓶口，一边慢慢竖起称量瓶，使黏附在瓶口的样品全部落回称量瓶内，盖好瓶盖，准确称其质量。

5. 两次质量之差，即为称取的试样质量。有时一次很难得到合乎质量范围要求的试样，可重复上述操作 1～2 次。按上述方法连续递减，可称量多份试样。

数据处理

$$m = m_1 - m_0$$

m：称量样品质量，g；

m_1:倾倒后装有样品和称量瓶总质量,g;

m_0:倾倒前装有样品和称量瓶总质量,g。

表 18-1　差减称量法数据表格

称量次数	1	2	3
m_1/g			
m_0/g			
m/g			
$\overline{m}$/g			
偏差(d)			
平均偏差($\overline{d}$)			
相对平均偏差($R\overline{d}$)/%			

实验应用

差减法是准确称量试样时常用的称量方法,尤其适用于在空气中易吸湿、易氧化、易与二氧化碳反应的试样的称量,是化学工作的基本操作之一。

注意事项

1.开关天平门、取放物品等,动作须轻慢。

2.用减量法称取每份试样,最好转移 1～2 次就能完成,多次转移,易引起试样吸湿或损失,亦增加称量误差。

3.拿取称量瓶时避免手指直接接触器皿。

4.原始数据应及时准确、规范记录在专用本上。

5.实验用完天平,应清扫、整理好天平(登记天平的使用情况),并请指导教师检查、签字。

思考题

差减称量法的最小称样量是多少?

实验二　氢氧化钠标准溶液的配制与标定

微课学习
氢氧化钠的性质

实验目的

1.掌握标准溶液配制与标定的方法。

2.掌握间接配制法中标准溶液浓度计算方法。

实验所需仪器药品

1.所需仪器及耗材:滤纸条、称量瓶(内装处理好的分析纯邻苯二甲酸氢钾)、干燥器、分析天平、锥形瓶、碱式滴定管、小烧杯、玻璃棒、量筒。

2.所需药品:氢氧化钠试剂、酚酞指示剂和邻苯二甲酸氢钾(基准试剂)。

实验原理

氢氧化钠不是基准物质,不能直接配制标准溶液,因此需采用间接法配制,就是先配制近

似浓度的氢氧化钠标准溶液，然后再用基准物质进行标定。能够标定氢氧化钠标准溶液的基准物质有邻苯二甲酸氢钾和草酸。由于邻苯二甲酸氢钾摩尔质量大，常被选取用来标定氢氧化钠标准溶液，反应原理如下：

$$KHC_8H_4O_4 + NaOH = KNaC_8H_4O_4 + H_2O$$

因为生成的邻苯二甲酸钾钠为强碱弱酸盐，水解显碱性，故选取酚酞作为指示剂。酚酞为有机弱酸，在酸性溶液中为无色，当碱色离子增加到一定浓度时，溶液即呈粉红色。

$$\underset{\text{酸式酚酞(无色)}}{HIn} \longrightarrow \underset{\text{碱式酚酞(红色)}}{In^-} + H^+$$

实验实施

1. 先配制近似浓度为 $c(NaOH)=1\ mol \cdot L^{-1}$、$c(NaOH)=0.5\ mol \cdot L^{-1}$、$c(NaOH)=0.1\ mol \cdot L^{-1}$ 的氢氧化钠标准滴定溶液：称取 100 g 氢氧化钠，溶于 100 mL 水中，摇匀，注入聚乙烯容器中，密闭放置至溶液清亮，用塑料管虹吸表 18-2 中规定体积的上层清液，注入 1 000 mL 无二氧化碳的水中，摇匀。配制好的溶液储存在试剂瓶中，贴好标签。

表 18-2　配制 1 L 不同浓度 NaOH 标准溶液所需饱和 NaOH 溶液体积

$c(NaOH)/(mol \cdot L^{-1})$	氢氧化钠饱和溶液/mL
1.0	52
0.5	26
0.1	5

2. 标定：称取表 18-3 规定量的于 105～110 ℃烘至恒重的基准邻苯二甲酸氢钾，精确至 0.000 1 g，溶于表 18-3 规定体积的无二氧化碳的水中，加 2 滴酚酞指示剂，用配制好的氢氧化钠溶液滴定至溶液呈粉红色，同时做空白实验。

表 18-3　标定不同浓度 NaOH 标准溶液所需基准邻苯二甲酸氢钾质量

$c(NaOH)/(mol \cdot L^{-1})$	邻苯二甲酸氢钾/g	无二氧化碳的水/mL
1.0	6.0	80
0.5	3.0	80
0.1	0.6	50

数据处理

氢氧化钠标准溶液的浓度按下式计算：

$$c(NaOH) = \frac{1\,000 \times m}{204.22 \times (V_1 - V_0)}$$

式中：$c(NaOH)$为氢氧化钠标准溶液物质的量浓度($mol \cdot L^{-1}$)；m 为邻苯二甲酸氢钾的质量(g)；V_1 为氢氧化钠溶液的用量(mL)；V_0 为空白试验氢氧化钠溶液的用量(mL)；204.22 为邻苯二甲酸氢钾的摩尔质量($g \cdot mol^{-1}$)。

表 18-4　标定不同浓度 NaOH 标准溶液实验记录单

配制日期　　　　　　　　　　　　　　　　　　　　　　　　年　　月　　日

标准溶液或基准物质名称		氢氧化钠		浓(纯)度	99.9%	等级	分析纯
分子式		NaOH		生产或研制单位		生产日期	
分子量		40		批(编)号		有效期	
简要配制操作过程		将氢氧化钠配成饱和溶液,注入塑料桶中密闭放置至溶液清亮,使用前以塑料管虹吸上层清液。				配制方法依据	GB/T 601—2016
计算公式		$c(\text{NaOH})=\frac{1\,000\times m}{204.22\times(V_1-V_0)}$				温度/℃	26
						湿度/%	65
原始标准或基准物质		折合目标元素		加入溶剂种类	定容体积/mL	新配标液浓度	备注
名称	取用量/mL	名称	折纯量				
氢氧化钠饱和溶液	5	—	—	无 CO_2 蒸馏水	1 000	$c(\text{NaOH})=0.1\ \text{mol}\cdot\text{L}^{-1}$	
氢氧化钠饱和溶液	10	—	—	无 CO_2 蒸馏水	1 000	$c(\text{NaOH})=0.2\ \text{mol}\cdot\text{L}^{-1}$	
氢氧化钠饱和溶液	26	—	—	无 CO_2 蒸馏水	1 000	$c(\text{NaOH})=0.5\ \text{mol}\cdot\text{L}^{-1}$	
氢氧化钠饱和溶液	52	—	—	无 CO_2 蒸馏水	1 000	$c(\text{NaOH})=1.0\ \text{mol}\cdot\text{L}^{-1}$	

实验应用

氢氧化钠标准溶液可用于校准仪器和装置,评价方法、工作标准,质量控制等方面。

注意事项

1. 开关天平门、取放物品等,动作须轻慢。
2. 饱和氢氧化钠溶液为浓碱,有强烈的腐蚀性,一定注意规范操作,又因为其腐蚀玻璃器皿,需用聚乙烯容器盛放。
3. 盛装氢氧化钠标准溶液的试剂瓶应用橡胶塞,不宜用玻璃塞。
4. 原始数据应及时准确、规范记录在专用本上。
5. 实验完毕,认真整理好实验仪器与剩余试剂放回原处,并请指导教师检查、签字。

思考题

如果实验室没有基准物质邻苯二甲酸氢钾,还可以选何种基准物质?

实验三　果汁饮料总酸测定

实验目的

1. 掌握果汁总酸测定原理及操作。

2. 掌握酸碱滴定法。

3. 独立完成结果处理与分析。

实验所需仪器药品

1. 所需仪器及耗材：分析天平、锥形瓶、碱式滴定管、量筒、移液管、吸耳球、小烧杯、玻璃棒、量筒。

2. 所需药品：准确浓度在 0.05 $mol \cdot L^{-1}$ 的氢氧化钠标准溶液、酚酞指示剂、果汁等。

实验原理

除去 CO_2 的果汁饮料中的有机酸，用 NaOH 标准溶液滴定时，被中和成盐类。以酚酞为指示剂，滴定至溶液呈淡红色，0.5 min 不褪色即为终点。根据所消耗的标准溶液的浓度和体积，即可计算出样品中酸的含量。

$$RCOOH + NaOH \longrightarrow RCOONa + H_2O$$

实验实施

1. 准确量取果汁饮料 100 mL，置锥形瓶中，放入水浴锅中加热煮沸 10 min（逐出 CO_2）。

2. 取出自然冷却至室温，并用蒸馏水补足至 100 mL，待用。

3. 用移液管准确移取上述制备液 25.00 mL 于 250 mL 锥形瓶中，加 25 mL 蒸馏水，加 0.5%酚酞指示液 2 滴，摇匀，用 0.05 $mol \cdot L^{-1}$ 氢氧化钠标准溶液滴定，直至微红色在半分钟内不消失为止，记下消耗 NaOH 的体积(mL)。

4. 平行测定三次，取均值。

5. 同时做空白实验。

6. 若样品稀释溶液的颜色过深时，影响测定结果，应进行脱色处理后测定。取 25 mL 样液，置于 100 mL 容量瓶中，加水至刻度，混合均匀。取出约 50～60 mL，加入活性炭 1～2 g 脱色，放水浴上加热至 50～60 ℃，过滤，即可脱色。取此滤液 10 mL，置于锥形烧瓶内，加入水 50 mL 测定方法同上(计算时换算为原样品体积)。

数据处理

1. 数据记录

表 18-5　果汁总酸测定实验记录单

NaOH 标准溶液浓度/($mol \cdot L^{-1}$)	滴样品 NaOH 标准溶液用量/mL				空白
	1	2	3	平均	V_0/mL

2. 结果计算

$$w=\frac{c\times(V-V_0)\times 0.064}{25.00}\times 100$$

式中：w 为总酸含量(以柠檬酸计)，g/100 mL；c 为 NaOH 标准溶液的浓度，mol·L^{-1}；V 为滴样品 NaOH 标准溶液的用量，mL；V_0 为滴空白 NaOH 标准溶液的用量，mL；0.064 为换算成柠檬酸的系数，即 1 mol·L^{-1} NaOH 相当于柠檬酸的质量，g；25.00 为样品制备液取用量，mL。

3. 进行偏差分析。

实验应用

测总酸的目的是检测产品是否由果汁调配，控制和防止用香精勾兑的一些风味饮料冒充果汁饮料等。

注意事项

1. 酌量取药品和果汁，杜绝浪费。

2. 规范操作，准确记录有效数字，比如常规滴定管(50 mL)读数精确到小数点后两位。

3. 诚实对待实验数据，严禁为了实验效果篡改编造实验数据。

4. 原始数据应及时、准确、规范记录在专用本上。

5. 实验完毕，认真整理好实验仪器与剩余试剂放回原处，并请指导教师检查、签字。

思考题

实验结果有效数字如何保留？

实验四　碳酸钙纯度的测定

实验目的

1. 掌握碳酸钙纯度测定原理及操作。

2. 掌握配位滴定法。

实验所需仪器药品

1. 所需仪器及耗材：分析天平、250 mL 烧杯、表面皿、漏斗、250 mL 容量瓶、250 mL 锥形瓶、25 mL 移液管、50 mL 酸式滴定管等。

2. 所需药品：无水乙醇、1＋1 盐酸溶液、100 g/L 氢氧化钠溶液、1＋3 三乙醇胺溶液、0.02 mol·L^{-1} EDTA 标准溶液、钙试剂羧酸钠盐指示剂。

实验原理

用三乙醇胺掩蔽少量的 Fe^{3+}、Al^{3+}、Mn^{2+} 等离子，在 pH 大于 12 的介质中，选用钙试剂羧酸钠盐指示剂，用 EDTA 标准滴定溶液滴定 Ca^{2+}，过量的 EDTA 夺取与指示剂络合的 Ca^{2+}，游离出指示剂，根据颜色变化判断反应终点。

实验实施

1. 试验溶液的制备

称取 0.6 g 预先在 105 ℃±2 ℃下干燥至质量恒重的试样，精确至 0.000 2 g，置于

250 mL 烧杯中，加少许水（洗性碳酸钙产品加少许无水乙醇）润湿。盖上表面皿，沿杯口滴加盐酸溶液至试料全部溶解，用中速滤纸过滤，用水洗涤，滤液和洗涤液一并收集于 250 mL（V_1）容量瓶中，用水稀释至刻度，摇匀，备用。

2. 测定

用移液管移取 25 mL（V_2）待测液，置于 250 mL 锥形瓶中，加入 5 mL 三乙醇胺溶液、25 mL 水和少量钙试剂羧酸钠盐指示剂，用氢氧化钠溶液调成酒红色，并过量 0.5 mL，用 EDTA 标准滴定溶液滴定至纯蓝色为终点。同时做空白试验。

数据处理

钙含量以碳酸钙（$CaCO_3$）的质量分数 w_1 计，按下式计算：

$$w_1=\frac{(V-V_0)cM_1\times10^{-3}}{m\times\frac{V_2}{V_1}}100\%$$

钙含量以氧化钙（CaO）的质量分数 w_2 计，按下式计算：

$$w_2=\frac{(V-V_0)cM_2\times10^{-3}}{m\times\frac{V_2}{V_1}}100\%$$

钙含量以钙（Ca）的质量分数 w_3 计，按下式计算：

$$w_3=\frac{(V-V_0)cM_3\times10^{-3}}{m\times\frac{V_2}{V_1}}100\%$$

式中：V 为滴定试验溶液所消耗 EDTA 标准滴定溶液的体积数值，单位为毫升（mL）；V_0 为滴定空白溶液所消耗 EDTA 标准滴定溶液的休积数值，单位为毫升（mL）；V_1 为待测液定容体积，单位为毫升（mL）；V_2 为测定时移取待测液的体积数值，单位为毫升（mL）；m 为称取试样的质量，单位为克（g）；M_1 为碳酸钙的摩尔质量（$M_1=100.1\ g\cdot mol^{-1}$）；$M_2$ 为氧化钙的摩尔质量（$M_2=56.08\ g\cdot mol^{-1}$）；$M_3$ 为钙的摩尔质量（$M_3=40.08\ g\cdot mol^{-1}$）。

实验应用

本方法参考 HG/T 2226—2019、GB 1886.214—2016 中规定的碳酸钙纯度测定方法，在工业和食品行业应用得非常广泛。

注意事项

1. 酌量取实验试剂，杜绝浪费。
2. 规范操作，准确记录有效数字，比如常规滴定管（50 mL）读数精确到小数点后两位。
3. 诚实对待实验数据，严禁为了实验效果篡改编造实验数据。
4. 合理处理废液，杜绝随意排放，污染环境。
5. 实验完毕，认真整理好实验仪器与剩余试剂放回原处，并请指导教师检查、签字。

思考题

本实验中 EDTA 标准溶液如何标定？

实验五 市售双氧水中过氧化氢含量的测定

实验目的

1. 掌握过氧化氢含量测定原理及操作。
2. 掌握氧化还原滴定法(高锰酸钾法)。

实验所需仪器药品

1. 所需仪器及耗材：棕色试剂瓶(500 mL)、锥形瓶(250 mL)、刻度移液管(1 mL，25 mL)、容量瓶(250 mL)、酸式滴定管(25 mL)、酒精灯等。

2. 所需药品：3 mol·L^{-1} H_2SO_4、过氧化氢、蒸馏水、高锰酸钾、硫酸锰和草酸等。

实验原理

1. 高锰酸钾标准溶液的配制

$KMnO_4$ 是强氧化剂，常含有杂质，不能直接配制标准溶液。蒸馏水中常含有少量的还原性物质，使 $KMnO_4$ 还原为 $MnO_2 \cdot nH_2O$，它能加速 $KMnO_4$ 的分解，故要将 $KMnO_4$ 溶液煮沸一段时间，放置几天，使之充分反应过滤后，才能标定。

2. 浓度标定

标定 $KMnO_4$ 溶液常用分析纯 $Na_2C_2O_4$，在酸性溶液中反应如下式：

$$2MnO_4^- + 5C_2O_4^{2-} + 16H^+ = 2Mn^{2+} + 8H_2O + 10CO_2\uparrow$$

此标定反应要在 H_2SO_4 酸性、溶液预热至 75～85 ℃和有 Mn_2 催化的条件下进行。滴定开始时，反应很慢，$KMnO_4$ 溶液必须先加入 1 滴，待褪色后再逐滴加入，如果滴加过快，$KMnO_4$ 在热、酸溶液中能部分分解而造成误差：

$$4KMnO_4 + 6H_2SO_4 = 2K_2SO_4 + 4MnSO_4 + 6H_2O + 5O_2\uparrow$$

在滴定过程中(保持溶液温度：温低反应慢，温高 $H_2C_2O_4$ 分解)，溶液中生成了 Mn^{2+}，使反应速度加快(自动催化)，所以滴定速度可稍加快些，以每秒 2～3 滴为宜。由于 $KMnO_4$ 溶液本身具有颜色，滴定时溶液中有稍微过量的 MnO_4^+ 即显粉红色，故不需另加指示剂(自身指示剂)。

$KMnO_4$ 溶液准确浓度按下式计算：

$$c(KMnO_4) = \frac{2 \times \dfrac{m(Na_2C_2O_4)}{M(Na_2C_2O_4)}}{5 \times V(KMnO_4)} \times 100$$

3. 过氧化氢含量的测定

H_2O_2 在酸性溶液中是强氧化剂，但遇 $KMnO_4$ 时表现为还原剂。在酸性溶液中 H_2O_2 很容易被 $KMnO_4$ 氧化，反应式如下：

$$2MnO_4 + 5H_2O_2 + 6H^+ = 2Mn^{2+} + 8H_2O + 5O_2\uparrow$$

该反应同样具备自身催化和自身指示剂这两个特点。开始时，反应很慢，待溶液中生成了 Mn^{2+}，反应速度加快(自动催化反应)，故能顺利地、定量地完成反应。稍过量的滴定剂(2×

10^{-6} mol·L^{-1})显示它本身颜色(自身指示剂),即为终点。H_2O_2 的浓度(mg·L^{-1})按下式计算:

$$\rho(H_2O_2)=\frac{5c(KMnO_4)V(KMnO_4)}{2}\times\frac{250.0}{25.00}\times M(H_2O_2)\times\frac{1}{V_{样}}$$

实验实施

1. 配制 500 mL 0.02 mol·L^{-1} 的 $KMnO_4$ 溶液

用台秤称取 1.6 g $KMnO_4$ 固体于烧杯中,加 250 mL 蒸馏水溶解,盖上表面皿,加热至沸,并保持微沸 10 min,冷却后,用垫好脱脂棉的玻璃漏斗过滤至棕色试剂瓶中,再加 250 mL 蒸馏水。在暗处静置 2～3 h,过滤备用。

2. $KMnO_4$ 溶液的标定

准确称取干燥的分析纯 $Na_2C_2O_4$ 0.15～0.20 g (用差减称量法,准确至 0.000 1 g) 3 份,分别置于 250 mL 锥形瓶中,加入 30 mL 蒸馏水,振荡摇匀使之溶解,加入 15 mL 3 mol·L^{-1} H_2SO_4,在水浴上加热到 75～85 ℃。趁热用 $KMnO_4$ 溶液滴至微红。接近终点时,紫红色褪去很慢,应减慢速度,同时充分摇匀,直至最后半滴 $KMnO_4$ 溶液滴入摇匀后,保持 30 s 不褪色。

3. H_2O_2 含量测定

(1)H_2O_2 的稀释 用 1 mL 移液管吸取 1.00 mL 原装 H_2O_2 于 250 mL 容量瓶中(容量瓶中先装入半瓶水),用水稀释至标线充分摇匀。

(2)含量测定 用 25mL 移液管吸取 H_2O_2 稀释溶液 25.00 mL 于 250 mL 锥形瓶中,加入 30 mL 水,再加入 15 mL 3 mol·L^{-1} H_2SO_4,用 $KMnO_4$ 标准溶液滴定至溶液显粉红色,经过 30 s 不消褪,即达终点。再重复测定两份,计算 H_2O_2 的百分含量。

数据处理

1. $KMnO_4$ 标液标定

表 18-6 高锰酸钾标液标定实验记录单

序号	$m(Na_2C_2O_4)$/g	$V(KMnO_4)$/mL	$c(KMnO_4)$/(mol·L^{-1})	平均值
1				
2				
3				

结论:$KMnO_4$ 标液浓度 c=

2. H_2O_2 含量测定

表 18-7 H_2O_2 含量测定实验记录单

序号	$V(H_2O_2)$/mL	$V(KMnO_4)$/mL	$\rho(H_2O_2)$/g	平均值
1				
2				
3				

结论:H_2O_2 含量 ρ=

注意事项

1. 酌量取实验试剂，杜绝浪费。

2. 高锰酸钾有颜色，过氧化氢有腐蚀性，实验操作要规范，保证个人安全和保持实验台面整洁。

3. 诚实对待实验数据，严禁为了实验效果篡改编造实验数据。

4. 实验完毕，认真整理好实验仪器与剩余试剂放回原处，并请指导教师检查、签字。

思考题

高锰酸钾法有哪些优缺点？

实验六　生理盐水中氯化钠含量的测定(莫尔法)

实验目的

1. 掌握硝酸银标准溶液配制与标定的方法。

2. 掌握莫尔法的基本原理、滴定过程和结果处理方法。

实验所需仪器药品

1. 所需仪器及耗材：电子天平，酸式滴定管(50 mL)，移液管(25.00 mL)，锥形瓶(250 mL)，洗耳球，洗瓶，烧杯(250 mL)。

2. 所需药品：NaCl 基准试剂(在 110 ℃条件下干燥至恒重后置于干燥器中冷却备用)、固体 $AgNO_3$(AR 级)、5%K_2CrO_4 溶液、样品生理盐水等。

实验原理

生理盐水中氯化钠的含量测定莫尔法是比较常用的方法之一，此方法是在中性或弱碱性(pH 6.5～10.5)溶液中，以 K_2CrO_4 为指示剂，用 $AgNO_3$ 滴定液进行滴定。Ag^+ 首先与 Cl^- 生成 AgCl 白色沉淀，接近终点时过量 1 滴 $AgNO_3$ 滴定液即与指示剂中的 CrO_4^{2-} 生成 Ag_2CrO_4 砖红色沉淀，指示终点。

滴定反应：$Ag^+ + Cl^- = AgCl\downarrow$(白色)　　　$K_{sp} = 1.8\times10^{-10}$

终点反应：$2Ag^+ + CrO_4^{2-} = Ag_2CrO_4\downarrow$(砖红色)　　　$K_{sp} = 2.0\times10^{-12}$

如有铵盐存在时 pH 6.5～7.2 最适宜。

实验实施

1. 0.1 mol·L^{-1} $AgNO_3$ 滴定液的配制

称取 8.5 g 固体 $AgNO_3$ 于大烧杯，加适量的蒸馏水搅拌溶解后用蒸馏水稀释至 500 mL 刻线，混匀后储于棕色试剂瓶中，放置暗处保存备用。

2. 0.1 mol·L^{-1} $AgNO_3$ 滴定液的标定

精确称取 NaCl 基准试剂 0.11～0.13 g 于 250 mL 锥形瓶中，加 50 mL 蒸馏水和 5% K_2CrO_4 溶液 1 mL，在不断摇动下，用 $AgNO_3$ 滴定液滴定至溶液出现砖红色沉淀即为终点。平行测定 3 份，计算 $AgNO_3$ 滴定液的准确浓度。

3. 生理盐水中氯化钠含量的测定

精确吸取 25.00 mL 生理盐水于 250 mL 锥形瓶中，加 25 mL 蒸馏水和 5%K_2CrO_4 溶液 1 mL，在不断摇动下，用 $AgNO_3$ 滴定液滴定至溶液出现砖红色沉淀即为终点。平行测定

3 份，计算生理盐水中氯化钠含量。

数据处理

1. $AgNO_3$ 滴定液标定的数据记录

表 18-8　$AgNO_3$ 滴定液标定实验记录单

实验次数	1	2	3
NaCl 基准试剂的质量/g			
$AgNO_3$ 滴定液体积/mL			
$AgNO_3$ 滴定液浓度/(mol·L^{-1})			
平均浓度($\bar{c}$)/(mol·L^{-1})			
相对平均偏差($\overline{Rd}$)			

2. 生理盐水中氯化钠含量测定的数据记录

表 18-9　生理盐水中氯化钠含量测定实验记录单

实验次数	1	2	3
生理盐水体积/mL			
$AgNO_3$ 滴定液体积/mL			
生理盐水中氯化钠含量/%			
生理盐水中氯化钠平均含量/%			
相对平均偏差($\overline{Rd}$)/%			

结论：生理盐水中氯化钠含量为________________。

注意事项

1. 酌量取实验试剂，杜绝浪费。

2. 银离子接触皮肤会使皮肤变黑，实验操作要规范，保证个人安全和保持实验台面整洁。

3. 诚实对待实验数据，严禁为了实验效果篡改编造实验数据。

4. 实验完毕，认真整理好实验仪器与剩余试剂并放回原处，请指导教师检查、签字。

思考题

1. 在实验过程中，盛装硝酸银的玻璃容器为何都是棕色的？

2. 本实验中，盛装硝酸银溶液的滴定管能否选用碱式滴定管，并说明原因。

实验七　邻二氮菲比色光度法测定水中微量铁含量

实验目的

1. 通过测定铁的条件实验，掌握分光光度法测定铁的条件及方案的拟定方法。

2. 了解分光光度计的构造和使用方法。

实验所需仪器药品

1. 所需仪器及耗材：可见分光光度计、100 mL 容量瓶、50 mL 容量瓶、吸量管（10 mL/5 mL/2 mL/1 mL）。

2. 所需药品：铁标准溶液(100.0 μg·mL^{-1})、盐酸羟胺溶液(100 g·L^{-1}，新鲜配制)、邻二氮菲溶液(1.5 g·L^{-1}，新鲜配制)、HAc-NaAc缓冲溶液(pH≈5.0)、待测水样。

实验原理

邻二氮菲和Fe^{2+}在pH为3～9的溶液中，生成一种稳定的橙红色络合物。

实验中加入试剂的作用：磷酸缓冲溶液是调节pH范围；盐酸羟胺是还原三价铁离子的；邻二氮菲是显色剂，与亚铁离子络合后显色。

实验实施

1. 标准系列溶液的配制

分别准确移取0.00 mL，0.25 mL，0.50 mL，0.75 mL，1.00 mL，1.25 mL，1.50 mL质量浓度为100 μg·mL^{-1}铁标准溶液于50 mL容量瓶中，再分别加入2.00 mL浓度为100 g·L^{-1}的盐酸羟胺溶液，摇匀后放置2 min，再分别加入3.00 mL的浓度为1.5 g·L^{-1}的邻二氮菲溶液和5.00 mL HAc-NaAc缓冲溶液，分别加蒸馏水稀释至刻度，充分摇匀，放置5 min。

2. 标准系列溶液与试样溶液吸光度的测定

用1 cm的吸收池，以空白试剂作参比，选择510 nm为测定波长，分别测定标准系列溶液与试样溶液吸光度。以铁的质量浓度为横坐标，吸光度A为纵坐标，绘制标准曲线。同样，在λ_{max}处，用1 cm的吸收池，以试剂空白作参比，平行测定试样溶液的吸光度A。

3. 结束工作

实验完毕，关闭电源。取出吸收池，清洗晾干后入盒保存，清理工作台，填写仪器使用记录。

4. 数据记录与处理

绘制标准曲线，并由未知试样的吸光度平均值，从标准曲线上查得对应的铁的质量浓度，进而求得未知试样中铁的质量浓度。

结果处理

完善实验数据，完成表18-10。

表18-10 邻二氮菲比色光度法测定水中微量铁含量实验记录单

样品								
浓度/(μg·mL^{-1})								
吸光度(A)								

注意事项

1. 按仪器使用说明书检查仪器。开机预热20 min，并调试至工作状态。
2. 检查仪器波长的准确性和吸收池的配套性。
3. 显色过程中，每加入一种试剂均要摇匀。
4. 诚实对待实验数据，严禁为了实验效果篡改编造实验数据。
5. 实验完毕，认真整理好实验仪器与剩余试剂放回原处，并请指导教师检查、签字。

思考题

1. 加入盐酸羟胺的目的是什么？

2. 测定波长为什么选择 510 nm？

第二节 有机化学基础实验

实验八 醛、酮的鉴别

实验目的

1. 了解醛和酮的性质

2. 掌握区分醛和酮的方法

实验所需仪器药品

1. 所需仪器及耗材：试管、滴管酒精灯、试管夹、烧杯、胶头滴管等。

2. 所需药品：乙醛水溶液、丙酮、5%硝酸银、浓氨水、甲醛、苯甲醛、铬酸试剂、饱和$NaHSO_3$溶液、10%氢氧化钠溶液、费林试剂等。

实验原理

醛、酮的最主要区别是对氧化剂的敏感性，因为醛中羰基碳上的氢很容易被氧化为羧酸，甚至可被空气氧化；酮则要难得多，往往需要更强的氧化剂。醛常用的氧化性试剂有：托伦试剂和费林试剂。托伦试剂为硝酸银的氨溶液。费林试剂为硫酸铜溶液和碱性酒石酸钠的混合液。醛易氧化，酮则较困难，需用强氧化剂（过酸）氧化。

$$RCHO + 2Ag(NH_3)_2OH \xrightarrow{\triangle} RCOONH_4 + 2Ag\downarrow + 3NH_3 + H_2O$$

（银镜反应）

$$\underset{\text{蓝色}}{RCHO + 2Cu(OH)_2} + NaOH \xrightarrow{\triangle} RCOONa + \underset{\text{砖红色}}{Cu_2O\downarrow} + 3H_2O$$

托伦试剂和费林试剂不能氧化酮，可区别醛和酮。

芳香醛能发生银镜反应，但不与费林试剂作用，因此，费林试剂可用此来鉴别脂肪醛与芳香醛。

实验实施

1. 2,4-二硝基苯肼试验

取 3 支干燥洁净的试管，各加入 1 mL 2,4-二硝基苯肼，再依次加入 1～2 滴试样：(1)乙醛、(2)丙酮、(3)苯乙酮溶液，摇匀静置片刻，观察结晶颜色，若无沉淀，则于水浴中加热。

现象：

结论：

2. 托伦试验

取 4 支洁净的试管中分别加入 2 mL 5%硝酸银，不断振荡下，逐滴加入浓氨水，开始时生成棕色沉淀，继续加入浓氨水至刚好溶解，再分别加入 2 滴试样，摇匀，静置，若无变化，50～

60 ℃水浴温热几分钟，观察现象。

试样：(1)甲醛水溶液、(2)乙醛水溶液、(3)丙酮、(4)苯甲醛。

现象：

结论：

3. 费林试验

取 4 支洁净的试管中分别加入 1 mL 费林甲液和 1 mL 费林乙液，再分别加入 2 滴试样，酒精灯加热几分钟，观察现象。

试样：(1)甲醛水溶液、(2)乙醛水溶液、(3)丙酮、(4)苯甲醛。

现象：

结论：

注意事项

1. 托伦试剂必须临时配制，进行实验时切忌用灯焰直接加热，以免发生爆炸。实验完毕后，应加入少许硝酸，立即煮沸洗去银镜。

2. 硝酸银溶液与皮肤接触，立即形成难于洗去的黑色金属银，故滴加和摇荡时应小心操作。

3. 有些有机试剂有毒，注意做好防护。

4. 实验完毕，认真整理好实验仪器与剩余试剂放回原处，并请指导教师检查、签字。

思考题

1. 哪类化合物既能和费林试剂反应又能和托伦试剂反应？

2. 所有的醛都能和费林试剂反应吗？为什么？

实验九　生物碱的提取——茶叶中咖啡因的提取与纯化

实验目的

1. 了解从茶叶中提取咖啡因的原理和方法

2. 学习索氏提取器的操作规范

微课学习
生物碱的提取

实验所需仪器药品

1. 所需仪器及耗材：索氏提取器、圆底烧瓶、温度计套管、温度计、冷凝管、蒸馏头、接液管、量筒、脱脂棉、烧杯、滤纸、锥形瓶、玻璃漏斗、蒸发皿、铁架台、玻璃棒、乳胶管、分析天平、电热套、烘箱和恒温水浴锅等。

2. 所需药品：茶叶、乙醇(95%)、生石灰。

实验原理

咖啡因，又名咖啡碱，是一种嘌呤衍生物，化学名称为 1,3,7-三甲基黄嘌呤。对中枢神经系统有兴奋作用，可用作中枢神经兴奋剂。

无水咖啡因呈无色，柱状晶体，熔点 238 ℃，味苦，易溶于氯仿，可溶于水、乙醇及热苯。含结晶水的咖啡因为针状晶体，可在 100 ℃时失去结晶水，并开始升华。升华速度随温度升高而加快，于 120 ℃时升华显著，178 ℃时迅速升华。

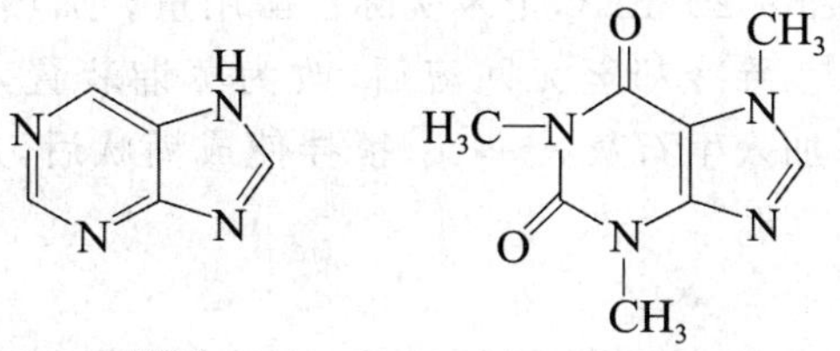

嘌呤　　　　咖啡因

茶叶的主要成分包括纤维素、生物碱、丹宁酸、色素、蛋白质等。其中生物碱以咖啡因含量最多，约为1%～5%。为了提取出茶叶中的咖啡因，往往采用氯仿、乙醇等溶剂在索氏提取器中连续提取，使其与不溶的纤维素和蛋白质等分离，再利用咖啡因的升华特性，通过升华法将其与丹宁酸、叶绿素和其他生物碱等杂质分离。

所得咖啡因可通过熔点测定及红外光谱、核磁共振谱等光谱法加以鉴定，还可使之与水杨酸作用生成水杨酸盐（熔点137 ℃）做进一步确认。

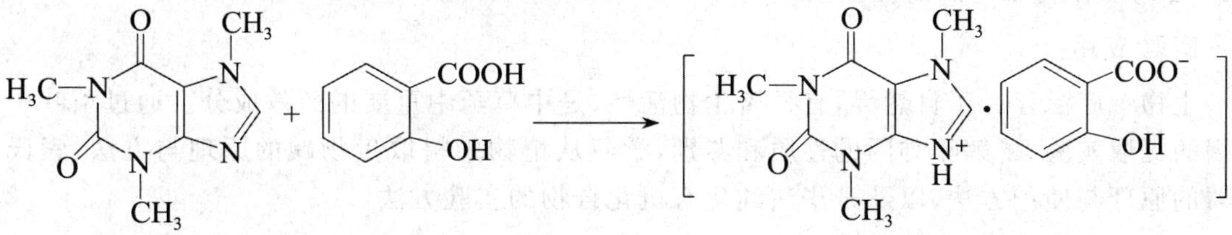

咖啡因　　　水杨酸　　　咖啡因水杨酸盐

实验实施

1. 仪器的安装

索氏提取器和蒸馏装置的安装均遵循“自下而上，从左到右”的原则。

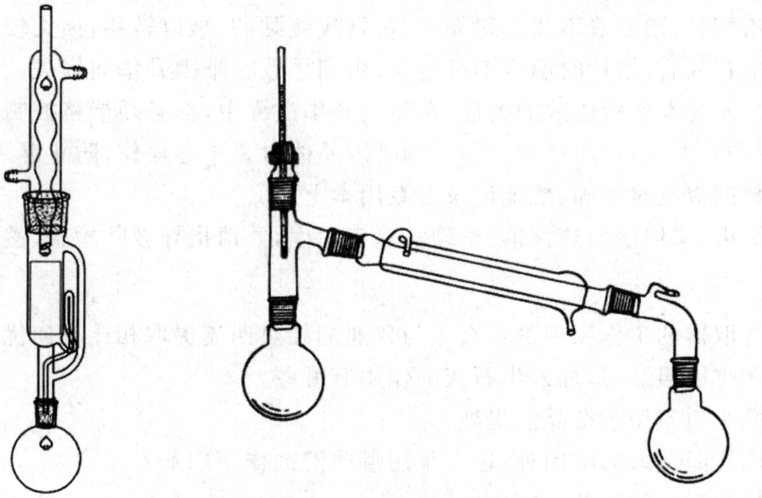

图18-1　索氏提取器（左）和常压蒸馏装置（右）

2. 提取分离

称取10 g茶叶末，包入滤纸中，卷成筒状，将滤纸筒装入索式提取器中。加入适量95%的乙醇(虹吸管刚好溢流时再加入 20 mL),记录实际乙醇用量。加热回流 1～2 h,溢流液颜色很浅或近乎无色时,停止加热。待冷却至无回流后,改为蒸馏装置,回收乙醇,浓缩液(约 5～10 mL)趁热倒入蒸发皿中,加入生石灰 3～4 g,搅拌使成糊状后,加热焙炒至水分除尽,即得咖啡因粗品。

3. 纯化

将咖啡因粗品置于升华装置中,小火缓缓加热,当滤纸面上出现较多白色针状结晶时,暂停加热,稍冷,用小刀仔细地将滤纸上下两面及蒸发皿周围的晶体刮下。蒸发皿中的残渣经搅拌后再次升华。合并两次所得晶体,称重。

4. 鉴定

(1)熔点测定:纯净咖啡因熔点为 238 ℃。

(2)在试管中加入 40 mg 所得晶体,再加入 30 mg 水杨酸和 2.5 mL 甲苯,加热溶解,再加入 1.5 mL 石油醚,振摇混合后用冷水浴冷却,应有晶体析出。将晶体干燥后测定熔点(137 ℃),以作为咖啡因的确证。

实验应用

生物碱广泛存在于自然界,有显著生物活性,是中草药中重要的药效成分。通过茶叶中咖啡因的提取实验,了解咖啡因的性质和鉴别,学习从植物中提取生物碱的原理与方法、索氏提取器的原理与使用方法,以及升华法纯化有机化合物的实验方法。

注意事项

1. 索氏提取器任一部件的损坏都会导致整套仪器的报废,且虹吸管极易折断,因此安装仪器和实验过程中须特别小心。

2. 用滤纸包茶叶末时要包严实,防止茶叶末漏出堵塞虹吸管;滤纸筒粗细大小应适宜,既要紧贴套管内壁,又要方便取放,且高度不能超过虹吸管。

3. 回收乙醇时,浓缩液不要蒸得太干,否则残液黏稠,难以转移,损失较大。

4. 加入生石灰后,焙炒时温度不可过高,否则导致咖啡因升华而损失。

5. 升华操作是本实验成败的关键,在整个升华过程中,都必须严格控制加热温度。若温度太高,易导致产品发黄,杂质过多。刮下咖啡因晶体时要小心操作,防止混入杂质。

6. 原始数据应及时准确、规范记录在专用本上。

7. 实验结束,应清洗归还仪器、整理实验室卫生,并请指导教师检查、签字。

思考题

1. 索式提取器的工作原理是什么?与普通的加热回流提取相比有何优势?

2. 分离咖啡因粗品时,加入生石灰的作用有哪些?

3. 本实验为何不用重结晶法提纯?

4. 除可用乙醇萃取咖啡因外,还可采用哪些溶剂作萃取剂?

5. 升华操作时应注意什么问题?

6. 本实验中,应如何减少产品损失?

实验十 碳水化合物测定——还原糖和总糖的测定(3,5-二硝基水杨酸法)

实验目的

1. 掌握还原糖和总糖测定的原理和方法。

2. 学会分光光度计的使用与维护。

微课学习 果汁中还原糖的测定

微课学习 葡萄糖总糖的测定

实验所需仪器药品

1. 所需仪器及耗材

723 型分光光度计、分析天平、水浴锅、研钵、烧杯、三角瓶、容量瓶、刻度吸管、刻度试管等。

2. 所需药品

3,5-二硝基水杨酸(DNS)试剂:称取 6.5 g DNS 溶于少量热蒸馏水中,溶解后移入 1 000 mL 容量瓶中,加入 2 $mol \cdot L^{-1}$ 氢氧化钠溶液 325 mL,再加入 45 g 丙三醇,摇匀,冷却后定容至 1 000 mL。

葡萄糖标准溶液:准确称取干燥恒重的葡萄糖 100 mg,加少量蒸馏水溶解后,以蒸馏水定容至 100 mL,即葡萄糖浓度为 1.0 mg/mL。

6 $mol \cdot L^{-1}$ HCl:取 250 mL 浓 HCl(35%~38%)用蒸馏水稀释到 500 mL。

碘-碘化钾溶液:称取 5 g 碘、10 g 碘化钾溶于 100 mL 蒸馏水中。

6 $mol \cdot L^{-1}$ NaOH:称取 120 g NaOH 溶于 500 mL 蒸馏水中。

0.1%酚酞指示剂。

实验原理

在 NaOH 存在的条件下,3,5-二硝基水杨酸(DNS)与还原糖共热后被还原生成氨基化合物。在过量的 NaOH 碱性溶液中此化合物呈棕红色,在 540 nm 波长处有最大吸收,在一定的浓度范围内,还原糖的量与光吸收值呈线性关系,利用比色法可测定样品中的含糖量。

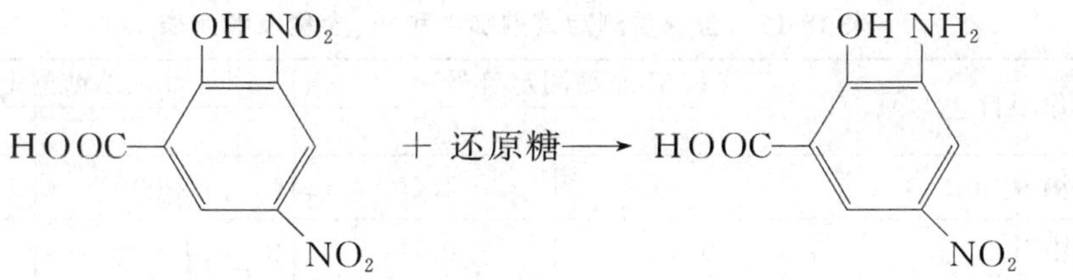

(DNS) 黄色 (3-氨基-5-硝基水杨酸) 棕红色

实验实施

1. 葡萄糖标准曲线制作

取 7 支具有 25 mL 刻度的试管,编号 0~6,按表 18-11 所示的量,精确加入浓度为 1 $mg \cdot mL^{-1}$ 的葡萄糖标准液和 3,5-二硝基水杨酸试剂。

表 18-11 3,5-二硝基水杨酸法定糖一标准曲线的制作

试剂	0	1	2	3	4	5	6
标准葡萄糖溶液/mL	0.00	0.20	0.40	0.60	0.80	1.00	1.20
蒸馏水/mL	2.00	1.80	1.60	1.40	1.20	1.00	0.80
DNS 试剂/mL	1.50	1.50	1.50	1.50	1.50	1.50	1.50

将各管摇匀，在沸水浴中加热 5 min，取出后立即放入盛有冷水的烧杯中冷却至室温，再以蒸馏水定容至 25 mL 刻度处，用橡皮塞塞住管口，颠倒混匀（如用大试管，则向每管加入 21.5 mL 蒸馏水，混匀）。在 540 nm 波长下，用 0 号管调零，分别读取 1～6 号管的吸光度。以吸光度为纵坐标，葡萄糖毫克数为横坐标，绘制标准曲线。

2. 样品中还原糖的提取

准确称取 2 g 食用面粉，放在 100 mL 烧杯中，先以少量蒸馏水（约 2 mL）调成糊状，然后加入 50 mL 蒸馏水，混匀。于 50 ℃恒温水浴中保温 20 min，不时搅拌，使还原糖浸出。离心或过滤，用 20 mL 蒸馏水洗残渣，再离心或过滤，将两次离心的上清液或滤液全部收集在 100 mL 的容量瓶中，用蒸馏水定容至刻度，混匀，即为还原糖提取液。

3. 样品总糖的水解及提取

准确称取 1 g 食用面粉，放在 100 mL 锥形瓶中，加入 6 mol·L^{-1} HCl 10 mL，蒸馏水 15 mL，搅拌均匀后在沸水浴中加热 0.5 h，取出 1～2 滴置于白瓷板上，加 1 滴 I_2-KI 溶液检查水解是否完全。如已水解完全，则不呈现蓝色。水解完毕，冷却至室温后加入 1 滴酚酞指示剂，以 6 mol·L^{-1} NaOH 溶液中和至溶液呈微红色，过滤，再用少量蒸馏水冲洗三角瓶及滤纸，将滤液全部收集在 100 mL 的容量瓶中，用蒸馏水定容至刻度，混匀。精确吸取 10.00 mL 定容过的水解液，移至另一 100 mL 的容量瓶中，定容，混匀，作为总糖待测液。

4. 样品中含糖量的测定

取 4 支 25.00 mL 刻度的刻度试管，编号，按表 18-12 所示的量，精确加入待测液和试剂。

表 18-12 含糖量测定试剂加入种类，含量及顺序表

操作项目	还原糖测定管号		总糖测定管号	
	①	②	Ⅰ	Ⅱ
还原糖待测液/mL	1.00	1.00	0.00	0.00
总糖待测液/mL	0.00	0.00	1.00	1.00
蒸馏水/mL	0.00	0.00	1.00	1.00
DNS 试剂/mL	1.50	1.50	1.50	1.50

数据处理

以管①、②和管Ⅰ、Ⅱ的消光值平均值，分别在标准曲线查出相应的还原糖质量（mg）。按下式计算出样品中还原糖和总糖的百分含量：

$$\text{还原糖}=\frac{\text{查曲线所得还原糖质量}\times\dfrac{\text{测定时取用体积}}{\text{提取液总体积}}}{\text{样品质量}}\times 100\%$$

$$总糖=\frac{查曲线所得水解后还原糖质量\times稀释倍数}{样品质量}\times0.9\times100\%$$

实验应用

3,5-二硝基水杨酸比色法(DNS)是半微量定糖法,操作简便、快速、杂质干扰较少,是一种很好的糖定量测定方法。

注意事项

1. 沸水浴时应将试管口用保鲜膜封住或盖上塞子,以防止水分蒸发引起体积误差。
2. 离心比过滤易得清液。
3. 比色时,比色皿中盛放的溶液体积不应过多,一般在 2/3～3/4。
4. 比色时不能将溶液溅在仪器面板和仪器内。
5. 标准曲线制作与样品含糖量测定应同时进行,一起显色和比色。
6. 原始数据应及时准确、规范记录在专用本上。
7. 实验后应清扫、整理好分光光度计(登记仪器的使用情况),并请指导教师检查、签字。

实验十一 蛋白质性质实验——蛋白质的颜色反应

实验目的

1. 了解蛋白质颜色反应的原理与应用。
2. 独立完成蛋白质颜色反应实验。

实验所需仪器药品

1. 所需仪器及耗材:试管、滴管酒精灯、试管夹、烧杯、胶头滴管、水浴锅等。
2. 所需药品:蛋清、尿素、茚三酮、10%氢氧化钠、1%硫酸铜溶液、0.5%苯酚溶液、0.3%色氨酸溶液、0.3%酪氨酸溶液、甘氨酸溶液、0.1%茚三酮水溶液、0.5%甘氨酸溶液。

实验原理

1. 双缩脲反应

将尿素加热到 180 ℃,则两分子尿素缩合成一分子双缩脲,并放出一分子氨。双缩脲在碱性溶液中能与硫酸铜反应产生紫红色络合物,此反应称双缩脲反应。蛋白质分子中含有许多和双缩脲结构相似的肽键,因此也能起双缩脲反应。通常可用此反应来定性鉴定蛋白质,也可540 nm 处测定吸光度,定量测定蛋白质。

2. 蛋白质的黄色反应

黄色反应是含有芳香族氨基酸特别是含有酪氨酸和色氨酸的蛋白质所特有的呈色反应。蛋白质溶液遇硝酸后,先产生白色沉淀,加热则白色沉淀变成黄色,再加碱颜色加深呈橙黄色,这是因为硝酸将蛋白质分子中的苯环硝化,产生了黄色硝基苯衍生物。例如皮肤、指甲和毛发等遇浓硝酸会变成黄色。

3. 茚三酮反应

蛋白质与茚三酮共热,则产生蓝紫色的还原茚三酮、茚三酮和氨的缩合物。此反应为一切氨基酸及 α-氨基酸所共有。含有氨基的其他物质亦呈此反应。

实验实施

1. 双缩脲反应

(1)取少许结晶尿素放在干燥试管中，微火加热使尿素熔化。熔化的尿素开始硬化时，停止加热，尿素放出氨，形成双缩脲。冷却后，加 10%氢氧化钠溶液约 1 mL，振荡混匀，再加 1%硫酸铜溶液 1 滴，再振荡。观察出现的粉红颜色。要避免添加过量硫酸铜，否则，生成的蓝色氢氧化铜能掩盖粉红色。

(2)另取一试管，加卵清蛋白质溶液约 1 mL，再加 10%氢氧化钠溶液约 2 mL，摇匀，再加 1%$CuSO_4$ 2 滴，混匀，随加随摇，观察是否出现紫玫瑰色。

2. 蛋白质的黄色反应

向 6 个试管中分别按表 18-13 加入试剂，观察各管出现的现象，有的试管反应慢可略放置或用微火加热。待各管出现黄色后，于室温下逐滴加入 10%氢氧化钠溶液至碱性，观察颜色变化。

表 18-13 黄色反应操作流程与试验记录表

管号	1	2	3	4	5	6
材料	鸡蛋清溶液	指甲	头发	0.5%苯酚	0.3%色氨酸	0.3%酪氨酸
加入量/滴	4	少许	少许	4	4	4
浓硝酸/滴	2	40	40	4	4	4
现象						

3. 茚三酮反应

(1)取 2 支试管分别加入蛋白质溶液和甘氨酸溶液 1 mL，再各加 0.5 mL 0.1%茚三酮水溶液，混匀，在沸水浴中加热 1～2 min，观察颜色由粉色变紫红色再变蓝。

(2)在一小块滤纸上滴 1 滴 0.5%甘氨酸溶液，风干后，再在原处滴 1 滴 0.1%茚三酮乙醇溶液，在微火旁烘干显色，观察紫红色斑点的出现。取 1 mL 蛋白质溶液置于试管中，加 0.5 mL 茚三酮试剂，加热至沸，即有蓝紫色出现。

实验应用

蛋白质分子中的某些基团与显色剂作用，可产生特定的颜色反应，不同蛋白质所含氨基酸不完全相同，颜色反应亦不同。颜色反应不是蛋白质的专一反应，一些非蛋白物质亦可产生相同颜色反应，因此不能仅根据颜色反应的结果决定被测物是否是蛋白质。颜色反应是一些常用的蛋白质定量测定的依据。在法医学上，使用茚三酮反应可采集指纹。因为手汗中含有多种氨基酸，遇茚三酮后起显色反应。

注意事项

1. 双缩脲实验中硫酸铜不能多加，否则将产生蓝色的 $Cu(OH)_2$。此外在碱溶液中氨或铵盐与铜盐作用生成深蓝色的络离子 $Cu(NH_3)_4^{2+}$。

2. 茚三酮反应必须在 pH 5～7 进行。

3. 实验中使用的试剂种类繁多，注意防止试剂的交叉污染。

4. 注意滴管的正确使用，防止酸、碱或有机试剂污染滴头。

5. 在实验中，特别是酒精灯加热过程中注意操作规范，注意实验安全，双缩脲反应时试管口要朝向无人处。

思考题

1. 双缩脲实验中产生了蓝色的沉淀是什么原因造成的？

2. 皮肤、指甲和毛发等遇浓硝酸会变成黄色是因为发生了什么反应？

实验十二　肥皂的制备

实验目的

1. 了解皂化反应原理及肥皂的制备方法。

2. 熟悉普通回流装置的安装与操作方法。

3. 熟悉盐析原理，掌握沉淀的洗涤及减压过滤操作技术。

微课学习　肥皂的制备

实验所需仪器药品

1. 所需仪器及耗材：圆底烧瓶、球形冷凝管、烧杯、减压过滤装置、电炉子。

2. 所需试剂及样品：猪油、乙醇（95%）、氢氧化钠溶液（40%）、饱和食盐水。

实验原理

动物脂肪的主要成分是高级脂肪酸甘油酯。将其与氢氧化钠溶液共热，就会发生碱性水解（皂化反应），生成高级脂肪酸钠（即肥皂）和甘油。在反应混合液中加入溶解度较大的无机盐，以降低水对有机酸盐（肥皂）的溶解作用，可使肥皂较为完全地从溶液中析出，这一过程叫作盐析。利用盐析的原理，可将肥皂和甘油较好地分离开。

本实验中以猪油为原料制取肥皂，反应式为

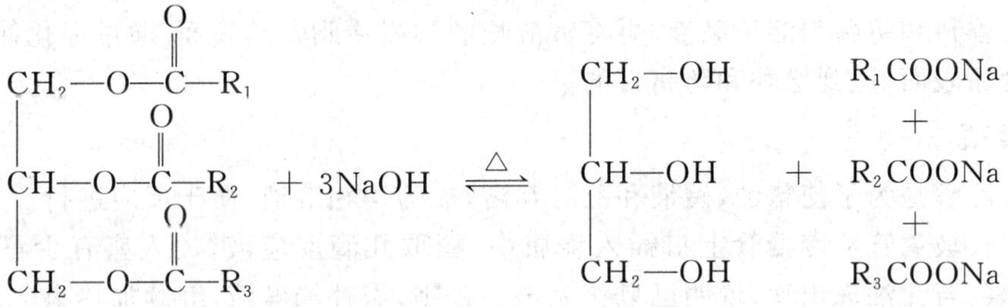

实验实施

1. 加入物料，安装仪器

在 250 mL 圆底烧瓶中加入 10 g 猪油、30 mL 乙醇和 30 mL 氢氧化钠溶液。然后安装普通回流装置。

2. 加热皂化

检查装置后，先开通冷却水，再用石棉网小火加热，保持微沸 40 min。此间若烧瓶内产生大量泡沫，可从冷凝管上口滴加少量 1∶1 的乙醇（95%）和氢氧化钠（40%）混合液，以防泡沫冲入冷凝管中。皂化反应结束后，先停止加热，稍冷后再停通冷却水，拆除实验装置。

3. 盐析与过滤

在搅拌下，趁热将反应混合液倒入盛有 150 mL 饱和食盐水的烧杯中，静置冷却。安装减压过滤装置。将充分冷却后的皂化液倒入布氏漏斗中，减压过滤。用冷水洗涤沉淀 2 次，抽干。

4. 干燥称量

滤饼取出后，随意压制成型，自然晾干后，称量质量并计算产率。

实验应用

皂化反应是指油脂与碱作用生成甘油及脂肪酸盐的反应，它实质上是一种水解体作用。由于该反应具有独特的机理和反应条件，在食品加工中的作用范围也越来越广。具体讲，作用主要表现在以下几方面：

1. 保水防干作用

在酥皮类糕点中，由于面皮中含有很高的油脂，在贮存或放置过程中常常造成失水过重而变硬，使成品失去应有的品质和口感。如果在面皮中加入适量的碱，使油脂、碱、水三相共同作用，形成一个稳定的体系，就可达到保水的作用。有些品种(如广式月饼)则是在制品烘烤后，在成品表面趁热喷上一些碱水以达到防止失水的目的。

2. 上色作用

在糕点生产中，常须将一些水性颜料上到高脂产品或纯脂肪产品的表面。但通过正常的方法，无法将颜色上好，原因是水性颜料与油脂不能相互渗溶。根据皂化原理将水性颜料调成稀的碱液，然后再根据所需上色，效果明显提高，上色均匀且美感强烈。

3. 增强食品中脂肪的稳定性

含油脂食品经较长时间贮存后，由于油脂的酸败，会给食品带来不愉快的味道而使食品变质。特别是在糕点保存上，酸败是影响保存期的最重要的因素。为了提高脂肪的稳定性，在糕点制作时加适当的碱，利用皂化作用抑制油脂的氧化变质，从而使食品的保存期延长。

4. 增香、防腐

将水性香料和防腐剂溶于碱液，再将碱液喷洒到高油脂食品表面，通过皂化使香料和防腐剂分散到食品表面，达到增香和防腐目的。

注意事项

1. 加入乙醇是为了使猪油、碱液和乙醇互溶，成为均相溶液，便于反应进行。

2. 可用长玻璃管从冷凝管上口插入烧瓶中，蘸取几滴反应液，放入盛有少量热水的试管中，振荡观察，若无油珠出现，说明已皂化完全。否则，需补加碱液，继续加热皂化。

3. 肥皂和甘油一起在碱水中形成胶体，不便分离。加入饱和食盐水可破坏胶体，使肥皂凝聚并从混合液中析出。

4. 冷水洗涤主要是洗去吸附于肥皂表面的乙醇和碱液。

思考题

盐析后用抽滤装置进行分离操作前，如何检查抽滤装置的气密性？

实验十三　水蒸气蒸馏法提取茴油

实验目的

1. 了解水蒸气蒸馏的原理和意义。

2. 初步掌握水蒸气蒸馏装置的安装与操作。

实验所需仪器药品

1.所需仪器及耗材：水蒸气提取装置。

2.所需原料：八角茴香、水。

微课学习　水蒸气蒸馏法提取茴油

实验原理

八角茴香，俗称大料，常用作调味料。八角茴香中含有一种精油，叫作茴油，其主要成分是茴香脑，为无色或淡黄色液体，不溶于水，易溶于乙醇和乙醚。工业上用作食品、饮料、烟草等的增香剂，也用于医药方面。茴油具有挥发性，可通过水蒸气蒸馏从八角茴香中分离出来。

实验实施

1.称取适量八角茴香，加适量水浸泡。

2.安装水蒸气蒸馏装置。

3.加热，进行蒸馏。

4.收集蒸馏液，至馏出液不再显浑浊或无挥发油芳香味时，停止加热，稍冷后停通冷却水，拆除装置。

5.记录馏出液体积，并倒入指定容器中。

实验应用

从八角茴香干燥果实和枝叶中可提取获得茴香油，八角茴香油中最重要的有效成分为反式茴香脑，又称大茴香醚，广泛应用于糖果、饮料、酒类香精等食品生产加工领域，而科学研究表明其还具有光谱抗菌活性，并能有效清除 DPPH-自由基，同时还具有促进肠胃蠕动、缓解气管炎引起的咳嗽等药用价值。

水蒸气蒸馏法因其稳定性好、提取成本低廉、提取方法简便，是目前使用最为广泛的提取方法，但是该方法得率相对较低。

注意事项

1.加入乙醇是为了使猪油、碱液和乙醇互溶，成为均相溶液，便于反应进行。

2.可用长玻璃管从冷凝管上口插入烧瓶中，蘸取几滴反应液，放入盛有少量热水的试管中，振荡观察，若无油珠出现，说明已皂化完全。否则，需补加碱液，继续加热皂化。

3.肥皂和甘油一起在碱水中形成胶体，不便分离。加入饱和食盐水可破坏胶体，使肥皂凝聚并从混合液中析出。

4.冷水洗涤主要是洗去吸附于肥皂表面的乙醇和碱液。

思考题

请说出水蒸气蒸馏装置的安装顺序与拆除顺序。

附　　表

附表 1　弱酸、弱碱在水中的电离常数(298.15 K)

名称	分子式	分步	$K_a(K_b)$	$pK_a(pK_b)$
砷酸	H_3AsO_4	1	6.3×10^{-3}	2.20
		2	1.0×10^{-7}	7.00
		3	3.2×10^{-12}	11.50
亚砷酸	$HAsO_2$		6.0×10^{-10}	9.22
硼酸	H_3BO_3	1	5.8×10^{-10}	9.24
		2	1.8×10^{-13}	12.74
		3	1.6×10^{-14}	13.80
碳酸	$H_2CO_3(CO_2+H_2O)$	1	4.2×10^{-7}	6.38
		2	5.6×10^{-11}	10.25
氢氰酸	HCN		7.2×10^{-10}	9.14
铬酸	H_2CrO_4	1	1.8×10^{-1}	0.74
		2	3.2×10^{-7}	6.50
氢氟酸	HF		3.53×10^{-4}	3.45
亚硝酸	HNO_2		5.1×10^{-4}	3.29
磷酸	H_3PO_4	1	7.52×10^{-3}	2.12
		2	6.3×10^{-8}	7.21
		3	4.4×10^{-13}	12.36
焦磷酸	$H_4P_2O_7$	1	3.0×10^{-2}	1.52
		2	4.4×10^{-3}	2.36
		3	2.5×10^{-7}	6.60
		4	5.6×10^{-10}	9.25
亚磷酸	H_3PO_3	1	5.0×10^{-2}	1.30
		2	2.5×10^{-7}	6.60
氢硫酸	H_2S	1	5.7×10^{-8}	7.24
		2	1.0×10^{-14}	14.00
硫酸	H_2SO_4	2	1.20×10^{-2}	1.92
亚硫酸	$H_2SO_3(SO_2+H_2O)$	1	1.3×10^{-2}	1.90
		2	5.6×10^{-8}	7.25

续附表 1

名称	分子式	分步	$K_a(K_b)$	$pK_a(pK_b)$
偏硅酸	H_2SiO_3	1	1.7×10^{-10}	9.77
		2	1.6×10^{-12}	11.8
甲酸	HCOOH		1.77×10^{-4}	3.76
乙酸	CH_3COOH		1.76×10^{-5}	4.75
丙酸	C_2H_5COOH		1.34×10^{-5}	4.87
一氯乙酸	$CH_2ClCOOH$		1.6×10^{-3}	2.86
二氯乙酸	$CHCl_2COOH$		5.0×10^{-2}	1.30
三氯乙酸	CCl_3COOH		2.3×10^{-1}	0.64
次溴酸	HBrO		2.06×10^{-9}	8.68
次氯酸	HClO		2.95×10^{-8}	7.53
次碘酸	HIO		2.3×10^{-11}	10.64
氨基乙酸盐	$^{+}NH_3CH_2COOH$	1	4.5×10^{-3}	2.35
	$^{+}NH_3CH_2COO^{-}$	2	2.5×10^{-10}	9.60
抗坏血酸	$C_6H_8O_6$	1	5.0×10^{-5}	4.30
		2	1.5×10^{-10}	9.82
乳酸	$CH_3CHOHCOOH$		1.4×10^{-4}	3.86
苯甲酸	C_6H_5COOH		6.2×10^{-5}	4.21
草酸	$H_2C_2O_4$	1	5.9×10^{-2}	1.22
		2	6.4×10^{-5}	4.19
D-酒石酸	CH(OH)COOH | CH(OH)COOH	1 2	9.1×10^{-4} 4.3×10^{-5}	3.04 4.37
邻苯二甲酸	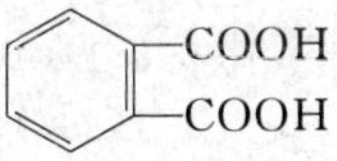	1 2	1.1×10^{-3} 3.9×10^{-6}	2.95 5.41
柠檬酸	CH_2COOH | C(OH)COOH | CH_2COOH	1 2 3	7.4×10^{-4} 1.7×10^{-5} 4.0×10^{-7}	3.13 4.76 6.40
苯酚	C_6H_5OH		1.1×10^{-10}	9.95
乙二胺四乙酸	H_6Y^{2+}	1	1.26×10^{-1}	0.89
(EDTA)	H_5Y^{+}	2	3.0×10^{-2}	1.6
	H_4Y	3	1.0×10^{-2}	2.0
	H_3Y^{-}	4	2.1×10^{-3}	2.67
	H_2Y^{2-}	5	6.9×10^{-7}	6.16

续附表1

名称	分子式	分步	$K_a(K_b)$	$pK_a(pK_b)$
	HY^{3-}	6	5.5×10^{-11}	10.26
氨水	NH_3		1.76×10^{-5}	4.75
肼	H_2NNH_2	1	3.0×10^{-6}	5.52
		2	7.6×10^{-15}	14.12
羟胺	NH_2OH		9.0×10^{-9}	8.04
甲胺	CH_3NH_2		4.2×10^{-4}	3.38
乙胺	$C_2H_5NH_2$		5.3×10^{-4}	3.25
二甲胺	$(CH_3)_2NH$		1.2×10^{-4}	3.93
二乙胺	$(C_2H_5)_2NH$		8.5×10^{-4}	3.07
乙醇胺	$HOCH_2CH_2NH_2$		3.2×10^{-5}	4.50
三乙醇胺	$(HOCH_2CH_2)_3N$		5.8×10^{-7}	6.24
六次甲基四胺	$(CH_2)_6N_4$		1.4×10^{-9}	8.85
乙二胺	$H_2NCH_2CH_2NH_2$	1	8.5×10^{-5}	4.07
		2	7.1×10^{-8}	7.15
吡啶	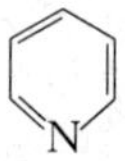		1.7×10^{-9}	8.77

附表 2 难溶化合物的溶度积(298.15 K)

难溶化合物	K_{sp}	pK_{sp}	难溶化合物	K_{sp}	pK_{sp}
$Al(OH)_3$(无定形)	1.3×10^{-33}	32.9	$BaC_2O_4\cdot H_2O$	2.3×10^{-8}	7.64
Al-8-羟基喹啉	1.0×10^{-29}	29.0	$BaSO_4$	1.1×10^{-10}	9.96
Ag_3AsO_4	1×10^{-22}	22.0	$Bi(OH)_3$	4×10^{-31}	30.4
AgBr	5.0×10^{-13}	12.30	BiOOH*	4×10^{-10}	9.40
Ag_2CO_3	8.1×10^{-12}	11.09	BiI_3	8.1×10^{-19}	18.09
AgCl	1.8×10^{-10}	9.75	$BiPO_4$	1.3×10^{-23}	22.89
Ag_2CrO_4	1.1×10^{-12}	11.96	Bi_2S_3	1×10^{-97}	97.0
AgCN	1.2×10^{-16}	15.92	$CaCO_3$	2.9×10^{-9}	8.54
AgOH	2.0×10^{-8}	7.71	CaF_2	2.7×10^{-11}	10.57
AgI	9.3×10^{-17}	16.03	$CaC_2O_4\cdot H_2O$	2.0×10^{-29}	28.70
$Ag_2C_2O_4$	3.5×10^{-11}	10.46	$Ca_3(PO_4)_2$	2.0×10^{-29}	28.70
Ag_3PO_4	1.4×10^{-16}	15.84	$CaSO_4$	9.1×10^{-6}	5.04
Ag_2SO_4	1.4×10^{-5}	4.84	$CdCO_3$	5.2×10^{-12}	11.28
Ag_2S	2.0×10^{-49}	48.7	$Cd_2[Fe(CN)_6]$	3.2×10^{-17}	16.49
AgSCN	1.0×10^{-12}	12.00	$Cd(OH)_2$(新析出)	2.5×10^{-14}	13.66
Ag_2S_3	2.1×10^{-22}	21.68	$CdC_2O_4\cdot 3H_2O$	9.1×10^{-8}	7.04
$BaCO_3$	5.1×10^{-9}	8.29	CdS	8×10^{-27}	26.1
$BaCrO_4$	1.2×10^{-10}	9.93	$CoCO_3$	1.4×10^{-13}	12.84
BaF_2	1×10^{-6}	6.0	$Co_2[Fe(CN)_6]$	1.8×10^{-15}	14.74

元素周期表

氧化态（单质的氧化态为0，未列入；常见的为红色）

以^{12}C=12为基准的相对原子质量（注+的是半衰期最长同位素的相对原子质量）

+2 +3 +4 +5 +6	氧化态
95	原子序数
Am	元素符号（红色的为放射性元素）
镅▲	元素名称（注▲的是人造元素）
$5f^7 7s^2$	价层电子构型
243.06	以^{12}C=12为基准的相对原子质量

s区元素　p区元素　d区元素　ds区元素　f区元素　稀有气体

族 / 周期	1 IA	2 ⅡA	3 ⅢB	4 ⅣB	5 ⅤB	6 ⅥB	7 ⅦB	8 Ⅷ	9 Ⅷ	10 Ⅷ	11 ⅠB	12 ⅡB	13 ⅢA	14 ⅣA	15 ⅤA	16 ⅥA	17 ⅦA	18 ⅧA	电子层
1	−1 +1 1 H 氢 $1s^1$ 1.00794(7)																	2 He 氦 $1s^2$ 4.002602(2)	K
2	+1 3 Li 锂 $2s^1$ 6.941(2)	+2 4 Be 铍 $2s^2$ 9.012182(3)											+3 5 B 硼 $2s^2 2p^1$ 10.811(7)	−4 +2 +4 6 C 碳 $2s^2 2p^2$ 12.0107(8)	−3 −2 −1 +1 +2 +3 +4 +5 7 N 氮 $2s^2 2p^3$ 14.0067(2)	−2 −1 8 O 氧 $2s^2 2p^4$ 15.9994(3)	−1 9 F 氟 $2s^2 2p^5$ 18.9984032(5)	10 Ne 氖 $2s^2 2p^6$ 20.1797(6)	L K
3	+1 11 Na 钠 $3s^1$ 22.989770(2)	+2 12 Mg 镁 $3s^2$ 24.3050(6)											+3 13 Al 铝 $3s^2 3p^1$ 26.981538(2)	−4 +2 +4 14 Si 硅 $3s^2 3p^2$ 28.0855(3)	−3 −2 +1 +3 +5 15 P 磷 $3s^2 3p^3$ 30.973761(2)	−2 +2 +4 +6 16 S 硫 $3s^2 3p^4$ 32.065(5)	−1 +1 +3 +5 +7 17 Cl 氯 $3s^2 3p^5$ 35.453(2)	18 Ar 氩 $3s^2 3p^6$ 39.948(1)	M L K
4	+1 19 K 钾 $4s^1$ 39.0983(1)	+2 20 Ca 钙 $4s^2$ 40.078(4)	+3 21 Sc 钪 $3d^1 4s^2$ 44.955910(8)	−1 +2 +3 +4 22 Ti 钛 $3d^2 4s^2$ 47.867(1)	±1 +2 +3 +4 +5 23 V 钒 $3d^3 4s^2$ 50.9415	−3 ±1 ±2 +3 +4 +5 +6 24 Cr 铬 $3d^5 4s^1$ 51.9961(6)	−2 ±1 +2 ±3 +4 +5 +6 +7 25 Mn 锰 $3d^5 4s^2$ 54.938049(9)	−2 ±1 +2 +3 +4 +5 +6 26 Fe 铁 $3d^6 4s^2$ 55.845(2)	±1 +2 +3 +4 +5 27 Co 钴 $3d^7 4s^2$ 58.933200(9)	±1 +2 +3 +4 28 Ni 镍 $3d^8 4s^2$ 58.6934(2)	+1 +2 +3 +4 29 Cu 铜 $3d^{10} 4s^1$ 63.546(3)	+1 +2 30 Zn 锌 $3d^{10} 4s^2$ 65.409(4)	+1 +3 31 Ga 镓 $4s^2 4p^1$ 69.723(1)	+2 +4 32 Ge 锗 $4s^2 4p^2$ 72.64(1)	−3 +3 +5 33 As 砷 $4s^2 4p^3$ 74.92160(2)	−2 +2 +4 +6 34 Se 硒 $4s^2 4p^4$ 78.96(3)	−1 +1 +3 +5 +7 35 Br 溴 $4s^2 4p^5$ 79.904(1)	+2 +4 36 Kr 氪 $4s^2 4p^6$ 83.798(2)	N M L K
5	+1 37 Rb 铷 $5s^1$ 85.4678(3)	+2 38 Sr 锶 $5s^2$ 87.62(1)	+3 39 Y 钇 $4d^1 5s^2$ 88.90585(2)	+1 +2 +3 +4 40 Zr 锆 $4d^2 5s^2$ 91.224(2)	±1 +2 +3 +4 +5 41 Nb 铌 $4d^4 5s^1$ 92.90638(2)	±1 ±2 +3 +4 +5 +6 42 Mo 钼 $4d^5 5s^1$ 95.94(2)	±1 +2 +3 +4 +5 +6 +7 43 Tc 锝▲ $4d^5 5s^2$ 97.907+	+1 ±2 +3 +4 +5 +6 +7 +8 44 Ru 钌 $4d^7 5s^1$ 101.07(2)	±1 +2 +3 +4 +5 +6 45 Rh 铑 $4d^8 5s^1$ 102.90550(2)	+1 +2 +3 +4 46 Pd 钯 $4d^{10}$ 106.42(1)	+1 +2 +3 47 Ag 银 $4d^{10} 5s^1$ 107.8682(2)	+1 +2 48 Cd 镉 $4d^{10} 5s^2$ 112.411(8)	+1 +3 49 In 铟 $5s^2 5p^1$ 114.818(3)	+2 +4 50 Sn 锡 $5s^2 5p^2$ 118.710(7)	−3 +3 +5 51 Sb 锑 $5s^2 5p^3$ 121.760(1)	−2 +2 +4 +6 52 Te 碲 $5s^2 5p^4$ 127.60(3)	−1 +1 +3 +5 +7 53 I 碘 $5s^2 5p^5$ 126.90447(3)	+2 +4 +6 +8 54 Xe 氙 $5s^2 5p^6$ 131.293(6)	O N M L K
6	+1 55 Cs 铯 $6s^1$ 132.90545(2)	+2 56 Ba 钡 $6s^2$ 137.327(7)	57~71 La~Lu 镧系	+1 +2 +3 +4 72 Hf 铪 $5d^2 6s^2$ 178.49(2)	±1 +2 +3 +4 +5 73 Ta 钽 $5d^3 6s^2$ 180.9479(1)	±1 ±2 +3 +4 +5 +6 74 W 钨 $5d^4 6s^2$ 183.84(1)	±1 +2 +3 +4 +5 +6 +7 75 Re 铼 $5d^5 6s^2$ 186.207(1)	+1 +2 +3 +4 +5 +6 +7 +8 76 Os 锇 $5d^6 6s^2$ 190.23(3)	±1 +2 +3 +4 +5 +6 77 Ir 铱 $5d^7 6s^2$ 192.217(3)	+2 +3 +4 +5 +6 78 Pt 铂 $5d^9 6s^1$ 195.078(2)	+1 +2 +3 +5 79 Au 金 $5d^{10} 6s^1$ 196.96655(2)	+1 +2 +3 80 Hg 汞 $5d^{10} 6s^2$ 200.59(2)	+1 +3 81 Tl 铊 $6s^2 6p^1$ 204.3833(2)	+2 +4 82 Pb 铅 $6s^2 6p^2$ 207.2(1)	−3 +3 +5 83 Bi 铋 $6s^2 6p^3$ 208.98038(2)	−2 +2 +3 +4 +6 84 Po 钋 $6s^2 6p^4$ (208.98)+	±1 +5 +7 85 At 砹 $6s^2 6p^5$ (209.99)+	+2 86 Rn 氡 $6s^2 6p^6$ (222.02)+	P O N M L K
7	+1 87 Fr 钫▲ $7s^1$ (223.02)+	+2 88 Ra 镭 $7s^2$ (226.03)+	89~103 Ac~Lr 锕系	104 Rf 𬬻▲ $6d^2 7s^2$ (261.11)+	105 Db 𬭊▲ $6d^3 7s^2$ (262.11)+	106 Sg 𬭳▲ $6d^4 7s^2$ (263.12)+	107 Bh 𬭛▲ $6d^5 7s^2$ (264.12)+	108 Hs 𬭶▲ $6d^6 7s^2$ (265.13)+	109 Mt 鿏▲ $6d^7 7s^2$ (266.13)+	110 Ds 𫟼▲ (281)+	111 Rg 𬬭▲ (281)+	112 Cn 鿔▲ (285)+	113 Nh 鿭▲ (284)+	114 Fl 𫓧▲ (289)+	115 Mc 镆▲ (289)+	116 Lv 𫟷▲ (293)+	117 Ts 鿬▲ (294)+	118 Og 鿫▲ (294)+	Q P O N M L K

★镧系	+3 57 La★ 镧 $5d^1 6s^2$ 138.9055(2)	+2 +3 +4 58 Ce 铈 $4f^1 5d^1 6s^2$ 140.116(1)	+3 +4 59 Pr 镨 $4f^3 6s^2$ 140.90765(2)	+2 +3 +4 60 Nd 钕 $4f^4 6s^2$ 144.24(3)	+3 61 Pm 钷▲ $4f^5 6s^2$ 144.91+	+2 +3 62 Sm 钐 $4f^6 6s^2$ 150.36(3)	+2 +3 63 Eu 铕 $4f^7 6s^2$ 151.964(1)	+3 64 Gd 钆 $4f^7 5d^1 6s^2$ 157.25(3)	+3 +4 65 Tb 铽 $4f^9 6s^2$ 158.92534(2)	+3 +4 66 Dy 镝 $4f^{10} 6s^2$ 162.500(1)	+3 67 Ho 钬 $4f^{11} 6s^2$ 164.93032(2)	+3 68 Er 铒 $4f^{12} 6s^2$ 167.259(3)	+2 +3 69 Tm 铥 $4f^{13} 6s^2$ 168.93421(2)	+2 +3 70 Yb 镱 $4f^{14} 6s^2$ 173.04(3)	+3 71 Lu 镥 $4f^{14} 5d^1 6s^2$ 174.967(1)
★锕系	+3 89 Ac★ 锕 $6d^1 7s^2$ (227.03)	+3 +4 90 Th 钍 $6d^2 7s^2$ 232.0381(1)	+3 +4 +5 91 Pa 镤 $5f^2 6d^1 7s^2$ 231.03588(2)	+2 +3 +4 +5 +6 92 U 铀 $5f^3 6d^1 7s^2$ 238.02891(3)	+3 +4 +5 +6 +7 93 Np 镎 $5f^4 6d^1 7s^2$ (237.05)+	+3 +4 +5 +6 +7 94 Pu 钚 $5f^6 7s^2$ (244.06)+	+2 +3 +4 +5 +6 95 Am 镅▲ $5f^7 7s^2$ (243.06)+	+3 +4 96 Cm 锔▲ $5f^7 6d^1 7s^2$ (247.07)+	+3 +4 97 Bk 锫▲ $5f^9 7s^2$ (247.07)+	+2 +3 +4 98 Cf 锎▲ $5f^{10} 7s^2$ (251.08)+	+2 +3 99 Es 锿▲ $5f^{11} 7s^2$ (252.08)+	+2 +3 100 Fm 镄▲ $5f^{12} 7s^2$ (257.10)+	+2 +3 101 Md 钔▲ $5f^{13} 7s^2$ (258.10)+	+2 +3 102 No 锘▲ $5f^{14} 7s^2$ (259.10)+	+3 103 Lr 铹▲ $5f^{14} 6d^1 7s^2$ (260.11)+